数字逻辑与数字系统设计

翟学明 王晓霞 曹锦纲 熊海军 编著

清华大学出版社
北京

内 容 简 介

本书采用数字逻辑基础、组合逻辑电路、时序逻辑电路、系统综合设计的组织结构,首先介绍数字逻辑基础知识,然后讨论组合、时序逻辑电路的分析和设计方法,同时将逻辑电路的门电路实现、PLD实现、HDL描述作为数字电路的不同实现方式进行有机融合,比较全面地讲解数字电路的理论和实现方法。

全书共9章,第1章、第2章主要介绍数字逻辑理论基础与布尔函数的逻辑实现,包括信息的数字化表示、布尔代数的基本理论和方法,小、中、大规模器件的类型和实现数字电路的基本原理和方法;第3章~第6章详细讨论组合逻辑电路、时序逻辑电路与触发器、同步时序逻辑电路、异步时序逻辑电路,并结合实例介绍用门电路、PLD、HDL描述实现组合逻辑电路和时序逻辑电路的方法;第7章、第8章主要介绍数字集成电路和脉冲产生与整形电路,包括开关元件、门电路、可编程逻辑器件(PROM、PLA、PAL、GAL)、复杂可编程逻辑器件(CPLD)及现场可编程门阵列(FPGA)的基本工作原理、结构、发展与继承关系、各自实现数字电路方法的异同,以及数字信号的产生与整形变换电路;第9章主要介绍数字系统综合设计,通过一个完整的实例,分析数字系统的层次化设计过程,用不同规模逻辑器件实现数字系统的方法以及数字电路的仿真测试方法。

本书可作为高等院校计算机科学与技术、电子工程、自动控制等专业的教材,也可供相关从业者学习参考。

版权所有,侵权必究。举报:010-62782989,beiqinquan@tup.tsinghua.edu.cn。

图书在版编目(CIP)数据

数字逻辑与数字系统设计 / 翟学明等编著. -- 北京:清华大学出版社, 2024.9. -- ISBN 978-7-302-67389-7

Ⅰ. TP302.2; TP312

中国国家版本馆 CIP 数据核字第 2024JG5240 号

责任编辑:	汪汉友 薛 阳
封面设计:	常雪影
责任校对:	王勤勤
责任印制:	沈 露

出版发行:清华大学出版社
网　　址:https://www.tup.com.cn,https://www.wqxuetang.com
地　　址:北京清华大学学研大厦 A 座
邮　　编:100084
社 总 机:010-83470000
邮　　购:010-62786544
投稿与读者服务:010-62776969, c-service@tup.tsinghua.edu.cn
质量反馈:010-62772015, zhiliang@tup.tsinghua.edu.cn
课件下载:https://www.tup.com.cn,010-83470236
印 装 者:三河市铭诚印务有限公司
经　　销:全国新华书店
开　　本:203mm×260mm　　印　张:25.5　　字　数:698 千字
版　　次:2024 年 10 月第 1 版　　印　次:2024 年 10 月第 1 次印刷
定　　价:79.00 元

产品编号:095499-01

前言
PREFACE

"数字逻辑与数字系统设计"是计算机类专业的一门重要专业基础课,是计算机硬件相关后继课程的基础,尤其是处理器及计算机电路设计的基础。

随着现代电子技术飞速发展,新技术、新器件的不断出现,数字集成电路经历了小规模的门电路、大规模的可编程逻辑器件,以及现代超大规模的 CPLD 和 FPGA。以可编程 ASIC 为代表的数字系统设计方法是未来的发展趋势。系统地掌握数字系统的基本理论和全面的数字电路设计与分析方法,是计算机专业学生进行后续课程学习和研究的基本要求,也是现代社会相关行业就业的需要。虽然实现数字电路的方法很多且时间跨度较大,但其基础仍然是数字逻辑的基本理论和方法。现代数字系统实现方法比传统电路实现方法复杂,需要 HDL 支持,如何在有限的学时内系统地组织教学内容是本书的主旨之一。

本书采用数字逻辑基础、组合逻辑电路、时序逻辑电路、系统综合设计的组织结构,将数字逻辑的门电路实现、PLD 实现、HDL 描述作为数字电路的不同实现方式进行有机融合,全面讲解数字电路的理论和实现方法。数字逻辑基础理论主要讨论电路模型的建立过程;数字电路实现分别介绍用基本门电路、PLD 器件及 HDL 描述实现数字电路的方法。采用这种组织结构既体现了基础理论对电路设计的重要性,也体现了传统的电路实现方法和现代电路实现技术的结合,让学习者既系统掌握了基本理论,也全面掌握了数字电路设计技术,适应器件技术未来的发展趋势。基础理论采用精讲的方法介绍,详细分析电路模型的建立过程;电路实现主要讲解用不同器件实现电路的基本技能,重点介绍与电路实现相关的关键和常用技术,通过教材的抛砖引玉,引导学生自行查阅相关实用教程,进一步了解电路实现的高级技能与技巧,以满足就业后的职业需求。

本教材的教学内容可根据不同的教学目标进行选择性教学。全书教学学时建议安排 64 学时,对于不涉及具体器件技术的教学方式可去掉第 7 章和第 8 章的教学内容,建议 56 学时;对于只讲数字逻辑理论和数字电路门电路实现的教学方式,可进一步去掉各章的可编程逻辑器件和 VHDL 实现部分,建议 48 学时。教材包含数字系统综合设计,建议采用课程设计方式完成课程实验,也可采用分散实验方式,只安排门电路、触发器实现的组合、时序逻辑电路实验内容。

本书由翟学明、王晓霞、曹锦纲、熊海军编著。在本书的编写过程中,得到了华北电力大学计算机系鲁斌教授和许多同事的关心和支持,兄弟院校的许多老师对该书内容的组织提出了宝贵的意见,在此表示衷心的感谢。同时，清华大学出版社的相关编校人员为本书的出版给予了大力支持，借此机会表达深深的谢意。

作　者

2024 年 9 月

学习资源

目录
CONTENTS

第 1 章　数字逻辑基础　　/1

- 1.1 数字系统概述 …………………………………………………………………………… 1
- 1.2 信息的二进制表示 ……………………………………………………………………… 3
  - 1.2.1 进位计数制与进制转换 …………………………………………………………… 3
  - 1.2.2 带符号二进制小数的表示方法 …………………………………………………… 6
  - 1.2.3 数的定点与浮点表示法 …………………………………………………………… 8
  - 1.2.4 字符的二进制表示 ………………………………………………………………… 9
  - 1.2.5 可靠性编码 ………………………………………………………………………… 11
- 1.3 布尔代数的基本概念 …………………………………………………………………… 12
  - 1.3.1 布尔函数及真值表 ………………………………………………………………… 12
  - 1.3.2 布尔函数的基本运算 ……………………………………………………………… 13
  - 1.3.3 布尔函数的常用运算 ……………………………………………………………… 14
- 1.4 布尔代数的公式、定理和规则 ………………………………………………………… 15
  - 1.4.1 公式 ………………………………………………………………………………… 15
  - 1.4.2 定理 ………………………………………………………………………………… 17
  - 1.4.3 规则 ………………………………………………………………………………… 17
- 1.5 布尔函数的形式及变换 ………………………………………………………………… 18
  - 1.5.1 积之和与和之积形式 ……………………………………………………………… 18
  - 1.5.2 标准积之和与标准和之积 ………………………………………………………… 20
  - 1.5.3 布尔函数的与非、或非、与或非及异或表示 …………………………………… 23
  - 1.5.4 完全确定布尔函数与不完全确定布尔函数 ……………………………………… 25
- 1.6 布尔函数的代数化简 …………………………………………………………………… 26
  - 1.6.1 与或式的代数化简 ………………………………………………………………… 26
  - 1.6.2 或与式的代数化简 ………………………………………………………………… 27
- 1.7 布尔函数的卡诺图化简 ………………………………………………………………… 28
  - 1.7.1 真值表的卡诺图表示 ……………………………………………………………… 28
  - 1.7.2 卡诺图化简的实质 ………………………………………………………………… 28

1.7.3　布尔函数在卡诺图上的表示 ………………………………………………… 31
　　　1.7.4　卡诺图化简方法 ………………………………………………………………… 31
　　　1.7.5　卡诺图化简实例 ………………………………………………………………… 33
　1.8　多输出布尔函数的化简 ………………………………………………………………… 37
本章小结 ……………………………………………………………………………………………… 38
习题1 ………………………………………………………………………………………………… 38

第 2 章　布尔函数的逻辑实现　/44

　2.1　布尔函数的门电路实现 ………………………………………………………………… 44
　　　2.1.1　逻辑门电路符号 ………………………………………………………………… 45
　　　2.1.2　布尔函数的门电路实现 ………………………………………………………… 45
　　　2.1.3　集成逻辑门电路 ………………………………………………………………… 47
　2.2　布尔函数的门阵列实现 ………………………………………………………………… 50
　　　2.2.1　可编程逻辑器件简介 …………………………………………………………… 50
　　　2.2.2　布尔函数的门阵列实现原理 …………………………………………………… 51
　　　2.2.3　可编程门阵列符号 ……………………………………………………………… 52
　　　2.2.4　布尔函数的门阵列实现 ………………………………………………………… 53
　2.3　数字电路的 VHDL 描述 ………………………………………………………………… 55
　　　2.3.1　VHDL 概述 ……………………………………………………………………… 56
　　　2.3.2　VHDL 程序的基本结构 ………………………………………………………… 56
　　　2.3.3　VHDL 的基本语言元素 ………………………………………………………… 63
　　　2.3.4　VHDL 的顺序语句 ……………………………………………………………… 72
　　　2.3.5　VHDL 的并发语句 ……………………………………………………………… 78
　　　2.3.6　VHDL 的子程序 ………………………………………………………………… 82
　　　2.3.7　VHDL 的 3 种描述方式 ………………………………………………………… 83
　　　2.3.8　VHDL 描述示例 ………………………………………………………………… 84
　　　2.3.9　VHDL 模块的功能仿真测试 …………………………………………………… 88
本章小结 ……………………………………………………………………………………………… 89
习题2 ………………………………………………………………………………………………… 90

第 3 章　组合逻辑电路　/91

　3.1　组合逻辑电路概述 ……………………………………………………………………… 91
　　　3.1.1　组合逻辑电路模型及特点 ……………………………………………………… 91
　　　3.1.2　组合逻辑电路的描述方法 ……………………………………………………… 91
　3.2　组合逻辑电路设计 ……………………………………………………………………… 93
　　　3.2.1　组合逻辑电路设计过程 ………………………………………………………… 93
　　　3.2.2　组合逻辑电路设计举例 ………………………………………………………… 93
　3.3　组合逻辑电路分析 ……………………………………………………………………… 101
　3.4　常用组合逻辑电路的分析与应用 ……………………………………………………… 102
　　　3.4.1　二进制加法器 …………………………………………………………………… 102

	3.4.2	编码器 ………………………………………………	108
	3.4.3	译码器 ………………………………………………	112
	3.4.4	数据选择器 ……………………………………………	114
	3.4.5	数据分配器 ……………………………………………	116
	3.4.6	数值比较器 ……………………………………………	117
3.5	组合逻辑电路的竞争与险象 ……………………………………		120
	3.5.1	组合险象 ………………………………………………	120
	3.5.2	组合险象的发现和消除 ………………………………………	122
3.6	用 VHDL 描述组合逻辑电路 ……………………………………		124
	3.6.1	用 VHDL 描述组合逻辑电路的基本方法 …………………………	124
	3.6.2	用 VHDL 描述组合逻辑电路举例 ……………………………………	125
本章小结 ………………………………………………………………………			127
习题 3 ………………………………………………………………………………			127

第 4 章　时序逻辑电路与触发器　　/132

4.1	时序机与时序逻辑电路 ……………………………………………		132
	4.1.1	时序机 …………………………………………………	132
	4.1.2	时序逻辑电路 …………………………………………	135
4.2	锁存器 ………………………………………………………………		136
	4.2.1	交叉耦合反相器构成的双稳态电路 ……………………………	136
	4.2.2	基本 RS 锁存器 ………………………………………………	137
	4.2.3	门控 RS 锁存器 ………………………………………………	139
	4.2.4	JK 锁存器 ……………………………………………………	140
	4.2.5	D 锁存器 ……………………………………………………	141
	4.2.6	CMOS 传输门构成的 D 锁存器 …………………………………	142
4.3	锁存器的空翻现象与触发器的边沿触发 ……………………………		142
4.4	主从触发器 …………………………………………………………		143
	4.4.1	主从 RS 触发器 ………………………………………………	143
	4.4.2	主从 JK 触发器 ………………………………………………	144
	4.4.3	主从 D 触发器 ………………………………………………	146
4.5	边沿触发器 …………………………………………………………		147
	4.5.1	正边沿触发的维持阻塞型 D 触发器 ……………………………	147
	4.5.2	负边沿触发的延迟型 JK 触发器 …………………………………	150
4.6	T 触发器 ……………………………………………………………		153
4.7	集成触发器 …………………………………………………………		155
	4.7.1	集成 RS 锁存器 ………………………………………………	155
	4.7.2	集成 D 锁存器 ………………………………………………	156
	4.7.3	集成 JK 触发器 ………………………………………………	157
	4.7.4	集成 D 触发器 ………………………………………………	158
4.8	触发器的 VHDL 描述 ………………………………………………		160

4.8.1　VHDL描述时序电路的相关知识 …… 160
　　4.8.2　触发器的VHDL描述 …… 162
　　4.8.3　基本RS锁存器的VHDL描述 …… 163
本章小结 …… 164
习题4 …… 164

第5章　同步时序逻辑电路　/168

5.1　同步时序逻辑电路概述 …… 168
　　5.1.1　同步时序逻辑电路模型及特点 …… 168
　　5.1.2　同步时序逻辑电路的描述方法 …… 169
5.2　同步时序逻辑电路的设计 …… 170
　　5.2.1　建立原始状态图和原始状态表 …… 171
　　5.2.2　状态表化简 …… 174
　　5.2.3　状态分配 …… 181
　　5.2.4　用集成触发器和逻辑器件实现 …… 183
　　5.2.5　电路的挂起与自启动 …… 186
5.3　同步时序逻辑电路的设计举例 …… 191
5.4　同步时序逻辑电路的分析 …… 202
5.5　常用同步时序逻辑电路 …… 205
　　5.5.1　寄存器 …… 205
　　5.5.2　计数器 …… 206
　　5.5.3　节拍信号发生器 …… 209
5.6　同步时序逻辑电路的VHDL描述 …… 210
　　5.6.1　用VHDL的3种风格描述同步时序逻辑电路 …… 210
　　5.6.2　用VHDL描述同步计数器 …… 215
本章小结 …… 216
习题5 …… 216

第6章　异步时序逻辑电路　/223

6.1　异步时序逻辑电路概述 …… 223
6.2　脉冲异步时序逻辑电路 …… 224
　　6.2.1　脉冲异步时序逻辑电路的设计 …… 224
　　6.2.2　脉冲异步时序逻辑电路的分析 …… 227
6.3　电平异步时序逻辑电路 …… 230
　　6.3.1　电平异步时序逻辑电路概述 …… 230
　　6.3.2　电平异步时序逻辑电路的设计 …… 234
　　6.3.3　电平异步时序逻辑电路的分析 …… 242
本章小结 …… 245
习题6 …… 245

第 7 章 数字集成逻辑电路 /249

- 7.1 数字集成电路概述 …… 249
  - 7.1.1 数字集成电路的发展历史 …… 249
  - 7.1.2 数字集成电路的分类 …… 249
- 7.2 集成逻辑门电路 …… 250
  - 7.2.1 逻辑值的物理量表示 …… 251
  - 7.2.2 半导体器件的开关特性 …… 251
  - 7.2.3 TTL 基本逻辑门电路 …… 256
  - 7.2.4 TTL 集成逻辑门电路 …… 258
  - 7.2.5 MOS 集成门电路 …… 261
  - 7.2.6 OC 门、OD 门与三态门 …… 264
  - 7.2.7 集成逻辑门电路的工作特性与参数 …… 268
  - 7.2.8 集成逻辑门电路的使用常识 …… 271
  - 7.2.9 数字电路的实现、连接与测试 …… 273
- 7.3 PLD 器件 …… 274
  - 7.3.1 PLD 器件的分类 …… 275
  - 7.3.2 SPLD 器件基本结构 …… 276
  - 7.3.3 SPLD 器件类型 …… 281
  - 7.3.4 用 SPLD 器件实现数字电路 …… 288
- 7.4 CPLD、FPGA 器件及 EDA 开发 …… 292
  - 7.4.1 CPLD、FPGA 器件概述 …… 292
  - 7.4.2 基于 PT 结构的 CPLD …… 293
  - 7.4.3 基于 LUT 结构的 FPGA …… 295
  - 7.4.4 IP 核 …… 303
  - 7.4.5 EDA 开发流程 …… 303
- 本章小结 …… 306
- 习题 7 …… 306

第 8 章 脉冲产生与整形电路 /313

- 8.1 555 时基电路 …… 313
  - 8.1.1 555 定时器的基本组成及功能 …… 313
  - 8.1.2 555 定时器的工作原理 …… 315
- 8.2 施密特触发器 …… 315
  - 8.2.1 施密特触发器的滞回触发特性 …… 315
  - 8.2.2 由 555 定时器构成的施密特触发器 …… 316
  - 8.2.3 由 TTL、COMS 门电路构成的施密特触发器 …… 317
  - 8.2.4 集成施密特触发器及其应用 …… 317
- 8.3 单稳态触发器 …… 318
  - 8.3.1 由 555 定时器构成的单稳态触发器 …… 318

8.3.2　集成单稳态触发器 ··· 320
　　　8.3.3　单稳态触发器的应用 ··· 321
　8.4　多谐振荡器 ··· 322
　　　8.4.1　由 555 定时器构成的 RC 多谐振荡器 ······································· 322
　　　8.4.2　石英晶体振荡器 ··· 323
　本章小结 ·· 325
　习题 8 ··· 325

第 9 章　数字系统综合设计　　/331

　9.1　数字系统的层次化设计方法 ·· 331
　　　9.1.1　数字系统的层次化描述 ··· 331
　　　9.1.2　数字系统的层次化设计表示方法 ··· 332
　　　9.1.3　数字系统的设计过程 ·· 334
　9.2　数字时钟的层次化结构设计 ·· 334
　　　9.2.1　问题的提出 ·· 334
　　　9.2.2　系统分析与顶层设计 ·· 334
　　　9.2.3　功能级层次化描述 ··· 336
　　　9.2.4　计时模块的功能细化 ·· 341
　　　9.2.5　闹钟模块的功能细化 ·· 344
　　　9.2.6　显示控制模块的功能细化 ·· 346
　　　9.2.7　数字时钟的层次化设计结构 ··· 348
　9.3　数字时钟的逻辑电路实现 ··· 348
　　　9.3.1　第一层次设计的逻辑电路实现 ·· 349
　　　9.3.2　第二层次设计的逻辑电路实现 ·· 350
　　　9.3.3　计时模块的逻辑电路实现 ·· 358
　　　9.3.4　闹钟模块的逻辑电路实现 ·· 362
　　　9.3.5　显示控制模块的逻辑电路实现 ·· 363
　9.4　数字时钟的 VHDL 描述 ·· 366
　　　9.4.1　第一层次设计的 VHDL 描述 ·· 366
　　　9.4.2　第二层次设计的 VHDL 描述 ·· 372
　　　9.4.3　计时模块的 VHDL 描述 ·· 379
　　　9.4.4　闹钟模块的 VHDL 描述 ·· 383
　　　9.4.5　显示控制模块的 VHDL 描述 ·· 384
　9.5　数字时钟的仿真测试 ··· 386
　　　9.5.1　数字时钟逻辑电路的仿真测试 ·· 386
　　　9.5.2　数字时钟 VHDL 的功能仿真测试 ·· 389
　本章小结 ·· 392
　习题 9 ··· 393

参考文献　　/395

第 1 章　数字逻辑基础

本章首先介绍数字系统的基本概念、基本模型和信息的二进制表示方法,然后讲解建立数字系统模型的基本理论,包括布尔代数的概念及基本运算、公式、定理和规则,布尔函数的表示形式和相互之间的转换,以及布尔函数的代数化简方法和卡诺图化简方法。

1.1　数字系统概述

目前,人们对现实世界中各种信息进行描述的最佳方式是信息的数字化。数字系统是对数字化信息进行描述、存储、处理和传递的实体,各种各样的数字系统已经成为各个领域,乃至人们日常生活不可或缺的重要组成部分,例如计算机、手机等各种数字化电子设备。系统地了解数字系统的概念,有助于理解课程内容在数字系统中的重要性。

数字系统是由具备各种功能的数字电路相互连接而成的系统。例如,数字电子计算机就是一种典型的数字系统。图 1-1 给出了现实世界中各种信息的数字化处理过程。

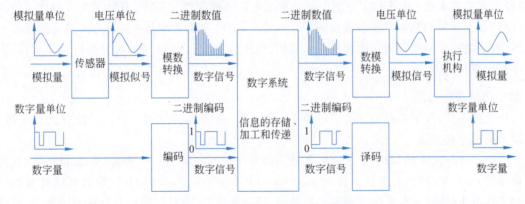

图 1-1　信息的数字化处理过程示意图

信息的数字化处理过程可以分为信息的输入、处理、输出 3 个阶段。在信息的输入阶段,完成现实世界各种物理量的量测和数字化,为数字系统提供数字信号输入;在信息的处理阶段,完成信息的存储、加工和传递,产生期望的输出信息;在信息的输出阶段,完成数字化信息到现实世界各种物理量的转换,用于物理信息的控制或展示。

1. 模拟量与数字量

表征自然界中各种信息的物理量可以分为模拟量和数字量。模拟量是指取值连续的物理量,如温度、压力、流量、速度及声音等。数字量是指取值离散的物理量,如学生成绩记录、工厂产品统计、电路开关的状态等。

2. 模拟信号与数字信号

数字信号指自变量是离散的、因变量也是离散的信号,这种信号的自变量和因变量都用有限的数字表示。在现代数字系统中,数字信号常用有限位的二进制数表示。任何数字量都可以经过数字编码转换为二值数字信号,这样才能由数字系统处理。

模拟信号指在连续的观测时间上,在一定范围内取值连续变化的信号。自然界中模拟量种类繁多,且幅值与量纲各不相同,为了用一致的电路进行处理,往往需要经过各种传感器,将模拟量转换为模拟电路能够处理的模拟信号(可以是电压、电流等,一般为电压)。由于数字系统只能处理数字信号,因此还需要将模拟信号经过模数转换(analog-digital conversion),变换为离散的二值数字信号。

3. 模拟电路与数字电路

处理模拟信号的电路称为模拟电路,如音频功率放大电路就属于模拟电路。

处理数字信号的电路称为数字电路,它能够完成数字信号的算术运算和逻辑运算,具有逻辑运算和逻辑处理功能,因此又称数字逻辑电路。数字系统就是由实现各种功能的数字电路相互连接构成的系统。相对于模拟电路,数字电路具有如下优势。

(1) 结构简单:最基本的数字电路只有与、或、非 3 种基本逻辑门电路,电路比较容易实现。

(2) 稳定性好:数字电路不像模拟电路那样易受噪声的干扰。

(3) 可靠性高:数字电路中只需分辨出信号的有与无,故电路的组件参数允许有较大的变化(漂移)范围。

(4) 可长期存储:数字信息可以利用某种媒介,如磁带、磁盘、光盘等进行长期的存储。

(5) 便于计算机处理:数字信号除了具有直观、准确的优点外,最主要的是便于利用电子计算机来进行信息的处理。

(6) 便于高度集成化:由于数字电路中基本单元电路的结构比较简单,而且又允许组件有较大的分散性,不仅可以把众多的基本单元集成在同一块硅片上,同时又能达到大批量生产所需要的良好率。

目前,数字电路广泛地应用于电视、雷达、通信、电子计算机、自动控制、航天等科学技术领域,尤其是数字电子计算机。

4. 数字电路基本元件

与模拟电路一样,数字电路的发展也经历了由电子管、半导体分立器件到集成电路的多个阶段,其发展速度比模拟电路更快。

从 20 世纪 60 年代开始,数字集成电路器件采用双极型工艺制成了小规模逻辑器件,随后发展到中规模逻辑器件;近年来,可编程逻辑器件(programmable logic devices,PLD)特别是现场可编程门阵列 FPGA 的飞速进步,使数字电子技术开创了新局面,不仅规模大,而且将硬件与软件相结合,使器件的功能更完善,使用更灵活。

小规模逻辑门电路是数字电路中一种重要的逻辑单元电路,TTL 逻辑门电路问世较早,其工艺经过不断改进,至今仍为主要的基本逻辑器件之一。随着 CMOS 工艺的发展,TTL 的主导地位受到了挑战,有被 CMOS 器件取代的趋势。

5. 数字电路分类

数字电路按照输出信号是否与输入历史有关可以分为两大类。

(1) 组合逻辑电路。在任何时刻的稳定输出信号与历史输入无关,只与当前输入有关。如计算机中的加法器电路,由于运算结果仅取决于当前参与运算的各个加数和进位,因此,它属于组合逻辑电路。

(2) 时序逻辑电路。电路在任何时刻的稳定输出不仅取决于该时刻的输入,而且与历史输入相关。这类电路需要有状态存储元件记忆历史输入的情况。如 CPU 中的控制器电路,当前指令的执行不仅与当前指令相关,而且还与指令的执行历史相关,因此 CPU 中的控制器是时序逻辑电路。

时序逻辑电路按照是否有统一的时钟信号进行同步,又可进一步分为同步时序逻辑电路和异步时序逻辑电路。这些电路类型用途不同,设计与分析方法也有较大区别,在本书后续章节会详细介绍。

6. 数字电路研究方法和内容

研究数字系统中的各类数字电路有两个主要任务：逻辑分析和逻辑设计。对一个给定的数字电路，研究它所实现的逻辑功能和它的工作性能称为逻辑分析；根据客户提出的功能要求，在给定条件下构造出实现预定功能的数字电路称为逻辑设计，有时又称为逻辑综合。

随着数字电路基本器件技术的发展，数字电路的实现方法也在不断发生变化。为满足不同的应用需求，实现相同的逻辑功能可以选择小规模的集成逻辑门电路、中大规模的 PLD 器件和超大规模的 CPLD/FPGA 器件，这就需要研究采用不同的逻辑器件实现逻辑电路的不同方法。但无论电路实现技术怎样变化，用布尔代数作为理论基础对数字电路进行分析和建模是各种电路实现方法最基本的内容。

因此，围绕数字电路的分析和设计，数字电路的研究内容主要包括数字逻辑的基本知识和理论、数字集成逻辑器件，以及各类电路分析、设计和实现的基本方法。

1.2 信息的二进制表示

信息的数字化表示是数字系统的基础。在现代数字系统中，信息通常以二进制形式表示，现实世界中的物理量的计数都与其自身的物理含义对应，如年月日、时分秒等。因此，有必要研究不同计数制与二进制之间的转换关系。另外，字符信息的表示和处理也是现代数字系统的主要任务之一。

本节主要讨论数字系统数制和编码的表示方法、性质及相互间的转换，带符号小数、浮点数的表示方法及字符、符号编码方案，为数字系统的研究打下基础。

1.2.1 进位计数制与进制转换

1. 进位计数制

1) 十进制

十进制计数制早已为大家所熟悉。任何一个十进制数$(S)_{10}$可以表示为

$$(S)_{10} = k_{n-1} \times 10^{n-1} + k_{n-2} \times 10^{n-2} + \cdots + k_0 \times 10^0 + \cdots + k_{-m} \times 10^{-m}$$
$$= \sum_{i=-m}^{n-1} k_i \times 10^i$$

其中，k_i可以是 0~9 这 10 个数码中的任何一个，n为整数部分位数，m为小数部分位数。

进位规则为"逢十进一"，基数为 10，$(S)_{10}$的下标与式中的 10 是基数。

例如，一个十进制数 2021.09，可以写成

$$(2021.09)_{10} = 2 \times 10^3 + 0 \times 10^2 + 2 \times 10^1 + 1 \times 10^0 + 0 \times 10^{-1} + 9 \times 10^{-2}$$

十进制数可以用后缀 D 来标注，如 2021.09D。

2) 二进制

在数字系统中，为了便于工程实现，广泛采用二进计数制。这是因为二进制的每一位只有两个数码 0 和 1，它们可以用具有两个不同稳定状态的电子元件来表示，并且二进制数运算简单，数的存储和传送也可用简单而可靠的方式进行。

任何一个二进制数$(S)_2$，可以表示为

$$(S)_2 = k_{n-1} \times 2^{n-1} + k_{n-2} \times 2^{n-2} + \cdots + k_0 \times 2^0 + \cdots + k_{-m} \times 2^{-m}$$
$$= \sum_{i=-m}^{n-1} k_i \times 2^i$$

其中，k_i可以是 0、1 中的任何一个，n为整数部分位数，m为小数部分位数。

进位规则为"逢二进一",基数为 2,$(S)_2$ 的下标与式中的 2 是基数。

例如,一个二进制数 1011.101,可以写成

$$(1011.101)_2 = 1 \times 2^3 + 0 \times 2^2 + 1 \times 2^1 + 1 \times 2^0 + 1 \times 2^{-1} + 0 \times 2^{-2} + 1 \times 2^{-3}$$

二进制数可以用后缀 B 来标注,如 1011.101B。

二进制的缺点也比较明显,数的位数太长且字符单调,使得书写、记忆和阅读不方便。因此,人们在进行指令书写、程序输入和输出等工作时,通常采用八进制数和十六进制数作为二进制数的缩写。

3)八进制和十六进制

(1) 八进制。任何一个八进制数 $(S)_8$,可以表示为

$$(S)_8 = \sum_{i=-m}^{n-1} k_i \times 8^i$$

其中,k_i 可以是 0~7 这 8 个数码中的任何一个,n 为整数部分位数,m 为小数部分位数。

进位规则为"逢八进一",基数为 8。

例如,一个八进制数 537.25,可以写成

$$(537.25)_8 = 5 \times 8^2 + 3 \times 8^1 + 7 \times 8^0 + 2 \times 8^{-1} + 5 \times 8^{-2}$$

八进制数可以用后缀 Q 来标注,如 537.25Q。

(2) 十六进制。任何一个十六进制数 $(S)_{16}$,可以表示为

$$(S)_{16} = \sum_{i=-m}^{n-1} k_i \times 16^i$$

其中,k_i 可以是 0~9,A~F 这 16 个数码中的任何一个,A~F 分别代表十进制数 10~15,n 为整数部分位数,m 为小数部分位数。

进位规则为"逢十六进一",基数为 16。

例如,一个十六进制数 FAE3.8C,可以写成

$$(FAE3.8C)_{16} = F \times 16^3 + A \times 16^2 + E \times 16^1 + 3 \times 16^0 + 8 \times 16^{-1} + C \times 16^{-2}$$

十六进制数可以用后缀 H 来标注,如 FAE3.8CH。

4)任意 R 进制

现实世界中,还有其他常用的计数制,如年月日、时分秒的计数,这些信息在数字系统中也经常用到。任何一个 R 进制数 $(S)_R$,可以表示为

$$(S)_R = k_{n-1} \times R^{n-1} + k_{n-2} \times R^{n-2} + \cdots + k_0 \times R^0 + \cdots + k_{-m} \times R^{-m}$$

其中,k_i 可以是 0~$R-1$ 的 R 个数码中的任何一个,n 为整数部分位数,m 为小数部分位数。

进位规则是"逢 R 进一",基数为 R;$(S)_R$ 的下标与式中的 R 是基数。

2. 进制转换

人们习惯使用的是十进制数,计算机及数字系统采用的是二进制数,人们书写计算机各种编码时又多采用八进制数或十六进制数,因此必须解决各种进位计数制间的相互转换问题,以便计算机和人之间相互理解。

1)二进制转换为十进制

二进制转换为十进制时,一般采用按幂展开法进行。

例如,二进制数 1011.101 按幂展开

$$\begin{aligned}(1011.101)_2 &= 1 \times 2^3 + 0 \times 2^2 + 1 \times 2^1 + 1 \times 2^0 + 1 \times 2^{-1} + 0 \times 2^{-2} + 1 \times 2^{-3} \\ &= 8 + 2 + 1 + 0.5 + 0.125 \\ &= (11.625)_{10}\end{aligned}$$

2) 十进制转换为二进制

十进制转换为二进制时,需要对整数和小数部分分别转换。

(1) 整数转换方法。十进制转换为二进制时,整数部分一般采用除基取余法。

例如,$(2021)_{10}$ 转换为二进制数的除基取余过程如图 1-2 所示。

图 1-2　$(2021)_{10}$ 转换为二进制数的除基取余过程

转换结果为 $(2021)_{10} = (11111100101)_2$。

(2) 小数转换方法。十进制转换为二进制时,小数部分一般采用乘基取整法。

例如,$(0.625)_{10}$ 转换为二进制数的乘基取整过程如图 1-3 所示。

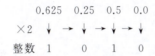

图 1-3　$(0.625)_{10}$ 转换为二进制数的乘基取整过程

转换结果为 $(0.625)_{10} = (0.101)_2$。

3) 二进制与八进制之间的转换

每位八进制数码与一组 3 位二进制数有着确定的对应关系,其对应关系如表 1-1 所示。

表 1-1　八进制数码对应的 3 位二进制数

八进制数码	0	1	2	3	4	5	6	7
3 位二进制数	000	001	010	011	100	101	110	111

二进制数转换为八进制数时,先从小数点开始分别向左、向右每 3 位一组进行划分,不足 3 位时用 0 填补,再将每组 3 位二进制数对应地转换为八进制数码,即可得到等值的八进制数,如 $(1101011.1001)_2 = (153.44)_8$。

八进制数转换为二进制数时,直接将每个八进制数码展开成对应的 3 位二进制数,然后去掉整数最高位的 0 和小数最低位的 0 即可。如 $(1635.724)_8 = (1110011101.1110101)_2$。

4) 二进制与十六进制之间的转换

每个十六进制数码与一组 4 位二进制数也有着确定的对应关系,如表 1-2 所示。

表 1-2　十六进制数码对应的 4 位二进制数

十六进制数码	0	1	2	3	4	5	6	7
4 位二进制数	0000	0001	0010	0011	0100	0101	0110	0111
十六进制数码	8	9	A	B	C	D	E	F
4 位二进制数	1000	1001	1010	1011	1100	1101	1110	1111

二进制数转换为十六进制数时,先从小数点开始分别向左、向右每 4 位一组进行划分,不足 4 位时用 0 填补,再将每组 4 位二进制数对应地转换为十六进制数码,即可得到等值的十六进制数。如 $(110100111.101101)_2 = (1A7.B4)_{16}$。

十六进制数转换为二进制数时,直接将每个十六进制数码展开成对应的 4 位二进制数,然后去掉整数最高位的 0 和小数最低位的 0 即可。如 $(3FC7.A4)_{16} = (111111111000111.101001)_2$。

5) α 与 β 进制之间的转换

任意 α 进制数与 β 进制数之间的直接转换非常不方便，习惯的方法是将十进制作为桥梁，首先进行 α 进制与十进制之间的转换，然后再进行十进制与 β 进制之间的转换，即 $(X)_\alpha \leftrightarrow (Y)_{10} \leftrightarrow (Z)_\beta$，转换时要注意转换精度的问题。

1.2.2 带符号二进制小数的表示方法

1. 机器数与真值

真值就是二进制数的直接表示，如 $(-0.1101)_2$、$(+0.1011)_2$。

机器数是二进制数在计算机内部的表示方法，通常将数的符号数码化，用 0 表示"+"，用 1 表示"-"。如真值 $(-0.1101)_2$ 的机器数为 $(1.1101)_2$，真值 $(+0.1011)_2$ 的机器数为 $(0.1011)_2$。

2. 原码表示法

小数 X 的原码定义为

$$[X]_{\text{原}} = \begin{cases} X, & 0 \leqslant X < 1 \\ 1 - X, & -1 < X \leqslant 0 \end{cases}$$

由原码定义可以看出，任何大于 0 的小数的原码就是符号位为 0，尾数为真值本身，小于 0 的小数的原码符号位为 1，尾数仍为真值本身。

由真值求原码就是正数前加符号 0，负数前加符号 1 即可。例如：

若 $X = +0.1011$，则 $[X]_{\text{原}} = 0.1011$；

若 $X = -0.1011$，则 $[X]_{\text{原}} = 1.1011$。

如果用 X_0 表示符号位，则有

$$X_0 = \begin{cases} 0, & X > 0 \\ 1, & X < 0 \end{cases}$$

由原码定义可知，$[+0]_{\text{原}} = 0.0000$，而 $[-0]_{\text{原}} = 1.0000$，说明 0 在原码表示中不是唯一的。

3. 补码表示法

原码表示通俗易懂，而且与真值间转换很简单。但是用原码表示二进制数时硬件电路实现加减运算很不方便。例如，当 A、B 两数相加时，还要根据其同号还是异号进行不同的操作。若两数同号，则数值相加，结果符号不变；若两数异号，则实际做减法，让绝对值大的数减去绝对值小的数，其结果符号与绝对值大的数相同。整个操作费时费设备。为了解决这些矛盾，研究人员提出了补码表示的方法。

1) 补码的概念和定义

补码是根据同余的概念提出来的，如 $8 + (-4) = (8 + 6)(\bmod 10)$。其中 10 称为模数，在相应模数下等号两边余数相同。当以 10 为模时，$8 - 4$ 可以用 $8 + 6$ 来计算，6 就是以 10 为模时 -4 的补码。

因此，二进制小数的补码定义为

$$[X]_{\text{补}} = \begin{cases} X, & 0 \leqslant X < 1 \\ 2 + X, & -1 < X \leqslant 0 \end{cases}$$

2) 补码的转换

(1) 由真值求补码。根据补码的定义，如果 X 的真值为正数，则其补码就是真值本身。

如果 X 的真值为负数，例如，若 $X = -0.X_1 X_2 \cdots X_{n-1} X_n$，则 X 的补码 $[X]_{\text{补}} = 2 + X$，即

$$[X]_{补} = 10.00\cdots00 + (-0.X_1X_2\cdots X_{n-1}X_n)$$
$$= 1.11\cdots11 + 0.000\cdots01 + (-0.X_1X_2\cdots X_{n-1}X_n)$$
$$= 1.\overline{X_1}\,\overline{X_2}\cdots\overline{X_{n-1}}\,\overline{X_n} + 0.000\cdots01$$

从而得到由负数真值求补码的方法如下：符号位为1，尾数各位取反（0变1,1变0），然后在末位加1，即除符号位外"求反加1"。

(2) 由原码求补码。由原码和补码的定义可知，如果 X 的原码为正数，则其补码就是原码本身。如果 X 的原码为负数，例如，若 $[X]_{原} = 1.X_1X_2\cdots X_{n-1}X_n$，则

$$X = -0.X_1X_2\cdots X_{n-1}X_n$$
$$[X]_{补} = 2 + X = 2 - 0.X_1X_2\cdots X_{n-1}X_n$$
$$= 1 + (1 - 0.X_1X_2\cdots X_{n-1}X_n)$$
$$= 1.\overline{X_1}\,\overline{X_2}\cdots\overline{X_{n-1}}\,\overline{X_n} + 0.000\cdots01$$

这个结果表明任何负数的补码 $[X]_{补}$ 等于它的原码除符号位以外各位"求反加1"。

(3) 由一个数的补码表示求其负数的表示，它是实现补码减法运算的基础。

当 X 为正数时，$[X]_{补} = 0.X_1X_2\cdots X_{n-1}X_n$，$[X]_{原} = 0.X_1X_2\cdots X_{n-1}X_n$；

其负数表示为 $-X = -0.X_1X_2\cdots X_{n-1}X_n$，是一个负数，从而

$$[-X]_{补} = 1.\overline{X_1}\,\overline{X_2}\cdots\overline{X_{n-1}}\,\overline{X_n} + 2^{-n}$$

当 X 为负数时，$[X]_{补} = 1.X_1X_2\cdots X_{n-1}X_n$，$[X]_{原} = 1.\overline{X_1}\,\overline{X_2}\cdots\overline{X_{n-1}}\,\overline{X_n} + 2^{-n}$；

其负数表示为 $-X = 0.\overline{X_1}\,\overline{X_2}\cdots\overline{X_{n-1}}\,\overline{X_n} + 2^{-n}$，是一个正数，从而

$$[-X]_{补} = 0.\overline{X_1}\,\overline{X_2}\cdots\overline{X_{n-1}}\,\overline{X_n} + 2^{-n}$$

根据以上分析得到如下结论：对二进制小数 X，通过对其补码 $[X]_{补}$ 连同符号位一起"求反加1"，便可得到其 $[-X]_{补}$。因此称 $[-X]_{补}$ 为 $[X]_{补}$ 的机器负数，由 $[X]_{补}$ 求 $[-X]_{补}$ 的过程称为对 $[X]_{补}$ 求 $-X$ 的补码。

3) 补码的性质

(1) 如果用 X_0 表示符号位，则有

$$X_0 = \begin{cases} 0, & X > 0 \\ 1, & X < 0 \end{cases}$$

(2) 真值0在补码表示中是唯一的，则有

$$[+0]_{补} = 0.000\cdots00$$
$$[-0]_{补} = 10.000\cdots00 - 0.000\cdots00 = 10.000\cdots00 \bmod 2 = 0.000\cdots00$$

即 $[+0]_{补} = [-0]_{补} = 0.000\cdots00$。

4) 补码的运算规则

补码的运算规则为

$$[X]_{补} \pm [Y]_{补} = [X \pm Y]_{补}$$

补码运算结果仍然是补码，当结果的最高位有向上进位时，丢掉不要即为正确结果。

5) 补码的溢出判断与变形补码

当两正小数相加结果大于1或两负小数相加结果小于-1时，其结果超出了机器所能表示数的范围，则产生溢出错误，为能正确判断溢出错误常采用变形补码，变形补码用两位符号位表示补码的符号。

变形补码的定义为

$$[X]_{补} = \begin{cases} X, & 0 \leqslant X < 1 \\ 4+X, & -1 < X \leqslant 0 \end{cases}$$

例如：

若 $X=+0.101101$，则 $[X]_{补}=00.101101$；

若 $X=-0.101101$，则 $[X]_{补}=11.010011$。

当两数运算结果符号位相异时则产生溢出，结果符号位为 01 时是正溢出，结果符号位为 10 时是负溢出。

例如：若 $X=+0.1101$，$Y=+0.1010$，则

$[X]_{补}=00.1101$，$[Y]_{补}=00.1010$；

$[X+Y]_{补}=[X]_{补}+[Y]_{补}=01.0111$，产生正溢出。

4. 反码表示法

在补码表示中，如果只求反末位不加 1，就得到了机器数的反码表示法。

可从补码的定义推出反码的定义

$$[X]_{反} = \begin{cases} X, & 0 \leqslant X < 1 \\ (2-2^n)+X, & -1 < X \leqslant 0 \end{cases}$$

其中，n 为尾数的位数。

在反码表示中，0 的表示不是唯一的，$[+0]_{反}=0.000\cdots00$，而 $[-0]_{反}=1.111\cdots11$。

反码的运算规则为

$$[X]_{反} \pm [Y]_{反} = [X \pm Y]_{反}$$

反码运算的结果仍为反码，如果结果的最高位有向上的进位，则应加到结果的末位，即循环进位后才能得到正确结果。

1.2.3 数的定点与浮点表示法

1. 数的定点表示法

定点数是各种数据表示中最简单、最基本的一种形式。在定点表示中，约定机器中所有数据的小数点位置是固定不变的，因而小数点就不必要再使用记号表示。

1) 定点小数格式

定点小数的小数点位置固定在最高有效数位的左边。任意一个定点小数都可表示成

$$N = N_s.N_{-1}N_{-2}N_{-3}\cdots N_{-m}$$

其中，N_s 为符号位，m 为数据位数。

定点小数在计算机中的表示形式如图 1-4 所示。

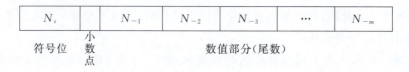

图 1-4　定点小数在计算机中的表示形式

2) 定点整数格式

定点整数的小数点固定在最低数据位的右边,任意一个定点整数表示成

$$N = N_s N_{m-1} N_{m-2} \cdots N_1 N_0$$

其中,N_s 为符号位,m 为数据位数。

定点整数在计算机中整数表示形式如图 1-5 所示。

图 1-5　定点整数在计算机中整数表示形式

定点数可以表示为带符号数或不带符号数。表示算术操作数时,应该用带符号数,一般以左边最高位表示符号位。不带符号数一般表示逻辑量或某些特征值。

2. 浮点数表示法

一个浮点数 N 可写成

$$N = M \times R_m^E$$

其中,M 表示尾数(mantissa),E 表示阶码(exponent),R_m 表示基数(radix)。R_m 一般为 2、8、16 等 2 的幂,由于 R_m 是常数,不需在数码中表示出来,故浮点数只需用一对定点数表示。一个是尾数 M,在浮点表示中尾数通常为规格化的纯小数,即 $|M| \geqslant 1/R_m$,另一个是阶码 E,通常是整数(移码表示)。

浮点数在计算机中的表示形式如图 1-6 所示。

图 1-6　浮点数在计算机中的表示形式

1.2.4　字符的二进制表示

在数字系统中,要处理的信息不仅包含数值信息,而且包含大量非数值信息,如文字、字母和其他专用符号,这些符号都必须按照一定的规则用一组二进制编码来表示,才能被计算机识别、处理、存储和传送。

1. ASCII 码

ASCII 码即美国信息交换标准代码。ASCII 码用 7 位二进制码编码,故可表示 $2^7 = 128$ 个字符,其中包括 10 个十进制数(0~9),52 个大、小写英文字母(A~Z,a~z),32 个通用控制字符,34 个专用字符。我国标准《信息技术　信息交换用七位编码字符集》(GB/T 1988—1998)规定了信息处理交换用的图形字符和控制字符共 128 个,每个字符用七位二进制数码进行编码,与 ASCII 码兼容。

2. 十进制数符

在数字系统中,十进制数符也可以用二进制数进行编码,称为 BCD 编码(binary coded decimal),根据 BCD 编码的用途和编码原则的不同,可以分为有权码和无权码。

有权码是指 BCD 编码的每一位二进制位都有对应的权值,有权码可用于十进制计算,常用的 BCD 有权码有 8421BCD、2421BCD、5421BCD 等。无权码是指 BCD 编码的二进制位没有权值,常用的 BCD 无权码有余 3 码、ASCII 码等。

常用的 BCD 编码如表 1-3 所示，其中 8421BCD 编码是最为常用的 BCD 编码。

表 1-3　常用的 BCD 编码

数符	BCD 编码				
	有权码			无权码	
	8421BCD	2421BCD	5421BCD	余3码	ASCII
0	0000	0000	0000	0011	30H
1	0001	0001	0001	0100	31H
2	0010	0010	0010	0101	32H
3	0011	0011	0011	0110	33H
4	0100	0100	0100	0111	34H
5	0101	1011	1000	1000	35H
6	0110	1100	1001	1001	36H
7	0111	1101	1010	1010	37H
8	1000	1110	1011	1011	38H
9	1001	1111	1100	1100	39H

例如，十进制数$(2021.09)_{10}$的 BCD 编码只需用 BCD 编码逐位表示十进制数码。具体如下：

$$(2021.09)_{10} = (0010\ 0000\ 0010\ 0001.0000\ 1001)_{8421BCD}$$
$$(2021.09)_{10} = (0010\ 0000\ 0010\ 0001.0000\ 1111)_{2421BCD}$$
$$(2021.09)_{10} = (0010\ 0000\ 0010\ 0001.0000\ 1100)_{5421BCD}$$
$$(2021.09)_{10} = (0101\ 0011\ 0101\ 0100.0011\ 1100)_{余3码}$$
$$(2021.09)_{10} = (32H\ 30H\ 32H\ 31H.30H\ 39H)_{ASCII}$$

3. 汉字字符编码

数字系统对汉字的处理能力极大地影响着计算机的广泛应用。为了能在数字系统的各个处理环节中方便和正确地表示汉字，在汉字系统中要涉及各种汉字代码，包括汉字输入码、汉字区位码、汉字交换码(国标码)、汉字机内码、汉字输出码等。

1) 汉字输入码

汉字输入码又称汉字外码，是为将汉字输入到计算机系统而设计的代码。计算机中汉字的输入方法可以分为自然输入和键盘编码输入两大类。自然输入包括手写输入和语音输入。键盘编码输入根据输入原理主要分成：流水码、音码、形码和音形码(形音码)。

流水码也被称为无理码，是由汉字顺序排列形成的编码。音码是基于汉语拼音方案，或者对拼音方案进行一些变革与改良形成的编码。例如，"全拼"就是完全基于汉语拼音，"双拼"就是为了减少输入时的击键数而作的变革。形码类的输入法从汉字的形状出发，通常重码低、输入速度快。音形码从汉字的音和形两个角度出发，有的以音为主，有的以形为主。

2) 汉字区位码

在汉字区位码中，所有的国标汉字与符号组成一个 94×94 的矩阵。在此方阵中，每一行称为一个"区"，每一列称为一个"位"，因此这个方阵实际上组成了一个有 94 个区(区号分别为 1～94)、每个区内有 94 个位(位号分别为 1～94)的汉字字符集。一个汉字所在的区号和位号简单地组合在一起就构成了该汉字的"区位码"。

区位码是 4 位十进制编码,其高两位为区号,低两位为位号。在区位码中,01~09 区为 682 个特殊字符;16~87 区为汉字区,包含 6763 个汉字,其中 16~55 区为一级汉字(3755 个最常用的汉字,按拼音字母的次序排列),56~87 区为二级汉字(3008 个汉字,按部首次序排列)。

3) 汉字国标码(交换码)

我国国家标准局于 1981 年 5 月发布了《信息交换用汉字编码字符集——基本集》(GB/T 2312—1980),共对 6763 个汉字和 682 个图形字符进行了编码,其编码原则为,每个汉字用 2 字节表示,每字节用七位码(高位为 0)。区位码转换为国标码时,先将十进制区码和位码转换为十六进制的区码和位码,再将这个代码加上 2020H,就得到国标码。国标码区码编码范围为 21H~7EH,对应 94 个区;位码编码范围为 21H~7EH,对应 94 位。

由于 GB/T 2312—1980 是 20 世纪 80 年代制定的标准,在实际应用中有所局限,所以建议处理文字信息的产品采用新发布的《信息技术 中文编码字符集》(GB 18030—2022),这个字符集繁、简字均处同一个平台,可解决 GB 码与 BIG5 码间的字码转换不便的问题。

《信息技术 中文编码字符集》(GB 18030—2022)是我国发布的以汉字为主并包含多种我国少数民族文字(如藏、蒙古、傣、彝、朝鲜、维吾尔文等)的超大型中文编码字符集强制性标准,其中收入汉字 70000 余个。

4) 汉字机内码

汉字编码被输入计算机系统后,需要先转换成计算机内部表示汉字的机内码,才能按照程序的要求控制计算机对机内码进行加工处理。国标码是汉字信息交换的标准编码,其前后字节的最高位为 0,会与 ASCII 码发生冲突。为了解决这个问题,汉字的机内码采用变形国标码,其变换方法为,将国标码加上 8080H,即将 2 字节的最高位由 0 改 1,其余 7 位不变。

5) 汉字输出码

汉字信息加工处理后的结果如以汉字形式输出,则应将汉字机内码再转换成汉字交换码或直接转换成汉字地址码,按照这些地址从汉字库中取出汉字字形存储码,再根据输出设备的要求转换成字形输出码,供显示或打印。汉字字形存储码是每一个汉字信息的字形点阵码。如用 16×16 的点阵,则每一个汉字字形码为 32B;如用 24×24 的点阵,则每一个汉字字形码为 72B。

1.2.5 可靠性编码

在不同数字系统之间进行信息传输时,为了减少信息在形成和传输过程中可能产生的错误,人们常采用一些可靠性编码方法,使代码在形成过程中不易出错,或者即使出错也容易发现并确定出错的位置和纠正。目前,常用的可靠性编码有格雷码(Gray code)、奇偶校验码、海明码和循环冗余码等。由于本书中经常用到格雷码,因此本节予以简单介绍,其他可靠性编码不是本书的研究重点,读者可以查阅相关资料自行深入研究。

在一组数的编码中,若任意两个相邻数的编码只有一位二进制数不同,则称这种编码为格雷码。格雷码因 1953 年公开的弗兰克·格雷(Frank Gray)专利 *Pulse Code Communication* 而得名,当初是为了用于通信,现在则常用于模数转换和位置-数字转换中。

在数字系统中,常要求代码按一定规律变化。例如,按自然数递增计数,若采用 8421 码,则数 0111 变到 1000 时 4 位均要变化。而在实际电路中,4 位的变化不可能绝对同时发生,因此计数中可能出现短暂的其他代码(1100、1111 等),在特定情况下可能导致电路状态错误或输出错误,而使用格雷码可以避免这种错误。

格雷码有多种编码形式,典型格雷码最具有代表性,若不作特别说明,格雷码就是指典型格雷码,它可从自然二进制码转换而来。表 1-4 给出了十进制对应的 4 位自然二进制编码和 4 位典型格雷码,表中相邻十进制数的格雷码之间只有一个二进制位不同。

表 1-4　十进制对应的 4 位自然二进制编码和 4 位典型格雷码

十进制数	4 位自然二进制编码	4 位典型格雷码	十进制数	4 位自然二进制编码	4 位典型格雷码
0	0000	0000	8	1000	1100
1	0001	0001	9	1001	1101
2	0010	0011	10	1010	1111
3	0011	0010	11	1011	1110
4	0100	0110	12	1100	1010
5	0101	0111	13	1101	1011
6	0110	0101	14	1110	1001
7	0111	0100	15	1111	1000

1.3　布尔代数的基本概念

1847 年,英国数学家乔治·布尔(George Boole)提出了一个系统的逻辑处理方法并由此而发展成一个代数体系——布尔代数。布尔代数是研究开关理论和逻辑设计的数学基础,已被广泛应用于数字系统设计中。

1.3.1　布尔函数及真值表

1. 布尔函数

布尔函数和普通代数系统的函数一样,可表示为自变量的函数

$$F = f(x_1, x_2, \cdots, x_n)$$

布尔函数自变量的命名方法与普通代数系统自变量的命名方法完全相同,也是由字母打头,字母、数字及可用符号进行组合。和普通代数系统不同的是,布尔函数的常量、自变量和函数值(因变量)取值只有 0 或者 1 两个,因此布尔代数又称二值代数。

布尔函数的基本运算包括与、或、非 3 种,对应的运算符为"·""+""⎺",利用这 3 种运算可以表示任何的布尔函数关系。

因此,布尔代数是一个由布尔变量集 K,常量 0、1 及与、或、非 3 种运算符构成的代数系统,可记为

$$B = (K, +, \cdot, \overline{}, 0, 1)$$

2. 真值表

真值表是布尔函数的表格表示法,是布尔函数的完全枚举表示。真值表采用表格方法列出函数自变量所有可能的取值组合,并给出每一种自变量取值组合对应的函数结果。

以理论上说,对于有限个自变量的布尔函数,其函数值是可枚举的。一个 n 变量的布尔函数,每一个自变量有 0、1 两个取值,其真值表应该有 2^n 种自变量的取值组合,对应地,也应该有 2^n 个函数结果。

例如,表 1-5 给出了一个 3 变量布尔函数 $F = f(A, B, C)$ 的真值表。它表示了一个 3 变量布尔函数的完全枚举描述,表中左侧列出了自变量 A、B、C 的 2^3 种取值组合,右侧列出了对应的 2^3 个函数结果。

表 1-5　3 变量布尔函数的真值表

A	B	C	F
0	0	0	0
0	0	1	1
0	1	0	1
0	1	1	1
1	0	0	0
1	0	1	1
1	1	0	1
1	1	1	1

3. 布尔函数的相等

设有两个自变量相同的布尔函数：$F=f(x_1,x_2,\cdots,x_n)$，$G=g(x_1,x_2,\cdots,x_n)$；如果对应于自变量 $x_1,x_2,\cdots,x_n$ 的任何一种取值组合且 F 和 G 的值都相同，则称 F 和 G 是相等的，记为

$$F=G$$

显然，若两个布尔函数相等，则它们的真值表一定相同；反之，若两个布尔函数的真值表完全相同，则此两个函数相等。因此，要证明两个布尔函数是否相等，只要分别列出它们的真值表，看其是否相同即可得证。

1.3.2　布尔函数的基本运算

布尔函数的基本运算有与、或、非 3 种，利用这 3 种运算可以表示任何布尔函数关系，下面给出它们的基本运算规则。

1. 与运算

与运算又称逻辑乘，其运算符为"·"或"∧"，通常，与运算符可以省略。与运算是一个二元运算，其运算规则如下：只有当两个自变量全都为 1 时，函数结果才为 1；否则就为 0。

两个变量与运算的逻辑关系可表示为 $F=A\cdot B$，或 $F=A\wedge B$。只有当 A、B 全都为 1 时，F 才为 1；否则 F 就为 0。表示其逻辑关系的真值表如表 1-6 所示。

表 1-6　与运算的真值表

A	B	F
0	0	0
0	1	0
1	0	0
1	1	1

多个变量与运算的逻辑关系可表示为 $F(x_1,x_2,\cdots,x_n)=x_1x_2\cdots x_n$，其函数值同样满足与运算的

运算规则：只有当变量 $x_1, x_2, \cdots, x_n$ 全都为 1 时，F 才为 1；否则 F 为 0。

2. 或运算

或运算又称逻辑加运算，其运算符为"$+$"或"$\vee$"。或运算是一个二元运算，其运算规则如下：只有当两个自变量全都为 0 时，函数结果才为 0；否则就为 1。

两个变量或运算的逻辑关系可表示为 $F = A + B$，或 $F = A \vee B$。只有 A、B 全都为 0 时，F 才为 0；否则 F 就为 1。表示其逻辑关系的真值表如表 1-7 所示。

表 1-7 或运算的真值表

A	B	F
0	0	0
0	1	1
1	0	1
1	1	1

多个变量或运算的逻辑关系可表示为 $F(x_1, x_2, \cdots, x_n) = x_1 + x_2 + \cdots + x_n$，其函数值同样满足或运算的运算规则：若 $x_1, x_2, \cdots, x_n$ 全为 0，则 F 为 0；变量 $x_1, x_2, \cdots, x_n$ 中只要有一个取值为 1，F 就为 1。

3. 非运算

非运算又称逻辑取反，其运算符是在变量上部加"‾"表示，例如"$\overline{A}$"。非运算是一个一元运算，其运算规则如下：函数结果总是自变量取值的"非"。即当自变量取值为 0 时，函数结果为 1；当自变量取值为 1 时，函数结果为 0。

一个变量的非运算的逻辑关系可表示为 $F = \overline{A}$。当 A 为 0 时，F 为 1；当 A 为 1 时，F 就为 0。其运算的逻辑关系可以用表 1-8 所示的真值表来描述。

表 1-8 非运算的真值表

A	F
0	1
1	0

一个函数表达式的非运算逻辑关系可表示为 $F = \overline{f(x_1, x_2, \cdots, x_n)}$，其函数值同样也满足非运算的运算规则：当表达式 $f(x_1, x_2, \cdots, x_n)$ 取值为 0 时，F 为 1；当表达式 $f(x_1, x_2, \cdots, x_n)$ 取值为 1 时，F 就为 0。

1.3.3 布尔函数的常用运算

除了布尔函数的基本运算以外，还有异或、同或两种十分常用的运算，它们可以用布尔函数的基本运算表示。

1. 异或运算

异或运算又称不带进位算术加、模 2 加运算，其运算符为"$\oplus$"。异或运算是一个二元运算，其运算规则如下：当两个自变量不同时，函数结果为 1；否则就为 0。

例如，$F = A \oplus B$ 表示两个变量 A、B 进行异或运算。当变量 A 与 B 不同时，F 为 1；否则 F 就为 0。表示其逻辑关系的真值表如表 1-9 所示。

表 1-9 异或运算的真值表

A	B	F
0	0	0
0	1	1
1	0	1
1	1	0

从真值表可以看出,当 AB 取值为 01 或 10 时,函数值 F 为 1。异或关系可以用与、或、非基本运算表示为 $F=A\oplus B=\overline{A}B+A\overline{B}$。

不带进位算术加、模 2 加,是指将两个自变量 A、B 看作两个二进制数值,进行不带进位(模 2)的算术加法运算操作,其结果和异或运算的结果完全相同。

多个变量异或运算的逻辑关系可表示为 $F(x_1,x_2,\cdots,x_n)=x_1\oplus x_2\oplus\cdots\oplus x_n$,其函数值同样满足异或运算的运算规则:若 $x_1,x_2,\cdots,x_n$ 中有偶数个 1,则这些"1"两两异或必然使函数 F 为结果 0;若变量 $x_1,x_2,\cdots,x_n$ 中有奇数个 1,则这些"1"两两异或,必然有一个"1"无法找到配对的"1",最终使函数 F 结果为 1。工程中,常常利用异或运算的这个特点对二进制序列的奇偶性进行检验。

2. 同或运算

同或运算是异或运算的反函数,其运算符用"⊙"表示。同或运算也是一个二元运算,其运算规则是:当两个自变量相同时,函数结果为 1;否则就为 0。

两个变量同或运算的逻辑关系可表示为 $F=A\odot B$。当变量 A 与 B 相同时,F 为 1;否则,F 就为 0。其逻辑关系可以用表 1-10 所示真值表来描述。

表 1-10 同或运算的真值表

A	B	F
0	0	1
0	1	0
1	0	0
1	1	1

从真值表可以看出,当 AB 取值为 00 或 11 时,函数值 F 为 1。同或关系可以用与、或、非基本运算表示为 $F=A\odot B=\overline{A}\,\overline{B}+AB$。可以看出异或与同或是互反的,即

$$F=A\oplus B=\overline{A\odot B}$$
$$F=A\odot B=\overline{A\oplus B}$$

1.4 布尔代数的公式、定理和规则

1.4.1 公式

1. 布尔代数的基本公式

1) 交换律

$$A+B=B+A$$
$$A\cdot B=B\cdot A$$

2) 结合律

$$(A+B)+C=A+(B+C)$$
$$(A \cdot B) \cdot C=A \cdot (B \cdot C)$$

3) 分配律

$$A \cdot (B+C)=A \cdot B+A \cdot C$$
$$A+B \cdot C=(A+B)(A+C)$$

4) 0-1 律

$$A+1=1$$
$$A+0=A$$
$$A \cdot 1=A$$
$$A \cdot 0=0$$

5) 互补律

$$A+\overline{A}=1$$
$$A \cdot \overline{A}=0$$

6) 等幂律

$$A+A=A$$
$$A \cdot A=A$$

7) 吸收律

$$A+AB=A$$
$$A(A+B)=A$$
$$A+\overline{A}B=A+B$$
$$A(\overline{A}+B)=A \cdot B$$

8) 对合律（双重否定律）

$$\overline{\overline{A}}=A$$

以上的布尔代数基本公式中，交换律、结合律、分配律、0-1 律、互补律和对合律可以作为布尔代数的公理，无须证明，但可以用客观存在来验证。以此为基础，可以推得布尔代数的其他公式。

2. 异或关系的常用公式

1) 交换律

$$A \oplus B=B \oplus A$$

2) 结合律

$$(A \oplus B) \oplus C=A \oplus (B \oplus C)$$

3) 0-1 律

$$A \oplus 1=\overline{A}$$
$$A \oplus 0=A$$
$$A \oplus \overline{A}=1$$
$$A \oplus A=0$$

4) 反演律

$$\overline{A \oplus B}=\overline{A} \oplus B=A \oplus \overline{B}$$

1.4.2 定理

1. 德·摩根定理

$$\overline{x_1+x_2+\cdots+x_n}=\overline{x_1}\cdot\overline{x_2}\cdot\cdots\cdot\overline{x_n}$$

$$\overline{x_1\cdot x_2\cdot\cdots\cdot x_n}=\overline{x_1}+\overline{x_2}+\cdots+\overline{x_n}$$

德·摩根(De Morgan)定理可以解释为，n 个变量的"或非"等于各变量的"非"的"与"，n 个变量的"与非"等于各变量的"非"的"或"。当变量数目较少时，该定理可很容易用真值表证明；当变量数目较多时，则可以用数学归纳法证明。

德·摩根定理是布尔代数中一个很重要且经常使用的定理，它提供了一种布尔函数表达式变换的简便方法。由于它具有反演特性，所以又称反演律。

2. 香农定理

$$\overline{f(x_1,x_2,\cdots,x_n,0,1,+,\cdot)}=f(\overline{x_1},\overline{x_2},\cdots,\overline{x_n},1,0,\cdot,+)$$

香农(Shannon)定理可以解释为，任何函数的反函数(或称补函数)，可以通过对该函数的所有变量取反，并将常量 1 换为 0，0 换为 1，运算符"+"换为"·"，"·"换为"+"而得到。香农定理实际上是德·摩根定理的推广，它可以用于任何复杂函数。

例如，$F=\overline{A}B+A\overline{B}(C+\overline{D})$，可以直接写出 $\overline{F}=(A+\overline{B})(\overline{A}+B+\overline{C}D)$。

在写函数的反函数时，要注意运算次序，原函数的与运算变为或运算时，需要加括号。

3. 香农展开定理

$$F(x_1,x_2,\cdots,x_n)=\overline{x_1}F_1(0,x_2,\cdots,x_n)+x_1F_2(1,x_2,\cdots,x_n)$$

香农展开(Shannon's expansion)又称香农分解(Shannon decomposition)，是布尔函数的一种变换方式。它可以将任意布尔函数表达为其中一个变量乘以该变量所对应的函数余子式，加上这个变量的反变量乘以该反变量所对应的函数余子式。

例如，$F=\overline{A}B+A\overline{BC}$，可以表示为 $F=\overline{A}F_1+AF_2$，其中 $F_1=B$，$F_2=\overline{BC}$。

同样，也可以表示为 $F=\overline{B}F_1+BF_2$，其中 $F_1=A\overline{C}$，$F_2=\overline{A}$。

当然也可以表示为 $F=\overline{C}F_1+CF_2$，其中 $F_1=\overline{A}B+A\overline{B}$，$F_2=\overline{A}B$。

1.4.3 规则

布尔代数有 3 个重要规则，即代入规则、对偶规则和反演规则。

1. 代入规则

任何一个含有变量 X 的等式，如果将所有出现 X 的位置，都代之以一个布尔函数 F，则等式仍然成立，这个规则称为代入规则。

例如，已知等式 $\overline{X+Y}=\overline{X}\cdot\overline{Y}$，函数 $Y=B+C$，若将 Y 代入此等式中，则有

$$\overline{X+(B+C)}=\overline{X}\cdot\overline{B+C}$$

2. 对偶规则

任何一个布尔函数表达式 F，如果将表达式中所有的"+"改成"·"，"·"改成"+"，"1"改成"0"，"0"改成"1"，而变量保持不变，则可得到一个新的函数表达式 F_d，称 F_d 为 F 的对偶函数，这一规则称为对偶规则。

例如，下列为几个原函数及其对偶函数。

若 $F=\overline{A}B+A\overline{B}C$，则 $F_d=(\overline{A}+B)(A+\overline{B}+\overline{C})$；

若 $F=A(\overline{B}+CD)+E$，则 $F_d=[A+\overline{B}(C+D)]\cdot E$；

若 $F=(A+0)\cdot(B+C\cdot 1)$，则 $F_d=A\cdot 1+B\cdot(C+0)$；

若 $F=\overline{A+B+\overline{C}+\overline{D}+\overline{E}}$，则 $F_d=\overline{A\cdot B\cdot \overline{C}\cdot \overline{D}\cdot \overline{E}}$。

需要注意的是，在运用对偶规则求对偶函数时，必须保持原运算顺序不变。因此，要特别注意原来函数中的"与"项，当这些"与"项变为"或"项时，应加括号。

对偶函数的性质如下。

(1) F 和 F_d 互为对偶函数，即 $(F_d)_d=F$。

(2) 如果函数 $F=G$，则其对偶函数 $F_d=G_d$。

3. 反演规则

任何一个布尔函数表达式 F，如果将表达式中的所有的"＋"改成"·"，"·"改成"＋"，"1"改成"0"，"0"改成"1"，原变量改成反变量，反变量改成原变量，则可得函数 F 的反函数（或称补函数）$\overline{F}$，这个规则称为反演规则。

实际上，反演规则就是香农定理。运用反演规则可以很方便地求一个函数的补函数。例如，下列为几个原函数及其反函数。

若 $F=\overline{A}B+A\overline{B}C$，则 $\overline{F}=(A+\overline{B})(\overline{A}+B+C)$；

若 $F=A(\overline{B}+CD)+E$，则 $\overline{F}=[\overline{A}+B(\overline{C}+\overline{D})]\cdot \overline{E}$；

若 $F=(A+0)\cdot(B+C\cdot 1)$，则 $\overline{F}=\overline{A}\cdot 1+\overline{B}\cdot(\overline{C}+0)$；

若 $F=\overline{A+B+\overline{C}+\overline{D}+\overline{E}}$，则 $\overline{F}=\overline{\overline{A}\cdot \overline{B}\cdot C\cdot \overline{D}\cdot E}$。

与求对偶函数一样，求反函数同样需要保持原运算顺序不变。

把上述反函数的例子与前面对偶函数的例子对照一下，可以看出，反函数和对偶函数之间在形式上只差变量的"非"。因此，若已求得一函数的对偶函数，只要将所有变量取反便得该函数的反函数；反之亦然。

1.5 布尔函数的形式及变换

布尔函数表达式是数字电路实现的基础，不同的函数表达式适合不同的电路实现方法。因此，讨论布尔函数的不同表达形式，对数字电路的实现非常重要。

1.5.1 积之和与和之积形式

1. 积之和

1) 积项

积项也就是与项，是一个或多个以原变量或反变量形式出现的布尔变量的"与"关系。如 AB、$A\overline{B}C$ 等。

2) 积之和

积之和表达式又称与或表达式。一个积之和表达式包含若干个积项，这些积项的或运算就表示了该函数。由于积之和表达式中每个积项的变量个数可多可少，所以一个函数的积之和形式不唯一。

例如，一个3变量函数 $F(A,B,C)=\overline{A}+B\overline{C}+A\overline{B}C$，其中，$\overline{A}$、$B\overline{C}$、$A\overline{B}C$ 均为积项，这些积项的或

运算就表示了函数的积之和形式。该函数也可以有多种其他形式：

$$F(A,B,C) = \bar{A} + B\bar{C} + A\bar{B}C \quad \text{（积之和）}$$
$$= \bar{A}C + \bar{A}\bar{C} + B\bar{C} + A\bar{B}C \quad \text{（积之和）}$$
$$= \bar{A}B + \bar{A}\bar{B} + B\bar{C} + A\bar{B}C \quad \text{（积之和）}$$

2. "和之积"

1) 和项

和项也就是或项，是一个或多个以原变量或反变量形式出现的布尔变量的"或"关系。如 $A+B$、$A+\bar{B}+C$ 等。

2) 和之积

和之积表达式又称或与表达式。一个和之积表达式包含若干和项，这些和项的与运算就表示了该函数。由于和之积表达式中每个和项的变量个数可多可少，所以一个函数的和之积表达式也不唯一。

例如，一个 4 变量函数 $F(A,B,C,D) = (A+B)(C+\bar{D})(\bar{A}+B+C)$，其中 $(A+B)$、$(C+\bar{D})$、$(\bar{A}+B+C)$ 均为和项，这些和项的与运算就构成了函数的和之积形式。该函数也可以有多种其他形式。

3. 积之和与和之积之间的关系

积之和与和之积是布尔函数的两种表达形式，同一布尔函数，既可以用积之和形式表示，也可以用和之积形式表示。从函数形式来看，这是两个不同的布尔函数表达式，但实质上，它们描述了同一种逻辑关系。

例如，真值表 1-11 对应的积之和表达式为 $F = \bar{A} + B\bar{C} + \bar{B}C$；也可以表示为和之积表达式 $F(A,B,C) = (\bar{A}+B+C)(\bar{A}+\bar{B}+\bar{C})$。积之和表达式中，任何一个积项为 1，函数值就为 1；和之积表达式中，任何一个和项为 0，函数值就为 0。

表 1-11　积之和与和之积的真值表

A	B	C	F
0	0	0	1
0	0	1	1
0	1	0	1
0	1	1	1
1	0	0	0
1	0	1	1
1	1	0	1
1	1	1	0

因此，同一个布尔函数可以从函数值取值为 1、0 两方面描述；积之和表达式是对那些使函数值取值为 1 的积项的描述，和之积表达式是对那些使函数值取值为 0 的和项的描述。

4. 积之和与和之积之间的转换

按照布尔函数相等的概念，虽然积之和表达式 $F = \bar{A} + B\bar{C} + \bar{B}C$ 与和之积表达式 $F(A,B,C) = (\bar{A}+B+C)(\bar{A}+\bar{B}+\bar{C})$ 在形式上不同，但它们描述了同一个真值表，因此它们是相等的，在函数表达形式上可以互相转换。

1) 和之积转换为积之和

和之积转换为积之和，一般利用布尔函数的公式、定理直接展开即可。

例 1-1 求函数 $F(A,B,C)=(\bar{A}+B+C)(\bar{A}+\bar{B}+\bar{C})$ 的积之和表达式。

解：直接利用布尔函数的公式、定理进行展开。

$$F(A,B,C)=(\bar{A}+B+C)(\bar{A}+\bar{B}+\bar{C})$$
$$=\bar{A}(\bar{A}+\bar{B}+\bar{C})+B(\bar{A}+\bar{B}+\bar{C})+C(\bar{A}+\bar{B}+\bar{C})$$
$$=(\bar{A}\bar{A}+\bar{A}\bar{B}+\bar{A}\bar{C})+(\bar{A}B+B\bar{B}+B\bar{C})+(\bar{A}C+\bar{B}C+\bar{C}C)$$
$$=\bar{A}+\bar{A}B+\bar{A}\bar{C}+\bar{A}B+B\bar{C}+\bar{A}C+\bar{B}C$$
$$=\bar{A}+B\bar{C}+\bar{B}C$$

2) 积之和转换为和之积

积之和转换为和之积，也可以像初等函数一样，采用提取公因式法进行转换，但对于布尔函数还有更方便的方法，就是利用德·摩根定理进行函数形式转换。已知一个函数的积之和，利用德·摩根定理求反，即可直接得到其反函数的和之积。同样，已知一个函数的和之积，利用德·摩根定理求反，即可直接得到其反函数的积之和。

如果要将一个函数的积之和转换为原函数的和之积，则首先要得到其反函数的积之和，再利用德·摩根定理求反，即可得到原函数的和之积。因此，积之和转换为和之积可按如下步骤进行。

(1) 先求反函数的积之和表达式。

(2) 将反函数积之和表达式直接求反，即为原函数的和之积。

例 1-2 求布尔函数 $F(A,B,C)=\bar{A}+B\bar{C}+\bar{B}C$ 的和之积表达式。

解：

(1) 先求反函数的积之和表达式。

原函数为 $F(A,B,C)=\bar{A}+B\bar{C}+\bar{B}C$。

反函数为 $\overline{F(A,B,C)}=A(\bar{B}+C)(B+\bar{C})$。

展开得到反函数的积之和表达式 $\overline{F(A,B,C)}=A\bar{B}\bar{C}+ABC$。

(2) 利用德·摩根定理，求得原函数和之积为

$$F(A,B,C)=\overline{\overline{F(A,B,C)}}=\overline{A\bar{B}\bar{C}+ABC}=(\bar{A}+B+C)(\bar{A}+\bar{B}+\bar{C})$$

1.5.2 标准积之和与标准和之积

1. 标准积之和

1) 标准积

标准积又称最小项。标准积是包含了函数全部变量的积项，其中每个变量都以原变量或反变量的形式出现，且仅出现一次。n 变量的布尔函数有 2^n 个标准积。

例如，一个 3 变量布尔函数 $F(A,B,C)$，可能的标准积有 $2^3=8$ 个，分别是 $\bar{A}\bar{B}\bar{C}$、$\bar{A}\bar{B}C$、$\bar{A}B\bar{C}$、$\bar{A}BC$、$A\bar{B}\bar{C}$、$A\bar{B}C$、$AB\bar{C}$、ABC。

如果将反变量用 0 表示，原变量用 1 表示，则上面的标准积可用如下编码表示：000、001、010、011、100、101、110、111。

为了叙述和书写方便，通常用符号 m_i 表示标准积，其中下标 i 是标准积的编号，下标 i 的确定方法如下。

(1) 把标准积中的原变量记为 1，反变量记为 0。

(2) 当变量顺序确定后,标准积可以按顺序排列成一个二进制数。
(3) 这个二进制数对应的十进制数就是最小项的下标 i。

依此规定,3 变量布尔函数的 8 个标准积如表 1-12 所示。很显然,标准积用符号表示要简单得多。

表 1-12 3 变量函数的标准积及符号表示

A	B	C	标准积(最小项)	编 号	符号表示
0	0	0	$\overline{A}\,\overline{B}\,\overline{C}$	000	m_0
0	0	1	$\overline{A}\,\overline{B}C$	001	m_1
0	1	0	$\overline{A}B\overline{C}$	010	m_2
0	1	1	$\overline{A}BC$	011	m_3
1	0	0	$A\overline{B}\,\overline{C}$	100	m_4
1	0	1	$A\overline{B}C$	101	m_5
1	1	0	$AB\overline{C}$	110	m_6
1	1	1	ABC	111	m_7

最小项具有下列 3 个性质。
(1) 对于任意一个最小项 m_i,只有一组变量取值使其值为 1。
(2) 任意两个不同的最小项之积必为 0,即 $m_i \cdot m_j = 0 (i \neq j)$。
(3) n 变量的所有 2^n 个最小项之和必为 1,即 $\sum_{i=0}^{2^n-1} m_i = 1$。

2) 标准积之和

标准积之和又称最小项之和。一个函数的真值表中,使函数取值为 1 的那些标准积的和,就构成了该函数的标准积之和。由于每个标准积包含了所有的自变量,所以一个函数的标准积之和表达式是唯一的。

例如,一个 3 变量函数的真值表如表 1-13 所示,其标准积之和表达式为 $F(A,B,C) = \overline{A}B\overline{C} + \overline{A}BC + A\overline{B}\,\overline{C} + ABC$。该表达式可以理解为,只要任何一个最小项为 1,则函数值为 1。

表 1-13 标准积之和的真值表

A	B	C	F	最小项
0	0	0	0	$m_0 = 0$
0	0	1	0	$m_1 = 0$
0	1	0	1	$m_2 = 1$
0	1	1	1	$m_3 = 1$
1	0	0	1	$m_4 = 1$
1	0	1	0	$m_5 = 0$
1	1	0	0	$m_6 = 0$
1	1	1	1	$m_7 = 1$

标准积之和可用符号表示为

$$F(A,B,C)=m_2+m_3+m_4+m_7=\sum m(2,3,4,7)$$

其中，"$\sum$"表示各标准积求"或"运算；括号内的十进制数字表示各标准积的下标；m_2、m_3、m_4 和 m_7 对应于真值表中使函数取值为 1 的那些标准积。

2. 标准和之积

1) 标准和

标准和又称最大项。标准和是包含了函数全部变量的和项，其中每个变量都以原变量或反变量的形式出现，且仅出现一次。n 变量的布尔函数有 2^n 个标准和。

例如，一个 3 变量布尔函数 $F(A,B,C)$，可能的标准和有 $2^3=8$ 个，分别是 $\overline{A}+\overline{B}+\overline{C}$、$\overline{A}+\overline{B}+C$、$\overline{A}+B+\overline{C}$、$\overline{A}+B+C$、$A+\overline{B}+\overline{C}$、$A+\overline{B}+C$、$A+B+\overline{C}$、$A+B+C$。

如果将反变量用 1 表示，原变量用 0 表示，则上面的标准和可用如下编码表示：111、110、101、100、011、010、001、000。

为了叙述和书写方便，通常用符号 M_i 表示标准和，其中下标 i 是标准和的编号，下标 i 的确定方法如下。

(1) 把标准和中原变量记为 0，反变量记为 1。
(2) 当变量顺序确定后，标准和可以按顺序排列成一个二进制数。
(3) 这个二进制数对应的十进制数就是最大项的下标 i。

依此规定，3 变量布尔函数的 8 个标准和如表 1-14 所示。

表 1-14　3 变量函数的标准和及符号表示

A	B	C	标准和(最大项)	编　号	符号表示
0	0	0	$A+B+C$	000	M_0
0	0	1	$A+B+\overline{C}$	001	M_1
0	1	0	$A+\overline{B}+C$	010	M_2
0	1	1	$A+\overline{B}+\overline{C}$	011	M_3
1	0	0	$\overline{A}+B+C$	100	M_4
1	0	1	$\overline{A}+B+\overline{C}$	101	M_5
1	1	0	$\overline{A}+\overline{B}+C$	110	M_6
1	1	1	$\overline{A}+\overline{B}+\overline{C}$	111	M_7

最大项具有下列 3 个性质。

(1) 对于任意一个最大项 M_i，只有一组变量取值使其值为 0。
(2) 任意两个不同的最大项之和必为 1，即 $M_i+M_j=1(i\neq j)$。
(3) n 变量的所有 2^n 个最大项之积必为 0，即 $\prod_{i=0}^{2^n-1} M_i=0$。

2) 标准和之积

标准和之积又称最大项之积。一个函数真值表中，使函数取值为 0 的那些标准和的积，就构成了该函数的标准和之积。由于每个标准和包含了所有的自变量，所以一个函数的标准和之积是唯一的。

例如，一个三变量函数的真值表如表 1-15 所示，则其标准和之积表达式为：$F(A,B,C)=(A+B+$

$C)(A+B+\bar{C})(\bar{A}+B+\bar{C})(\bar{A}+\bar{B}+C)$。该表达式可以理解为,只要任何一个最大项为 0,则函数值为 0。

表 1-15 标准和之积的真值表

A	B	C	F	最 大 项
0	0	0	0	$M_0=0$
0	0	1	0	$M_1=0$
0	1	0	1	$M_2=1$
0	1	1	1	$M_3=1$
1	0	0	1	$M_4=1$
1	0	1	0	$M_5=0$
1	1	0	0	$M_6=0$
1	1	1	1	$M_7=1$

标准和之积可用符号表示为

$$F(A,B,C)=M_0 M_1 M_5 M_6 = \prod M(0,1,5,6)$$

其中,符号"$\prod$"表示各标准和求"与";括号内的十进制数字表示各标准和的下标;M_0、M_1、M_5 和 M_6 与真值表中使函数取值为 0 的那些标准和对应。

3. 标准积之和与标准和之积的关系及变换

标准积之和是所有使函数值取 1 的最小项的和,它描述了真值表中函数值取值为 1 的所有情况;标准和之积是所有使函数值取 0 的最大项的积,它描述了真值表中函数值取值为 0 的所有情况。根据以上分析,可以得到如下 3 个结论。

(1) 同一个函数既可以表示成标准积之和的形式,又可以表示成标准和之积的形式。

(2) $m_i=\overline{M_i}$;$\overline{m_i}=M_i$。

(3) 同一个函数的最大项集合与最小项集合既是互斥的,又是互补的。

互斥是指它们的最小项集合与最大项集合互不交叉重叠;互补是指它们的最小项集合与最大项集合构成函数所有自变量取值的集合。

例如,已知一个布尔函数的标准积之和形式为

$$F(A,B,C)=\sum m(2,3,4,7)$$

则该函数的标准和之积形式必为

$$F(A,B,C)=\prod M(0,1,5,6)$$

1.5.3 布尔函数的与非、或非、与或非及异或表示

1. 逻辑运算的完备集

能够实现任何逻辑函数的逻辑运算类型的集合,被称为逻辑运算的完备集。在布尔代数中,与、或、非是 3 种最基本的逻辑运算,用与、或、非 3 种运算和逻辑变量可以构成任何逻辑函数,因此称与、或、非逻辑运算是一组完备集。

在数学上,完备集应具有最少的元素,即最小完备集,应满足以下条件。

(1) 任意一个逻辑函数,都可以用集合中的逻辑关系实现,即完备性。

(2) 集合中的一个元素不能被集合中其他元素实现,即具有独立性或最小性。

与、或、非 3 种运算并不是最小的完备集,这是因为由德·摩根定理可知,从与和非便可得到或的结果,从或和非便可得到与的结果,不满足独立性条件。

与非、或非、与或非运算中的任何一种都能单独实现与、或、非运算。可以证明,这 3 种复合运算中的任意一种都是一个完备集,实现函数只需一种逻辑关系。

异或(同或)关系不能构成完备集,因此单独使用异或(同或)关系不能表示所有布尔函数,但是用异或关系结合与、或运算,就可以表示任何布尔函数,从而简化布尔函数的运算。

2. 布尔函数的与非-与非表达式

与非-与非表达式是只有与非运算的逻辑表达式,形如 $F=\overline{\overline{AB}\cdot\overline{CD}}$。

任何布尔函数都可表示为与非-与非表达式。对于一个函数的与或表达式,两次取非后再利用德·摩根定理容易得到 $F=AB+CD=\overline{\overline{AB+CD}}=\overline{\overline{AB}\cdot\overline{CD}}$。

也就是说,函数的与或表达式两次取非后,利用德·摩根定理即可直接得到与非-与非表达式。例如 $F=\overline{A}+B\overline{C}+\overline{B}C=\overline{\overline{\overline{A}+B\overline{C}+\overline{B}C}}=\overline{A\cdot\overline{B\overline{C}}\cdot\overline{\overline{B}C}}$。

3. 布尔函数的或非-或非表达式

或非-或非表达式是只有或非运算的逻辑表达式,形如 $F=\overline{\overline{A+B}+\overline{C+D}}$。

任何布尔函数都可表示为或非-或非表达式。对于函数的或与表达式,两次取非后再利用德·摩根定理容易得到 $F=(A+B)(C+D)=\overline{\overline{(A+B)(C+D)}}=\overline{\overline{A+B}+\overline{C+D}}$。

也就是说,函数的或与表达式两次取非后,利用德·摩根定理即可直接得到或非-或非表达式。例如:

$$F=(\overline{A}+B+C)(\overline{A}+\overline{B}+\overline{C})$$
$$=\overline{\overline{(\overline{A}+B+C)(\overline{A}+\overline{B}+\overline{C})}}$$
$$=\overline{\overline{(\overline{A}+B+C)}+\overline{(\overline{A}+\overline{B}+\overline{C})}}$$

要想获得或非-或非表达式,首先要得到函数的或与表达式。这就需要熟练掌握前述的与或式(积之和)和或与式(和之积)之间的变换方法。

4. 布尔函数的与或非表达式

与或非表达式是只有与或非运算的逻辑表达式,形如 $F=\overline{AB+CD}$。

任何布尔函数都可表示为与或非表达式。要得到与或非表达式有两种方法。

方法 1:$F=AB+CD=\overline{\overline{AB+CD}}$。

由函数的与或表达式两次取非就得到了与或非表达式,只不过多了一次非。

例如:$F=\overline{A}+B\overline{C}+\overline{B}C=\overline{\overline{\overline{A}+B\overline{C}+\overline{B}C}}$。

方法 2:$F=(A+B)(C+D)=\overline{\overline{(A+B)(C+D)}}=\overline{\overline{A+B}+\overline{C+D}}=\overline{\overline{A}\overline{B}+\overline{C}\overline{D}}$。

由函数的或与表达式,两次取非,再利用德·摩根定理进行变换,即可得到与或非表达式。例如:

$$F=(\overline{A}+B+C)(\overline{A}+\overline{B}+\overline{C})$$
$$=\overline{\overline{(\overline{A}+B+C)(\overline{A}+\overline{B}+\overline{C})}}$$

$$= \overline{\overline{A}\overline{B}\overline{C} + ABC}$$

以上两种方法均可变换为与或非表达式，实际应用时可根据实际情况选择其一即可。

5. 带有异或关系的布尔函数

异或关系不能表示所有的布尔函数，但它可用于具有异或关系的函数局部。异或关系用于实现带有异或关系的布尔函数表达式，能够简化布尔函数的运算。

例如，给定布尔函数表达式 $F = \sum m(1,2,4,7,8,11,13,14)$，下面用代数法展开函数表达式进行分析：

$$F = \sum m(1,2,4,7,8,11,13,14)$$
$$= \overline{A}\overline{B}\overline{C}D + \overline{A}\overline{B}C\overline{D} + \overline{A}B\overline{C}\overline{D} + \overline{A}BCD + A\overline{B}\overline{C}\overline{D} + A\overline{B}CD + AB\overline{C}D + ABC\overline{D}$$
$$= \overline{A}\overline{B}(\overline{C}D + C\overline{D}) + \overline{A}B(\overline{C}\overline{D} + CD) + A\overline{B}(\overline{C}\overline{D} + CD) + AB(\overline{C}D + C\overline{D})$$
$$= \overline{A}\overline{B}(C \oplus D) + \overline{A}B\,\overline{(C \oplus D)} + A\overline{B}\,\overline{(C \oplus D)} + AB(C \oplus D)$$
$$= (\overline{A}\overline{B} + AB)(C \oplus D) + (\overline{A}B + A\overline{B})\overline{(C \oplus D)}$$
$$= \overline{(A \oplus B)}(C \oplus D) + (A \oplus B)\overline{(C \oplus D)}$$
$$= A \oplus B \oplus C \oplus D$$

可以看到，这类带有异或关系的布尔函数，如果用与非-与非、或非-或非、与或非等关系表示该函数会非常烦琐。用异或运算表示布尔函数中的异或关系，会使函数表达式变得更加简洁，比用其他表达式表示简单得多。

1.5.4 完全确定布尔函数与不完全确定布尔函数

对于函数 $F = f(x_1, x_2, \cdots, x_n)$，其所有自变量取值组合都有明确的函数值 0 或者 1，这样的布尔函数称为完全确定布尔函数，其真值表称为完全确定真值表；反之，如果其某些自变量取值组合无意义，则函数值可为任意值，表示为 d（或 X），其取值可为 0 或者 1。这样的布尔函数称为不完全确定布尔函数，其真值表称为不完全确定真值表。

例如，4 位二进制数转换为格雷码和余 3 码的真值表如表 1-16 所示。

表 1-16 4 位二进制数转换为格雷码和余 3 码的真值表

$B_4B_3B_2B_1$	$G_4G_3G_2G_1$	$R_4R_3R_2R_1$	$B_4B_3B_2B_1$	$G_4G_3G_2G_1$	$R_4R_3R_2R_1$
0000	0000	0011	1000	1100	1011
0001	0001	0100	1001	1101	1100
0010	0011	0101	1010	1111	*dddd*
0011	0010	0110	1011	1110	*dddd*
0100	0110	0111	1100	1010	*dddd*
0101	0111	1000	1101	1011	*dddd*
0110	0101	1001	1110	1001	*dddd*
0111	0100	1010	1111	1000	*dddd*

格雷码表示的二进制编码特征是相邻编码只有一位不同。其最小项函数表达式为

$$G_4 = \sum m(8,9,10,11,12,13,14,15)$$
$$G_3 = \sum m(4,5,6,7,8,9,10,11)$$
$$G_2 = \sum m(2,3,4,5,10,11,12,13)$$
$$G_1 = \sum m(1,2,5,6,9,10,13,14)$$

由于格雷码是二进制编码的另一种表示方法,每个二进制编码对格雷码都有意义,所以其函数结果都是确定的值。格雷码的布尔函数表达式为完全确定布尔函数。

由于余3码是十进制数的编码,大于9的二进制数在余3码编码中没有意义,所以其函数结果为任意d(或X)。余3码的最小项布尔函数表达式为

$$R_4 = \sum m(5,6,7,8,9) + \sum d(10,11,12,13,14,15)$$
$$R_3 = \sum m(1,2,3,4,9) + \sum d(10,11,12,13,14,15)$$
$$R_2 = \sum m(0,3,4,7,8) + \sum d(10,11,12,13,14,15)$$
$$R_1 = \sum m(0,2,4,6,8) + \sum d(10,11,12,13,14,15)$$

函数表达式出现了任意项d(或X),所以余3码的布尔函数表达式为不完全确定布尔函数。

1.6 布尔函数的代数化简

同一个布尔函数可以有多种表示形式。尽管它们的形式不同,但其逻辑功能是相同的。最简的布尔函数表达式通常可以用最少的逻辑运算表示,可使电路实现所用的元件数最少、结构最简单、体积最小、成本最低、功耗最少,因此布尔函数的化简是数字系统设计的一个关键环节。

代数化简法就是运用布尔代数的基本公式、定理和规则化简布尔函数的一种方法。代数化简法没有固定的步骤可以遵循,主要凭借对布尔代数的公式、定理和规则的熟练运用进行操作。

1.6.1 与或式的代数化简

与或式的代数化简就是使与或函数表达式达到最简,最简与或表达式应满足两个条件。
(1) 与项个数最少。
(2) 每个与项变量个数最少。
可以包括如下基本方法。

1. 并项法

利用公式$AB + A\bar{B} = A$,将两项合并为一项,并消去一个变量。例如:
$$A\bar{B}C + A\bar{B}\bar{C} = A\bar{B}(C + \bar{C}) = A\bar{B}$$

2. 吸收法

利用吸收律$A + AB = A$,消去多余的项。例如:
$$\bar{B} + A\bar{B}D = \bar{B}$$
$$A\bar{B} + A\bar{B}CD(E + F) = A\bar{B}$$

还可以利用吸收律$A + \bar{A}B = A + B$,消去多余的变量。例如:
$$\bar{A} + AB + DE = \bar{A} + B + DE$$
$$AB + \bar{A}C + \bar{B}C = AB + (\bar{A} + \bar{B})C = AB + \overline{AB}C = AB + C$$

3. 配项法

利用 $A \cdot 1 = A$ 和 $A + \overline{A} = 1$,为某项配上其所缺的一个变量,以便用其他方法进行化简。例如:

$$AB + \overline{A}C + BC$$
$$= AB + \overline{A}C + (A + \overline{A})BC \qquad \text{(利用 } A + \overline{A} = 1 \text{ 进行配项)}$$
$$= AB + \overline{A}C + ABC + \overline{A}BC$$
$$= (AB + ABC) + (\overline{A}C + \overline{A}BC) = AB + \overline{A}C \qquad \text{(吸收法)}$$

还可以利用公式 $A + A = A$,为某项配上其所能合并的项。例如:

$$ABC + AB\overline{C} + A\overline{B}C + \overline{A}BC$$
$$= (ABC + AB\overline{C}) + (ABC + A\overline{B}C) + (ABC + \overline{A}BC) \qquad \text{(}ABC \text{ 被重复配项 3 次)}$$
$$= AB + AC + BC$$

4. 消除冗余项法

等式 $AB + \overline{A}C + BC = AB + \overline{A}C$ 可以作为一个基本公式使用,它可称为包含律,其中的 BC 是为冗余项。冗余项的识别:两个积项有互反变量,则包含两个积项剩余变量的其他积项是冗余项,可消去。例如:

$$A\overline{B} + AC + AD + \overline{C}D = A\overline{B} + (AC + \overline{C}D + AD) = A\overline{B} + AC + \overline{C}D$$
$$AB + \overline{B}C + AC(D + E) = AB + \overline{B}C$$

5. 与或式的化简举例

例 1-3 化简与表达式 $F = AD + A\overline{D} + AB + \overline{A}C + BDG + ACEF + \overline{\overline{B}DEF} + EFGIJ$。

解:$F = (AD + A\overline{D}) + AB + \overline{A}C + BDG + ACEF + \overline{\overline{B}DEF} + EFGIJ$ (并项法)
$= (A + AB) + \overline{A}C + BDG + ACEF + \overline{\overline{B}DEF} + EFGIJ$ (吸收法)
$= (A + \overline{A}C) + BDG + ACEF + \overline{\overline{B}DEF} + EFGIJ$ (吸收法)
$= (A + C + ACEF) + BDG + \overline{\overline{B}DEF} + EFGIJ$ (吸收法)
$= A + C + (BDG + \overline{\overline{B}DEF} + EFGIJ)$ (消除冗余项法)
$= A + C + BDG + \overline{\overline{B}DEF}$ (德·摩根定理)
$= A + C + BDG + \overline{B}EF + \overline{D}EF$

1.6.2 或与式的代数化简

最简或与式同样也应满足两个条件。

(1) 或项个数最少。

(2) 每个或项变量个数最少。

由于直接对或与式进行化简比较困难,所以可以先将或与式转换为与或式,然后再对与或式进行化简,最后将最简与或式再转换为或与式。或与式和与或式之间的转换可以采用对偶规则,也可以采用反演规则。

例 1-4 化简或与表达式 $F = (\overline{B} + D)(\overline{B} + D + A + G)(C + E)(\overline{C} + G)(A + E + G)$。

解:先求函数的对偶式,将函数变换为与或式,然后进行化简。

$$F_d = \overline{B}D + \overline{B}DAG + CE + \overline{C}G + AEG$$
$$= \overline{B}D + CE + \overline{C}G$$

再次取对偶,得到函数的最简或与式:
$$F=(F_d)_d=(\bar{B}+D)(C+E)(\bar{C}+G)$$

1.7 布尔函数的卡诺图化简

代数化简法是布尔函数化简的常用方法。当变量个数较少或表达式比较简单时,容易得到函数的最简形式;当函数表达式较复杂时,代数化简法会变得比较烦琐,不容易判断是否达到最简。

卡诺图(Karnaugh map)化简法是一种直观的图形化布尔函数化简方法,对于复杂的布尔函数表达式,利用卡诺图化简法可以很容易地得到函数的最简表达形式。

1.7.1 真值表的卡诺图表示

1. 卡诺图的构成

卡诺图是二维表表示的真值表。

(1) 卡诺图把函数的自变量分成两组,两组自变量所有的取值组合分横向和纵向排列,构成了一个二维的表格。

(2) 这两组自变量的取值组合,必须按照格雷码相邻编码排列。相邻编码是指在位置上相邻的自变量编码只有一位不同。

(3) 在这个二维表每个交叉点位置上,填写该位置自变量取值组合对应的函数值,也就是函数的最小项。

图1-7为一个4变量函数的卡诺图以及所有最小项的分布。由卡诺图的构成可以看出,卡诺图就是二维表表示的真值表。

CD \ AB	00	01	11	10
00	m_0	m_4	m_{12}	m_8
01	m_1	m_5	m_{13}	m_9
11	m_3	m_7	m_{15}	m_{11}
10	m_2	m_6	m_{14}	m_{10}

图 1-7 真值表的卡诺图表示

2. 不同变量个数的卡诺图

图1-8给出了2变量、3变量、4变量、5变量布尔函数的典型卡诺图以及最小项的分布。在绘制布尔函数卡诺图时,有以下几点需要注意。

(1) 手工绘制的卡诺图,一般不多于6变量。

(2) 4变量及以下的卡诺图,用一个二维表即可表示。

(3) 5变量及以上的卡诺图需要用多个二维表表示,每个二维表的每个方向上需要4个编码为一组,每组编码中最低两位采用格雷码排列,高位不变。例如5变量卡诺图中,横向为3变量 ABC,需要分成两组,分别是第一组000、001、011、010,和第二组100、101、111、110。第一组最高位为0,第二组最高位为1。

(4) 由于自变量按格雷码排列,最小项的位置不是顺序的,因此要熟练掌握卡诺图最小项的排列规律。

1.7.2 卡诺图化简的实质

1. 卡诺图中的相邻最小项

只有一个变量互补,其余变量相同,这样的最小项称为相邻最小项。根据布尔函数的互补律,相邻最小项可以合并为一项,并消去一个变量。例如:
$$ABC+AB\bar{C}=AB(C+\bar{C})=AB$$

由于卡诺图中自变量是按格雷码排列的,这种相邻关系非常明显。在卡诺图中存在着相邻、相对、相重这几种邻接关系,都可称为相邻关系。

1) 相邻

相邻是指卡诺图中具有一条公共边界的邻接关系,即卡诺图相邻两行或两列对应位置的最小项之

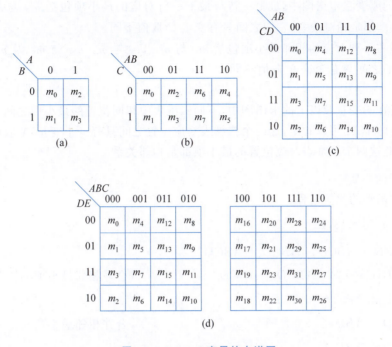

图 1-8 2、3、4、5 变量的卡诺图
(a) 2 变量；(b) 3 变量；(c) 4 变量；(d) 5 变量

间的邻接关系。由图 1-9 可以看出，相邻行或相邻列的最小项之间只有一个变量取值不同，因此它们是相邻关系。

例如在图 1-8(c)所示的 4 变量卡诺图中，第一行与第二行的相邻最小项包括 m_0 与 m_1、m_4 与 m_5、m_8 与 m_9 及 m_{12} 与 m_{13}，它们都是相邻行的相邻关系，它们之间只有变量 D 取值不同，其他行与行的相邻关系也与此相似。

第一列与第二列的相邻最小项包括 m_0 与 m_4、m_1 与 m_5、m_2 与 m_6 及 m_3 与 m_7，它们也都是相邻列的相邻关系，它们之间只有变量 B 取值不同，其他列与列的相邻关系也与此相似。

2) 相对

相对关系是指卡诺图最左列与最右列或最上面一行与最下面一行对应位置的最小项之间的邻接关系。由图 1-10 可以看出，相对两行或相对两列之间只有一个变量取值不同，因此它们也是相邻关系。

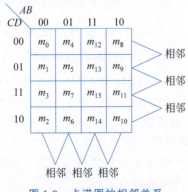

图 1-9 卡诺图的相邻关系

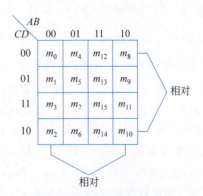

图 1-10 卡诺图的相对关系

图 1-10 所示的 4 变量卡诺图中,最上一行与最下一行对应的最小项包括 m_0 与 m_2、m_4 与 m_6、m_8 与 m_{10} 及 m_{12} 与 m_{14},都是相对关系,它们之间只有变量 C 取值不同。

最左一列与最右一列对应的相邻最小项包括 m_0 与 m_8、m_1 与 m_9、m_2 与 m_{10} 及 m_3 与 m_{11},它们也都是相对关系,它们之间只有变量 A 取值不同。

3) 相重

相重关系是指在 5 变量及以上的卡诺图中,不同二维表中相同位置的最小项之间的邻接关系,它们也是相邻关系。由图 1-11 可以看出,这两个二维表对应位置之间只有一个变量 A 取值不同,其他变量取值完全相同,因此这两个二维表对应位置的最小项都是相邻关系。

2. 卡诺图化简的实质

观察如下布尔函数的化简过程:

$$F = \sum m(5,7,13,15)$$
$$= \overline{A}\overline{B}\overline{C}D + \overline{A}BCD + AB\overline{C}D + ABCD$$
$$= \overline{A}BD(\overline{C}+C) + AB\overline{C}D + ABCD \quad \text{(合并相邻最小项 } m_5 + m_7\text{)}$$
$$= \overline{A}BD + AB\overline{C}D + ABCD$$
$$= \overline{A}BD + ABD(\overline{C}+C) \quad \text{(合并相邻最小项 } m_{13} + m_{15}\text{)}$$
$$= \overline{A}BD + ABD$$
$$= BD(\overline{A}+A) \quad \text{(合并相邻积项 } \overline{A}BD + ABD\text{)}$$
$$= BD$$

图 1-12 表示了上面函数在卡诺图上的合并过程。

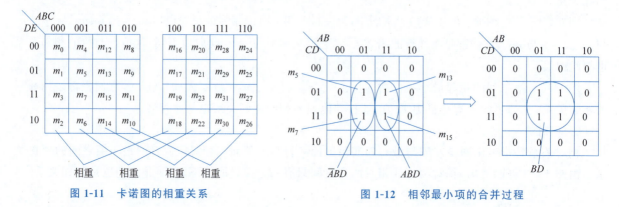

图 1-11 卡诺图的相重关系   图 1-12 相邻最小项的合并过程

从圈出的最小项可以看出:m_5 与 m_7、m_{13} 与 m_{15} 在行上相邻,且只有变量 C 取值不同,因此 m_5 与 m_7 可以画一个圈合并为一项 $\overline{A}BD$,m_{13} 与 m_{15} 可以画一个圈合并为 ABD;同样,$\overline{A}BD$ 与 ABD 所在的两个圈在列上也相邻,只有变量 A 取值不同,因此可以进一步将 $\overline{A}BD$ 与 ABD 合并为 BD。

观察发现,这 4 个最小项在行上、列上两两相邻,因此不需要相邻最小项两两合并的过程,可以直接把这 4 个相邻最小项画一个大圈合并为一项。由于这个大圈占据了 A 为 0 和 1 的列,因此可以消去变量 A,又因这 4 个相邻最小项也占据了 C 为 0 和 1 的行,因此可以消去变量 C。

反过来讲,这个大圈占据了 $B=1$ 的列和 $D=1$ 的行,因此这 4 个相邻最小项所在的大圈的函数表达式即为 BD,与用代数化简法所得结果相同,但化简过程非常简单直观。

因此,卡诺图化简的实质就是相邻最小项的合并。

3. 卡诺图的性质

通过以上分析,可以得到卡诺图的如下性质。

性质 1:卡诺图上任何 2^1 个标 1 相邻最小项,可以合并为一项,并消去 1 个变量。

性质 2:卡诺图上任何 2^2 个标 1 相邻最小项,可以合并为一项,并消去 2 个变量。

性质 3:卡诺图上任何 2^n 个标 1 相邻最小项,可以合并为一项,并消去 n 个变量。

1.7.3 布尔函数在卡诺图上的表示

用卡诺图化简的第一步是正确地将布尔函数表示在卡诺图上。布尔函数表达形式多样,不同形式的布尔函数在卡诺图上表示时,其方法不尽相同。

1. 布尔函数的真值表、标准积之和在卡诺图上的表示

如果布尔函数是以真值表的形式或者以标准积之和的形式给出的,则只需要在卡诺图上找出那些布尔函数取值为 1 的最小项位置,并标以 1,其他位置标 0,就可得到该函数的卡诺图。

例如,3 变量函数 $F(A,B,C) = \sum m(2,3,5,7)$,其卡诺图最小项 $m(2,3,5,7)$ 的位置标 1,其他位置标 0,如图 1-13 所示。如果给定的是真值表形式,卡诺图的表示方法与标准积之和形式的表示方法相同。

2. 布尔函数积之和表达式在卡诺图上的表示

如果布尔函数是积之和表达式,则要将每个积项分别标注在卡诺图上。

例如,给定函数的表达式为 $F(A,B,C)=AB+A\overline{C}$,在积项 AB 为 11 所在的列标 1,对于积项 $A\overline{C}$,需要在 A 为 1 的列和 C 为 0 的行交叉点位置标 1,便可得到如图 1-14 所示的卡诺图。

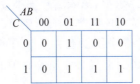

图 1-13 真值表、标准积之和的卡诺图表示

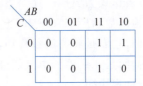

图 1-14 积之和的卡诺图表示

3. 和之积表达式在卡诺图上的表示

和之积表达式难以在卡诺图上直接表示。虽然可以采用标 0 的方法在卡诺图上表示和之积表达式,但很不符合卡诺图的标注习惯。因此,往往首先将和之积表达式变换为反函数的积之和表达式,然后在卡诺图上标注其反函数表达式。需要注意的是,反函数的卡诺图需要在相应位置标 0,其他位置标 1。

1.7.4 卡诺图化简方法

1. 基本概念

在介绍卡诺图化简方法之前,需要先了解如下几个卡诺图化简过程中常用的基本概念和术语。

1)卡诺圈

卡诺圈是在卡诺图上 2^i 个相邻最小项形成的圈。每个卡诺圈对应一个积项。图 1-15 给出了一个卡诺圈的示例,图中有 4 个最小项。按照卡诺圈的定义,图 1-15 所示的卡诺图最多可以形成 9 个卡诺圈。

2)蕴含项

蕴含项就是函数的积项,一个蕴含项在卡诺图上表示为一个卡诺圈。

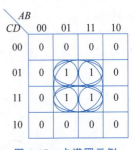

图 1-15 卡诺圈示例

例如，卡诺图 1-15 中包含的蕴含项如下。

1 个标 1 最小项形成的蕴含项有 4 个，对应的积项有 $\overline{A}B\overline{C}D$、$\overline{A}BCD$、$AB\overline{C}D$、$ABCD$。

2 个相邻最小项形成的蕴含项有 4 个，对应的积项有 $\overline{A}BD$、ABD、BCD、$B\overline{C}D$。

4 个相邻最小项形成的蕴含项有 1 个，对应的积项有 BD。

3）质蕴含项

质蕴含项是指不是该函数其他蕴含项子集的蕴含项。也就是说，质蕴含项对应的积项不能被其他积项包含。

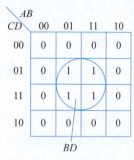

图 1-16 质蕴含项

在卡诺图上，质蕴含项表示为最大的卡诺圈，也就是不被其他卡诺圈包含的卡诺圈，质蕴含项在卡诺图中很容易被发现。在函数表达式中，质蕴含项是不被其他积项包含的积项，也容易被发现。

例如，从图 1-16 所示的卡诺图可以明显看出质蕴含项只有一个，是 4 个相邻最小项形成的最大的卡诺圈，其中包含了其他所有的 2 个相邻最小项形成的卡诺圈和 1 个最小项形成的卡诺圈。

同样，在函数表达式中也容易看出，积项 BD 包含了积项 $\overline{A}BD$、ABD、BCD、$B\overline{C}D$ 和积项 $\overline{A}B\overline{C}D$、$\overline{A}BCD$、$AB\overline{C}D$、$ABCD$。

4）必要质蕴含项

必要质蕴含项是指至少包含一个其他质蕴含项不包含的标 1 最小项的质蕴含项。也就是卡诺图中含有独有"1"的最大的卡诺圈。在卡诺图上，必要质蕴含项容易被发现。

在函数表达式中，必要质蕴含项是其最简与或表达式必须包含的积项，冗余的积项有时比较难发现。例如函数表达式为 $AB+\overline{A}C+BC$，其中的积项 BC 就是冗余项，从表达式中不容易直接发现。

图 1-17 为函数 $AB+\overline{A}C+BC$ 的卡诺图，在卡诺图中容易发现质蕴含项 AB、$\overline{A}C$ 所在的卡诺圈有自己独有的"1"，它们是必要质蕴含项，而质蕴含项 BC 所在的卡诺圈没有自己独有的"1"，因此它不是必要质蕴含项，而是冗余项。由上面分析可以看出，利用在卡诺图上找必要质蕴含项的方法进行布尔函数的化简十分直观快捷。

5）函数的最小覆盖

函数的最小覆盖就是包含函数所有标 1 最小项的最少的卡诺圈集合，这就是卡诺图化简的目标。一般情况下，函数的所有必要质蕴含项集合就是函数的最小覆盖，但也存在必要质蕴含项不能覆盖原函数的情况。

观察图 1-18 所示卡诺图，可以很直观地发现必要质蕴含项只有 $\overline{A}\,\overline{C}D$ 和 BD，其他的每个标 1 最小项都被 2 个（或以上）质蕴含项包含。这些质蕴含项两两交叉连接，都没有自己独有的"1"，都不是必要质蕴含项。此时就会出现必要质蕴含项不能覆盖原函数的情况。

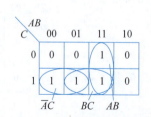

图 1-17 BC 不是必要质蕴含项

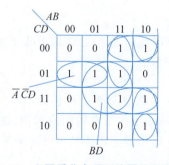

图 1-18 必要质蕴含项不能覆盖原函数

在函数表达式中，就难以发现这种情况。例如，图 1-18 所示卡诺图对应的函数表达式为 $F=BD+\overline{A}C\overline{D}+\overline{ACD}+A\overline{B}C+AB\overline{C}+A\overline{B}D+ACD$，用代数法对其进行布尔函数化简时，就难以直观地发现其中的冗余积项。

当出现必要质蕴含项不能覆盖原函数的情况时，就要用最少的质蕴含项表示必要质蕴含项不能覆盖的标 1 最小项，找到函数的最小覆盖。

例如，图 1-19 所示的卡诺图，圈出两个必要质蕴含项 $\overline{A}C\overline{D}$ 和 BD 后，剩余 4 个标 1 最小项不能被必要质蕴含项包含。虽然包含这 4 个标 1 最小项的质蕴含项很多（有 5 个），但它们可以只用 2 个质蕴含项表示：$\overline{ACD}$ 和 $A\overline{B}C$。这样，用 4 个卡诺圈就覆盖了函数的所有标 1 最小项，从而得到函数的最小覆盖 BD、$\overline{A}C\overline{D}$、$\overline{ACD}$ 和 $A\overline{B}C$。

2. 卡诺图化简步骤

总结以上分析，可得卡诺图化简步骤如下。

（1）将函数表示在卡诺图上。

（2）在卡诺图上圈出必要质蕴含项，如果必要质蕴含项覆盖了所有标 1 最小项，则可直接写出函数最简表达式。

（3）如果必要质蕴含项不能覆盖所有标 1 最小项，则用最少的质蕴含项表示剩余的标 1 最小项，求出函数的最小覆盖，然后写出函数最简表达式。

1.7.5 卡诺图化简实例

1. 完全确定布尔函数的卡诺图化简

例 1-5 化简布尔函数 $F(A,B,C,D)=\sum m(0,3,4,5,7,11,13,15)$。

解：标出函数的卡诺图，如图 1-20 所示。

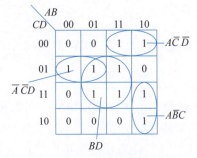

图 1-19 函数的最小覆盖

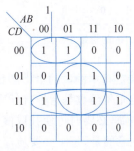

图 1-20 例 1-5 的卡诺图

按照必要质蕴含项的定义，圈含有独有"1"的必要质蕴含项，如图 1-20 所示。其必要质蕴含项对应的积项为 $\overline{ACD}$、BD、CD，已经是函数的最小覆盖。因此，可写出函数最简表达式：$F(A,B,C,D)=\overline{ACD}+BD+CD$。

由本例可以看出，用卡诺图化简法化简布尔函数表达式，比代数化简法更加直观、快捷，减少了代数化简法的中间推导过程，而且很容易发现函数是不是达到了最简形式。

在圈第一个含有独有"1"的必要质蕴含项时，往往有多个选择。如例 1-5 所示可以有 3 个选择。那么，应该先圈哪个后圈哪个呢？该问题在例 1-5 中表现并不明显，先圈哪个必要质蕴含项没有太大区别。在后面的例题中可以看到，圈必要质蕴含项时，采用正确的顺序可以减少重复工作，甚至减少错误的发生。

一般情况下,如果某个标1最小项相邻的"1"的个数越少,该相邻最小项被多个质蕴含项包含的可能性越小,该标1最小项越有可能成为必要质蕴含项,这样的标1最小项可以称为"最孤独的1";反之,如果某个标1最小项相邻的"1"的个数越多,该相邻最小项被多个质蕴含项包含的可能性越大,其中哪个质蕴含项是必要质蕴含项,需要到最后才能确定。

"最孤独的1"是指其相邻的标0最小项最多。因此,圈必要质蕴含项时,正确的顺序应该是先圈"最孤独的1"所在的卡诺圈。然后再找剩余的标1最小项中"最孤独的1"所在的卡诺圈。如果存在多个相邻标0最小项个数相同的情况,一般先圈出较小的卡诺圈,然后再圈出较大的卡诺圈。

例1-5卡诺图中,最左上角的标1最小项相邻最小项中有3个0,它是"最孤独的1"。因此首先圈图中标号为1的卡诺圈,然后再圈其他两个卡诺圈。

例 1-6　化简布尔函数 $F(A,B,C,D) = \overline{A}CD + \overline{A}BC + BD + ACD + AB\overline{C}$。

解:按照函数表达式,在卡诺图中标出每一个积项表示的标1最小项,标出的卡诺图如图1-21所示。

按照必要质蕴含项的定义,圈出含有独有"1"的必要质蕴含项,如图1-22所示。

其必要质蕴含项对应的积项为 $\overline{A}CD$、$\overline{A}BC$、ACD、$AB\overline{C}$,已经是函数的最小覆盖。

因此,可写出函数最简表达式 $F(A,B,C,D) = \overline{A}CD + \overline{A}BC + ACD + AB\overline{C}$。

此例中,如果按照图1-23的顺序先圈最大的卡诺圈1,最后会发现卡诺圈1不是必要质蕴含项,虽然最后能够剔除掉,但会增加错误的概率。

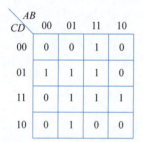

图 1-21　例 1-6 的卡诺图

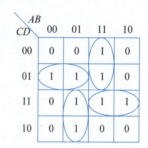

图 1-22　例 1-6 的正确圈法

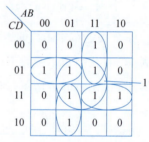

图 1-23　例 1-6 的错误圈法

2. 不完全确定布尔函数的卡诺图化简

不完全确定布尔函数是指带有任意积项"×"的布尔函数。由于任意积项"×"可取值0或1,所以为使函数达到最简,必要时可使其取值为1以利于布尔函数的化简。

特别需要注意的是,每个必要质蕴含项必须包含独有的"1",全为任意积项"×"的卡诺圈不是必要质蕴含项。

例 1-7　化简布尔函数 $F(A,B,C,D) = \sum m(0,5,6,8,15) + \sum d(1,2,3,7,10,12,13)$。

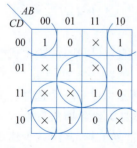

图 1-24　例 1-7 的卡诺图

解:标出函数的卡诺图,如图1-24所示。

圈必要质蕴含项时,要以标1最小项为核心,为了使卡诺圈最大,可以在卡诺圈中包含尽可能多的任意项"×",使该必要质蕴含项对应的积项个数最少。对应上面卡诺图,其必要质蕴含项为 $\overline{A}C$、BD、$\overline{B}\overline{D}$,已经是函数的最小覆盖。

因此,函数最简表达式为 $F(A,B,C,D) = \overline{A}C + BD + \overline{B}\overline{D}$。

本例中,"最孤独的1"相邻的标0最小项有2个,所以应该先圈中间或者左下角的卡诺圈。

3. 必要质蕴含项不能覆盖原函数的卡诺图化简

例 1-8 化简布尔函数 $F(A,B,C,D)=\sum m(0,1,3,4,7,12,13,15)$。

解：标出函数的卡诺图，如图 1-25 所示。

明显可以看出，该卡诺图没有必要质蕴含项，每一个标 1 最小项都被两个质蕴含项包含，这时就要找到覆盖所有标 1 最小项的最少的质蕴含项。该函数的最小覆盖有两种选择，如图 1-26 所示。

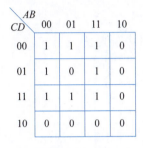

图 1-25 例 1-8 的卡诺图

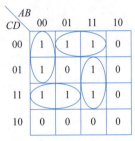 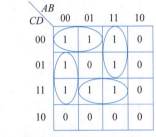

图 1-26 例 1-8 的两种最小覆盖

这两种最小覆盖都包含 4 个质蕴含项，它们是等效的，任选其一作为函数的最简表达式都是可以的。

$$F(A,B,C,D)=\overline{A}C D+AB\overline{C}+BCD+\overline{A}\overline{B}D$$

或者

$$F(A,B,C,D)=B\overline{C}\overline{D}+ABD+\overline{A}CD+\overline{A}\overline{B}C$$

例 1-9 化简布尔函数 $F(A,B,C,D)=\sum m(0,4,6,7,8,9,11,12,13,15)$。

解：标出函数的卡诺图，如图 1-27(a) 所示。

先圈出两个必要质蕴含项 $\overline{C}\overline{D}$、AD，如图 1-27(b) 所示。

剩余两个标 1 最小项虽然相邻标 0 最小项也是两个，但它们被多个质蕴含项包含，因此它们不是必要质蕴含项。此时，再增加一个质蕴含项 $\overline{A}BC$ 即可得到函数的最小覆盖，如图 1-28 所示。

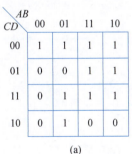 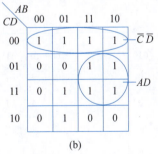 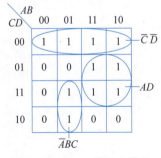

图 1-27 例 1-9 的卡诺图
(a) 卡诺图；(b) 必要质蕴含项

图 1-28 例 1-9 的最小覆盖

从而得到函数的最简表达式为 $F(A,B,C,D)=\overline{C}\overline{D}+AD+\overline{A}BC$。

4. 利用卡诺图求函数的反函数最简表达式

例 1-10 利用卡诺图，求函数 $F(A,B,C,D)=(\overline{A}+B)(\overline{A}+\overline{C})(B+C)(B+\overline{D})$ 的原函数与反函数的最简与或式。

解：函数的和之积表达式难以在卡诺图上直接标出，但如果把和之积表达式变为反函数的积之和

表达式,则很容易在卡诺图上采用标 0 的方法表示。因此,首先把原式变为反函数的积之和:
$\overline{F(A,B,C,D)} = A\overline{B} + AC + \overline{B}\overline{C} + \overline{B}D$。

然后,在卡诺图上标出每个积项对应的标 0 最小项,其余最小项为标 1 最小项,标出的卡诺图如图 1-29 所示。

原函数的最简与或式采用圈"1"的方法得到,圈出的所有必要质蕴含项如图 1-30(a)所示,可以看到已是函数的最小覆盖。

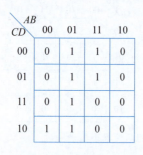

图 1-29 例 1-10 的卡诺图

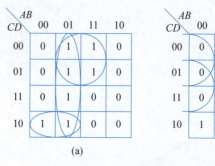

图 1-30 例 1-10 中原函数与反函数的卡诺图

(a) 原函数卡诺图;(b) 反函数卡诺图

因此可以得到原函数表达式为 $F(A,B,C,D) = \overline{A}B + B\overline{C} + \overline{A}CD$。

反函数的最简与或式采用圈"0"的方法得到,圈出的所有必要质蕴含项如图 1-30(b)所示。其必要质蕴含项为 AC、$\overline{B}\overline{C}$、$\overline{B}D$,已经是函数的最小覆盖。

因此,可得反函数最简与或式为 $\overline{F(A,B,C,D)} = AC + \overline{B}\overline{C} + \overline{B}D$。

5. 五变量布尔函数化简

例 1-11 化简以下布尔函数:
$$F(A,B,C,D,E) = \sum m(2,4,5,6,7,12,13,18,20,21,22,23,24,25,28,29)$$

解:标出函数的卡诺图,如图 1-31 所示。

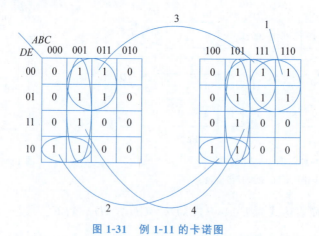

图 1-31 例 1-11 的卡诺图

按照先找"最孤独的 1"的方法,可以得到必要质蕴含项为 $\overline{B}D\overline{E}$、$AB\overline{D}$、$C\overline{D}$、$\overline{B}C$,已经是函数的最小覆盖。

因此,函数最简表达式为 $F(A,B,C,D,E) = \overline{B}D\overline{E} + AB\overline{D} + C\overline{D} + \overline{B}C$。

本例中，要注意两个二维表中的相重关系。一般情况下，圈卡诺圈的顺序应该是先圈出各个二维表不相重的必要质蕴含项，然后圈出相重的必要质蕴含项。图 1-31 给出了圈必要质蕴含项的建议顺序。

1.8 多输出布尔函数的化简

前面讨论了单输出布尔函数的化简，然而，实际中常常遇到一个数字系统中包含多个布尔函数输出。同一个数字系统中的多输出布尔函数应该看成一个整体，化简时不是使单个布尔函数最简，而是要使整个系统逻辑关系最简。必须从局部服从整体的原则出发，协调各个函数之间的关系，使多输出布尔函数达到整体最简。

多输出布尔函数的化简没有统一的方法。一般情况下，首先对每个布尔函数进行化简，然后通过观察，尽可能多地寻找"公共积项"，使多输出布尔函数达到整体最简。

例 1-12 化简如下 4 输入 3 输出布尔函数：

$$F_1(A,B,C,D) = \sum m(11,12,13,14,15)$$

$$F_2(A,B,C,D) = \sum m(3,7,11,12,13,15)$$

$$F_3(A,B,C,D) = \sum m(3,7,12,13,14,15)$$

解：首先对每个布尔函数进行卡诺图化简，卡诺图如图 1-32 所示。

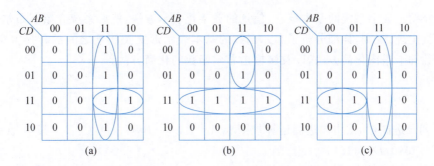

图 1-32 例 1-12 中多输出布尔函数的卡诺图
(a) F_1 的卡诺图；(b) F_2 的卡诺图；(c) F_3 的卡诺图

化简后的最简函数表达式如下：

$$F_1(A,B,C,D) = AB + ACD$$

$$F_2(A,B,C,D) = AB\bar{C} + CD$$

$$F_3(A,B,C,D) = AB + \bar{A}CD$$

其中，每个函数达到了最简，但整体不是最简。3 个最简表达式用到 2 个非运算、3 个 2 输入积项、3 个 3 输入积项、3 个 2 输入和项，共 2+3+3+3=11 个逻辑运算，2+6+9+6=23 个输入。

通过观察可以发现，与项 AB 在 3 个布尔函数中都出现了，增加一个中间函数 $M_1(A,B,C,D) = AB$，则原函数变为

$$M_1(A,B,C,D) = AB$$

$$F_1(A,B,C,D) = M_1 + ACD$$

$$F_2(A,B,C,D) = M_1\bar{C} + CD$$

$$F_3(A,B,C,D) = M_1 + \bar{A}CD$$

其中,用到 2 个非运算、3 个 2 输入积项、2 个 3 输入积项、3 个 2 输入和项,共 2+3+2+3=10 个逻辑运算,2+6+6+6=20 个输入。

进一步发现,$\overline{A}CD+ACD=CD$,$\overline{A}CD$ 与 ACD 在表达式中都是必须用到的积项,故积项 CD 可以用 $\overline{A}CD+ACD$ 表示,所以再增加两个中间函数 $M_2(A,B,C,D)=\overline{A}CD$ 与 $M_3(A,B,C,D)=ACD$,原函数变为

$$M_1(A,B,C,D)=AB$$
$$M_2(A,B,C,D)=\overline{A}CD$$
$$M_3(A,B,C,D)=ACD$$
$$F_1(A,B,C,D)=M_1+M_3$$
$$F_2(A,B,C,D)=M_1\overline{C}+M_2+M_3$$
$$F_3(A,B,C,D)=M_1+M_2$$

其中,用到 2 个非运算、2 个 2 输入积项、2 个 3 输入积项、2 个 3 输入和项、1 个 3 输入和项,共 2+2+2+2+1=9 个逻辑运算,2+4+6+4+3=19 个输入。

通过以上"公共积项"的方法,虽然单个布尔函数并非最简,但是可使多输出布尔函数整体为最简。

本章小结

本章首先介绍了数字系统的基本概念、信息的数字化表示方法,然后系统介绍了布尔代数的基本和常用运算、公式、定理、规则,详细分析了布尔函数的基本表示形式及相互之间的转换方法,最后讨论了布尔函数的代数和卡诺图化简方法,以及多输出布尔函数的化简方法。

习题 1

1. 已知下列二进制数,试用二进制运算规则求 $A+B$,$A-B$,$C\times D$,C/D。其中,$A=10110100$,$B=10111100$,$C=1010$,$D=1101$。

2. 已知下列八进制数,试用八进制运算规则求 $A+B$,$A-B$。其中,$A=165$,$B=24$。

3. 将十进制数 2127 转换成二进制、八进制、十六进制数。

4. 将下列 4 个数转换成十进制数(小数取 4 位):$(101.1)_2$、$(101.1)_3$、$(101.1)_5$、$(101.1)_{16}$。

5. 对下面的数进行数制转换:$(78.8)_{16}=(\underline{\qquad})_{10}$,$(0.375)_{10}=(\underline{\qquad})_2$,$(65634.21)_8=(\underline{\qquad})_{16}$,$(121.02)_3=(\underline{\qquad})_4$。

6. 将下列各十进制数先转换成二进制数,然后进行计算。

(1) 64−32

(2) 127−63

(3) 93.5−42.75

(4) 24×12

(5) 47.5×51.75

(6) 22.5×2.5

(7) 32/8

(8) 42/12

(9) 58.75/23.5

7. 如何判断一个 7 位二进制正整数 $A=a_1a_2a_3a_4a_5a_6a_7$ 是否是 4 的倍数?

8. m 位的十进制整数,用 n 位二进制整数表示,问 m 与 n 应满足什么关系?

9. 将 8421BCD 码 $(00110000000)_{BCD}$ 转换为十六进制的结果是什么?

10. 写出下列各数的原码、反码和补码:$+0.00101$、-0.10000、-0.11011、$+10101$、-10000、-11111。

11. 将下列各数表示为原码、反码和补码:$13/128$、$-13/128$、$15/64$。

12. 将下列二进制编码进行转换。

(1) $[x]_原 = 1.1101$,求 $[x]_反$。

(2) $[x]_反 = 1.01101$,求 $[x]_补$。

(3) $[x]_补 = 1.01101$,求 $[x]_原$。

13. 已知下列机器数,写出它们的真值。

$[x_1]_原 = 1.01101$,$[x_2]_反 = 1.1011$,$[x_3]_补 = 1.1011$,$[x_4]_补 = 1.0000$

14. 设 $[x]_补 = 0.11001$,$[y]_补 = 100111$,求 $\left[\frac{1}{2}x\right]_补$、$\left[\frac{1}{4}x\right]_补$、$\left[\frac{1}{2}y\right]_补$、$\left[\frac{1}{4}y\right]_补$、$[-x]_补$、$[-y]_补$。

15. 若 $-1 < x < 0$,问是否存在一个 x 值使等式 $[x]_补 = [x]_原$ 成立?若存在,该值是多少?

16. 已知 $[x]_补 = 11100$,求 $[-x]_补$、$[x/2]_补$ 及 $[2x]_补$。

17. 已知 $x = +0.1101$,$y = -0.0101$,试用变形补码表示法完成 $x+y$ 和 $x-y$,并判断溢出情况。

18. 根据原码和补码的定义回答下列问题。

(1) 已知 $[x]_补 > [y]_补$,是否有 $x > y$?

(2) 若 $-2n < x < 0$,则 x 为何值时,等式 $[x]_补 = [x]_原$ 成立?

19. 若某机器字长为 16 位,当采用定点整数补码表示时,它所能表示的十进制数的范围是多少?写出十进制数 $+5$、-1 和 -32767 在该机器中的表示形式。

20. 用二进制浮点表示法表示下列各数。

(1) $13/256$:阶码不能为 0,阶码和尾数用反码表示,位数自定。

(2) -201:阶码和尾数用补码表示。

21. 完成下列代码之间的转换。

(1) $(0001100110010001.0111)_{BCD} = (\underline{\qquad})_{10}$

(2) $(137.9)_{10} = (\underline{\qquad})_{余3}$

(3) $(1011001110010111)_{余3} = (\underline{\qquad})_{BCD}$

22. 下列函数当变量 $(A,B,C,\cdots)$ 取哪些值时,F 的值为 1?

(1) $F = AB + \bar{A}C$

(2) $F = A\bar{B} + \bar{A}B$

(3) $F = \overline{AB} + AB$

(4) $F = ABC + AB\bar{C} + A\bar{B}C + \bar{A}BC$

(5) $F = (A + \bar{B} + \bar{A}B)(A + \bar{B})\bar{A}B$

(6) $F = (A+B+C)(A+B+\bar{C})(A+\bar{B}+C)(A+\bar{B}+\bar{C})$

(7) $F = (A + \bar{B}C)\bar{D} + \overline{(A + \bar{B})CD}$

(8) $F = (A \oplus B)C + \bar{A}(B \oplus C)$

23. 用真值表验证下列等式。

(1) $\overline{A+B} = \bar{A}\bar{B}$

(2) $A\bar{B}+\bar{A}B=(\bar{A}+\bar{B})(A+B)$

(3) $(\bar{A}+\bar{B})(A+B)=\overline{AB}+\overline{\bar{A}\bar{B}}$

(4) $AB+A\bar{B}+\bar{A}B+\bar{A}\bar{B}=1$

(5) $A\oplus B\oplus C=A\odot B\odot C$

(6) $(A\oplus B)\oplus C=A\oplus(B\oplus C)$

24. 用基本公式和基本规则证明下列等式。

(1) $AB+\bar{A}C+BC=AB+C$

(2) $A\bar{B}+BD+\bar{A}D+CD=A\bar{B}+D$

(3) $BC+D+\bar{D}(\bar{B}+\bar{C})(AD+B)=B+D$

(4) $AB+A\bar{B}+\bar{A}B+\bar{A}\bar{B}=1$

(5) $(A+B)(A+\bar{B})(\bar{A}+B)(\bar{A}+\bar{B})=0$

(6) $ABC+\overline{A}\overline{B}\overline{C}=\overline{A\bar{B}+B\bar{C}+\bar{A}C}$

(7) $A\bar{B}+B\bar{C}+\bar{A}C=\bar{A}B+\bar{B}C+A\bar{C}$

(8) $AB+BC+AC=(A+B)(B+C)(A+C)$

(9) $(AB+\bar{A}\bar{B})(BC+\bar{B}\bar{C})(CD+\bar{C}\bar{D})=\overline{A\bar{B}+B\bar{C}+C\bar{D}+\bar{A}D}$

(10) $A\oplus B\oplus C=A\odot B\odot C$

(11) $(x\oplus y)\oplus z=x\oplus(y\oplus z)$

25. 用展开定理将下列各式化简成 $A(\cdots)+\bar{A}(\cdots)$ 形式及 $[A+(\cdots)][\bar{A}+(\cdots)]$ 形式,括号中 A 及 $\bar{A}$ 均不出现。

(1) $F=AG+(A+B)C+\bar{A}D+(\bar{A}+H)E$

(2) $F=(A+\bar{B})(\bar{A}+C)(\bar{D}+E+AK)(G+\bar{H}+\bar{A}J)$

26. 写出下列表达式的对偶式。

(1) $F=(A+B)(\bar{A}+C)(C+DE)+G$

(2) $F=\overline{A\bar{B}\cdot\overline{C\bar{D}}\cdot D\bar{A}B}$

(3) $F=\overline{\bar{A}+B+\overline{\bar{B}+C}+\overline{A+C}+\bar{B}+C}$

(4) $F=B\overline{(A\oplus C)}+B(A\oplus C)$

(5) $F=\overline{(C\odot A)\oplus(B\oplus\bar{D})}$

27. 求下列函数的补函数。

(1) $F=[(\overline{x_1 x_2}+\overline{x_3})x_1+\overline{x_5}]x_6$

(2) $F=S[\bar{W}+I(T+\bar{C})]+H$

(3) $F=A[\bar{B}+(C\bar{D}+\bar{E}H)G]$

(4) $F=A\bar{B}+B\bar{C}+C(\bar{A}+D)$

28. 若已知 $XY+YZ+\bar{Y}Z=XY+Z$,判断等式 $(X+Y)(Y+Z)(\bar{Y}+Z)=(X+Y)Z$ 成立的最简单方法是依据(　　)规则。

A. 代入规则　　B. 对偶规则　　C. 反演规则　　D. 互补规则

29. 求下列函数的标准积之和形式及标准和之积形式。

(1) $F(A,B,C)=A\bar{B}C+\bar{A}B+AC+AB\bar{C}$

(2) $F(A,B,C)=\bar{A}+A\bar{C}+BC+AB\bar{C}$

(3) $F(A,B,C)=B(A+\bar{B}+\bar{C})(\bar{A}+\bar{C})C$

(4) $F(A,B,C)=ABC+\bar{A}\bar{B}\bar{C}$

(5) $F(A,B,C)=(\bar{A}B+C)[(\bar{A}B+B)C+A]$

30. 用代数运算法求下列各函数的标准积之和形式及标准和之积形式。

(1) $F(A,B,C,D)=AB\bar{C}\bar{D}+ABCD$

(2) $F(A,B,C,D)=\bar{A}BCD+A\bar{B}CD+ACD+\bar{B}CD$

(3) $F(A,B,C,D)=B\bar{C}D+\bar{A}B+AB\bar{C}D+BC$

(4) $F(A,B,C)=\bar{C}+\bar{A}B+BC+ABC$

(5) $F(A,B,C,D)=\bar{A}(\bar{B}+C)(A+\bar{C})(A+B+C+D)(A+C+\bar{D})$

31. 求上题中所给函数的补函数,并以最大项表示之。

32. 设 $F(A,B,C,D,E)=\sum m(0,1,3,7,8,9,12,15,16,17,20,28,29,30,31)$,试用最大项表示这个函数。

33. 证明 $A\bar{B}\bar{C}+\bar{A}B\bar{C}+\bar{A}\bar{B}C+ABC=A\oplus B\oplus C$。

34. 设 A,B,C 为逻辑变量,试回答以下问题。

(1) 若已知 $A+B=A+C$,则 $B=C$ 吗?

(2) 若已知 $AB=AC$,则 $B=C$ 吗?

(3) 若已知 $A+B=A+C$,且 $AB=AC$,则 $B=C$ 吗?

35. 用代数化简法将下列函数化简为与或表达式。

(1) $F=\bar{A}\bar{B}C+\bar{A}BC+ABC+AB\bar{C}$

(2) $F=A\bar{B}+B+BCD$

(3) $F=ABC+\bar{A}+\bar{B}+\bar{C}$

(4) $F=\bar{A}\bar{B}+(AB+A\bar{B}+\bar{A}B)C$

(5) $F=\overline{A[B+\bar{C}(D+\bar{E})]}$

(6) $F=\overline{(A+B\bar{C})(\bar{A}+\overline{DE})}$

(7) $F=(X+Y+Z+\bar{W})(V+X)(\bar{V}+Y+Z+\bar{W})$

(8) $F=\overline{\overline{ABC}+\overline{AB}+BC}$

(9) $F=\overline{ABC(A+B+C)}$

(10) $F=\overline{(\bar{A}\bar{B}+ABC)(A\bar{B}C)}$

(11) $F=(\bar{A}\bar{B}+\bar{A}B+A\bar{B})(\bar{A}C+BC+AB)$

(12) $F=AB+B\bar{C}+\bar{A}C$

(13) $F=AD+(A+B)(\bar{A}+C)(A+D)(\bar{A}+E)$

36. 用卡诺图法将下列函数转换为最简与或表达式。

(1) $F(A,B,C)=\sum m(0,1,2,4,5,7)$

(2) $F(A,B,C,D)=\sum m(0,1,2,3,4,6,7,8,9,11,15)$

(3) $F(A,B,C,D)=\sum m(3,4,5,7,9,13,14,15)$

(4) $F(A,B,C,D)=\sum m(0,1,2,5,6,7,8,9,13,14)$

(5) $F(A,B,C,D) = \sum m(0,2,3,5,7,8,10,11) + \sum d(14,15)$

(6) $F(A,B,C,D,E) = \sum m(0,3,4,6,7,8,11,15,16,17,20,22,25,27,29,30,31)$

(7) $F(A,B,C,D,E) = \sum m(0,1,2,3,4,5,6,7,16,17,20,21) + \sum d(24,25,27,28,30)$

(8) $F(A,B,C,D,E) = \prod M(0,1,2,3,8,9,16,17,20,21,24,25,28,29,30,31) \cdot \prod d(13,14,19)$

(9) $F(A,B,C,D) = \sum m(0,1,2,9,12) + \sum d(4,6,10,11)$

(10) $F(A,B,C,D) = \sum m(1,3,7,9,14,15)$

(11) $F(A,B,C,D) = \overline{A}C + \overline{A}BC + A\overline{B}C + A\overline{B}CD$

37. 若 $X(A,B,C,D) = \sum m(1,5,7,8,10,11,15)$，$Y(A,B,C,D) = \sum m(1,4,6,9,10,12,13,14)$，求 $F = X \oplus Y$ 的最简与非-与非表达式。

38. 若输入量只有 A 和 B，且不能用非逻辑获得 $\overline{A}$ 和 $\overline{B}$，将逻辑表达式 $F = A\overline{B} + \overline{A}B$ 转换成全部用与非逻辑表示的表达式。

39. 求下列函数的最简或与式。

(1) $F(A,B,C,D) = \sum m(4,5,6,13,14,15)$

(2) $F(A,B,C,D) = \sum m(4,5,6,13,14,15) + \sum d(8,9,10)$

40. 某单位有 5 位外语人员，A 会英语和法语，B 会英语和俄语，C 会俄语和日语，D 会德语，E 会日语和法语。

(1) 外地有一外事活动，要求英、俄、日、德、法 5 种外语，求最经济的出差方案。

(2) 试写出这 5 个人中两两进行外语会话的条件(这里指只有二人在场的会话)。

41. 已知 $F(A,B,C,D)$ 的全部质蕴含项为 $\overline{A}BC$、$\overline{A}CD$、$\overline{B}D$、CD、$\overline{A}B\overline{D}$、$BC$、$AD$、$AC$。求 F 的最简与或式。要求：列质蕴含表，找必要质蕴含项，列简化的质蕴含表，找最小质蕴含覆盖。

42. 用卡诺图法将下列函数化简为最简与或式。

(1) $F(A,B,C,D,E) = \prod M(0,1,2,3,8,9,10,11,17,19,21,23,25,27,29,31)$

(2) $F(A,B,C,D,E) = \prod M(0,2,4,6,8,10,12,14,16,18,20,22,25,27,29,31) \cdot \prod d(5,7,13,15,24,26,28,30)$

43. 用公式和定理化简下列函数。

(1) $F(A,B,C) = ABC + \overline{A}BC + A\overline{B}C + AB\overline{C} + \overline{A}\overline{B}C$

(2) $F(A,B,C) = AC + ABC + A\overline{C} + \overline{A}\overline{B}C + BC$

44. 用卡诺图化简下列函数，并列出它们的质蕴含项和必要质蕴含项。

(1) $F(x_1,x_2,x_3,x_4) = \sum m(0,1,4,7,9,10,13) + \sum d(2,5,8,12,15)$

(2) $F(x_1,x_2,x_3,x_4) = \prod M(0,13,15) \cdot \prod d(3,7,9,10,12,14)$

45. 用卡诺图法化简如下 4 变量函数：

$$F(A,B,C,D) = F_1(A,B,C,D) \oplus F_2(A,B,C,D)$$

其中

$$F_1 = \overline{A}D + BC + \overline{B}\overline{C}D + \sum d(2,11,13)$$

$$F_2 = \prod M(0,2,4,8,9,10,14) \cdot \prod d(1,7,13,15)$$

46. 用两函数卡诺图对应单元相加的方法求两函数的布尔和 F_1+F_2。其中：

$$F_1(x_1,x_2,x_3,x_4)=\sum m(0,3,10,12,15)+\sum d(5,6,9)$$

$$F_2(x_1,x_2,x_3,x_4)=\sum m(0,2,5,10,15) \cdot \sum d(1,6,12)$$

47. 用两函数卡诺图对应单元相乘的方法求两函数的布尔积 $F_1 F_2$。其中：

$$F_1(x_1,x_2,x_3,x_4)=\sum m(0,2,12,14)+\sum d(3,5,9,15)$$

$$F_2(x_1,x_2,x_3,x_4)=\sum m(5,6,10,12)+\sum d(1,2,8,9,15)$$

48. 化简下列多输出函数。

(1) $F_1(A,B,C,D)=A+D+\overline{A}CD$

　　$F_2(A,B,C,D)=\overline{C}\overline{D}+ABD+\overline{B}CD$

　　$F_3(A,B,C,D)=\overline{B}\overline{D}+ABCD+\overline{A}\overline{B}C$

(2) $F_1(A,B,C,D)=\sum m(2,3,4,5,6,7,11,14)+\sum d(9,10,13,15)$

　　$F_2(A,B,C,D)=\sum m(0,1,3,4,5,7,11,14)+\sum d(8,10,12,13)$

第 2 章　布尔函数的逻辑实现

数字电路元器件是实现数字电路的物理基础。数字电路元器件经过几十年的发展，从最初的分立元件发展到集成逻辑电路，又经历了小规模的集成逻辑门电路、中大规模的简单可编程逻辑器件(simple programmable logic devices，SPLD)及大规模、超大规模的复杂可编程逻辑器件(complex programmable logic devices，CPLD)和现场可编程门阵列器件(field programmable gate array，FPGA)，规模越来越大、结构越来越复杂，未来也许有更为复杂的集成逻辑器件出现。但无论数字电路元器件结构多么复杂，目前的集成逻辑元器件仍然基于半导体技术和门电路结构，基本原理仍然基于数字逻辑的基本理论和方法。

基于数字逻辑的基本理论和方法，可以用不同的集成逻辑元器件实现数字电路。但由于不同的集成逻辑元器件在结构、规模和实现原理上存在差异，因此选用不同的集成逻辑元器件实现数字电路的方法也不尽相同。本章主要讨论用不同的逻辑元器件实现布尔函数和数字电路的基本原理和方法，在后续章节会具体介绍数字集成电路元器件的结构、工作原理，以及用这些电路元器件实现数字电路的不同方法。

根据数字电路规模大小的不同，可以选用不同的数字电路元器件来实现电路。对于规模较小的数字电路单元，可以选择中小规模的集成逻辑门电路；对于具有一定规模的数字电路模块，可以选择中等规模的简单可编程逻辑器件 SPLD；而对于大规模的数字电路，例如一个处理器内核，用中小规模的集成逻辑器件实现将会变得十分困难，因此可以选择大规模的可编程逻辑器件 CPLD/FPGA。

用门电路元器件实现布尔函数，就要把布尔函数变换为对应的门电路的逻辑表达形式，然后用具体的门电路元器件替换函数表达式中的逻辑关系，形成具体的逻辑电路单元。

用门阵列结构的可编程逻辑器件实现布尔函数，就要把布尔函数变换为门阵列结构的表达形式，然后将逻辑关系通过编程工具写入可编程逻辑器件，形成具体的电路模块。

对于规模较大的数字系统，直接用门电路或阵列结构的可编程逻辑器件实现将会使电路变得十分庞大，可能带来一系列问题（如信号传输延迟引起的速度问题、功耗问题等），因此优先考虑使用 CPLD 或 FPGA 可编程逻辑器件，借助计算机辅助设计工具 EDA 完成数字系统的设计。在计算机辅助设计工具中，一般会提供两种数字系统的描述方法，原理图工具和硬件描述语言(hardware description language，HDL)。

原理图工具为系统自顶向下的设计方法提供了方便。借助原理图工具可以清晰直观地描述数字系统的层次化设计过程，给出数字系统各层次的功能模块划分，以及各功能模块相互之间的信号连接关系。

HDL 借助它对数字电路不同的描述方式，同样可以表达数字系统的层次化设计过程，虽不如原理图直观，但对于大型的数字系统设计，更能体现其各个层次的电路描述能力。

2.1　布尔函数的门电路实现

能够实现基本逻辑运算的电路称为逻辑门电路，简称门电路(gate circuit)。门电路是最基本的数字电路元件，任何复杂的逻辑功能理论上都可以由最基本的门电路实现。在门电路中，用电路的输入端表示布尔函数的自变量，用输出端表示因变量，门电路自身实现布尔函数的逻辑功能。

2.1.1 逻辑门电路符号

逻辑门电路的图形符号如表 2-1 所示。它们是描述数字电路的基本图形元素。与数字逻辑的逻辑运算对应,门电路也有与、或、非门,与非、或非、与或非门,以及异或门、同或门,这就使布尔函数表达式用门电路实现变得十分方便,给出布尔函数表达式以后,直接用对应的门电路符号替换函数表达式中的各种运算关系,即可构成与函数表达式对应的门电路实现。

表 2-1 逻辑门电路的图形符号

逻辑运算	国标符号	旧符号	欧美符号
与门 $F=AB$			
或门 $F=A+B$			
非门 $F=\overline{A}$			
与非门 $F=\overline{AB}$			
或非门 $F=\overline{A+B}$			
与或非门 $F=\overline{AB+CD}$			
异或门 $F=A \oplus B$			
同或门 $F=A \odot B$			

说明如下:
(1) 这几种符号都要熟悉,便于技术交流,本书中使用中国的国标符号表示。
(2) 国标符号是 IEEE 推荐的表示方法,也是我国的标准表示方法。
(3) 习惯符号用运算符区分,欧美符号用形状区分。
(4) 具有非关系的输出,其输出端都带有"圆圈"符号。
(5) 所有复合门符号都是基本与、或、非门的组合。
(6) 表中仅给出了二输入端的门,多输入端时可根据逻辑关系自行添加输入端。

2.1.2 布尔函数的门电路实现

用门电路实现布尔函数,就是将布尔函数表达式的各种运算用对应的门电路替换的过程。用基本的与、或、非门可以实现任何布尔函数;分别用与非门、或非门、与或非门也可以实现任何布尔函数,但需要先把布尔函数变换为与非-与非表达式、或非-或非表达式、与或非表达式,然后用对应的门电路替换函数表达式中的与非、或非、与或非逻辑关系;用异或门可以直接替换布尔函数中的异或关系。

1. 用与、或、非门实现布尔函数

将布尔函数表达式中的每个反变量用非门表示,每个与运算用与门表示,每个或运算用或门表示,然后用导线连接各个门电路的输入与输出,就构成布尔函数表达式对应的电路图。

1) 与或式的门电路实现

例如,与或表达式 $F(A,B,C)=\bar{A}+B\bar{C}+\bar{B}C$,在该表达式的电路中要用到三个非门实现 $\bar{A}$、$\bar{B}$、$\bar{C}$;然后再用两个 2 输入端与门,分别实现与运算 $F_1=B\bar{C}$,$F_2=\bar{B}C$;最后用一个 3 输入端或门实现或运算 $F=\bar{A}+F_1+F_2$。电路图如图 2-1 所示。

2) 或与式的门电路实现

或与式也可以用同样的方法实现,例如,对于表达式 $F(A,B,C)=\bar{A}+B\bar{C}+\bar{B}C$,其或与表达式为 $F(A,B,C)=(\bar{A}+B+C)(\bar{A}+\bar{B}+\bar{C})$。

在该表达式的电路中也要用到 3 个非门实现 $\bar{A}$、$\bar{B}$、$\bar{C}$;然后再用两个 3 输入端或门,分别实现或运算 $F_1=\bar{A}+B+C$,$F_2=\bar{A}+\bar{B}+\bar{C}$;最后用一个 2 输入端与门实现与运算 $F=F_1F_2$。电路图如图 2-2 所示。

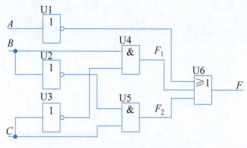

图 2-1 与或式的门的电路实现

2. 用与非门实现布尔函数

用与非门实现布尔函数,首先需要将布尔函数变换为与或表达式,然后两次取非,最后利用德·摩根定理变换为与非-与非表达式。

与非-与非表达式全部由与非关系组成,将表达式中的每个与非关系用一个与非门替换,然后用导线连接各个门电路的输入与输出,就构成与非-与非表达式的电路图。

例如,$F(A,B,C)=\bar{A}+B\bar{C}+\bar{B}C$,其与非-与非表达式为 $F(A,B,C)=\overline{A \cdot \overline{B\bar{C}} \cdot \overline{\bar{B}C}}$。

在该表达式的电路中要用到两个非门实现 $\bar{B}$、$\bar{C}$,也可以用与非门实现;然后再用两个 2 输入端与非门、一个 3 输入端与非门分别实现与非关系:$F_1=\overline{B\bar{C}}$、$F_2=\overline{\bar{B}C}$、$F=\overline{AF_1F_2}$。电路图如图 2-3 所示。

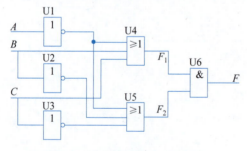

图 2-2 或与式的门的电路实现

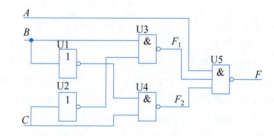

图 2-3 用与非门实现布尔函数

3. 用或非门实现布尔函数

用或非门实现布尔函数,首先需要将布尔函数变换为或与表达,然后两次取非,最后利用德·摩根定理变换为或非-或非表达式。

或非-或非表达式全部由或非关系组成,将表达式中的每个或非关系用或非门表示,然后用导线连接各个门电路的输入与输出,就构成或非-或非表达式的电路图。

例如,$F(A,B,C)=(\bar{A}+B+C)(\bar{A}+\bar{B}+\bar{C})$,其或非-或非表达式为

$$F(A,B,C)=\overline{\overline{(\overline{A}+B+C)}+\overline{(\overline{A}+\overline{B}+\overline{C})}}$$

在该表达式的电路中要用到三个非门实现 $\overline{A}$、$\overline{B}$、$\overline{C}$，也可以用或非门实现；然后再用两个3输入端或非门、一个2输入端或非门分别实现或非关系：$F_1=\overline{\overline{A}+B+C}$、$F_2=\overline{\overline{A}+\overline{B}+\overline{C}}$、$F=\overline{F_1+F_2}$。电路图如图2-4所示。

4. 用与或非门实现布尔函数

用与或非门实现布尔函数，首先需要将布尔函数变换为与或非表达式。将布尔函数变换为与或非表达式有两种方法。

（1）布尔函数的与或表达两次取非，直接变换为与或非表达式。

（2）布尔函数的或与表达两次取非，再利用德·摩根定理变换为与或非表达式。

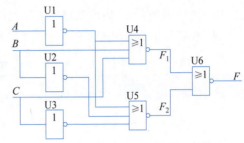

图 2-4　用或非门实现布尔函数

与或非表达式全部由与或非关系组成，将表达式中的与或非关系用与或非门表示，然后用导线连接各个门电路的输入与输出，就构成与或非表达式的电路图。

例如，与或表达式 $F(A,B,C)=\overline{A}+B\overline{C}+\overline{B}C$，其与或非表达式为 $F(A,B,C)=\overline{\overline{\overline{A}+B\overline{C}+\overline{B}C}}$。在该表达式的电路中要用到一个与或非门实现 $F_1(A,B,C)=\overline{\overline{A}+B\overline{C}+\overline{B}C}$，还要用到一个非门实现 $F(A,B,C)=\overline{F_1}$，也可以用与或非门实现非关系。电路图如图2-5所示，这里假设允许反变量输入。

同样，对于与或表达式 $F(A,B,C)=(\overline{A}+B+C)(\overline{A}+\overline{B}+\overline{C})$，其与或非表达式为 $F(A,B,C)=\overline{A\overline{B}\overline{C}+ABC}$。该表达式直接用一个与或非门即可实现，电路图如图2-6所示。

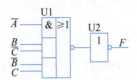

图 2-5　用与或式变换为与或非式实现布尔函数

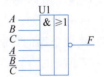

图 2-6　用或与式变换为与或非式实现布尔函数

5. 用异或门实现布尔函数中的异或运算

异或门主要用于实现带有异或关系的函数表达式，它能够简化电路的结构。带有异或运算的布尔函数表达式，其中的异或关系可以用异或门表示，其他逻辑关系仍然用相应的门电路实现。

例如，$F(A,B,C)=AB+(A\oplus B)C$，在该表达式的电路中要用到一个异或门实现 $F_1=A\oplus B$，然后再用两个2输入端与门分别实现与关系 $F_2=AB$、$F_3=F_1C$，最后再用一个2输入端或门实现或关系 $F=F_2+F_3$。电路图如图2-7所示。

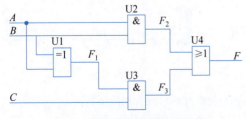

图 2-7　用异或门实现异或运算

2.1.3　集成逻辑门电路

集成逻辑门电路是将基本开关元件构成的门电路封装起来形成的集成逻辑芯片，根据基本开关元件的不同，可以分为 TTL 集成门电路、CMOS 集成门电路，这两种门电路都提供了各种常用的基本逻辑门。本节简单介绍常用的

TTL 和 CMOS 门电路基本知识,目的在于使读者了解集成逻辑门电路的选型和基本使用方法。关于集成电路器件的详细信息可参阅第 7 章的内容。

1. TTL 集成逻辑门电路

1) TTL 集成逻辑门电路的标准系列

不同的使用场合,对集成电路的工作速度和功耗等性能有不同的要求,可选用不同系列的产品。目前,TTL 电路有 5 种不同的系列。表 2-2 给出了 TTL 电路 5 种系列的性能参数。

表 2-2　TTL 电路 5 种不同系列的功耗与延迟

系　列	延迟/ns	功耗/mW
74	9	10
74L	33	1
74H	6	22
74S	3	19
74LS	9	2

上面介绍的都是以"74"开头的系列,它们都是民用产品。此外,TTL 还有以"54"开头的军用产品系列,两者参数基本相同,只是电源电压范围和工作环境温度范围不同。

2) 标准 TTL 集成电路的逻辑规定

标准 TTL 集成逻辑电路的供电电源又称数字电源,通常用 V_{CC} 表示,为 +5V 直流电压,其参考零电位称为数字地,通常用 GND 表示。在门电路的符号表示中,一般都未标出电源和地线的引脚连接,这是由于门电路符号主要用于表示逻辑运算关系,电源和地线在门电路符号中可以默认已连接。

标准 TTL 集成逻辑电路的逻辑 1 又称高电平,一般不低于 3.6V;逻辑 0 又称低电平,一般不高于 0.3V。标准 TTL 集成电路的逻辑规定如图 2-8 所示。

3) 标准 TTL 集成电路的封装形式

标准 TTL 集成电路的封装形式主要描述集成电路的形状、封装材料、引脚排列等信息。集成电路的封装形式很多,在此不再赘述,仅以双列直插(DIP)封装为例来进行介绍。

标准 TTL 集成电路的电路引脚编号方法是"缺口"朝上,按 U 形顺序编号。电路引脚包括电源引脚 VCC、地线引脚 GND,以及各种功能引脚,功能引脚根据芯片功能不同而不同。

例如,DIP-14 封装的四 2 输入与非门 7400 的实物图与引脚排列图如图 2-9 所示。在 7400 中封装了 4 个完全相同的 2 输入端与非门,它们共用芯片的供电电源,各自独立按照 $Y = \overline{AB}$ 的逻辑表达式工作。

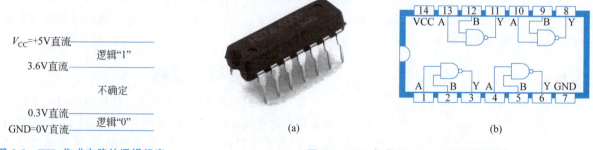

图 2-8　TTL 集成电路的逻辑规定

图 2-9　TTL 与非门 DIP-14 和引脚排列
(a)实物图;(b)引脚排列

电路连接时,把电路图中每一个与非门的输入、输出连接到芯片的对应引脚编号上,即可形成电路图对应的实际电路,进而进行电路功能测试。

4) 常用 TTL 逻辑门电路

常用的 TTL 逻辑门电路功能及型号如表 2-3 所示。它们具有与上述 7400 相同的芯片封装形式,但由于电路型号不同,其内部的门电路功能也不相同,每个门电路的引脚编号也自然不一样,具体的门电路引脚编号要查阅相关的集成电路手册确定。

表 2-3 常用 TTL 逻辑门电路的功能及型号

功 能	型 号	功 能	型 号
四 2 输入与门	74x08	四 2 输入或非门	74x02
四 2 输入或门	74x32	三 3 输入或非门	74x27
六非门	74x04	二 3-3 输入与或非门	74x51
四 2 输入与非门	74x00	四 2 输入异或门	74x86
二 4 输入与非门	74x20		

2. CMOS 集成逻辑门电路

1) CMOS 集成逻辑门电路的标准系列

CMOS 集成电路主要有基本的 CMOS4000 系列、高速的 HC(HCT)系列、先进的 AC(ACT)系列。它们整体上功耗极低,在工作速度上逐步提高,高速 CMOS 系列电源电压和逻辑电压值与 TTL 系列逐步兼容。AC(ACT)系列的逻辑功能、引脚排列顺序等都与同型号的 HC(HCT)系列完全相同。

2) 标准 CMOS 集成电路的逻辑规定

CMOS 门电路主要采用 NMOS 管和 PMOS 管作为基本开关元件。标准 CMOS 门电路的供电电源引脚通常用 VDD 表示,对应的电压用 V_{DD} 表示,其直流电压范围非常宽泛,在 3~18V,因此其逻辑值对应的电压值随电源电压而不同。一般而言,低电平电压不高于 V_{DD} 的 45%,高电平电压不低于 V_{DD} 的 55%。

3) 标准 CMOS 集成电路的封装形式

CMOS 门电路的封装形式与 TTL 集成门电路完全相同,例如,DIP-14 封装的六非门 CD4069 的实物图与引脚排列图如图 2-10 所示。CD4069 中封装了 6 个完全相同的非门,它们共用芯片的供电电源,各自独立按照 $Y=\overline{A}$ 的逻辑表达式工作。

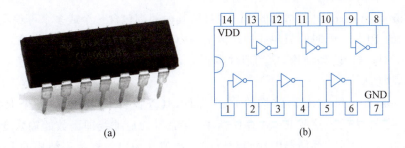

图 2-10 DIP-14 封装的 CMOS 六非门 CD4069 和引脚排列
(a) 实物图;(b) 引脚排列

电路连接时,把电路图中每一个非门的输入、输出连接到芯片的对应引脚编号上,即可形成电路图对应的实际电路,进而进行电路功能测试。

4) 常用的 CMOS 逻辑门电路

常用的 CMOS 逻辑门电路功能及型号如表 2-4 所示。具体的门电路引脚编号也要查阅相关的集成电路手册确定。

表 2-4　常用的 CMOS 逻辑门电路

功　　能	型　　号	功　　能	型　　号
四 2 输入与门	4081	二 4 输入与非门	4012
四 2 输入或门	4071	四 2 输入或非门	4001
六非门	4069	与或非门	4086
四 2 输入与非门	4011	四 2 输入异或门	4070

3. 集成逻辑门电路的工作特性与参数

在数字集成电路选择和应用时,不同的特性和参数适应不同的应用。电路的特性参数主要包括抗干扰能力、带负载能力、工作速度和功耗。该部分内容可参阅第 7 章。

2.2　布尔函数的门阵列实现

对于较大规模的数字电路模块,应该选用集成度更高的可编程逻辑器件,这些器件虽然集成度较高,但其工作原理仍然基于数字逻辑的基本理论和方法。关于可编程逻辑器件的详细信息可参阅第 7 章内容,本节只讨论用门阵列器件实现数字电路的基本原理和方法。

2.2.1　可编程逻辑器件简介

逻辑器件可分为两大类,固定逻辑器件和可编程逻辑器件。固定逻辑器件中的电路是永久性的,它们完成一种或一组功能,一旦制造完成就无法改变。前面讨论的各种集成门电路都属于固定逻辑器件。

可编程逻辑器件 PLD 泛指可以编程的逻辑器件,它是能够为用户提供范围广泛的多种逻辑容量、特性、速度和电压参数的通用成品部件。可编程是指逻辑器件本身是通用的,用户通过"编程"的方法能够改变逻辑器件的内部逻辑连接结构,实现自己需要的逻辑功能。因此,可编程逻辑器件 PLD 又称面向特定用途的集成电路(application specific intergrated circuit,ASIC)。按照结构特点的不同,可以将可编程逻辑器件分为乘积项结构和查找表结构两大类。

基于乘积项(product term,PT)结构的 PLD 器件,其内部都包含一个或多个可编程的与或阵列,因此又称门阵列结构的 PLD。早期的简单 PLD(包括 PROM、PLA、PAL 和 GAL 等)以及绝大多数的 CPLD 器件都是基于与或门阵列结构,这类器件编程后,即使系统掉电数据也不会丢失,器件的容量大多小于 5000 门的规模。

基于查找表(look up table,LUT)结构的 PLD 器件,其查找表本质上就是一个 RAM 存储器,"编程"就是指将函数的真值表写入这些 RAM 存储器中,存储器的地址线即函数的输入变量,给查找表输入不同的输入变量组合,即可从存储器中找到对应的函数值并输出。查找表结构的 PLD 器件功能强,速度快,n 个输入的查找表可以实现 n 输入变量的任意布尔函数。绝大多数的 FPGA 器件都基于查找表结构。此类器件的特点是集成度高(可实现百万逻辑门以上的设计规模),逻辑功能强,可实现大规模的数字系统设计和复杂的算法运算,但器件的配置数据易丢失,需要外挂非易失的配置器件存储配置数据,才能构成可独立运行的系统。

本节主要讨论用基于乘积项的 PLD 器件实现布尔函数的基本原理和表示方法,用基于查找表结构的 PLD 器件实现布尔函数的方法在第 7 章介绍。

2.2.2 布尔函数的门阵列实现原理

观察如下例子。

例 2-1 试用与、或、非门直接实现下列多输出布尔函数的与或式:

$$F_1(A,B) = \overline{A}\overline{B} + \overline{A}B = \sum m(0,1)$$

$$F_2(A,B) = \overline{A}\overline{B} + A\overline{B} = \sum m(0,2)$$

$$F_3(A,B) = \overline{A}B + AB = \sum m(1,3)$$

$$F_4(A,B) = A\overline{B} + AB = \sum m(2,3)$$

解:直接画出基于与、或、非门实现的电路原理图,如图 2-11 所示。这里为了与 PLD 器件表示方法一致,采用欧美符号的与、或、非门表示。

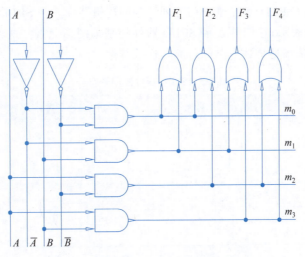

图 2-11 基于用与、或、非门实现的电路原理

从图 2-11 中可以看出,电路分成 3 个层次。

(1) 布尔函数原变量和反变量产生电路。

(2) 布尔函数的最小项产生电路,实际上是与项产生电路。

(3) 布尔函数的或项产生电路。

由布尔函数的基本形式可知,任何布尔函数都可以表示为函数自变量的原变量和反变量的与或表达式,也就是说,任何布尔函数都可以用上述 3 个层次的电路实现。当电路规模庞大时,可以将上述 3 个层次的电路分别用"阵列"的概念描述。因此,任何布尔函数都可以用如下 3 个"阵列"电路实现。

(1) 输入缓冲器阵列:产生布尔函数自变量的原变量和反变量。

(2) 与阵列:产生布尔函数的所有与项。

(3) 或阵列:产生布尔函数的所有或项。

图 2-12 给出了布尔函数的门阵列电路结构模型。

图 2-12 中,输入缓冲器阵列由反相器和缓冲器构成,产生每个输入信号的原、反变量信号;与阵列由

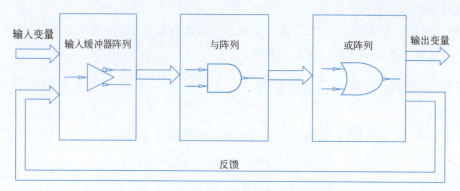

图 2-12 布尔函数的门阵列电路的结构模型

多个多输入与门组成,用以产生各个积项;或阵列由多个多输入或门组成,用以产生各个积项的或输出。

2.2.3 可编程门阵列符号

1. 可编程门阵列的基本电路符号

简单可编程逻辑器件(SPLD)就是基于门阵列结构的逻辑器件。在 SPLD 器件中可编程的与、或门用表 2-5 所示的图形符号表示,它们是表示 SPLD 器件的基本图形元素。这种表示方法能够使电路描述得到简化,并且可以很清晰地描述电路的可编程连接特性。

表 2-5 SPLD 器件的图形符号

逻辑功能	国标符号	门电路符号	SPLD 符号
输入缓冲器			
与门 $F=AB$			
或门 $F=A+B$			
可编程连接符			
固定连接符①			
无连接			

在 SPLD 中有两种电气连接符号,即固定连接和可编程连接。固定连接用"·"表示,在两条信号线

---

① 我国国标规定,两条导线 T 形连接时,连接点"·"省略。为了保证后面章节所用设计软件的一致性,便于读者学习,本书保留"·",特此说明。

交叉点上打上符号"·",表示电路内部已将这两条信号线固定连接,不可改变。可编程连接用符号"×"表示,在两条信号线交叉点上打上符号"×",表示这两条信号线的连接是可编程的,去掉该符号即表示断开连接。

2. 通用可编程门阵列的符号表示

图 2-13 给出了通用可编程门阵列示意图。

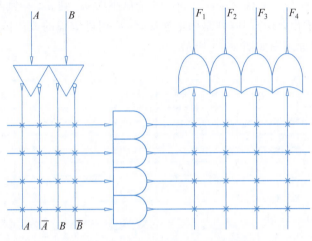

图 2-13　通用可编程门阵列示意图

图 2-13 中的与门阵列和或门阵列均为可编程门阵列。初始时,每个门(与门、或门)的输入端与所有可能的输入端均为连接状态,改变每个可编程连接点的连接关系即可改变电路的结构,这样的门阵列称为通用可编程门阵列。

用通用可编程门阵列实现实际的数字电路时,按照实际布尔函数与或表达式的每个与项、或项的输入变量的不同,通过编程的方法修改每个与门、或门的输入变量连接状态,以实现用户定制的专用电路。

图 2-13 中仅给出了一个 2 输入、4 与门、4 或门的通用可编程门阵列的示意图。实际应用时,可以根据需要选择输入、与门、或门个数相匹配的可编程逻辑器件。

另外还要说明的是,图 2-13 中的与、或门阵列均可编程,实际的可编程逻辑器件存在只有一个阵列可编程、另一个阵列是固定连接的情况,可根据需要进行选择。

2.2.4　布尔函数的门阵列实现

用门阵列实现布尔函数,也就是将布尔函数的与或表达式用与-或门阵列表示的过程。用可编程门阵列实现布尔函数,首先需要把布尔函数变形为与或表达式,然后在与阵列上表示出所有的与关系,在或阵列上表示出所有的或关系。

布尔函数的与或表达式可以有很多,但只有两种与或表达式最具有代表性:一种是标准积之和的最小项表达式,另一种是最简与或表达式。下面分别讨论它们的门阵列实现方法。

1. 基于标准积项的与或门阵列实现

标准积之和表达式的特点是,对于任何 n 变量布尔函数,可选的与项是函数的所有标准积项,也就是最小项,它们是固定不变的,不同的布尔函数只是最小项的组成不同。因此这样的函数表达式其与门阵列是固定不变、无须编程的,或门阵列应该是可编程的。

例 2-2　试用门阵列直接实现下列最小项表达式的多输出布尔函数:

$$G_4(B_4,B_3,B_2,B_1) = \sum m(8,9,10,11,12,13,14,15)$$

$$G_3(B_4,B_3,B_2,B_1) = \sum m(4,5,6,7,8,9,10,11)$$

$$G_2(B_4,B_3,B_2,B_1) = \sum m(2,3,4,5,10,11,12,13)$$

$$G_1(B_4,B_3,B_2,B_1) = \sum m(1,2,5,6,9,10,13,14)$$

解：该多输出布尔函数有 4 个自变量，因此有 16 个最小项 m_0 到 m_{15}。其与门阵列需要用 16 个与门产生所有 16 个最小项输出，该与门阵列是固定连接，然后用可编程的或门阵列产生 4 个不同的函数输出。门阵列实现的电路原理图如图 2-14 所示。

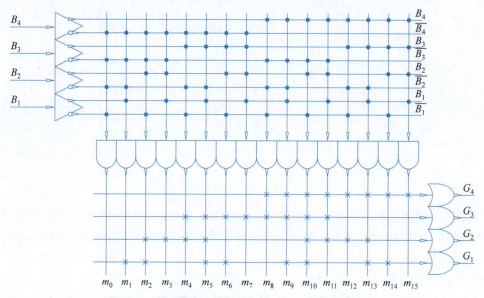

图 2-14 基于最小项的与或门阵列实现的电路原理图

各种 ROM 存储器就是这样的可编程与或门阵列结构，采用 ROM 存储器实现布尔函数就是基于标准积项的与或门阵列实现。

2. 基于最简积项的与或门阵列实现

基于标准积项的与或门阵列实现存在与阵列规模较大的问题，即使比较简单的布尔函数，其与阵列也要产生所有的最小项输出。为了简化电路设计，可以采用基于最简积项的与或门阵列实现布尔函数。

最简与或表达式的特点是，布尔函数的与项个数最少，每个与项的自变量个数最少，因此实现这样的函数表达式需要的硬件资源最少。由于每个最简积项的变量个数不确定，表达式中最简积项的个数也不确定，因此要求这种器件的与门阵列和或门阵列都应该是可编程的。在 ROM 基础上发展起来的 PLA 器件就是这种结构。

例 2-3 试用门阵列实现下列函数的最简与或表达式：

$$G_4(B_4,B_3,B_2,B_1) = \sum m(8,9,10,11,12,13,14,15)$$

$$G_3(B_4,B_3,B_2,B_1) = \sum m(4,5,6,7,8,9,10,11)$$

$$G_2(B_4,B_3,B_2,B_1) = \sum m(2,3,4,5,10,11,12,13)$$

$$G_1(B_4,B_3,B_2,B_1) = \sum m(1,2,5,6,9,10,13,14)$$

解：首先将函数化简为最简与或表达式，这里略去化简过程。

$$G_4(B_4, B_3, B_2, B_1) = B_4$$
$$G_3(B_4, B_3, B_2, B_1) = B_4 \overline{B_3} + \overline{B_4} B_3$$
$$G_2(B_4, B_3, B_2, B_1) = B_3 \overline{B_2} + \overline{B_3} B_2$$
$$G_1(B_4, B_3, B_2, B_1) = B_2 \overline{B_1} + \overline{B_2} B_1$$

该最简多输出布尔函数有 4 个自变量，化简后的布尔函数共有 7 个最简积项：
$P_1 = B_4$；$P_2 = B_4 \overline{B_3}$；$P_3 = \overline{B_4} B_3$；$P_4 = B_3 \overline{B_2}$；$P_5 = \overline{B_3} B_2$；$P_6 = B_2 \overline{B_1}$；$P_7 = \overline{B_2} B_1$
利用这些最简积项，可以构成函数的最简与或表达式：

$$G_4 = P_1; \quad G_3 = P_2 + P_3; \quad G_2 = P_4 + P_5; \quad G_1 = P_6 + P_7$$

门阵列实现的电路原理图如图 2-15 所示。

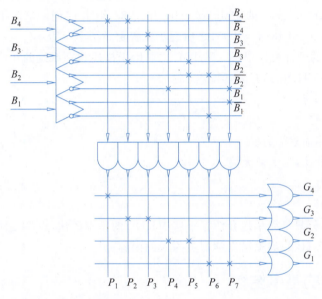

图 2-15 基于最简积项的与或门阵列实现的电路原理图

2.3 数字电路的 VHDL 描述

随着电子技术的不断发展和硬件电路规模的不断扩大，超大规模的 CPLD/FPGA 器件很难使用电路图的方法描述数字电路的结构。因此，设计更灵活、能力更强、层次更高的硬件描述语言逐渐替代了以往的图形描述方式。

HDL，就是可以描述硬件的语言，它可以用文本语言的形式描述硬件电路的功能、信号连接关系及时序关系等。HDL 的出现为硬件设计提供了一种更加快捷精确的描述方法，成为硬件设计者和电子设计自动化(electronic design automation，EDA)软件工具之间的桥梁。与以往的图形输入相比，硬件描述语言虽然没有那么直观，但是其描述能力更强，可描述的层次也更高，因而可以进行大规模数字系统的设计。

目前硬件描述语言已经在大型数字电路设计领域中占据了主导地位，它具有以下特点。
(1) 可以在抽象层次上对设计进行精确而简练的描述。
(2) 可以很方便地在不同层次上对设计进行模拟和验证。
(3) 可以进行软硬件协同设计，大大减小了软件设计和硬件设计之间的时间差。

(4) 设计易于修改，可理解性强。

(5) 有很多可用的辅助软件。

(6) 易于生成设计文档资料。

2.3.1 VHDL 概述

目前最常用的 HDL 有 VHDL(very-high-speed integrated circuit hardware description language)和 Verilog HDL。

VHDL 诞生于 1982 年，1987 年底，VHDL 被 IEEE 和美国国防部确认为标准硬件描述语言。1993 年，IEEE 对 VHDL 进行了修订，从更高的抽象层次和系统描述能力上扩展 VHDL 的内容，公布了 IEEE 1076—1993 版本，VHDL 在电子设计领域得到了广泛的应用。

Verilog HDL 是在用途最广泛的 C 语言的基础上发展起来的一种硬件描述语言，它是由 GDA(gateway design automation)公司的 Phil Moorby 在 1983 年末首创，1990 年后 Verilog HDL 成为 IEEE 标准，即 IEEE Standard 1364—1995，之后逐步完善更新了多个版本。

VHDL 是本书采用的硬件设计语言。VHDL 主要用于描述数字系统的结构、行为、功能和接口，与其他硬件描述语言相比，VHDL 具有以下特点。

(1) 功能强大，设计灵活。

(2) 支持广泛，易于修改。

(3) 强大的系统硬件描述能力。

(4) 独立于器件的设计，与工艺无关。

(5) 很强的移植能力。

(6) 易于共享和复用。

本书中的 VHDL 部分只是简单地介绍了一些 VHDL 的基本语法，以满足对本书数字电路的描述，读者可参考其他专门的 VHDL 类书籍以学习更深入的内容。

2.3.2 VHDL 程序的基本结构

数字系统可以用图 2-16 来描述。

这里的数字系统可以是一个复杂的电路系统、一块电路板、一个芯片、一个电路模块或者一个门电路。由图中可以看出，一个数字系统由两部分构成。

(1) 外部特征：输入、输出信号的集合。

(2) 内部结构：输入信号与输出信号的逻辑关系。

对应地，在 VHDL 中，一个数字系统被称为一个设计单元(design unit)，主要由两种结构描述这两部分内容，如图 2-17 所示。

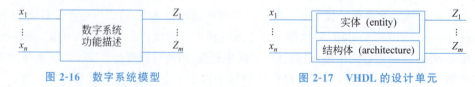

图 2-16　数字系统模型　　　　　图 2-17　VHDL 的设计单元

(1) 实体(entity)：描述一个设计单元的外部特征，对应于原理图中的电路符号。

(2) 结构体(architecture)：描述一个设计单元输入信号与输出信号的逻辑关系，对应于电路的内部结构。

对于一个复杂的设计单元,除上面两部分描述外,还需要配置(configuration)、包集合(package)、库(library)的支持。

(3) 库(library):一个设计单元需要有库的支持,库中保存了已编译的可用资源,可以为任何设计者共享。

(4) 包集合(package):包中存放了可以为同一系统所有实体共享的数据类型、常量、子程序的集合。

(5) 配置(configuration):一个实体可以有多个结构体实现版本,配置是在实例化实体时,选择其一作为实际应用的结构体。

例 2-4 一个 2 输入的与非门的电路符号如图 2-18 所示,给出该电路的 VHDL 描述。

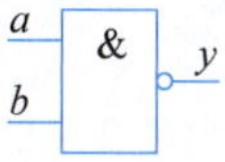

图 2-18 2 输入的与非门电路符号

解:图 2-18 中 2 输入与非门的 VHDL 逻辑描述如下:

```
LIBRARY ieee;                              --库说明语句
USE ieee.std_logic_1164.ALL;               --程序包说明语句

ENTITY nand2 IS                            --实体定义
PORT(a,b: IN STD_LOGIC;
y: OUT STD_LOGIC);
END nand2;

ARCHITECTURE nand2x OF nand2 IS            --结构体定义
BEGIN
    y<=NOT (a AND b);
END nand2x;
```

其中,ENTITY、IS、PORT、BEGIN、END 是 VHDL 的关键字(保留字);实体名 nand2、结构体名 nand2x、端口名 a、b、y 等均应为符合 VHDL 命名规则的标识符。

从上面的例子可以看出如下内容。

(1) 实体部分描述了设计单元的外部接口信号(即输入输出信号),它从整体上表示了设计单元的外部特性。上例中语句:

```
PORT(a,b:IN STD_LOGIC;
y: OUT STD_LOGIC);
```

描述了与非门的外部信号连接:a、b 是外部输入信号;y 是外部输出信号。

(2) 结构体则描述了设计单元的内部电路功能,它显示了设计单元的行为、数据的流程或组织结构形式。结构体描述的所有电路行为,应放在 BEGIN 与 END 之间。上例中语句:

```
y<=NOT(a AND b);
```

描述了输出 y 与输入 a、b 之间的逻辑关系。

(3) 配置在例子中没有体现,它用于从库中选取所需元件安装到设计单元的实体中,来组成设计的不同版本,使设计单元的功能发生变化。

(4) 包集合存放了各设计模块能共享的数据类型、常量、子程序等。例如,上例中调用了 IEEE 的 std_logic_1164 包的所有内容。

```
USE ieee.std_logic_1164.ALL;                                    --程序包说明语句
```

其中,数据类型 STD_LOGIC 即为该包中定义的数据类型。

(5) 库中存放了已编译的实体、结构体、包集合和配置。例如,上例中调用了 IEEE 标准库。

```
LIBRARY IEEE;                                                   --库说明语句
```

1. 实体:外部特征描述

VHDL 中实体的语法格式如下:

```
ENTITY 实体名 IS
    [GENERIC (类属表);]
    [PORT (端口表);]
END[ENTITY] 实体名;
```

实体是 VHDL 中描述元件外部特性的部分,即元件的输入输出端口等信息,它并不描述元件的具体功能,在电路原理图上,实体相当于元件符号。

在层次化系统设计中,顶层的实体可以是整个系统模块或整个单元模块的输入、输出描述;在一个器件级的设计中(底层),实体可以是一个元件或芯片的输入、输出描述。

实体由实体名、类属参数表、端口表、实体说明部分和实体语句部分组成。

1) 类属参数(GENERIC)

类属参数说明的语法格式如下:

```
GENERIC(常数名:数据类型[:=设定值]
     {;常数名:数据类型[:=设定值]});
```

类属参数说明是可选的,常放在实体或块结构体前的说明部分,用来指定该设计单元的类属参数(如延时、功耗等)。

类属参数说明必须放在端口说明之前。参数在该模块被调用时从外部传入参数值,参数值为本实体所属的所有结构体使用,传入的类属参数作为常量使用,使用时不能修改。

类属参数的设计为多个高层设计实体使用同一个元件提供了静态参数上的区别。类属参数与常数不同,常数只能从设计实体的内部赋值,且不能再改变,而类属参数的值可以由设计实体外部提供。

使用 GENERIC 语句易于模块化和通用化。有些模块的逻辑关系是明确的,但是由于半导体工艺、半导体材料的不同,使器件具有不同的延迟。为了简化设计,对该模块进行通用设计,参数根据不同材料、工艺待定。因此,设计者可以从外面通过类属参数的重新设定而方便地改变一个设计实体或元件的内部电路结构和规模。

GENERIC 常用于定义实体的端口大小、设计实体的物理特征、传输延迟、上升和下降延迟、结构体的总线宽度、设计实体底层中同种元件的例化数量等。例如,一个通用的计数器元件,在高层使用时通过类属参数的指定,可以设定为 8 位、16 位或者 24 位的计数器。

2) 端口(PORT)

端口表的语法格式如下:

```
PORT(端口名{,端口名}:端口模式 数据类型[:=初始值]
    {;端口名{,端口名}:端口模式 数据类型[:=初始值]});
```

端口是设计实体和外部环境动态通信的通道。端口表是对一个实体的一组端口的定义,实体中的每一个 I/O 信号被称为一个端口,其功能对应于电路图符号的一个引脚。一个端口就是一个信号,必须有端口名、端口模式和数据类型。

端口模式用来说明数据、信号传输通过该端口的方向。端口模式有以下几类。

(1) IN(输入)：定义的端口为单向只读模式，数据只能通过该端口被读入实体中，仅允许数据流进入端口，主要用于时钟输入、控制输入、单向数据输入。如果端口模式没有指定，则该端口默认模式为 IN。

(2) OUT(输出)：定义的端口为单向输出模式，数据只能通过该端口从实体向外流出，或者说可以将实体中的数据向此端口赋值。该模式通常用于信号的输出，不能用于反馈。

(3) INOUT(双向)：定义的端口为双向输入输出模式，允许数据流入或流出该实体。这个端口相当于一个输入端口和一个输出端口的组合。从端口内部看，可以对此端口进行赋值，也可以通过此端口读入外部的数据信息；而从端口的外部看，信号既可以从此端口流出，也可以向此端口输入信号，如 RAM 的数据端口。该模式允许用于内部反馈。

(4) BUFFER(缓冲)：功能与 INOUT 类似，区别是当需要输入数据时，只允许回读内部信号，即允许反馈。该回读信号不是由外部输入，而是由内部产生。如计数器设计，可将计数器输出的计数信号回读，以作为下一计数值的初值。该模式允许数据流出该实体和作为内部反馈使用，但不允许作为双向端口使用。

端口的数据类型原则上可以是任何标准的数据类型和用户自定义类型，可根据需要自由选择，但是要注意端口连接时数据类型的匹配。

3) 实体说明

它是实体接口中的公共信息，放在端口说明之后，定义一些子类型说明等。

2. 结构体：内部功能描述

VHDL 中结构体语法结构如下：

```
ARCHITECTURE 结构体名 OF 实体名 IS
     [结构体说明部分];
BEGIN
     [并发处理语句];
END 结构体名;
```

结构体(architecture)是设计单元的功能描述部分，具体说明实体的行为，定义实体的功能，规定实体的数据流程，指定实体中内部元件的连接关系。若把实体抽象为一个功能方块图，结构体则描述这个功能方块图的内部实现细节。结构体是对应于实体存在的，因此它必须有一个已经定义的实体，并且显式地表示出来。

对于一个实体来说，具体的电路实现可能有多种，因此一个实体可以对应多个结构体，以对应该实体的不同设计方案，通过配置来选择不同的实现结构体。当然，一个独立的 VHDL 文件一般由一个实体说明和一个结构体组成。

(1) 结构体说明部分。结构体说明部分是对结构体的功能描述语句中将要用到的信号(signal)、数据类型(type)、常数(constant)、元件(component)、函数(function)和过程(procedure)等加以说明的语句。结构体中说明和定义的数据类型、常数、元件、函数和过程只能用于这个结构体中，若希望其能用于其他的实体或结构体中，则需要将其作为程序包来处理。

(2) 并发处理语句。并发处理语句是结构体程序的基本组成部分。并发处理是硬件描述语言与软件程序最大的区别之一，所有的并行语句在结构体中的执行都是并行的，即它们的执行顺序与语句的书写顺序无关。

实际上，并行语句最终会被综合为实际的、独立工作的电路模块，并行语句的执行就是这些电路模块的正常工作模式。这种并行性是由硬件本身的特性决定的，即一旦接通电源，这些电路模块就会按照事先设计好的方案同时工作。

信号是各个并行语句(电路模块)共享的信息,信号的变化是各个并行语句(电路模块)被激发和启动的根源。图 2-19 给出了结构体中可能出现的并发语句的示意图。

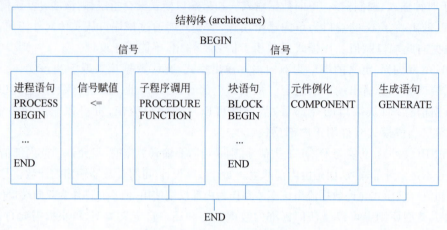

图 2-19　结构体中的并发语句

并发处理语句位于 BEGIN 和 END 之间,这些语句具体地描述了结构体的行为。并发处理语句是功能描述的核心部分,也是变化最丰富的部分。并发处理语句可以使用信号赋值语句、进程语句、元件例化语句、块语句、生成语句及子程序调用等。需要注意的是,这些语句都是并发(同时)执行的,与排列顺序无关。

3. 配置(configuration)

配置的语法如下:

```
for 例化元件标号表：元件名 use entity 实体名(结构体名)
    [generic map (参数关联表)]
    [port map (端口关联表)];
```

当一个实体有不同的设计方案实现,也就是它对应多个结构体时,就需要使用配置(configuration)来确定元件使用哪个结构体来构成,配置描述了实体与结构之间的连接关系。设计者在实现具体的电路时,可以利用配置语句为实体选择不同的结构体,通过仿真进行性能对比,从而获得最佳的设计目标。

同一时刻只有一个结构体起作用,通过 configuration 决定用哪个结构体进行仿真或综合。配置有很多其他的语法使用,在此不再赘述。

4. 包集合(package)

包集合的语法结构如下:

```
PACKAGE<包名>IS
    [外部子程序说明]
    [外部常量说明]
    [外部元件模板]
    [外部类型说明]
    [属性说明]
    [属性指定]
END [<包名>]
PACKAGE BODY<包名>IS
    [外部子程序体]
```

```
    [内部子程序说明]
    [内部子程序体]
    [内部常量说明]
    [内部类型说明]
END [<包名>]
```

在一个实体的说明部分和结构体部分说明的数据类型、常量与子程序等,只能在这个实体的内部使用。对于一个复杂的系统,VHDL 描述时会用多个实体来实现,这时,多个实体就需要共享一些数据类型、常量与子程序等,VHDL 提供了包集合(package)来实现数据类型、常量与子程序等在多个设计实体间的共享。

包集合是一种使其中的数据类型、常量、子程序和其他说明对其他设计实体可见的设计单元。它将常用的相关说明(类型说明、常量说明、子程序说明、元件说明、属性说明等)集中在一起,一起编译后存入库中,如果其他设计实体想要使用包里的内容,只需要通过 USE 语句调用即可。

包集合包括包头和包体两部分。包头为包集合定义了接口,用来声明包中的类型、元件、函数和子程序;而包体规定集合包的实际功能,用来存放说明中的函数和子程序,未含有子程序和函数的包集合不需要包体。

一个包头只能有唯一的一个包体与之对应,二者使用相同的名字。包体的内容是基本说明和子程序体说明。但要注意,若包集合中含有子程序说明时,必须将子程序放在对应的包体中。包体中的子程序及其相应的说明是专用的,不能被其他 VHDL 单元所引用;而包集合中的说明是公用的,它可以独立地编译并插入设计库中。包集合体是次级设计单元,只有在其对应的主设计单元编译并插入设计库之后,才可独立地编译并插入设计库中。

下面是一个包的实现示例:

```
PACKAGE Logic IS
    TYPE three_level_logic IS('0','1','Z');
    CONSTANT unknown_value: three_level_logic:='0';
    FUNCTION invert(input: three_level_logic) RETURN three_level_logic;
END logic;
PACKAGE BODY logic IS
    FUNCTION invert(input: three_level_logic) RETURN three_level_logic IS
    BEGIN
        CASE input IS
            WHEN '0'=>RETURN '1';
            WHEN '1'=>RETURN '0';
            WHEN 'Z'=>RETURN 'Z';
        END CASE;
    END invert;
END logic;
```

一个包集合所定义的内容如果想要在某个 VHDL 设计实体中使用,需要在实体说明之前加上 USE 语句。

如果某个设计实体想要使用上述包集合 logic 中的类型 three_level_logic 和函数 invert,则需要 USE 语句引用它们,具体实例如下:

```
USE logic.three_level_logic,logic.invert;
ENTITY inverter IS
    PORT(x: IN three_level_logic;
```

```
        y: OUT three_level_logic);
END inverter;
ARCHITECTURE inverter_body OF inverter IS
BEGIN
    PROCESS
    BEGIN
        y<=invert(x);                          ---一个函数调用
    END PROCESS;
END inverter_body;
```

结构体会继承实体说明部分的内容,所以不必再使用 USE 语句。USE 语句后跟保留字 ALL,表示使用库或程序包中的所有定义。

5. 库(library)

包集合、实体、结构体编译之后可以存放在库(library)里,通过目录可查询和调用库里的内容。库的功能类似于操作系统中的目录,存放设计的数据,使设计者可以共享已经编译过的设计结果。库的引用说明总是放在设计实体的最前面,其语法结构如下:

```
Library 库名;
Use<库名>.<包名>.all;
```

引用后,在设计实体内的语句就可以使用库中的内容了。在 VHDL 中可以存在多个不同的库,但库与库之间是独立的,不能互相嵌套。VHDL 中的库分为设计库和资源库两类,如图 2-20 所示。

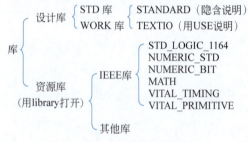

图 2-20　VHDL 中的库分类

1) 设计库

设计库是由 VHDL 标准规定的库,对所有项目是默认可见的,不需要用 Library、USE 子句声明。STD 库和 WORK 库是设计库。

(1) STD 库是 VHDL 的标准库,预定义了 STANDARD 和 TEXTIO 两个包集合,这两个包集合是使用 VHDL 时最常用到的内容。STANDARD 的包集合不需要引用,其中所有预定义的数据类型和函数都可以使用,为所有设计单元所共享、隐含定义、默认和可见。若要使用 TEXTIO 包集合中的内容,应先说明库和包集合名,然后才可使用该包集合中的内容。

(2) WORK 库是 VHDL 的工作库,用户在工程中已经设计好的,或者正在校验、未仿真的中间件等都放在工作库中。实际上 WORK 是一个临时的仓库,用来存放成品或半成品。WORK 库对所有设计都是隐含可见的,因此在使用该库时无须进行任何说明。

也就是说,在每段 VHDL 程序中都隐含有下面的不可见的代码:

```
Library work;
Library std;
Use std.standard.all;
```

2) 资源库

除了 STD 和 WORK 库以外,其他的库都为资源库,这些库中的内容若想使用都必须预先加以声明引用。资源库用来存放编译好的常规元件和标准模块,在有些库中,存放的元件、函数都是 IEEE 标准化组织认可的,称为 IEEE 库,如 STD_LOGIC_1164、STD_LOGIC_ ARITH(算术运算库)、STD_

LOGIC_UNSIGNED 等。通常,VHDL 工具厂商与 EDA 工具专业公司也有自己的资源库,如 ASIC 向量库,为了进行门级仿真,各公司可提供面向 ASIC 的逻辑门库,在该库中存放着与逻辑门一一对应的实体。当然,用户也可以有自己定义的库,简称用户库,是由用户自己创建并定义的库。设计者可以把自己经常使用的非标准(一般是自己开发的)包集合和实体等汇集在一起定义成一个库,作为对 VHDL 标准库的补充。

常用的 IEEE 资源库包含的程序包如下:

```
STD_LOGIC_1164
NUMERIC_BIT
MATH_REAL
```

库中包集合的用例如下:

```
LIBRARY IEEE;
USE IEEE.STD_LOGIC_1164.ALL;
```

2.3.3　VHDL 的基本语言元素

1. 标识符

VHDL 是不区分大小写的,对所使用的标识符进行命名时,应遵守如下规则。

(1) 第一个字符必须是字母。
(2) 构成名字的字符只能用英文字母、数字和"_"。
(3) 不能连续使用下画线,标识符的最后一个字符也不能用"_"。
(4) VHDL 的保留字(关键字)不能用于标识符。

在编写 VHDL 程序的时候,为了使程序结构清晰,具有更好的可读性,建议采用以下的书写规则。

(1) 对 VHDL 的保留字,习惯上用大写,其他应小写。但有一种情况需要注意,代表不定状态的 X 和高阻态的 Z 要求必须大写。
(2) 单词、信号名的含义要明确,以免造成混乱。
(3) 要求段落分明,含义确切,嵌套关系一目了然。
(4) 应辅以适量的程序注释。VHDL 中使用的注释是从注释符号开始到该行末尾结束。注释的文字不作为语句来处理,不产生硬件电路结构,不描述电路硬件行为。

2. 数据对象

在 VHDL 中,常用的数据对象有四类:常量、变量、信号和文件。信号和变量可以连续地被赋值,而常量只能在它被说明时赋值。文件内容是不可以通过赋值来更新的,文件可以作为参数向子程序传递,通过子程序对文件进行读和写操作,文件参数没有类型。

1) CONSTANT(常量)

常量是一个固定的值,在设计描述中不会变化,一般是全局量,通常可以看作电路中那些不变的值,比如电源、地等常数。在常量说明的过程中对其赋予一个固定的值,通常赋值在程序开始前进行,该值的数据类型则在说明语句中指明。常量说明的一般语法格式如下:

```
CONSTANT 常量名{,常量名}:数据类型:=表达式;
```

常量一旦被赋值就不能再改变。另外,常量所赋值的数据类型应和定义的数据类型一致。

常量的使用范围取决于它被定义的位置。程序包中定义的常量具有最大的全局化特性,可以用在调用此程序包的所有设计实体中;设计实体中某一结构体中定义的常量只能用于此结构体;结构体中某一单元定义的常量,如一个进程中,则这个常量只能用在这一进程中。

2) VARIABLE(变量)

变量是暂存数据的局部量,它在电路中没有实际对应的对象,只能在进程语句、函数语句和过程语句结构中使用。在仿真过程中,变量的赋值是立即生效的。由于变量是一个局部量,它必须在进程或子程序的说明区域中加以说明。

(1) 变量声明。变量声明的语法格式如下:

VARIABLE 变量名{,变量名}:数据类型[:=初始值];

变量声明的示例如下:

VARIABLE x,y:INTEGER;
VARIABLE count:INTEGER RANGE 0 TO 99:=0;

(2) 变量赋值。

变量赋值的时候,表达式必须与目标变量具有相同的数据类型,赋值语法格式如下:

目标变量名:=表达式;

变量赋值是直接的、非预设的,它在某一时刻仅包含一个值。变量的赋值立即生效,不存在延时行为。变量常用在实现某种运算的赋值语句中。变量在赋值时不能产生附加延时。例如,tmp3 是变量,那么下式产生延时的方式是不合法的:

tmp3:=tmp1+tmp2 AFTER 10us;

3) SIGNAL(信号)

信号是 HDL 特有的一种对象,是电子电路内部硬件之间相互连线的抽象表示。其实,端口说明中的量都是带方向的信号,由于是默认值,因此不加 SIGNAL 标识。信号是全局量,通常在构造体、程序包和实体中说明,信号不能在进程中说明,但可以在进程中使用。

(1) 信号声明。信号声明的语法格式如下:

SIGNAL 信号名{,信号名}:数据类型[:=初始值];

例如:

SIGNAL sysclk:STD_LOGIC;

信号初始值的设置不是必需的,而且初始值仅在 VHDL 的行为仿真中有效。

(2) 信号赋值。在程序中,信号值的赋值采用"<="赋值符,语法格式如下:

目标信号名<=表达式;

变量的值可以传递给信号,而信号的值不能传递给变量。

赋值语句中的表达式必须与目标信号具有相同的数据类型。信号一般包括 I/O 引脚信号及内部缓冲信号,有硬件电路与之对应,因此信号之间的传递(赋值)有实际的附加延时。例如,s1 和 s2 都是信号,且 s2 的值经 10 ns 延时以后才被赋值 s1,此时信号传送语句可书写为

s1<=s2 AFTER 10ns;

可以想象,硬件中的连线总是同时工作的,对应于信号,它也是同时在各个模块中流动,这就是硬件

电路的并发性。HDL 体现了实际电路中信号"同时"流动的这种基本特性。

4) 信号和变量的区别

信号是硬件中连线的抽象描述,有实际的物理意义;变量在硬件中没有类似的对应关系,它们用于硬件特性的高层次建模所需的计算中,用作进程中暂存数据的单元。变量是一个局部量,只能用于进程或子程序中;信号是一个全局量,它可以用来进行进程之间的通信。

因为电流流动一定有时间延迟,信号赋值因此至少有 δ 延迟(如果不指定延迟,则延迟接近于 0),而变量因为不是实际物理量,因此变量的赋值就不允许有延迟。

信号和变量的赋值不仅形式不同,而且操作过程也不同。在变量的赋值语句中,变量的赋值符为":=",该语句一旦被执行,其值立即被赋予变量。在执行下一条语句时,该变量的值就为上一句新赋的值。信号赋值语句采用"<="赋值符,该语句即使被执行也不会使信号立即发生赋值。下一条语句执行时,仍使用原来的信号值。由于信号赋值语句是同时进行处理的,因此,实际赋值过程和赋值语句的处理是分开进行的。

信号赋值可以出现在进程中,也可以直接出现在结构体中,但它们的运行含义不同:前者属顺序信号赋值,此时的赋值操作要看进程是否已被启动;后者属并行信号赋值,其赋值操作是独立并行发生的。

3. 数据类型

VHDL 是一种强数据类型语言,任何常量、信号、变量、函数和参数在声明时都必须声明类型,使用时必须保持数据类型的一致性,不同类型之间的数据不能直接赋值,即使数据类型相同,而位长不同也不能直接赋值,这种特性可以帮助设计者在设计前期发现错误。

VHDL 提供了多种标准的数据类型,另外,为使用户设计方便,还可以由用户自定义数据类型。这样使语言的描述能力及自由度进一步提高,为系统高层次的仿真提供必要手段。

1) VHDL 预定义类型

VHDL 提供了 10 种标准数据类型,如表 2-6 所示。

表 2-6 VHDL 的标准数据类型

数 据 类 型	关 键 字	取 值 范 围
整数	integer	整数 32 位,取值范围为 $-(2^{31}-1) \sim (2^{31}-1)$
实数	real	浮点数,取值范围为 $-1.0e+38 \sim 1.0e+38$
位	bit	逻辑 0 或 1
位向量	bit_vector	位向量,用一对""括起来的一组数据
布尔量	boolean	逻辑"真"或"假",用 True 和 False 标记
字符	character	ASCII 字符
字符串	string	字符向量
时间	time	时间单位符号: fs、ps、ns、μs、ms、sec、min、hr
自然数、正整数	natural	整数的子集;自然数取值范围为 $0 \sim (2^{31}-1)$
	positive	正整数是大于 0 的整数
错误等级	severity_level	NOTE、WARNING、ERROR、FAILURE

(1) 整数(integer)。一个整数类型的信号或变量,要被综合进逻辑时在其范围上应有约束。例如:variable a : integer range −255 to 255。尽管整数值在电子系统中可能是用一系列二进制位来表示的,

但是整数不能看作是位向量,也不能按位来进行运算,对整数不能用逻辑操作符。当需要进行位操作时,可以用转换函数,将整数转换成位向量。

(2) 实数(real)。和整数一样,实数能被约束。实数有正负数,书写时一定要有小数点。例如:-1.0,2.5,$-1.0e+38$。由于实数运算需要大量的资源,因此综合工具常常并不支持实数类型。

(3) 位(bit)。在数字系统中,信号值通常用 bit 来表示。bit 的值用字符'0'和'1'表示。位与整数中的 0 和 1 不同,'0'和'1'仅表示一个位的两种取值。另外,位不能用来描述三态信号。

(4) 位向量(bit vector)。位向量是用一对""括起来的一组 bit 数据,每位只有 0 和 1 两种取值,在其前面可加数制标记,如 X(十六进制)、B(二进制、默认)、O(八进制)等,例如,"001100"、X"00BB"。用位向量数据表示总线状态最形象也最方便。

(5) 布尔量(boolean)。布尔量又称逻辑量,用于关系运算和逻辑运算。虽然布尔量也是二值枚举量,但它和 bit 不同,布尔量没有数值的含义,也不能进行算术运算。布尔量常用来表示信号的状态或者总线上的情况。如果某个信号或者变量被定义为布尔量,那么在仿真中将自动地对其赋值进行核查。一般这一类型数据的初始值为 False。

(6) 字符(character)。字符是用一对"'"括起来的一个字母、数字、空格或一些特殊字符(如 $、@、%等),如'A'。一般情况下 VHDL 对大小写不加以区分,但是对字符中的大、小写字符则认为是不一样的。程序包 STANDARD 中给出了预定义的 128 个 ASCII 码字符类型,不能打印的用标识符给出。

(7) 字符串(string)。常用于程序的提示和结果说明等。例如:Integer range。

(8) 时间(time)。时间是一个物理量数据。完整的时间量数据应包含整数和单位两部分,例如,55sec、2min 等。在程序包 STANDARD 中给出了时间的预定义,其单位为 fs、ps、ns、μs、ms、sec、min、hr。在系统仿真时,常用于指定时间延时和标记仿真时刻,从而使模型系统能更逼近实际系统的运行环境。时间在逻辑综合中不起作用。

(9) natural(自然数)和 positive(正整数)。自然数和正整数是整数类型的子类型。自然数取值范围为 $0 \sim (2^{31}-1)$;正整数是大于 0 的整数。

(10) 错误等级。错误等级类型数据用来表征系统的状态,它共有 4 种:NOTE(注意)、WARNING(警告)、ERROR(出错)、FAILURE(失败)。在系统仿真过程中可以用这 4 种状态来提示系统当前的工作情况,操作人员可根据系统的不同状态采取相应的措施。

2) IEEE 库 STD_LOGIC_1164 程序包中的数据类型

在 IEEE 库 STD_LOGIC_1164 程序包中定义了两个经常使用的数据类型,分别是 STD_LOGIC 类型和 STD_LOGIC_VECTOR 类型。

(1) STD_LOGIC 类型。可代替 bit 类型完成电子系统的精确模拟,并可实现常见的三态总线电路。STD_LOGIC 类型的数据可以具有 9 种取值,其含义如下。

'U': 初始值。

'X': 不定态。

'0': 强制 0。

'1': 强制 1。

'Z': 高阻态。

'W': 弱信号不定态。

'L': 弱信号 0。

'H': 弱信号 1。

'-': 不可能情况(可忽略值)。

其中,取值 X 为系统仿真提供了方便,Z 为双向总线的描述提供了方便。

(2) STD_LOGIC_VECTOR 类型。是由 STD_LOGIC 构成的数组,定义如下:

```
type std_logic_vector is array(natural range <>) of std_logic;
```

3) 用户自定义数据类型

用户自定义类型是 VHDL 的一大特色。为了用户使用方便,VHDL 允许用户自己定义数据类型及其子类型,其定义语法结构如下:

```
TYPE 数据类型名{,数据类型名}IS [数据类型定义];
```

常用的用户自定义数据类型包括枚举(enumerated)类型、整数类型、实数类型、数组(array)类型、记录类型、存取类型、文件类型等。

(1) 枚举类型。通过列举某类变量所有可能的取值来加以定义。对这些取值,一般使用自然语言中有相应含义的单词或字符序列来代表,以便于阅读和理解。语法格式如下:

```
TYPE 数据类型名 IS (元素1,元素2,…);
```

例如,在程序包 STD_LOGIC_1164 中对 STD_LOGIC 的定义如下:

```
TYPE STD_LOGIC IS ('U','X','0','1','Z','W','L','H','_');
```

该数据类型括号中的值自左向右按升序排列,中间用","分隔。综合器自动实现枚举类型元素的编码,一般将第一个枚举量(最左边)编码为 0,以后的依次加 1。编码用位向量表示,位向量的长度取所需表达的所有枚举元素的最小值。这为"属性"提供了一个访问位置编号的机制。例如:

```
type color is(blue,green,yellow,red);
```

编码为

```
blue="00"; green="01"; yellow="10"; red="11"
```

(2) 整数类型、实数类型。由于标准的整数或实数类型范围太大,可以通过限定范围来约束整数或实数,这样做一般是为了电路设计的特殊要求。语法格式如下:

```
TYPE 数据类型名 IS 数据类型约束范围;
```

例如:

```
TYPE subint IS integer range 0 to 9;
```

(3) 数组类型。数组类型又称向量,是同一类型的数据组织在一起而形成的新的数据类型,它可以是二维或多维的。把两个以上的数据称为数组。语法格式如下:

```
TYPE 数据类型名 IS ARRAY (范围) OF 元素类型名;
```

数组中的元素可以是 VHDL 的任何一种数据类型,可以是一维或多维数组,多维数组要用多个范围来描述。但多维数组不能生成逻辑电路,EDA 工具不能用多维数组进行设计综合,只能用于设计仿真和系统建模。

对于限定数组,索引范围有一定的限制。格式如下:

```
type 数组名 is array(数组范围) of 数据类型;
```

对于非限定数组,索引范围被定义成一个类型范围。格式如下:

```
type 数组名 is array(类型名称 range <>) of 数据类型;
```

例如：

```
type bit_vector is array(integer range <>) of bit;
```

(4) 记录类型。记录是不同类型的名称域的集合。格式如下：

```
type 记录类型名 is record
    元素名：数据类型名;
    元素名：数据类型名;
    …
end record;
```

访问记录体元素的方式如下：

记录体名.元素名

(5) 子类型。子类型是已定义的类型或子类型的一个子集。格式如下：

```
subtype 子类型名 is 数据类型名[范围];
```

例如设计中只用 16 位的 bit_vector，可定义子类型如下：

```
subtype my_vector is bit_vector(0 to 15);
```

子类型与基(父)类型具有相同的操作符和子程序，可以直接进行赋值操作。

4. 运算符与操作符

在 VHDL 中共有 4 类操作符，可以分别进行逻辑运算(logical)、关系运算(relational)、算术运算(arithmetic)和并置运算(concatenation)。操作数的类型应该和操作符所要求的类型一致。运算操作符是有优先级的，例如逻辑运算符 NOT，在所有操作符中其优先级最高。表 2-7 列出了所有操作符的优先级。

表 2-7 操作符的优先级

优先级顺序	运算操作符类型	操作符	功能
由低到高	逻辑运算符	AND	逻辑与
		OR	逻辑或
		NAND	逻辑与非
		NOR	逻辑或非
		XOR	逻辑异或
	关系运算符	=	等于
		/=	不等于
		<	小于
		>	大于
		<=	小于或等于
		>=	大于或等于

续表

优先级顺序	运算操作符类型	操作符	功能
由低到高	加、减、并置运算符	+	加
		−	减
		&	并置
	正负运算符	+	正
		−	负
	乘除法运算符	*	乘
		/	除
		MOD	求模
		REM	取余
	其他	**	指数
		ABS	取绝对值
		NOT	取反

1) 逻辑运算

在 VHDL 中逻辑运算符共有 6 种,包括一元逻辑运算符和二元逻辑运算符。一元逻辑运算符有 NOT,二元逻辑运算符包括 AND、OR、NAND、NOR、XOR。这 6 种逻辑运算符可以对 STD_LOGIC 和 STD_LOGIC_VECTOR 等数据类型进行逻辑运算。必须注意,运算符的左边和右边,以及赋值信号的数据类型必须是相同的。

当一个语句中存在两个以上的逻辑表达式时,在 C 语言中运算有从左到右的优先级顺序的规定,而在 VHDL 中,左右没有优先级差别。例如,下例中如果去掉式"()",则从语法上说是错误的:

```
x<=(a AND b) OR (NOT C AND d);
```

当然,如果一个逻辑表达式中只有 AND、OR、XOR 运算符,那么改变运算顺序将不会导致逻辑的改变。此时,"()"是可以省略的。例如:

```
a<=b AND c AND d AND e;
a<=b OR c OR d OR e;
```

2) 算术运算符

VHDL 有 10 种算术运算符,包括一元算术运算符和二元算术运算符。

一元算术运算符包括+(正号)、−(负号)、ABS(求绝对值);

二元算术运算符包括+、−、*、/、MOD(求模)、REM(求余)、**(指数运算)。

在算术运算中,一元运算的操作数(正、负)可以为任何数据类型(整数、实数、物理量)。乘除法的操作数可以同为整数和实数。物理量可以被整数或实数相乘或相除,其结果仍为一个物理量。物理量除以同一类型的物理量即可得到一个整数。求模和取余的操作数必须是整数。指数运算符的左操作数可以是任意整数或实数,而右操作数应为整数。

对 STD_LOGIC_VECOR 进行"+"(加)、"−"(减)运算时,若两边的操作数和赋值的变量位长不同,则会产生语法错误。另外,"*"运算符两边的位长相加后的值和要赋值的变量的位长不相同时,同样也会出现语法错误。

3) 关系运算符

VHDL 中有 6 种关系运算符,包括=、/=、<、<=、>、>=。不同的关系运算符对两边操作数的数据类型有不同的要求,其中"="和"/="可以适用于所有类型的数据,其他关系运算符则可用于整数(INTEGER)、实数(REAL)、位(STD_LOGIC)等枚举类型及位向量(STD_LOGIC_VECTOR)等数组类型的关系运算。

在进行关系运算时,左右两边操作数的数据类型必须相同,但是位长度不一定相同。也有例外的情况,在利用关系运算符对位向量数据进行比较时,比较过程是从最左边的位开始,从左到右按位进行比较。在位长不同的情况下,只能按从左到右的比较结果作为关系运算的结果。下面对 3 位和 4 位的位向量进行比较:

```
SIGNAL a: STD_LOGIC_VECTOR(3 DOWNTO 0);
SIGNAL b: STD_LOGIC_VECTOR(2 DOWNTO 0);
…
a<="1010";--10
b<="111";--7
IF(a>b) THEN
    …
ELSE
    …
```

以上代码中 a 的值为 10,而 b 的值为 7,a 应该比 b 大。但是,由于位向量是从左到右按位比较的,当比较到次高位时,a 的次高位为 0 而 b 的次高位为 1,故比较结果 b 比 a 大。这样的比较结果显然是不符合实际情况的。

为了使位向量能进行关系运算,在程序包 STD_LOGIC_UNSIGNED 中对 STD_LOGIC_VECTOR 关系运算重新进行了定义,使其可以正确地进行关系运算。注意,在使用时必须首先说明调用该程序包。

4) 并置运算符

并置运算符"&"(连接),用于将多个位连接成为位向量。

例如,将 4 个位用并置运算符"&"连接起来就可以构成一个具有 4 位长度的位向量。两个 4 位的位向量用并置运算符连接起来就可以构成 8 位长度的位向量。

例如:

```
DBUS<=D0&D1&D2&D3;
```

即

```
DBUS<=(D0,D1,D2,D3);
```

5. 属性

VHDL 为用户提供了多种反映和影响硬件行为的属性,包括设计实体、结构体、类型、信号等项目的指定特性,属性相当于为获取硬件设计中的一些相关信息(各类项目特性)而定义的内部函数。属性提供了描述特定对象多个侧面值的手段,如信号属性在检测信号变化和建立详细的时域模型时非常重要。VHDL 的属性可分为数值类、函数类、信号类、类型类和范围类等。语法格式如下:

```
Object 'Attributes
```

1) 数值类属性

数值类属性用于返回数组、块或一般数据的有关值,如边界、数组长度等。例如,返回数组长度、数据类型的上下边界等。常用数据类型的数值类属性有如下几种。

(1) Object'left:用于返回一个数据类型或子类型最左边的值。

(2) Object'right:用于返回一个数据类型或子类型最右边的值。

(3) Object'high:用于返回一个数据类型或子类型的最大值。

(4) Object'low:用于返回一个数据类型或子类型的最小值。

对于数组的数值属性,返回数组的长度值,其格式为 Object'length。

2) 函数类属性

函数类属性是指属性以函数的形式返回有关数据类型、数组、信号的相关信息,使用时一般以函数表达式的形式出现,属性根据输入的值去执行函数,返回一个相应的值。该返回值可能是数组区间的某一个值或枚举数据的位置序号等。函数类属性分 3 类:数据类型属性函数、数组类型属性函数和信号属性函数。

(1) 数据类型的属性函数。数据类型的属性函数利用数组属性获得数组的信息,主要用来得到数据类型的各种相关信息,有如下几个主要属性。

Object'SUCC(X):用于获取 X 的下一个值。

Object'PRED(X):用于获取 X 的前一个值。

Object'LEFTOF(X):用于获取 X 的左边值。

Object'RIGHTOF(X):用于获取 X 的右边值。

其中,Object 为数据类型名,X 为其中的一个元素。例如定义一个类型:

```
TYPE Week IS (sun, mon, tue, wed, thu, fri, sat);
```

其属性结果如下:

```
Week'SUCC (mon)                                              --tue
Week'PRED (mon)                                              --sun
Week'LEFTOF(mon)                                             --sun
Week'RIGHTOF (mon)                                           --tue
```

(2) 数组类型的属性函数。数组类型的属性函数主要用来得到数组的信息,共有 4 种属性。

Object'LEFT(n):用于获取索引号为 n 的区间左端边界值。

Object'RIGHT(n):用于获取索引号为 n 的区间右端边界值。

Object'HIGH(n):用于获取索引号为 n 的区间高端边界值。

Object'LOW(n):用于获取索引号为 n 的区间低端边界值。

其中,Object 为数组名;n 为多维数组中所定义的多维区间的序号,n 的默认值为1,表示对一维空间进行操作。例如一个数组定义如下:

```
TYPE matrix IS ARRAY (0 TO 7, 15 DOWNTO 0) OF STD_LOGIC;
```

其属性结果如下:

```
i<=matrix'left (1);                                          --i=0
i<=matrix'right(1);                                          --i=7
i<=matrix'low (1);                                           --i=0
i<=matrix'high (2);                                          --i=15
i<=matrix'low (2);                                           --i=0
```

(3) 信号的属性函数。信号的属性函数主要用来得到信号值的变化、信号变化后经过的时间、变化前的信号值等信号的各种行为功能信息。其中 5 种属性如下。

Object'EVENT：信号的值是否变化，如是，则返回为"真"。
Object'ACTIVE：信号是否活跃，如是，则返回为"真"。
Object'LAST_EVENT：从最近一次事件到现在经过的时间，返回一个时间值。
Objectt'LAST_VALUE：信号变化前的取值，并将该历史值返回。
Object'LAST_ACTIVE：从最近一次活跃到现在经过的时间，返回一个时间值。

其中，信号的事件(event)和活跃(active)这两个属性是经常用到的两个容易混淆的概念，必须严格区分。

信号的活跃(active)定义为信号值的任何变化，信号值由 1 变为 0 是一个活跃，而从 1 变为 1 依然是一个活跃，唯一的准则是发生了事情，这种情况被称为一个事项处理(transaction)。

信号的事件(event)则要求信号值发生变化。信号值从 1 变为 0 是一个事件，但从 1 变为 1 虽是一个活跃却不是一个事件。因此事件 event 可以用来检测脉冲信号的正跳变或负跳变边沿，也可以检查信号是否刚发生变化并且正处于某一个电平值。

比如监测一个正边沿可以使用如下语句：

```
(clk='1') AND (clk'EVENT)
```

3) 信号类属性

信号类属性的作用对象是信号，根据这个信号去建立一个新的信号，因此其返回值也是一个信号。共有如下 4 种信号类属性。

(1) DELAYED (time)：延时，time 为时间表达式，将产生一个特别的延迟信号，与主信号类型相同，该信号使主信号按 time 确定的时间产生附加的延迟。如 a'DELAYED (5ns)表示信号 a 延时 5 ns。

(2) STABLE (time)：用于监测信号在规定时间内的稳定性。当所加属性的信号在时间 time 内没有发生变化，则该属性的结果为 True。该属性中当 time = 0 时可以得到与属性'EVENT 相反的值。

(3) QUIET (time)：用于监测信号在规定时间内是否没有事件。若受它作用的信号在 time 所规定的时间内没有发生事情或事件(active 或 event)，则返回 True，否则返回 false。典型应用是用来对中断优先处理机制进行建模。

(4) TRANSACTION：用于检测信号的 active 或 event，当 active 或 event 发生时，该属性的值也将发生改变。

2.3.4 VHDL 的顺序语句

顺序描述语句顾名思义就是顺序执行的语句，每一条语句的执行(指仿真执行)都是按语句排列的顺序执行的。顺序描述语句只能出现在进程或子程序中，语句中所涉及的系统行为有时序流控制、条件和迭代等，语句的功能操作有算术、逻辑运算、信号和变量的赋值、子程序调用等。顺序描述语句与在一般高级语言中一样，是按语句出现的先后次序加以执行的。在 VHDL 中，顺序描述语句有以下几种：信号代入语句、变量赋值语句、WAIT 语句、IF 语句、CASE 语句、LOOP 语句、NEXT 语句、EXIT 语句、RETURN 语句和 NULL 语句。

1. 信号代入语句

信号代入语句就是信号赋值语句，其语法格式如下：

```
信号<=表达式；
```

该语句的意义是将右边表达式的值赋予左边信号量。例如，a<=b 就是将 b 的当前值赋予目的信号量 a。在这里代入语句的符号"<="和关系运算的小于或等于符号"<="相同，应根据上下文的含义和说明正确判别其意义，并且信号代入语句符号两边的类型和长度应该是一致的。

信号代入也可以是有时间含义的一个波形，其语法格式如下：

信号<=表达式[after 时间表达式]{,表达式[after 时间表达式]};

例如：

B<=A after 5ns;
Clock<='0','1' after 5ns, '0' after 10ns, '1' after 50ns;

前面已介绍过，信号的赋值是有延时的，如果不写明延时时间，其延时值为无穷小量，近似为 0。这样就使得信号赋值语句即使在顺序执行的过程中也是最后统一赋值的，如下例所示的赋值语句：

A<=B after 5ns;
B<=A after 5ns;

信号 A 的当前值 5ns 后会被赋给信号 B，同样信号 B 的当前值 5ns 后会被赋值给信号 A，这样 5ns 后信号 A、B 的值会互换，赋值结果波形如图 2-21 所示。

图 2-21 信号的赋值结果波形

例如，当信号代入语句中没有指定延迟时

B<=A;
A<=B;

由于信号赋值是有延时的，这个语句相当于延时了 Δfs，Δ 是一个无穷小量，则该语句相当于

B<=A after Δfs;
A<=B after Δfs;

这样过了 Δfs 后，A、B 的值就会互换，而跟语句书写的顺序没有关系，当然如果 A、B 不是信号而是变量，执行上面的语句会导致 A、B 的值相等，都等于最开始 B 的值，这样就跟书写顺序有关了。

2. 变量赋值语句

变量赋值语句就是对变量进行赋值，其语法格式如下：

变量:=表达式;

变量的值将由表达式所表达的新值替代，但两者的类型必须相同。变量只存在于进程或子程序中，无法传递到进程外使用。变量的类型、范围及初值应事先说明，右边的表达式可以由变量、信号或字符组成。例如：

a:=2;
b:=c+d;

中的变量，赋值是立即发生、没有延迟的，其执行顺序就是书写顺序。

3. WAIT 语句

WAIT 语句是进程的同步语句,在进程内是顺序执行的,当执行到 WAIT 等待语句时,进程将被挂起,直到满足此语句的结束挂起条件后,才重新开始执行进程中的程序。WAIT 语句有以下 4 种形式。

(1) WAIT:无限等待,表示永远挂起。

(2) WAIT ON 敏感信号表:敏感信号等待语句,敏感信号一旦发生变化将结束挂起,再次启动进程。VHDL 规定,已列出敏感信号表的进程中不能再使用任何形式的 WAIT 语句。一般,WAIT 语句可用于进程中的任何地方。

(3) WAIT UNTIL 条件表达式:条件等待,表达式成立时进程将会启动。被此语句挂起的进程需满足两个条件才能结束挂起状态重新启动:一是条件表达式中所含信号发生了变化;二是此信号改变后满足 WAIT 语句所设的条件。

(4) WAIT FOR 时间表达式:延时等待,延迟时间表达式所规定的时间到达后,进程再次启动,此语句不可综合。

WAIT ON 语句相当于进程的敏感信号表,如下例是一个与门电路,分别使用 WAIT 语句和进程敏感信号表,二者是等价的。

```
PROCESS
BEGIN
    Y<=a AND b;
    WAIT ON a,b;
END PROCESS;

PROCESS(a,b)
BEGIN
    Y<=a AND b;
END PROCESS;
```

4. IF 语句

IF 语句根据指定的条件来确定执行哪些语句。IF 语句至少有一个条件句,条件句必须由布尔表达式构成。根据条件句产生的结果为 True 或 False,选择其后要执行的顺序语句。条件表达式中只能使用关系运算操作(=、/=、<、>、<=、>=)及逻辑运算操作的组合表达式。其书写格式通常有 3 种类型。

1) IF 语句的门闩控制

IF 语句的门闩控制语句的语法格式如下:

```
IF 条件 THEN
    顺序处理语句;
END IF;
```

当程序执行到该 IF 语句时,就要判断 IF 语句所指定的条件是否成立。如果条件成立,则 IF 语句所包含的顺序处理语句将被执行;如果条件不成立,程序将跳过 IF 语句所包含的顺序处理语句,而向下执行 IF 语句后继的语句。这里的条件起到门闩那样的控制作用,例如:

```
IF (a='1') THEN
    c<=b;
END IF;
```

当信号 a='1'时,信号 b 任何值的变化都将被赋值给信号 c;否则,c<=b 语句不被执行,c 将维持原

值不变。如果进程中只有这一个语句,这种描述经逻辑综合,实际上可以生成一个 D 触发器。

2) IF 语句的二选择控制

这种语句为 IF 语句提供了两种结果选择,其语法格式如下:

```
IF 条件 THEN
    顺序处理语句;
ELSE
    顺序处理语句;
END IF;
```

当 IF 语句的条件满足时,将执行 THEN 和 ELSE 之间的顺序处理语句;当条件不满足时,将执行 ELSE 和 END IF 之间的顺序处理语句。也就是说,用条件来选择两段不同程序的执行路径。

这种描述的典型逻辑电路实例是二选一电路。例如,二选一电路的输入为 a 和 b,选择控制端为 sel,输出端为 c。那么该电路行为的程序如下例所示:

```
PROCESS(a,b,sel)
BEGIN
    IF (sel='1') THEN
        c<=a;
ELSE
        c<=b;
END IF;
END PROCESS;
```

这是一个组合逻辑电路,可以看出:如果 IF 语句中没有 ELSE 后面的部分,则隐含生成触发器或者锁存器;如果 IF 语句带有 ELSE 部分,则隐含生成组合逻辑。

3) IF 语句的多选择控制

IF 语句的多选择控制的语法格式如下:

```
IF 条件 THEN
    顺序处理语句;
ELSIF 条件 THEN
    顺序处理语句;
ELSIF 条件 THEN
    顺序处理语句;
ELSE
    顺序处理语句;
END IF;
```

在这种多选择控制的 IF 语句中,设置了多个条件,当满足所设置的多个条件之一时,就执行该条件后跟的顺序处理语句。如果所有设置的条件都不满足,则执行 ELSE 和 END IF 之间的顺序处理语句。这种描述的典型逻辑电路实例是多选一电路,如下例就是一个 4 选 1 选择器电路。

```
PROCESS(input,sel)
BEGIN
    IF (sel="00") THEN
        y<=input(0);
    ELSIF (sel="01") THEN
        y<=input(1);
    ELSIF (sel="10") THEN
```

```
            y<=input(2);
        ELSE
            Y<=input(3);
        END IF;
END PROCESS;
```

IF 语句不仅可以用于选择器的设计,还可以用于比较器、译码器等任何可以进行条件控制的逻辑电路设计。

5. CASE 语句

CASE 语句主要用来描述总线或编码、译码的行为,从许多不同语句的序列中选择其中之一执行。虽然 IF 语句也有类似的功能,但是 CASE 语句的可读性比 IF 语句要强得多,程序的读者很容易找出条件式和动作的对应关系。CASE 语句的语法格式如下:

```
CASE 表达式 IS
    WHEN 条件表达式=>顺序处理语句;
    WHEN 条件表达式=>顺序处理语句;
END CASE;
```

上面的条件表达式可以有如下 4 种不同的表示形式:

```
WHEN 值 =>顺序处理语句;
WHEN 值|值|值|…|值 =>顺序处理语句;
WHEN 值 TO 值 =>顺序处理语句;
WHEN OTHERS =>顺序处理语句;
```

当 CASE 和 IS 之间表达式的取值满足指定条件表达式的值时,程序将执行后面由符号=>所指的顺序处理语句。条件表达式的值可以是一个值,或者是多个值的"或"关系,或者是一个取值范围,或者是其他所有的默认值。CASE 语句是无序的,所有表达式的值都是并行处理的,都必须穷举,且不能重复,不能穷尽的值用 OTHERS 表示。CASE 语句至少要包含一个条件语句,且不支持对任意项输入的条件表达式,即条件表达式的值不能含有'X'。

下例是一个用 CASE 语句描述的 4 选 1 选择器。

```
PROCESS(a,b,i0,i1,i2,i3)
BEGIN
    sel<='0';
    IF (a='1') THEN
        sel<=sel+1;
    END IF;
    IF (b='1') THEN
        sel<=sel+2;
    END IF;
    CASE sel IS
        WHEN 0=>q<=i0;
        WHEN 1=>q<=i1;
        WHEN 2=>q<=i2;
        WHEN others=>q<=i3;
    END CASE;
END PROCESS;
```

从上例可以看出,选择器的行为描述不仅可以用 IF 语句,也可以用 CASE 语句。两者的区别如下。

(1) 在 IF 语句中,先处理最起始的条件,如果不满足,再处理下一个条件;而在 CASE 语句中,没有值的顺序号,所有值是并行处理的,因此条件值不能重复使用。

(2) 通常在 CASE 语句中,WHEN 语句可以颠倒次序而不至于发生错误;而在 IF 语句中,颠倒条件判别的次序往往会使综合逻辑功能发生变化。

6. LOOP 语句

LOOP 语句使程序能进行有规则的循环,循环次数受迭代算法控制。常用来描述迭代电路的行为,通常使用在循环语句中。一个 LOOP 语句中所包含的一组顺序语句要重复执行若干次。LOOP 语句有两种重复方式:FOR 模式和 WHILE 模式。

1) FOR 模式

语法格式如下:

```
[标号:]FOR 循环变量 IN 范围 LOOP
    顺序处理语句
END LOOP [标号];
```

循环变量是一个整数变量,不用事先说明。循环变量的值在每次循环中都会发生变化,是一个临时变量,属于局部变量。循环变量在信号说明、变量说明中不能使用,只能作为赋值源,不能被赋值,它由 LOOP 语句自动定义。范围表示循环变量在循环过程中的取值范围,只要循环变量还在范围内,循环将一直继续下去。下面给出一个奇偶校验电路的示例。

```
PROCESS(a)
    VARIABLE tmp:STD_LOGIC;
BEGIN
    tmp:='0';
    FOR i IN 0 to 7 LOOP
        tmp:=tmp XOR a(i);
    END LOOP;
    y<=tmp;
END PROCESS;
```

2) WHILE 模式

语法格式如下:

```
[标号:] WHILE 条件 LOOP
    顺序处理语句
END LOOP [标号];
```

当条件为"真"(True)时,执行紧跟着的顺序语句;反之,如果条件为"假"(False)就结束循环。下面是用 WHILE 语句描述奇偶校验电路。

```
PROCESS(a)
    VARIABLE tmp:STD_LOGIC;
    VARIABLE i:INTEGER;
BEGIN
    tmp:='0';
    i:=0;
    WHILE (i<8) LOOP
        tmp:=tmp XOR a(i);
        i:=i+1;
```

```
        END LOOP;
      y<=tmp;
END PROCESS;
```

7. NEXT 语句

使用在 LOOP 语句中，用来跳出本次循环，其语法格式如下：

```
NEXT [标号][WHEN 条件];
```

NEXT 语句执行时将停止本次循环，而转入下一次新的循环。NEXT 后跟的"标号"表明下一次循环的起始位置，而 WHEN 后面是 NEXT 语句执行的条件。如果 NEXT 语句后面既无"标号"也无 WHEN 说明，那么只要执行到该语句就立即无条件地跳出本次循环，从 LOOP 语句的起始位置进入下一次循环。例如：

```
L1: WHILE i<10 LOOP
    L2: WHILE j<10 LOOP
        NEXT L1 WHEN i=j;
    END L2;
END L1;
```

8. EXIT 语句

在 LOOP 语句中，用 EXIT 语句跳出并结束整个循环状态（而不是仅跳出本次循环），继续执行 LOOP 语句后继的语句。EXIT 语句的语法格式如下：

```
EXIT [标号][WHEN 条件];
```

当 WHEN 条件为真时，跳出 LOOP 至程序"标号"处。如果 EXIT 后面没有跟"标号"和"WHEN 条件"，则程序执行到该语句时就无条件地从 LOOP 语句中跳出，结束循环状态，继续执行 LOOP 语句后继的语句。

EXIT 语句主要用于控制循环，它提供了一个处理保护、出错和警告等状态的简便方法。

9. RETURN 语句

RETURN 语句是一段子程序结束后，返回主程序的控制语句，语法格式如下：

```
RETURN [条件表达式];
```

RETURN 用于函数和过程体内，用来结束函数或过程体的执行。

用于过程体的 RETURN 语句只能结束过程，并不返回任何值。用于函数中的 RETURN 语句必须有条件表达式，并且必须返回一个值。每一个函数必须至少包含一个返回语句，也可以拥有多个返回语句，但在函数调用时只有其中一个返回语句可以将值带出。

10. NULL 语句

NULL 语句表示没有操作，即空操作，语法格式如下：

```
NULL;
```

NULL 语句不完成任何操作，其作用只是使程序运行流程跨入下一步语句的执行。NULL 语句常用于 CASE 语句中，为满足所有可能的条件，利用 NULL 来表示所有不用条件下的操作行为。

2.3.5 VHDL 的并发语句

在 VHDL 中，并发语句有多种语句格式，它们在结构体中的执行是同步进行的，或者说是并行运行的,其执行方式与书写顺序无关。在执行中,并发语句之间可以有信息往来,也可以互相独立、异步运行(如多时钟情况)。但每一并发语句内部的语句运行方式可以不同,有并行执行(如块语句)和顺序执行(如进程语句)两种方式。

并发描述语句主要包括进程语句、BLOCK 语句、并发代入语句、条件代入语句、选择信号赋值语句、元件例化语句和生成语句等。

1. 进程语句

进程(PROCESS)语句是 VHDL 中最基本的一种并发处理语句,在一个结构体中,多个 PROCESS 语句可以同时并发运行。因此,PROCESS 语句是 VHDL 中描述硬件系统并发行为最常用、最基本的语句。进程语句具有如下特点。

(1) 进程可以与其他进程并发执行,并可存取结构体或实体所定义的信号。
(2) 进程中的所有语句都是顺序执行的。
(3) 进程中必须包含一个显式的敏感信号表或包含一个 WAIT 语句。
(4) 进程之间的通信是通过信号传递来实现的。

进程(PROCESS)语句的语法格式如下:

```
[进程名:]PROCESS [(敏感信号1,敏感信号2,…)]
    [变量说明语句;]
BEGIN
    顺序执行语句;
END PROCESS;
```

在 VHDL 程序仿真的过程中,进程 PROCESS 只有两种可能的状态:激活与挂起。当程序开始时(初始化阶段),所有的进程均被激活并执行。带有敏感信号的进程激活条件是敏感信号的变化,敏感信号列表中任何信号的变化都会激活进程的一次执行,然后进入挂起状态,继续等待敏感信号的变化。进程存在敏感信号时,进程内部不允许有 wait 语句。没有敏感信号的进程激活条件可以是 wait 语句,当 wait 语句条件满足时,进程被激活并从等待语句处执行一遍,然后进入挂起状态继续等待 wait 语句的条件。

下面以一个例子来说明敏感信号对进程执行的影响。

```
Pro1:PROCESS(A,B)
BEGIN
    q:=A AND B;
END PROCESS;
```

进程 Pro1 中,敏感信号为 A、B,则当 A 或 B 发生变化时,输出信号 q 就会被重新计算,输出波形如图 2-22 所示。

进程 Pro2 如下:

```
Pro2:PROCESS(A)
BEGIN
    q:=A AND B;
END PROCESS;
```

进程 Pro2 中,敏感信号只有 A,只有当 A 发生变化时,q 才会被重新计算,B 的变化对 q 没有影响,输出波形如图 2-23 所示。

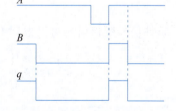

图 2-22 随敏感信号 A、B 变化的输出 q 的波形

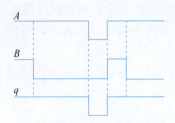

图 2-23　只随敏感信号为 A 变化的输出 q 的波形

2. 并发代入语句

并发代入语句(<=)就是信号赋值语句,它可以在进程内部使用,此时它作为顺序语句形式出现,它也可以在结构体的进程之外使用,此时它作为并行语句形式出现。一个并行信号赋值语句等价于一个进程。例如:

```
ARCHITECTURE behave OF ent IS
BEGIN
    Output<=a AND b;
END behave;
```

等价于

```
ARCHITECTURE behave OF ent IS
BEGIN
    PROCESS(a,b)
    BEGIN
        Output<=a AND b;
    END PROCESS;
END behave;
```

当赋值符号"<="右边的信号值发生任何变化时,赋值操作就会被激活,新的值将开始赋予赋值符号"<="左边的信号。因此并行信号赋值语句和进程语句在这种情况下是等价的。

并发代入语句在仿真时刻同时运行,它表征了各个独立器件各自的独立操作。例如:

```
a<=b+c;
d<=e * f;
```

第一个语句描述了一个加法器的行为,而第二个语句描述了一个乘法器的行为。在实际硬件系统中,加法器和乘法器是独立并行工作的。现在第一个语句和第二个语句都是并行信号赋值语句,在仿真时,两个语句是并行处理的,从而真实地模拟了实际硬件系统中的加法器和乘法器的工作。

3. 条件信号赋值语句

条件信号赋值语句可以根据不同条件将多个表达式之一的值赋给信号量,其语法格式如下:

```
目标信号<=表达式 1 WHEN 条件 1 ELSE
        表达式 2 WHEN 条件 2 ELSE
        …
        表达式 n;
```

条件信号赋值语句与进程中的 IF 语句相同,具有顺序性,但 ELSE 不能省略。在每个表达式后面都跟有用 WHEN 所指定的条件,如果满足该条件,则该表达式的值赋值目的信号量;如果不满足条件,则再判断下一个表达式所指定的条件。最后一个表达式可以不跟条件表达式。执行条件信号赋值语句时,每一赋值条件是按书写的先后关系逐项判断的,一旦发现条件为 True,立即将表达式的值赋予目标信号。由于条件判断的顺序性,条件信号代入语句的赋值具有优先级别,其中第 1 子句优先级别最高,以此类推。

4. 选择信号赋值语句

选择信号赋值语句类似于 CASE 语句,它对表达式进行测试,当表达式取值不同时,将不同的值赋值目的信号量。选择信号赋值语句的语法格式如下:

```
WITH 选择表达式 SELECT
目标信号<=表达式 1 WHEN 条件 1,
        表达式 2 WHEN 条件 2,
        …
        表达式 n WHEN 条件 n;
```

选择信号赋值语句不能在进程中应用,每当选择表达式的值发生变化,便启动该语句对各子句的选择值(条件)进行测试对比,当发现有满足条件的子句时,就将此子句表达式的值赋予目标信号。与 CASE 语句相类似,该语句对子句条件选择值具有同等地位,没有顺序性,因此不允许有条件重叠现象,也不允许存在条件涵盖不全的情况。

5. 元件例化语句

元件例化语句使设计人员将原来设计好的 VHDL 功能模块,当作元件一样用在其他 VHDL 文件中。也就是引入一种连接关系,利用特定的语句将元件与当前设计实体中的指定端口相连接,从而成为当前设计实体的一个新的、低一级的设计层次。元件例化使得 VHDL 设计实体能够形成自上而下层次化的设计。

例化的过程中需要元件的说明和例化两部分。元件说明语句的语法格式如下:

```
COMPONENT 元件名
    [GENERIC 说明;]
    PORT 说明;
END COMPONENT;
```

元件例化语句的语法格式如下:

```
元件编号:元件名 PORT MAP (信号,…);
```

例化的过程中需要建立端口的信号映射关系,主要的方法有两种。

(1) 位置映射方法:在元件例化语句中,实例元件的 PORT MAP(…)中的实际信号书写顺序位置,应与元件说明语句中端口说明中的信号书写顺序位置一一对应。

(2) 名称映射方法:这种方法与信号的书写顺序位置无关,使用"=>"来说明映射关系。

```
PORT MAP (形参=>实参,…);
```

其中,实参是设计中连接到端口的实际信号,形参是指元件的对外接口信号。例如:

```
u0 : xnor2 PORT MAP (in1=>a(0) , in2=>b(0) , out=>s(0));
```

6. BLOCK(块)语句

一般情况下,一个大规模的电路通常可以分成多个子模块,以便于设计和开发。同样,在 VHDL 程序中,结构体内部也可以由多个 BLOCK 组成,每一个 BLOCK 则对应一个子模块,其原理就如同电路图被分成若干部分,每个子原理图对应于 VHDL 程序中的一个 BLOCK。BLOCK 的语法结构如下:

```
块标号: BLOCK [(块启动条件)]
    [说明语句];
BEGIN
    [并发处理语句];
END BLOCK 块标号;
```

其中,启动条件是可选项,它是一个布尔表达式,只有当其为真时,该块中的语句才被启动执行,否则,该块中的语句不被执行。如果有启动条件,则该条件应用圆括号括起来,放在 BLOCK 之后。

BLOCK 语句中所描述的各个语句是可以并行执行的,它和书写顺序无关。

2.3.6　VHDL 的子程序

函数(function)和过程(procedure)统称为子程序(subprogram)。子程序一般在建库时使用,以便代码重用和代码共享。当然子程序也可以在主代码中直接建立和调用。

子程序内部包含的都是顺序执行代码,但不允许使用 wait 语句。它不能从结构体的其余部分直接读写信号,所有通信都是通过子程序的接口来完成的。

普通软件的子程序调用仅仅是增加处理时间;VHDL 中每调用一次子程序,综合后都将产生一个对应的电路模块,子程序调用次数与综合后的电路规模成正比。因此在设计中应严格控制子程序调用次数。

子程序是一个非重入的程序,即子程序返回后才能再次被调用,不能递归调用。在调用时子程序首先要进行初始化,执行结束后子程序终止;再次调用时要再次进行初始化。因此,子程序内部的值不能保持。VHDL 的子程序具有可重载性,即允许有许多重名的子程序,但这些子程序的参数类型和返回数值类型是不同的。

1. PROCEDURE(过程)

过程定义的语法结构如下:

```
PROCEDURE 过程名(参数: 方向 数据类型{;参数: 方向 数据类型}) IS
    [定义语句];
BEGIN
    [顺序处理语句];
END 过程名;
```

下面是一个求最大值的过程定义和调用示例:

```
PROCEDURE max (a, b: IN INTEGER; y:OUT INTEGER) IS
BEGIN
    IF (a<b) THEN
        y<=b;
    ELSE
        y<=a;
    END IF;
END max;
```

过程的调用:

```
max (x, y, maxout);
```

2. FUNCTION(函数)

函数的用法同过程类似,但是函数比过程多了返回值,其语法结构如下:

```
FUNCTION 函数名(输入参数表)RETUEN 数据类型 IS
    [定义语句];
BEGIN
    [顺序处理语句];
    RETUEN[返回变量名];
END[函数名];
```

下面是一个求最大值的函数定义和调用示例：

```
FUNCTION max (a, b: INTEGER)
    RETURN INTEGER IS
BEGIN
    IF (a<b) THEN
        RETURN b;
    ELSE
        RETURN a;
    END IF;
END max;
```

函数的调用：

```
maxout<=max (x,y);
```

2.3.7　VHDL 的 3 种描述方式

VHDL 的结构体描述方式主要有 3 种：行为描述方式、寄存器传输（register transfer level，RTL）描述方式、结构化描述方式。这 3 种描述方式体现了对硬件的不同理解方式。行为描述方式描述该设计单元的功能，即该硬件能做什么；寄存器传输描述方式描述数据的传输和变换过程；结构化描述方式描述该设计单元的硬件结构，即该硬件是如何构成的。

1. 行为描述

行为描述主要使用函数、过程和进程语句，以算法形式描述数据的变换和传送。它是对系统数学模型的抽象描述，其抽象程度比寄存器传输描述方式和结构化描述方式更高，因此行为描述有时又称高级描述。行为描述类似于高级编程语言，无须知道电路的具体结构。

在行为描述方式的程序中，大量采用算术运算、关系运算、惯性延时、传输延时等难于和不能进行逻辑综合的 VHDL 语句。一般情况下，采用行为描述方式的 VHDL 程序主要用于系统层数学模型的仿真或系统工作原理的仿真。

行为描述只描述电路的功能或行为，而没有指明实现这些行为的硬件结构，或者说行为描述只表示输入输出之间的转换行为，不包含任何结构信息。行为描述通常使用顺序语句描述，即含有进程的非结构化的逻辑描述。

行为描述是 VHDL 重要的描述方式，它使得硬件的描述不再依赖于其结构。

2. 寄存器传输描述

寄存器传输描述又称数据流描述，采用并行信号赋值语句描述电路的逻辑表达式或者逻辑方程。当任意一个输入信号值发生变化时，激活赋值语句，使信息从所描述的结构中流出。因此，数据流描述是对信号到信号的数据流动的路径形式进行描述。设计人员对设计实体的功能实现要有一定的了解，有时还需对电路的具体结构有清楚的认识。

数据流描述既显示了该设计单元的行为，也隐含表示了该设计单元的结构。它是一种以规定设计的各种寄存器形式为特征的描述方法,可以采用寄存器硬件——对应的直接描述,或者采用寄存器之间的功能描述。

寄存器传输描述的优点是易于进行逻辑综合,综合效率较高。由于寄存器传输描述方式是依据硬件存在的,当硬件无法实现时,有些描述是不合理的,因此它有一些限制。

(1) 禁止在一个进程中存在两个边沿检测的寄存器描述。

(2) 禁止使用检测边沿的 IF 语句中的 ELSE 项。

3. 结构化描述

在多层次的设计中,常采用结构描述方式在高层次的设计模块中调用低层次的设计模块,或者直接用门电路设计单元构造一个复杂的逻辑电路。编写结构描述程序的直观方法,可模仿逻辑图的绘制方法,即用框图表示当前设计单元的外部连接关系,然后对照该框图编制出所需的 VHDL 程序。

结构化描述主要使用元件说明语句及元件例化语句来描述元件的类型和元件的互联关系。它描述了设计单元的硬件结构,即该硬件是如何构成的。结构化描述方式通常采用元件例化语句编写程序。

结构化描述的优点是可以将已有的设计成果用到当前的设计中,因而大大提高设计效率。对于可分解的大型设计,结构化描述方式是首选方案。

4. 混合描述

使用上述 3 种描述方式的组合来进行结构体的描述,即混合描述方式。

2.3.8 VHDL 描述示例

例 2-5 用 VHDL 的 3 种描述方式描述布尔函数 $F(A,B,C)=\bar{A}+B\bar{C}+\bar{B}C$ 表示的逻辑电路。

解:从函数表达式可以给出该电路的模型,如图 2-24 所示。

图 2-24 例 2-5 的电路模型

电路有 3 个输入信号,分别是 A、B、C,一个输出信号 F,因此可以写出其 VHDL 的实体描述:

```
library IEEE;
use IEEE.STD_LOGIC_1164.ALL;
entity exam is
    Port ( A : in STD_LOGIC;
           B : in STD_LOGIC;
           C : in STD_LOGIC;
           F : out STD_LOGIC);
end exam;
```

下面分别用行为描述、数据流描述、结构化描述三种方法描述该电路。

1. 行为描述

行为描述是对设计实体的数学模型的描述,无须知道电路的具体结构,是对电路逻辑功能的直接描述。从函数表达式可以看出,当 $A=0$、$BC=01$、10 时,函数值 $F=1$,因此该电路的行为描述结构体如下:

```
architecture Behavioral1 of exam is
begin
```

```
        process(A,B,C)
        begin
            if A='0' OR (B='0' AND C='1') OR (B='1' AND C='0') then
                F<='1';
            else
                F<='0';
            end if;
        end process;
end Behavioral1;
```

从上面的结构体可以看出,它是对电路功能的直接描述,不包含电路实现的任何信息,实质上是对布尔函数的真值表描述。因此,上面这段程序也可以采用如下两种方法描述。

(1) 使用 with…select…when 并行赋值语句描述。代码如下:

```
architecture Behavioral2 of exam is
    signal ABC:STD_LOGIC_VECTOR(2 DOWNTO 0);
begin
    ABC<=A&B&C;
    with ABC select
        F<='1'when "000",
           '1'when "001",
           '1'when "010",
           '1'when "011",
           '0'when "100",
           '1'when "101",
           '1'when "110",
           '0'when "111",
           'X'when others;
end Behavioral2;
```

(2) 使用 case…is when…顺序赋值语句描述。代码如下:

```
architecture Behavioral3 of exam is
begin
    process(A,B,C)
        variable ABC:STD_LOGIC_VECTOR(2 DOWNTO 0);
    begin
        ABC:=A&B&C;
        case ABC is
            when "000"=>F<='1';
            when "001"=>F<='1';
            when "010"=>F<='1';
            when "011"=>F<='1';
            when "100"=>F<='0';
            when "101"=>F<='1';
            when "110"=>F<='1';
            when "111"=>F<='0';
            when others=>F<='X';
        end case;
    end process;
end Behavioral3;
```

这两段程序完成了相同的功能,采用行为描述法描述了当 ABC 取值为 $000\sim111$ 时,输出信号 F 的取值列表,即函数的真值表。但采用了不同的描述语句,这两种语句的相同点和不同点如下。

（1）相同点。CASE 语句中各子句的条件不能有重叠，必须包容所有的条件；WITH_SELECT 语句也不允许选择值有重叠现象，也不允许选择值涵盖不全的情况。另外，两者对子句各选择值的测试都具有同步性，都依赖于敏感信号的变化。

（2）不同点。CASE 语句只能在进程（或并行语句）中使用，应至少包含一个条件语句，可以有多个赋值目标；WITH_SELECT 语句根据满足的条件，对信号进行赋值，其赋值目标只有一个，且必须是信号。

2. 数据流描述

数据流描述采用并行信号赋值语句描述电路的逻辑表达式或者逻辑方程。当任意一个输入信号值发生变化时，激活赋值语句，使信息从所描述的结构中流出。因此，数据流描述是对信号到信号的数据流动的路径形式进行描述。该电路的数据流描述结构体如下：

```
architecture Behavioral4 of exam is
begin
    F<=NOT A OR (B AND NOT C) OR (NOT B AND C);
end Behavioral4;
```

从上面的结构体可以看出，当输入信号 A、B、C 值发生变化时，将会激活赋值语句，使输出 F 从结构体流出。

3. 结构化描述

结构化描述对电路图层次结构和模块及模块连接进行描述。结构化描述首先需要定义好底层的元件，然后利用元件例化语句实现整个逻辑的层级化和模块化设计，也就是采用元件例化语句描述电路元件（模块）及引脚的连接。

在函数表达式 $F(A,B,C)=\bar{A}+B\bar{C}+\bar{B}C$ 的电路中要用到 3 个非门实现 $\bar{A}$、$\bar{B}$、$\bar{C}$；然后再用两个 2 输入端与门，分别实现与运算 $F_1(A,B,C)=B\bar{C}$、$F_2(A,B,C)=\bar{B}C$；最后用一个 3 输入端或门实现或运算 $F(A,B,C)=\bar{A}+F_1+F_2$。电路如图 2-25 所示。

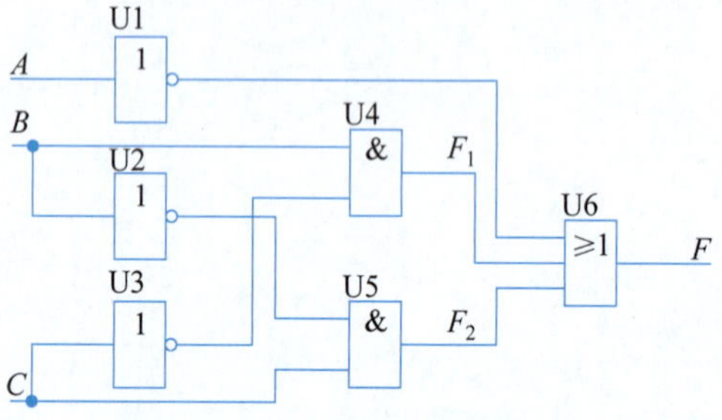

要用结构化描述方法描述该电路，首先要定义电路的基本元件与门、或门、非门，然后在程序中声明后，就可以实例化该部件，并应用于电路连接。

自定义非门名称为 my_inv，输入为 a，输出为 b。

自定义 2 输入与门名称为 my_and2，输入为 a、b，输出为 c。

自定义 3 输入或门名称为 my_or3，输入为 a、b、c，输出为 d。

图 2-25 结构化描述的电路实现

采用数据流描述法描述的非门、2 输入与门、3 输入或门 VHDL 程序如下。

（1）非门的 VHDL 描述。代码如下：

```
library IEEE;
use IEEE.STD_LOGIC_1164.ALL;
entity my_inv is
    Port ( a : in STD_LOGIC;
           b : out STD_LOGIC);
end my_inv;
```

```
architecture Behavioral of my_inv is
begin
    b<=not a;
end Behavioral;
```

(2) 2 输入与门的 VHDL 描述。代码如下：

```
library IEEE;
use IEEE.STD_LOGIC_1164.ALL;
entity my_and2 is
    Port ( a : in STD_LOGIC;
           b : in STD_LOGIC;
           c : out STD_LOGIC);
end my_and2;
architecture Behavioral of my_and2 is
begin
    c<=a and b;
end Behavioral;
```

(3) 3 输入端或门的 VHDL 描述。代码如下：

```
library IEEE;
use IEEE.STD_LOGIC_1164.ALL;
entity my_or3 is
    Port ( a : in STD_LOGIC;
           b : in STD_LOGIC;
           c : in STD_LOGIC;
           d : out STD_LOGIC);
end my_or3;
architecture Behavioral of my_or3 is
begin
    d<=a or b or c;
end Behavioral;
```

然后利用定义的基本门电路元件，对上述电路的结构体进行结构化描述。代码如下：

```
architecture Behavioral5 of exam is
    COMPONENT my_inv                                         --声明非门部件
        PORT (a:IN STD_LOGIC; b:OUT STD_LOGIC);
    END COMPONENT   my_inv;
    COMPONENT my_and2                                        --声明 2 输入与门部件
        PORT (a,b:IN STD_LOGIC; c: OUT STD_LOGIC);
    END COMPONENT   my_and2;
    COMPONENT my_or3                                         --声明 3 输入或门部件
        PORT (a,b,c:IN STD_LOGIC; d: OUT STD_LOGIC);
        END COMPONENT    my_or3;
    SIGNAL AN,BN,CN,F1,F2:STD_LOGIC;                         --定义各部件之间的连接信号
begin
    U1: my_inv PORT MAP(a=>A,b=>AN);                         --实例化非门 U1,建立信号连接
    U2: my_inv PORT MAP(a=>B,b=>BN);                         --实例化非门 U2,建立信号连接
    U3: my_inv PORT MAP(a=>C,b=>CN);                         --实例化非门 U3,建立信号连接
    U4: my_and2 PORT MAP(a=>B,b=>CN,c=>F1);                  --实例化 2 输入与门 U4,建立信号连接
    U5: my_and2 PORT MAP(a=>BN,b=>C,c=>F2);                  --实例化 2 输入与门 U5,建立信号连接
    U6: my_or3 PORT MAP(a=>AN,b=>F1,c=>F2,d=>F);             --实例化 3 输入或门 U6
end Behavioral5;
```

2.3.9　VHDL 模块的功能仿真测试

经过语法检查的 VHDL 电路模块需要进行功能仿真,以验证其逻辑功能的正确性。验证一个布尔函数正确性的基本方法,就是根据真值表,依次输入所有自变量的取值组合,观察其输出是否与真值表一致。

由于一般的布尔函数没有时间约束,因此需要在输入变量中增加一个时钟信号,按照时间的先后次序,依次给定函数的自变量取值组合,并输入到 VHDL 电路模块,检查电路输出的正确性。

VHDL 模块的功能仿真测试的模块结构如图 2-26 所示。

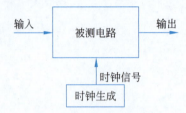

图 2-26　VHDL 模块的功能仿真测试的模块结构

例如,被测 VHDL 电路模块已通过语法检查。代码如下:

```
library IEEE;
use IEEE.STD_LOGIC_1164.ALL;
entity exam is
    Port ( A : in STD_LOGIC;
           B : in STD_LOGIC;
           C : in STD_LOGIC;
           F : out STD_LOGIC);
end exam;
architecture Behavioral4 of exam is
begin
    F<=NOT A OR (B AND NOT C) OR (NOT B AND C);
end Behavioral4;
```

可以建立其功能仿真测试模块 test。代码如下:

```
LIBRARY ieee;
USE ieee.std_logic_1164.ALL;

ENTITY test IS                              --测试电路实体描述
END test;

ARCHITECTURE behavior OF test IS            --测试电路结构体描述
    COMPONENT exam                          --声明被测电路模块
    PORT( A,B,C : IN std_logic;
        F : OUT std_logic );
    END COMPONENT;
    --Inputs                                --输入信号列表
    signal A,B,C : std_logic :='0';
    --Outputs                               --输出信号列表
    signal F : std_logic;
    signal clk : std_logic;                 --定义时钟信号
```

```vhdl
        constant clk_period : time :=10 ns;              --定义时钟信号周期：10ns
BEGIN
    --实例化被测电路模块
    uut: exam PORT MAP ( A =>A, B =>B, C =>C, F =>F );

--Clock process definitions                              --时钟生成电路模块
    clk_process :process
        begin
            clk<='0';      wait for clk_period/2;        --时钟信号=0;--延时1/2个时钟周期
            clk<='1';      wait for clk_period/2;        --时钟信号=1;--延时1/2个时钟周期
        end process;

--Stimulus process                                       --电路仿真测试进程
    stim_proc: process
        begin
            A<='0';   B<='0';   C<='0';   wait for clk_period*10;
            A<='0';   B<='0';   C<='1';   wait for clk_period*10;
            A<='0';   B<='1';   C<='0';   wait for clk_period*10;
            A<='0';   B<='1';   C<='1';   wait for clk_period*10;
            A<='1';   B<='0';   C<='0';   wait for clk_period*10;
            A<='1';   B<='0';   C<='1';   wait for clk_period*10;
            A<='1';   B<='1';   C<='0';   wait for clk_period*10;
            A<='1';   B<='1';   C<='1';   wait for clk_period*10;
            wait;
        end process;
END behavior;
```

上面程序首先实例化了被测电路模块，然后生成了一个周期为10ns的时钟信号clk，最后在测试进程中每隔100ns修改一次A、B、C的输入信号取值组合，遍历了真值表的所有情况。仿真测试波形如图2-27所示。

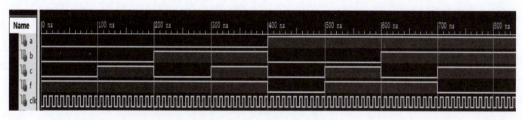

图 2-27　仿真测试波形

由图2-27中可以看出，输入信号A、B、C从000开始，每100ns变化一次，仿真波形给出了000~111的8种输入情况，其对应的函数输出F与真值表完全一致。该仿真测试波形说明所设计电路模块实现了布尔函数 $F(A,B,C)=\overline{A}+B\overline{C}+\overline{B}C$ 的功能。

本章小结

本章首先说明了数字电路逻辑实现的基本过程，然后介绍了门电路、可编程逻辑器件的基本知识，在此基础上讲述了用门电路、可编程逻辑器件实现数字电路的基本原理和方法，最后介绍了VHDL的基本知识，讲述了用VHDL描述数字电路和数字系统的基本方法。

习题 2

1. 画出用与、或、非门实现布尔函数 $F(A,B,C)=AB+\overline{AC}$ 的电路图。
2. 使用 TTL 与门 74x08、或门 74x32、非门 74x04 实现题 1 电路,标出各门电路的器件名称和引脚编号。
3. 分别画出用与非门、或非门、与或非门实现布尔函数 $F(A,B,C)=AB+AC+BC$ 的电路图。
4. 选择合适的 TTL 与非门、或非门、与或非门器件,实现第 3 题的电路,并标出各门电路的器件名称和引脚编号。
5. 将布尔函数 $F(A,B,C)=AB+AC+BC$ 改写为带有异或关系的布尔函数,并画出其门电路实现的电路图。说明用 TTL 门电路器件实现该电路,要用到哪些器件,给出器件名称,标出引脚编号。
6. 分别用 ROM 存储器阵列、PLA 阵列实现下列布尔函数,并比较两者实现布尔函数方法上的异同。

$$F_1(A,B,C,D)=A+D+\overline{AC}D$$
$$F_2(A,B,C,D)=\overline{CD}+ABD+\overline{BC}D$$
$$F_3(A,B,C,D)=\overline{BD}+ABCD+\overline{A}B\overline{C}$$

7. 用 VHDL 行为描述法描述 4 输入与门、或门的逻辑功能。
8. 用 VHDL 数据流描述法描述 5 输入与非门、或非门的逻辑功能。
9. 用 VHDL 结构描述法描述题 6 布尔函数。电路将 F_1、F_2、F_3 作为 3 个模块设计,门电路可以使用行为描述法或数据流描述法进行描述。

第 3 章　组合逻辑电路

数字电路分成组合逻辑电路和时序逻辑电路两类。组合逻辑电路比时序逻辑电路简单得多。本章首先讨论组合逻辑电路的分析和设计方法，并给出用门电路、门阵列实现组合逻辑电路的实例；然后介绍常用的中规模组合逻辑电路功能模块的基本原理和逻辑器件，并对组合逻辑电路存在的竞争与险象进行简单分析；最后介绍组合逻辑电路的 VHDL 描述方法。

3.1　组合逻辑电路概述

组合逻辑电路不仅能够独立地实现各种复杂的逻辑功能，而且还是各种时序逻辑电路的重要组成部分，因此组合逻辑电路是各种逻辑电路的基本电路单元。

3.1.1　组合逻辑电路模型及特点

1. 组合逻辑电路模型

图 3-1 给出了组合逻辑电路的基本模型，由以下 3 部分组成。
(1) 输入信号：$x_1, x_2, \cdots, x_n$；n 个输入变量，可以有 2^n 种输入。
(2) 输出信号：$Z_1, Z_2, \cdots, Z_m$。
(3) 输出函数：$Z_i = f_i(x_1, x_2, \cdots, x_n)$，$i = 1, \cdots, m$。
从组合逻辑电路的模型可以看出，组合逻辑电路是布尔函数的直接电路实现。

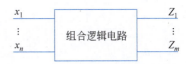

图 3-1　组合逻辑电路基本模型图

2. 组合逻辑电路的特点

组合逻辑电路的模型决定了组合逻辑电路的特点，电路在任意时刻的稳定输出，仅仅取决于当前的输入组合，而与过去的输入无关，即布尔函数的真值表直接决定了组合逻辑电路的逻辑关系。

3.1.2　组合逻辑电路的描述方法

由组合逻辑电路模型可知，组合逻辑电路完全可以由布尔函数表示，因此布尔函数的表示方法均可用于描述组合逻辑电路，如前面章节已介绍的真值表、布尔函数表达式、原理图、HDL 都可以用于描述组合逻辑电路。在此介绍另一种数字电路描述方法——时序图描述法。

时序图(timing diagram)是数字电路的输入信号和输出信号之间关系的图形表示方式。时序图一般采用电路实验或者逻辑仿真的方法得到。在一段时间里，将一组输入序列信号接入到电路的输入端，在示波器或者逻辑分析仪的屏幕上或者逻辑仿真程序的输出中，即可观察到与输入信号相对应的输出信号，输出信号能够完全反映电路的逻辑关系，时序图和真值表之间可以直接转换。

通过分析时序图，能够得到电路所实现的逻辑函数的真值表；反之，利用布尔函数的真值表也可以绘制电路工作的时序图。一个完整的组合逻辑电路时序图，应该完整描述输入信号在各种取值组合情况下对应的电路输出波形。

例如，函数 $F(A, B, C) = AB + BC$ 的真值表如表 3-1 所示。

表 3-1　$F=AB+BC$ 的真值表

A	B	C	F
0	0	0	0
0	0	1	0
0	1	0	0
0	1	1	1
1	0	0	0
1	0	1	0
1	1	0	1
1	1	1	1

描述其逻辑功能的典型时序图如图 3-2(a)所示。图 3-2 中给出了信号 A、B、C 的所有取值组合对应的输入的波形，然后给出了对应的电路输出 F 的波形。可以看到，当 $AB=11$、$BC=11$ 时，函数值取值为 1；其他情况下，函数值取值为 0，与真值表描述完全一致。

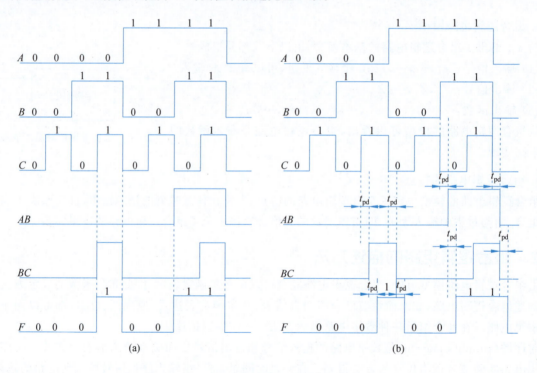

图 3-2　$F=AB+BC$ 的时序图

(a)不考虑门延迟的时序图；(b)考虑门延迟的时序图

如果在时序图中不仅考虑电路的逻辑功能，而且考虑各个门电路的延迟，这样的时序图更接近于实际电路的工作过程。例如布尔函数 $F(A,B,C)=AB+BC$，如果用与门和或门实现，并且假设与门和或门的门延迟均为 t_{pd}，则考虑门延迟的时序图如图 3-2(b)所示。图中不仅考虑了输入和输出的逻辑关系，而且考虑了实际电路的门延迟。

3.2 组合逻辑电路设计

组合逻辑电路设计的基本任务是按照电路的功能描述,设计组合逻辑电路。组合逻辑电路的设计过程主要包括两个环节,首先根据电路的功能描述建立其逻辑函数模型,然后选择合适的逻辑器件实现组合逻辑电路。

3.2.1 组合逻辑电路设计过程

1. 建立组合逻辑电路模型

电路模型的建立是电路设计最关键的环节,电路模型建立好之后,后面的步骤才会有章可循。建立组合逻辑电路模型主要包括以下工作。

(1) 分析功能描述,确定输入输出信号。

(2) 建立真值表,写出布尔函数表达式。

在实际的电路设计中,功能描述是多种多样的,可以是直接的真值表、函数表达式,也可以是时序图、表格、文字等。无论什么样的描述方法,关键是要理解功能描述表达的意思,建立正确的电路模型,才能够设计出符合功能描述的电路。

2. 用集成逻辑器件实现组合逻辑电路

(1) 用门电路实现组合逻辑电路。用门电路实现组合逻辑电路,首先需要把函数表达式化简为最简形式,然后把表达式变换为所选用门电路器件对应的表达式形式,最后用门电路画出电路原理图。

(2) 用基于标准积项的门阵列实现组合逻辑电路。用基于标准积项的门阵列实现组合逻辑电路,首先需要写出函数的标准积之和形式,然后再画出与门阵列固定、或门阵列可编程的门阵列电路原理图。

(3) 用基于最简积项的门阵列实现组合逻辑电路。用基于最简积项的门阵列实现组合逻辑电路,首先需要把函数表达式化简为最简与或式,然后再画出与门阵列可编程、或门阵列也可编程的门阵列电路原理图。

(4) 用 HDL 描述组合逻辑电路。当使用 CPLD/FPGA 器件实现组合逻辑电路时,需要借助 HDL 编程,用 HDL 描述组合逻辑电路。

3.2.2 组合逻辑电路设计举例

1. 用门电路实现组合逻辑电路

例 3-1 设计能够实现如图 3-3 所示时序图的逻辑电路,其中波形 A、B、C 为输入信号,波形 F 为输出信号。要求用与非门、或非门设计此逻辑电路,并比较电路的复杂性。

解:

(1) 由题意可知,电路的输入为 A、B、C,输出为 F。

(2) 根据时序图的描述,可以建立电路真值表,如表 3-2 所示。

按照真值表,可以写出函数表达式 $F(A,B,C)=\sum m(5,6,7)$。

(3) 卡诺图化简布尔函数,如图 3-4 所示。由于题目要求用与非、或非门实现布尔函数,因此直接给出了原函数和反函数的卡诺图化简过程,以便于得到函数的最简与或式和最简或与式。

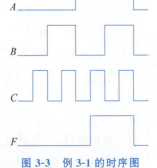

图 3-3 例 3-1 的时序图

表 3-2　例 3-1 真值表

A	B	C	F
0	0	0	0
0	0	1	0
0	1	0	0
0	1	1	0
1	0	0	0
1	0	1	1
1	1	0	1
1	1	1	1

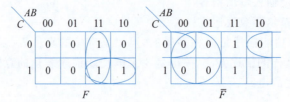

图 3-4　例 3-1 原函数与反函数的卡诺图

根据卡诺图,可以得到原函数和反函数的最简与或表达式。
$$F = AB + AC; \quad \overline{F} = \overline{A} + \overline{B}\overline{C}$$

对反函数取非,利用德·摩根定理容易得到函数的或与表达式：$F = A \cdot (B+C)$。

将与或表达式和或与表达式分别两次取非,再利用德·摩根定理,即可得到函数的与非-与非表达式和或非-或非表达式：$F = \overline{\overline{AB} \cdot \overline{AC}}, F = \overline{\overline{A} + \overline{(B+C)}}$。

图 3-5 为与非门及或非门实现的逻辑电路。

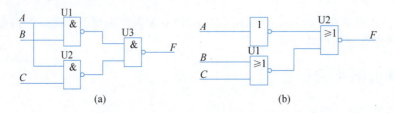

图 3-5　例 3-1 用与非门、或非门实现的原理图
(a) 与非门实现；(b) 或非门实现

比较发现,用与非门和或非门实现该电路需要的逻辑门数量和电路复杂度均相同。

例 3-2　为某水坝设计一个水位报警控制器,设水位高度用 4 位二进制数表示,当水位上升到 8m 时,白色指示灯开始亮；当水位上升到 10m 时,黄色指示灯开始亮；当水位上升到 12m 时,红色指示灯开始亮,其他颜色的灯灭。若水位不可能上升到 14m,要求用与非门、或非门设计此逻辑电路,并比较电路的复杂性。

解：

(1) 分析题意,首先建立电路的外部模型。

输入：水位高度,0～13m(水位不可能上升到 14m),用 4 位二进制数表示,设为 $B_4B_3B_2B_1$。

输出:3个指示灯,定义灯亮为1,灯灭为0,白色指示灯设为F_w,黄色指示灯设为F_y,红色指示灯设为F_r。

电路的外部模型如图3-6所示。

图3-6 例3-2的电路模型

(2) 按照功能描述,建立电路真值表,如表3-3所示。由于水位不可能达到14m,因此输入为14m、15m时,3个指示灯输出为任意值(用"×"表示)。

表3-3 例3-2的真值表

B_4	B_3	B_2	B_1	F_w	F_y	F_r
0	0	0	0	0	0	0
0	0	0	1	0	0	0
0	0	1	0	0	0	0
0	0	1	1	0	0	0
0	1	0	0	0	0	0
0	1	0	1	0	0	0
0	1	1	0	0	0	0
0	1	1	1	0	0	0
1	0	0	0	1	0	0
1	0	0	1	1	0	0
1	0	1	0	1	1	0
1	0	1	1	1	1	0
1	1	0	0	0	0	1
1	1	0	1	0	0	1
1	1	1	0	×	×	×
1	1	1	1	×	×	×

根据真值表,可写出如下函数表达式:

$$F_w = \sum m(8,9,10,11) + \sum d(14,15);$$
$$F_y = \sum m(10,11) + \sum d(14,15);$$
$$F_r = \sum m(12,13) + \sum d(14,15)$$

(3) 用与非门实现。将函数化简为最简与或表达式,原函数卡诺图如图3-7所示,由此可得$F_w = B_4 \overline{B_3}$;$F_y = B_4 B_2$;$F_r = B_4 B_3$。

变换为与非-与非表达式为$F_w = \overline{\overline{B_4 \overline{B_3}}}$;$F_y = \overline{\overline{B_4 B_2}}$;$F_r = \overline{\overline{B_4 B_3}}$。

与非门实现的电路如图3-8所示。

(4) 用或非门实现。将函数化简为最简或与式,首先要获得最简反函数,其卡诺图如图3-9所示。

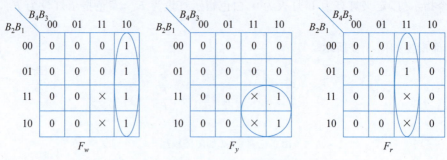

图 3-7 例 3-2 的卡诺图

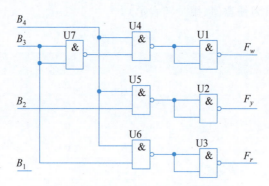

图 3-8 例 3-2 用与非门实现的原理图

由此可得 $\overline{F_w}=\overline{B_4}+B_3$；$\overline{F_y}=\overline{B_4}+\overline{B_2}$；$\overline{F_r}=\overline{B_4}+\overline{B_3}$。

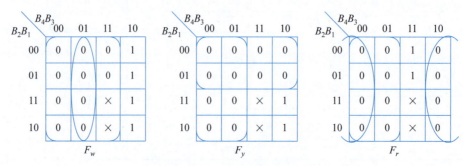

图 3-9 例 3-2 中原函数的卡诺图

将其变换为或非-或非表达式 $F_w=\overline{\overline{B_4}+B_3}$；$F_y=\overline{\overline{B_4}+\overline{B_2}}$；$F_r=\overline{\overline{B_4}+\overline{B_3}}$。

或非门实现的电路如图 3-10 所示。

(5) 比较复杂性。比较两个电路可以看出，用或非门实现比用与非门实现减少了一个门，相对比较简单。

2. 用 SPLD 实现组合逻辑电路

例 3-3 设计 8421BCD 编码转换为七段数码管编码的码制转换电路，并用基于标准积项的门阵列、基于最简积项的门阵列实现该电路。

分段式半导体数码管是一种数码显示器件，是将多个发光二极管封装在一个器件内，组成特定形状。八段半导体数码管符号及内部原理结构如图 3-11 所示，其内部由 8 个发光二极管组成，其中 7 段

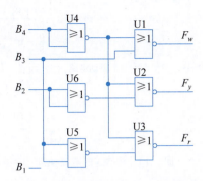

图 3-10 例 3-2 用或非门实现的原理图

为数码段 a～g,1 段为小数点 DP,其电平高、低的不同组合就构成了不同数码的显示。根据电路的结构,可以分为共阳极和共阴极数码管。

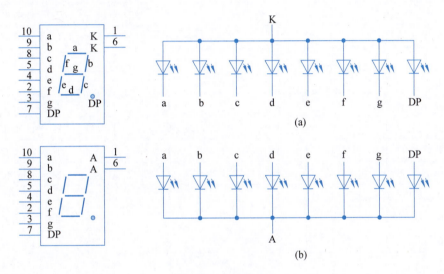

图 3-11 LED 数码管
(a) 共阳极;(b) 共阴极

半导体数码管目前主要用于电子计算器和数字仪表的显示部分中。七段数码管的 a～g 分段及数字字符组成如图 3-12 所示。

段标识符　　　　　　　　　　　数字符号的段码设计

图 3-12 例 3-3 中数码管的七段数字字符

解:建立电路的模型。图 3-13 所示为 BCD 转七段数码管编码模块的外部模型。

根据电路的功能描述可知。

输入:4 位 8421BCD 编码,设为 B_8、B_4、B_2、B_1,0～9 有意义,大于 9 无意义。

输出:a～g 七段数码管编码信号。

这是一个多输出布尔函数形成的电路,真值表如表 3-4 所示。

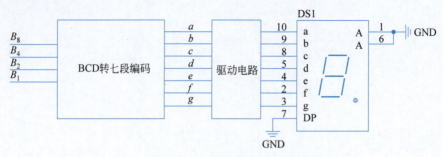

图 3-13 例 3-3 的电路模型

表 3-4 使用 8421BCD 码的七段数码管编码真值表

B_8	B_4	B_2	B_1	a	b	c	d	e	f	g
0	0	0	0	1	1	1	1	1	1	0
0	0	0	1	0	1	1	0	0	0	0
0	0	1	0	1	1	0	1	1	0	1
0	0	1	1	1	1	1	1	0	0	1
0	1	0	0	0	1	1	0	0	1	1
0	1	0	1	1	0	1	1	0	1	1
0	1	1	0	1	0	1	1	1	1	1
0	1	1	1	1	1	1	0	0	0	0
1	0	0	0	1	1	1	1	1	1	1
1	0	0	1	1	1	1	0	0	1	1
1	0	1	0	×	×	×	×	×	×	×
1	0	1	1	×	×	×	×	×	×	×
1	1	0	0	×	×	×	×	×	×	×
1	1	0	1	×	×	×	×	×	×	×
1	1	1	0	×	×	×	×	×	×	×
1	1	1	1	×	×	×	×	×	×	×

根据真值表可以写出布尔函数表达式：

$$a = \sum m(0,2,3,5,6,7,8,9) + \sum d(10,11,12,13,14,15)$$

$$b = \sum m(0,1,2,3,4,7,8,9) + \sum d(10,11,12,13,14,15)$$

$$c = \sum m(0,1,3,4,5,7,8,9) + \sum d(10,11,12,13,14,15)$$

$$d = \sum m(0,2,3,5,6,8) + \sum d(10,11,12,13,14,15)$$

$$e = \sum m(0,2,6,8) + \sum d(10,11,12,13,14,15)$$

$$f = \sum m(0,4,5,6,8,9) + \sum d(10,11,12,13,14,15)$$

$$g = \sum m(2,3,4,5,6,8,9) + \sum d(10,11,12,13,14,15)$$

（1）用基于标准积项的门阵列实现该电路，电路图如图 3-14 所示。其中的与阵列是固定不变的，用于产生函数的 16 个最小项 $m_0 \sim m_{15}$，通过对或阵列编程即可实现上述函数表达式的电路。其中大于或等于 10 的最小项，对应的函数值统一取值为 0。

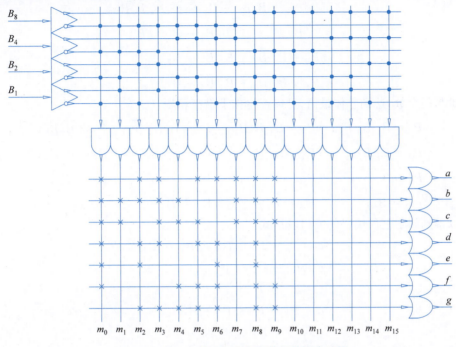

图 3-14　例 3-3 基于标准积项的门阵列电路图

（2）用基于最简积项的门阵列实现该电路。需要将函数表达式变换为最简与或式，才能使电路的规模最小。对上述函数表达式进行卡诺图化简，如图 3-15 所示。

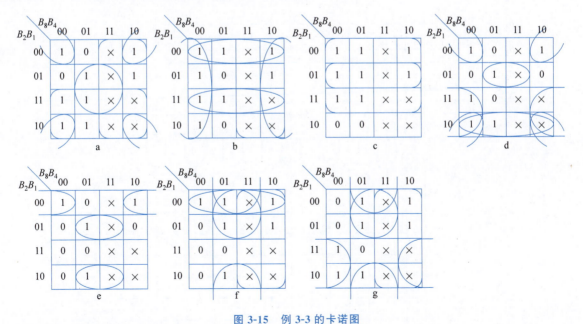

图 3-15　例 3-3 的卡诺图

七段编码的最简函数表达式为

$$a = B_8 + B_2 + B_4 B_1 + \overline{B_4}\,\overline{B_1}$$

$$b = \overline{B_4} + B_2 B_1 + \overline{B_2}\,\overline{B_1}$$
$$c = \overline{B_2} + B_1$$
$$d = \overline{B_4}\,\overline{B_1} + \overline{B_4} B_2 + B_2 \overline{B_1} + B_4 \overline{B_2} B_1$$
$$e = \overline{B_4}\,\overline{B_2}\,\overline{B_1} + B_4 \overline{B_2} B_1 + B_4 B_2 \overline{B_1}$$
$$f = B_8 + B_4 \overline{B_1} + B_4 \overline{B_2} + \overline{B_2}\,\overline{B_1}$$
$$g = B_8 + B_4 \overline{B_1} + B_4 \overline{B_2} + \overline{B_4} B_2$$

为了减少与门个数,达到整体最简,可以产生如下最简积项:

$$P_1 = \overline{B_4}\,\overline{B_2}\,\overline{B_1};\quad P_2 = B_4 \overline{B_2} B_1;\quad P_3 = B_4 B_2 \overline{B_1};\quad P_4 = \overline{B_4} B_2;$$
$$P_5 = B_4 \overline{B_2};\quad P_6 = \overline{B_4}\,\overline{B_1};\quad P_7 = B_4 \overline{B_1};\quad P_8 = B_4 B_1;$$
$$P_9 = \overline{B_2}\,\overline{B_1};\quad P_{10} = B_2 \overline{B_1};\quad P_{11} = B_2 B_1;\quad P_{12} = B_8;$$
$$P_{13} = \overline{B_4};\quad P_{14} = \overline{B_2};\quad P_{15} = B_1$$

然后可以得到如下七段编码的或门表达式:

$$a = P_6 + P_8 + P_{10} + P_{11} + P_{12}$$
$$b = P_9 + P_{11} + P_{13}$$
$$c = P_{14} + P_{15}$$
$$d = P_2 + P_4 + P_6 + P_{10}$$
$$e = P_1 + P_2 + P_3$$
$$f = P_5 + P_7 + P_9 + P_{12}$$
$$g = P_4 + P_5 + P_7 + P_{12}$$

基于最简积项的门阵列实现的电路如图 3-16 所示。

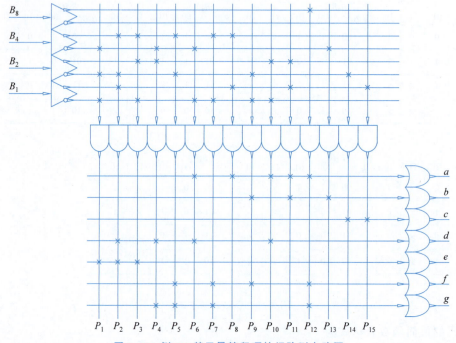

图 3-16 例 3-3 基于最简积项的门阵列电路图

3.3 组合逻辑电路分析

组合逻辑电路分析的基本任务是,根据组合逻辑电路的实现分析电路实现的功能。分析组合逻辑电路的功能,最直接的方法就是分析其真值表,因此无论使用什么样的电路实现都要首先设法得到其真值表。

实际的电路实现可以有电路原理图、VHDL 电路描述或两者混合的形式。对于原理图实现,可以根据原理图写出函数表达式,进而得到真值表;对于 VHDL 电路描述,也可以根据描述方式的不同获得电路的函数表达式,或者直接得到真值表。

门电路和门阵列器件实现的组合逻辑电路都采用了电路原理图的描述方法,所以它们都可以用原理图分析的方法进行电路分析。这里只给出门电路实现的组合逻辑电路分析方法,其他形式的电路也都是通过分析其真值表获得电路的功能,在此不再赘述。

原理图分析法的基本步骤如下。

(1) 确定电路的外部模型,包括输入输出信号。
(2) 写出每个门电路的函数表达式。
(3) 用代入规则写出输出函数的表达式,并化简为最简与或表达式。
(4) 列出函数真值表。
(5) 描述电路功能。

例 3-4 分析图 3-17 所示逻辑电路的逻辑功能。

图 3-17 例 3-4 的电路图

解:

(1) 确定电路的外部模型,电路输入为 A、B、C,电路输出为 F。
(2) 写出每个门电路的函数表达式。

$$O=\overline{ABC}; \quad L=\overline{AO}; \quad M=\overline{BO}; \quad N=\overline{CO}; \quad F=\overline{LMN}$$

(3) 用代入法写出输出函数的表达式,并化简为最简与或式。

$$F=\overline{LMN}$$
$$=\overline{L}+\overline{M}+\overline{N}$$
$$=AO+BO+CO$$
$$=A\,\overline{ABC}+B\,\overline{ABC}+C\,\overline{ABC}$$
$$=A(\overline{A}+\overline{B}+\overline{C})+B(\overline{A}+\overline{B}+\overline{C})+C(\overline{A}+\overline{B}+\overline{C})$$
$$=A\overline{B}+A\overline{C}+\overline{A}B+B\overline{C}+\overline{A}C+\overline{B}C$$

卡诺图如图 3-18 所示,出现了非必要质蕴含项,用最少的质蕴含项表示函数的最小覆盖,最简函数

表达式为 $F=A\bar{B}+\bar{A}C+B\bar{C}$。

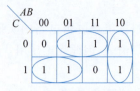

图 3-18 例 3-4 的卡诺图

(4) 列出函数真值表，如表 3-5 所示。

表 3-5 例 3-4 的真值表

A	B	C	F
0	0	0	0
0	0	1	1
0	1	0	1
0	1	1	1
1	0	0	1
1	0	1	1
1	1	0	1
1	1	1	0

(5) 描述电路功能。由真值表可知，电路的功能是，若输入 A、B、C 的值不一样，则输出 F 就为 1；否则，F 为 0。可进一步总结为，这是一个三变量非一致电路。

3.4 常用组合逻辑电路的分析与应用

常用组合逻辑电路是指在实际工程应用中，经常使用的组合逻辑电路功能单元电路。这些电路完全可以使用门电路自行设计实现，但由于在实际中频繁使用，器件生产厂家把这些功能单元电路制作成标准集成电路器件供电路设计人员选择使用。

常用组合逻辑电路主要包括二进制运算电路、编码器、译码器、数据选择器、数据分配器及数值比较器等，本节讨论这些功能单元电路的原理、器件及应用。

在讲解具体器件之前有一点需要说明，本书主要讲解这些常用器件的基本原理，以及通过查阅手册了解集成逻辑器件功能的一般方法，集成逻辑器件种类繁多不可能一一讲解，读者应该培养自行查阅器件手册学习新器件的能力。

3.4.1 二进制加法器

数字计算机能进行各种信息处理，最常用的是各种算术运算，二进制加法是最基本的算术运算。实现二进制加法运算的逻辑电路，通常称为加法器。下面围绕加法器的设计进行较为详细的讨论，主要包括半加器、全加器、串行进位的 4 位二进制并行加法器及先行进位的 4 位二进制并行加法器。

1. 半加器

对两个 1 位二进制数进行算术加法运算,求得和及进位的逻辑电路,称为半加器。

图 3-19 半加器模型

1) 半加器模型

按照组合逻辑电路设计方法,首先给出它的外部模型,如图 3-19 所示。

图 3-19 中,A、B 分别为两个 1 位二进制数输入;S_H、C_H 分别为加法运算产生的本位和及向高位的进位。根据半加器的功能要求,可列真值表如表 3-6 所示。

表 3-6 半加器的真值表

A	B	S_H	C_H
0	0	0	0
0	1	1	0
1	0	1	0
1	1	0	1

由真值表可写出函数表达式:$S_H = \overline{A}B + A\overline{B}$;$C_H = AB$。

2) 用集成逻辑门电路实现

(1) 直接用与、或、非门实现半加器。其实现方法比较简单,就是用门电路直接替换函数表达式中的逻辑关系。

(2) 直接用与非门实现半加器。需要将函数表达式直接变换为与非-与非形式,并用与非门实现。$S_H = \overline{A}B + A\overline{B} = A \oplus B = \overline{\overline{\overline{A}B} \cdot \overline{A\overline{B}}}$;$C_H = \overline{\overline{AB}}$。读者可自行设计电路。

(3) 用异或门实现半加器。由于该函数中明显包含了异或关系,因此函数表达式可变换为如下比较简单的形式:$S_H = \overline{A}B + A\overline{B} = A \oplus B$;$C_H = AB$。电路实现如图 3-20 所示。

(4) 用无反变量输入的与非门实现半加器。观察发现,$C_H = \overline{\overline{AB}}$ 表达式中必须要用到与非项 $\overline{AB}$,同时 $\overline{A}B = \overline{AB} \cdot B$、$A\overline{B} = \overline{AB} \cdot A$,因此,多输出布尔函数可以共用与非项 $\overline{AB}$,函数表达式可以变换为

$$S_H = \overline{A}B + A\overline{B} = \overline{AB} \cdot B + \overline{AB} \cdot A = \overline{\overline{AB} \cdot B \cdot \overline{AB} \cdot A}; \quad C_H = AB = \overline{\overline{AB}}$$

由函数表达式可以看出,该表达式不仅不用非门,而且与非门个数最少。实际应用中,这种表达式是用与非门实现无反变量输入的常用方式。电路实现如图 3-21 所示。

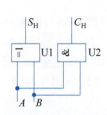

图 3-20 基于自选门电路实现的半加器

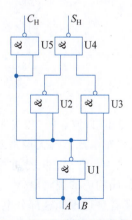

图 3-21 基于与非门实现的半加器

2. 全加器

对两个一位二进制数进行算术加法运算,并考虑低位进位,相当于 3 个一位二进制数相加,得到和及进位的逻辑电路,称为全加器。

图 3-22 全加器模型

1) 全加器模型

全加器外部模型如图 3-22 所示。

图 3-22 中,A_i 和 B_i 分别为两个一位二进制数的输入,C_{i-1} 为低位进位输入,S_i 和 C_i 分别为加法运算产生的本位和及向高位的进位。根据功能要求可列真值表如表 3-7 所示。

表 3-7 全加器的真值表

A_i	B_i	C_{i-1}	S_i	C_i
0	0	0	0	0
0	0	1	1	0
0	1	0	1	0
0	1	1	0	1
1	0	0	1	0
1	0	1	0	1
1	1	0	0	1
1	1	1	1	1

由真值表写出函数表达式:$S_i = \sum m(1,2,4,7)$;$C_i = \sum m(3,5,6,7)$。

2) 用集成逻辑门电路实现全加器

画出 S_i 和 C_i 的卡诺图,如图 3-23 所示。

由卡诺图可得

$$S_i = \overline{A_i}\,\overline{B_i}C_{i-1} + \overline{A_i}B_i\,\overline{C_{i-1}} + A_i\,\overline{B_i}\,\overline{C_{i-1}} + A_iB_iC_{i-1}$$

$$C_i = A_iB_i + A_iC_{i-1} + B_iC_{i-1}$$

(1) 直接用与、或、非门电路实现全加器。从全加器的函数表达式中可以看到,选用与、或、非门直接实现全加器,需要用到 3 个非门、3 个两输入与门、4 个三输入与门、1 个三输入或门、1 个四输入或门,共需 12 个门电路,读者可以自行设计。

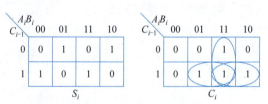

图 3-23 全加器的卡诺图

(2) 直接用与非门、或非门、与或非门实现全加器。由组合逻辑电路的门电路实现可以看出,用不同的逻辑器件实现布尔函数的关键是函数形式的变换。用与非门、或非门、与或非门实现全加器,首先要把布尔函数变换为与非-与非、或非-或非、与或非表达式,然后用不同的逻辑器件替换布尔函数中的逻辑关系,即可形成相应的逻辑电路。这些电路实现方法是组合逻辑电路实现必须要掌握的基本的方法,作为练习由读者自行设计这部分电路。

(3) 用半加器实现全加器。如果将全加器 $A_i + B_i + C_{i-1}$ 看成两个半加器,则其计算表达式可以表示为半加器(A_i+B_i),与半加器$(A_i+B_i)+C_{i-1}$的加法运算。

第一个半加器(A_i+B_i)表达式可以表示为$S_{iH}=A_i \oplus B_i$;$C_{iH}=A_iB_i$。

第二个半加器实现$(S_{iH}+C_{i-1})$,表达式为$S_i=S_{iH} \oplus C_{i-1}$;$C_i=C_{iH}+S_{iH}C_{i-1}$。

电路实现如图 3-24 所示。图中用两个异或门实现的半加器实现了全加器电路。

如果将上面表达式中的异或关系都用与非门实现,则可得到另一种半加器实现的全加器:

$$S_{iH}=\overline{\overline{A_iB_i} \cdot B_i \cdot \overline{A_iB_i} \cdot A_i}; \quad C_{iH}=\overline{\overline{A_iB_i}};$$

$$S_i=\overline{\overline{S_{iH}C_{i-1}} \cdot C_{i-1} \cdot \overline{S_{iH}C_{i-1}} \cdot S_{iH}}; \quad C_i=\overline{\overline{C_{iH}} \cdot \overline{S_{iH}C_{i-1}}}$$

其电路实现如图 3-25 所示。这实际上是一种用与非门实现的全加器方案。

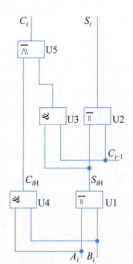

图 3-24　半加器实现的全加器(异或门)

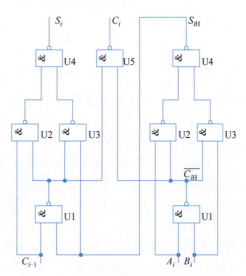

图 3-25　半加器实现的全加器(与非门)

3. 串行进位的 4 位二进制并行加法器

对两个 n 位二进制数进行算术加法运算,并考虑最低位进位,得到和及最高位进位的逻辑电路,称为二进制加法器。计算机的算术运算单元就是加法器。由于二进制加法器的两个 n 位二进制数和最低位进位同时输入,和及最高位进位也同时产生,因此也称为二进制并行加法器。

按照进位方式和电路结构的不同,二进制并行加法器可分为行波进位(或串行进位)的二进制并行加法器和先行进位(或并行进位)的二进制并行加法器两种。

1) 行波进位的二进制并行加法器

行波进位的二进制并行加法器的逻辑框图如图 3-26 所示。

将 n 位二进制数加法器看成由 n 个全加器的简单连接而成,只要把各位全加器串联起来,低位全加器的进位输出连到相邻的高位全加器的进位输入,即可构成行波进位的 n 位二进制并行加法器。其函数表达式为各个全加器的简单组合,输入为 $A_n \sim A_1$、$B_n \sim B_1$、最低位进位 C_0,输出为 $S_n \sim S_1$、最高位进位 C_n。各个全加器的函数表达式如下:

$$S_1=A_1 \oplus B_1 \oplus C_0, \quad C_1=A_1B_1+(A_1 \oplus B_1)C_0$$
$$\vdots$$
$$S_i=A_i \oplus B_i \oplus C_{i-1}, \quad C_i=A_iB_i+(A_i \oplus B_i)C_{i-1}$$
$$\vdots$$
$$S_n=A_n \oplus B_n \oplus C_{n-1}, \quad C_n=A_nB_n+(A_n \oplus B_n)C_{n-1}$$

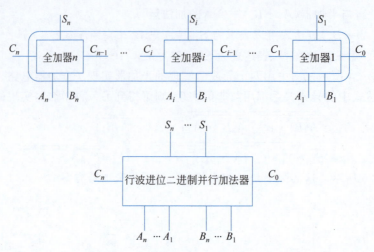

图 3-26　行波进位的二进制并行加法器

由函数表达式可见,这样构成的加法器,两个 n 位二进制数 A_n 到 A_1、B_n 到 B_1 和最低位进位 C_0 是同时输入的,加法运算结果 $S_n \sim S_1$,最高位进位 C_n 也是同时产生的,但其"正确"结果产生的时间并不一致,每一位全加器的结果依赖于其低位全加器进位信号的时间延迟。

行波进位的二进制并行加法器的进位链是由低位向高位逐级传递的,好像行波一样。正确的高位和及进位,需要等低位的进位形成后才能确定。如做手算加法那样,要从低位逐级求出进位,最后才能求得高位的和及进位。因此,这种加法器进位是串行的,形成进位的速度很慢,加法器的速度受进位传递时间的限制。

若每级全加器形成进位的延时为 $2t_{pd}$,则在最坏情况下,从最低位全加器的输入产生最高位进位 C_n 需要时间为 $2nt_{pd}$。当位数 n 增大时,完成一次加法所需时间也随之增加。在速度要求不高的场合,这是一种快速构成加法器的方法。在实际的计算机系统中,采用的是速度较快的先行进位二进制并行加法器。

2) 先行进位的二进制并行加法器

为了提高加法速度,在逻辑设计上采用先行进位的方法,即每位二进制加法的进位是同时产生的,不需要等到低位的进位送来后才形成。从全加器进位函数表达式 $C_i = A_i B_i + (A_i \oplus B_i) C_{i-1}$ 可以看出,每个高位进位输出都依赖于低位进位输入,要想使各个进位同时产生,必须消除这种依赖关系。

分析进位函数表达式 $C_i = A_i B_i + (A_i \oplus B_i) C_{i-1}$ 可以知道,产生进位有两种可能。

(1) 本位产生进位:当 $A_i B_i = 11$ 时,进位 $C_i = 1$,它只与本位的输入 A_i、B_i 有关,与低位来的进位 C_{i-1} 无关。

(2) 低位进位 C_{i-1} 向高位传递:当 $A_i \oplus B_i = 1$ 时,低位进位信号 $C_{i-1} = 1$ 就会向高位传递,即 $C_i = C_{i-1} = 1$。令

$$G_i = A_i B_i, \quad P_i = A_i \oplus B_i$$

其中,G_i 为第 i 位的进位生成项,P_i 为进位传递条件,则 $C_i = A_i B_i + (A_i \oplus B_i) C_{i-1} = G_i + P_i C_{i-1}$,进而可以把 S_i 写成 $S_i = P_i \oplus C_{i-1}$。

为便于讲解,这里只以 4 位全加器为例,由这两个公式写出各位全加器的表达式:

$$S_1 = P_1 \oplus C_0, \quad C_1 = G_1 + P_1 C_0$$
$$S_2 = P_2 \oplus C_1, \quad C_2 = G_2 + P_2 C_1$$
$$S_3 = P_3 \oplus C_2, \quad C_3 = G_3 + P_3 C_2$$

$$S_4 = P_4 \oplus C_3, \quad C_4 = G_4 + P_4 C_3$$

从上面表达式中可以看出，各个全加器之间仍然存在进位依赖关系，为了消除这种依赖关系，将上面表达式中的每一级 C_{i-1} 的表达式代入上一级 C_i 表达式中，可以得到

$$S_1 = P_1 \oplus C_0, \quad C_1 = G_1 + P_1 C_0$$
$$S_2 = P_2 \oplus C_1, \quad C_2 = G_2 + P_2 C_1 = G_2 + P_2 G_1 + P_2 P_1 C_0$$
$$S_3 = P_3 \oplus C_2, \quad C_3 = G_3 + P_3 C_2 = G_3 + P_3 G_2 + P_3 P_2 G_1 + P_3 P_2 P_1 C_0$$
$$S_4 = P_4 \oplus C_3, \quad C_4 = G_4 + P_4 C_3 = G_4 + P_4 G_3 + P_4 P_3 G_2 + P_4 P_3 P_2 G_1 + P_4 P_3 P_2 P_1 C_0$$

在上面表达式中，各个全加器的进位 C_i 不再依赖于低位的进位，各级 C_i 变成了 G_i 到 G_1、P_i 到 P_1、C_0 的函数。其中，C_0 与 A_i、B_i 同时输入，G_i 到 G_1、P_i 到 P_1 是 A_i 与 B_i 的函数也同时产生，则理论上 C_i 到 C_1 会同时产生，进而 S_i 到 S_1 也会同时产生，如此即实现了先行进位二进制并行加法器。

图 3-27 给出了先行进位的二进制并行加法器的逻辑图。由图可见，利用先行进位方法，各位进位都只经过三级门延时（约 $4t_{pd}$，假定异或门延时为 $2t_{pd}$），而形成各位和 S_i 需经四级门延时（约 $6t_{pd}$），即先形成进位，再形成加法的和。

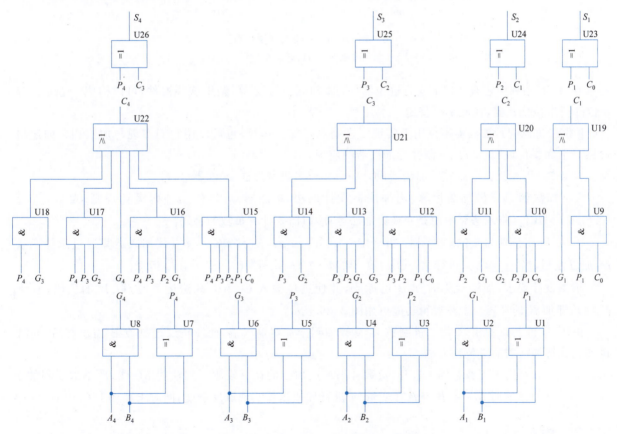

图 3-27　先行进位的二进制并行加法器

显然，进位传递时间的节省是以逻辑电路的复杂性为代价的。随着位数的增加，所需电路元件也迅速增加，而且门电路的输入端数目也会增大。因此，当位数较多时，通常采用折中的办法，即将字长 n 位分为若干组。例如，一个 16 位并行加法器，可分为 4 组，每组 4 位。每组内采用先行进位，组间采用串行进位，这样比较节省器件。

4. 先行进位的 4 位二进制并行加法器

4 位二进制并行加法器是一种典型的中规模集成电路(MSI)逻辑部件,在标准 TTL 系列中,4 位二进制并行加法器器件型号有 7483、74283、74181,其中 74283 器件引脚排列如图 3-28(a)所示,其原理图符号如图 3-28(b)所示。

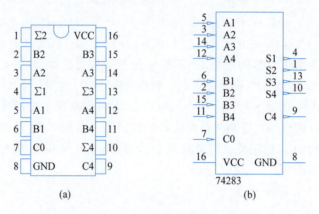

图 3-28 74283 的引脚排列和原理图符号
(a)引脚排列; (b)原理图符号

在 TTL 系列中还有专门的先行进位器件,如 7482、74182 等,利用这些器件,可以构成 16、64 位等 n 位并行进位加法器,在此不再赘述。

4 位二进制并行加法器不仅用于实现二进制算术加法运算,也可以用它们实现与加法相关的逻辑电路。下面举例说明 4 位二进制并行加法器的应用。

例 3-5 用 4 位二进制并行加法器设计一个 4 位二进制加法/减法器。

解:加法器只能做加法运算,用加法器设计加法/减法器,可以使用补码运算规则 $[A\pm B]_\text{补} = [A]_\text{补}+[\pm B]_\text{补}$,将减法算术运算变换为加法运算,但需要计算负数的补码。

设 A 和 B 分别为 4 位二进制数,并令 $A=a_4 a_3 a_2 a_1$,$B=b_4 b_3 b_2 b_1$,其加减运算通过选择变量 M 加以控制,当 $M=0$ 时,执行 $A+B$ 运算;当 $M=1$ 时,执行 $[A]_\text{补}+[-B]_\text{补}$ 运算。

根据设计要求,加法运算时加 B 的原码,并使进位输入 $C_0=0$;减法运算时,取 B 的反码,并使 $C_0=1$,即加 B 的补码。上述逻辑功能可用图 3-29 表示。

由图 3-29 可以看出,4 位二进制数 A 直接加到全加器输入端,而 4 位二进制数 B 需求补后,同时也加到并行加法器的进位输入端。

求补运算利用了正数补码是自身、负数补码求反加 1 的运算规则。加法时 $M=0$,B 不取反不加 1 ($C_0=M=0$);减法时 $M=1$,B 与选择变量 M 进行异或运算实现取反功能,同时末尾加 1 ($C_0=M=1$)。

3.4.2 编码器

在数字系统中,常需将有特定意义的多个不同的信号,编码成相应的二进制编码,实现编码的电路称为编码器(encoder)。n 位二进制编码器最多可以对 2^n 个输入信号进行编码。

图 3-30 为 3 位二进制编码器的外部模型。

8 个信号输入端:I0~I7,用于输入不同物理含义的 8 个信号 $I_0 \sim I_7$(物理含义可由用户定义)。

3 个编码输出端:A0~A2,用于输出 8 个输入信号对应的二进制编码 $A_0 \sim A_2$。

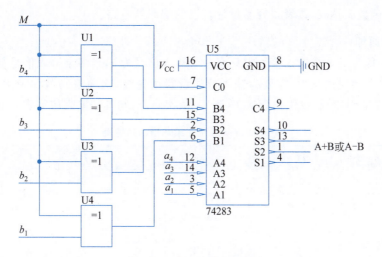

图 3-29 例 3-5 的原理图

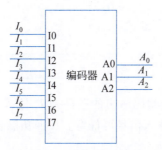

图 3-30 编码器的外部模型

1. 普通编码器的基本原理

普通编码器的基本功能是,在正常情况下,8 个输入信号中只有一个输入信号为 1,其余输入信号为 0,输出二进制编码对应于该信号的编号。其功能表如表 3-8 所示。

表 3-8 8-3 线编码器功能表

I_0	I_1	I_2	I_3	I_4	I_5	I_6	I_7	A_2	A_1	A_0
1	0	0	0	0	0	0	0	0	0	0
0	1	0	0	0	0	0	0	0	0	1
0	0	1	0	0	0	0	0	0	1	0
0	0	0	1	0	0	0	0	0	1	1
0	0	0	0	1	0	0	0	1	0	0
0	0	0	0	0	1	0	0	1	0	1
0	0	0	0	0	0	1	0	1	1	0
0	0	0	0	0	0	0	1	1	1	1

按照功能表,可以得到二进制输出编码 $A_0 \sim A_2$ 的布尔函数表达式:

$$A_2 = I_4 + I_5 + I_6 + I_7, \quad A_1 = I_2 + I_3 + I_6 + I_7, \quad A_0 = I_1 + I_3 + I_5 + I_7$$

根据编码器的函数表达式,读者很容易设计自己的编码器电路。

2. 优先编码器原理

实际电路中,不能保证 8 个输入信号中只有一个输入信号为 1,当多个输入信号都为 1 时,将产生编码混乱,为了避免这种情况的发生,需要为输入信号设置优先级,这种编码器称为优先编码器(priority encoder)。对于优先编码器,假设优先级从 I_7 到 I_0 依次降低,则其功能表应如表 3-9 所示。

表 3-9 8-3 线优先编码器的功能表

I_0	I_1	I_2	I_3	I_4	I_5	I_6	I_7	A_2	A_1	A_0
1	0	0	0	0	0	0	0	0	0	0
×	1	0	0	0	0	0	0	0	0	1
×	×	1	0	0	0	0	0	0	1	0
×	×	×	1	0	0	0	0	0	1	1
×	×	×	×	1	0	0	0	1	0	0
×	×	×	×	×	1	0	0	1	0	1
×	×	×	×	×	×	1	0	1	1	0
×	×	×	×	×	×	×	1	1	1	1

功能表定义了对输入信号 I_i 进行编码输出的条件是 I_i 输入有效(为 1),且比 I_i 优先级高的输入信号都无效(为 0),比 I_i 优先级低的输入信号可任意。按照功能表,可以得到编码输出 $A_0 \sim A_2$ 的布尔函数表达式:

$$A_2 = I_4 \overline{I_5}\, \overline{I_6}\, \overline{I_7} + I_5 \overline{I_6}\, \overline{I_7} + I_6 \overline{I_7} + I_7$$

$$A_1 = I_2 \overline{I_3}\, \overline{I_4}\, \overline{I_5}\, \overline{I_6}\, \overline{I_7} + I_3 \overline{I_4}\, \overline{I_5}\, \overline{I_6}\, \overline{I_7} + I_6 \overline{I_7} + I_7$$

$$A_0 = I_1 \overline{I_2}\, \overline{I_3}\, \overline{I_4}\, \overline{I_5}\, \overline{I_6}\, \overline{I_7} + I_3 \overline{I_4}\, \overline{I_5}\, \overline{I_6}\, \overline{I_7} + I_5 \overline{I_6}\, \overline{I_7} + I_7$$

化简后可得

$$A_2 = I_4 + I_5 + I_6 + I_7$$

$$A_1 = I_2 \overline{I_4}\, \overline{I_5} + I_3 \overline{I_4}\, \overline{I_5} + I_6 + I_7$$

$$A_0 = I_1 \overline{I_2}\, \overline{I_4}\, \overline{I_6} + I_3 \overline{I_4}\, \overline{I_6} + I_5 \overline{I_6} + I_7$$

根据编码器的函数表达式,可以很容易地设计编码器电路。

为了方便应用,器件生产厂商提供了常用的编码器集成电路芯片,如 8-3 线优先编码器 74148 和二-十进制优先编码器 74147 等。

3. 8-3 线优先编码器 74148

74148 是一个 8-3 线优先编码器,其引脚排列和原理图符号如图 3-31(a)、图 3-31(b)所示。

74148 与优先编码器基本原理相同,不同之处如下。

(1) 采用了反变量输入输出的逻辑规定,图中输入输出变量上的"‾"只是表示反变量有效,并不表示非运算,这种表示方法在其他集成电路符号中也非常常见。

(2) 增加了反变量有效的使能端。

(3) 增加了反变量有效的扩展输出,用于扩展多于 8 输入的信号编码。

74148 的输入输出端如下。

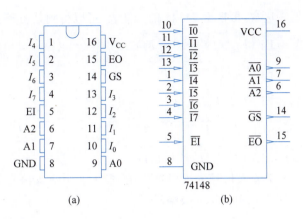

图 3-31　74148 的引脚排列与原理图符号

(a) 引脚排列；(b) 原理图符号

(1) 信号输入端 $\overline{I_0} \sim \overline{I_7}$：采用了反变量输入，即输入低电平有效，为了和非关系区分，命名为 $I'_0 \sim I'_7$；其优先级按照 $I'_0 \sim I'_7$ 的顺序，由低到高排序。

(2) 使能输入端 $\overline{EI}$：低电平有效，命名为 EI'，低电平时进行编码，高电平不编码。

(3) 编码输出 $\overline{A_0} \sim \overline{A_2}$：采用了反变量输出，即输出低电平有效，命名为 $A'_0 \sim A'_2$。

(4) 输出扩展 $\overline{GS}$、$\overline{EO}$：用于更多输入信号编码扩展，命名为 GS'、EO'。

74148 的数据手册中给出的功能表如表 3-10 所示。

表 3-10　8-3 线编码器 74148 的功能表

EI'	I'_0	I'_1	I'_2	I'_3	I'_4	I'_5	I'_6	I'_7	A'_2	A'_1	A'_0	GS'	EO'
H	×	×	×	×	×	×	×	×	H	H	H	H	H
L	H	H	H	H	H	H	H	H	H	H	H	H	L
L	L	H	H	H	H	H	H	H	H	H	H	L	H
L	×	L	H	H	H	H	H	H	H	H	L	L	H
L	×	×	L	H	H	H	H	H	H	L	H	L	H
L	×	×	×	L	H	H	H	H	H	L	L	L	H
L	×	×	×	×	L	H	H	H	L	H	H	L	H
L	×	×	×	×	×	L	H	H	L	H	L	L	H
L	×	×	×	×	×	×	L	H	L	L	H	L	H
L	×	×	×	×	×	×	×	L	L	L	L	L	H

从功能表可以看出，74148 具有如下功能。

(1) 第 1 行，使能端 $EI'=1$，芯片禁止编码，编码输出全高电平，$GS'EO'=11$。

(2) 第 2 行，使能端 $EI'=0$，芯片允许编码，没有有效输入信号，编码输出全高电平；$GS'EO'=10$，允许级联扩展。

(3) 后面所有行，使能端 $EI'=0$，芯片允许编码，$I'_0 \sim I'_7$ 优先级依次升高，编码输出 $A'_0 \sim A'_2$ 有效；$GS'EO'=01$，不允许进行级联扩展。

参考正变量优先编码器表达式,再根据 74148 的功能表,可以得到其逻辑表达式。

$$A'_2 = \overline{\overline{EI'(\overline{I'_4} + \overline{I'_5} + \overline{I'_6} + \overline{I'_7})}}$$

$$A'_1 = \overline{\overline{EI(\overline{I'_2 I'_4 I'_5} + \overline{I'_3 I'_4 I'_5} + \overline{I'_6} + \overline{I'_7})}}$$

$$A'_0 = \overline{\overline{EI'(\overline{I'_1 I'_2 I'_4 I'_6} + \overline{I'_3 I'_4 I'_6} + \overline{I'_5 I'_6} + \overline{I'_7})}}$$

$$GS' = \overline{\overline{EI'(\overline{I'_0} + \overline{I'_1} + \overline{I'_2} + \overline{I'_3} + \overline{I'_4} + \overline{I'_5} + \overline{I'_6} + \overline{I'_7})}}$$

$$EO' = \overline{\overline{EI'(I'_0 I'_1 I'_2 I'_3 I'_4 I'_5 I'_6 I'_7)}}$$

用 74148 容易实现少于 8 个输入信号的编码器应用,多于 8 个输入信号的编码器可以利用 74148 的输出扩展信号 $\overline{GS}$、$\overline{EO}$ 形成更大规模的优先级编码器。

3.4.3 译码器

译码是编码的逆过程,译码器(decoder)是将输入的二进制编码翻译成具有一定含义输出信号的电路,是一类多输入多输出组合逻辑电路器件。译码器的种类很多,但它们的工作原理和分析设计方法大同小异,其中二进制译码器、二-十进制译码器和显示译码器是 3 种最典型、使用最广泛的译码电路。

二进制译码器是将二进制编码翻译成对应的最小项输出信号,因此它是最小项译码电路;二-十进制译码器是将 8421BCD 编码翻译成对应的 10 个十进制信号;显示译码器一般是将二进制编码翻译成特定的字符显示编码,并通过显示器件将二进制信息显示出来。

1. 译码器的基本原理

二进制码译码器,又称最小项译码器,其基本功能是将 n 位二进制编码作为输入,产生 2^n 个最小项的译码输出。最小项译码器广泛应用于计算机电路中,在所有的存储器芯片中都集成了规模庞大的最小项译码器,用于对存储器中的数据单元进行寻址。

3 输入、8 输出的 3-8 线译码器电路模型如图 3-32 所示。

其布尔函数表达式可以表示为

$$Y_0(x_0, x_1, x_2) = m_0$$
$$Y_1(x_0, x_1, x_2) = m_1$$
$$\vdots$$
$$Y_7(x_0, x_1, x_2) = m_7$$

图 3-32 3-8 线译码器模型

译码器电路结构虽然简单,但应用十分广泛,因此器件厂商集成了常用的二进制译码器器件,例如双 2-4 译码器 74139、3-8 线译码器 74138、4-16 线译码器 74154 等。下面以常用的 3-8 线译码器 74138 为例进行讲解。

2. 3-8 线译码器 74138

1) 74138 的基本功能

图 3-33 所示为 74138 的引脚排列和原理图符号。

74138 符合译码器的基本原理,不同之处在于,最小项是反变量输出并带有三个使能输入端。其输入、输出端如下。

(1) C、B、A:二进制编码输入端。

(2) OE1、$\overline{OE2A}$、$\overline{OE2B}$:使能输入端,原变量表示高电平有效,反变量表示低电平有效,为了和非关系区分,命名为 OE_1、OE'_{2A}、OE'_{2B}。

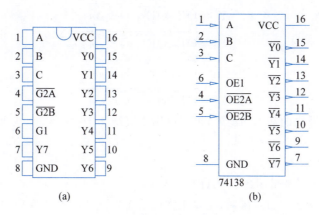

图 3-33 74138 的引脚排列与原理图符号

(a)引脚排列;(b)原理图符号

(3) $\overline{Y0}$~$\overline{Y7}$:最小项输出端,低电平有效,命名为 Y'_0~Y'_7。74138 的功能表如表 3-11 所示。

表 3-11 74138 的功能表

OE_1	OE'_{2A}	OE'_{2B}	C	B	A	Y'_0	Y'_1	Y'_2	Y'_3	Y'_4	Y'_5	Y'_6	Y'_7
L	×	×	×	×	×	H	H	H	H	H	H	H	H
×	H	×	×	×	×	H	H	H	H	H	H	H	H
×	×	H	×	×	×	H	H	H	H	H	H	H	H
H	L	L	L	L	L	L	H	H	H	H	H	H	H
H	L	L	L	L	H	H	L	H	H	H	H	H	H
H	L	L	L	H	L	H	H	L	H	H	H	H	H
H	L	L	L	H	H	H	H	H	L	H	H	H	H
H	L	L	H	L	L	H	H	H	H	L	H	H	H
H	L	L	H	L	H	H	H	H	H	H	L	H	H
H	L	L	H	H	L	H	H	H	H	H	H	L	H
H	L	L	H	H	H	H	H	H	H	H	H	H	L

从功能表可以看出,74138 具有如下功能。

(1) 第 1 行,使能端 $OE_1=0$,无论输入如何,译码输出无效。

(2) 第 2、3 行,OE'_{2A} 或 $OE'_{2B}=1$,无论输入如何,译码输出无效。

(3) 后面所有行,$OE_1 OE'_{2A} OE'_{2B}=100$,译码输出 Y'_0~Y'_7 有效,产生 CBA 对应的最小项反变量输出,输出函数表达式为

$$Y'_7 = \overline{OE_1 \, \overline{OE'_{2A}} \, \overline{OE'_{2B}} m_7}$$
$$Y'_6 = \overline{OE_1 \, \overline{OE'_{2A}} \, \overline{OE'_{2B}} m_6}$$
$$Y'_5 = \overline{OE_1 \, \overline{OE'_{2A}} \, \overline{OE'_{2B}} m_5}$$
$$Y'_4 = \overline{OE_1 \, \overline{OE'_{2A}} \, \overline{OE'_{2B}} m_4}$$

$$Y'_3 = \overline{OE_1} \ \overline{OE'_{2A}} \ \overline{OE'_{2B}} m_3$$

$$Y'_2 = \overline{OE_1} \ \overline{OE'_{2A}} \ \overline{OE'_{2B}} m_2$$

$$Y'_1 = \overline{OE_1} \ \overline{OE'_{2A}} \ \overline{OE'_{2B}} m_1$$

$$Y'_0 = \overline{OE_1} \ \overline{OE'_{2A}} \ \overline{OE'_{2B}} m_0$$

74138 除了 3-8 线译码的基本功能外,也可以用于实现 4-16 线、5-32 线等的扩展译码,还可以用于实现布尔函数。

2) 用 74138 实现布尔函数

例 3-6 用 74138 实现逻辑函数 $Y = AB\overline{C} + ACD$。

解:用集成逻辑电路实现布尔函数,主要工作就是布尔函数的形式变换,将要实现的布尔函数变换为目标器件的函数表达式形式。74138 实质上是输入变量的最小项生成电路,只不过是反变量输出且增加了使能条件,因此要想办法将布尔函数变形为最小项表达式,且最小项要用反变量表示。

在函数 $Y = AB\overline{C} + ACD$ 中有 4 个自变量,因此需要选择其中之一作为使能信号,剩余 3 个变量作为编码输入。由于表达式中变量 A 在 2 个积项中都存在,因此将变量 A 作为使能信号,将变量 B、C、D 作为二进制编码输入。函数表达式可变形为

$$Y(A,B,C,D) = AB\overline{C} + ACD = A(B\overline{C} + CD) = A(B\overline{C}\overline{D} + B\overline{C}D + \overline{B}CD + BCD)$$

将 B、C、D 作为自变量输入的最小项表达式为

$$Y(A,B,C,D) = A(m_3 + m_4 + m_5 + m_7) = A(\overline{\overline{m_3} \ \overline{m_4} \ \overline{m_5} \ \overline{m_7}})$$

其中,$\overline{m_3}$ 对应于 74138 的 $\overline{Y_3}$,$\overline{m_4}$ 对应于 $\overline{Y_4}$,$\overline{m_5}$ 对应于 $\overline{Y_5}$,$\overline{m_7}$ 对应于 $\overline{Y_7}$。因此,函数可写成 $Y(A,B,C,D) = A(\overline{\overline{Y_3} \ \overline{Y_4} \ \overline{Y_5} \ \overline{Y_7}})$。

当 A 为 1 时,74138 正常译码,函数的输出即为其译码输出 $\overline{Y_3}$、$\overline{Y_4}$、$\overline{Y_5}$、$\overline{Y_7}$ 的与非。将函数的自变量 B、C、D 分别接入 74138 的输入端 A、B、C,函数自变量 A 接入 74138 的使能端 OE_1,并且 OE'_{2A}、OE'_{2B} 均接低电平;将 74138 的译码输出 $\overline{Y_3}$、$\overline{Y_4}$、$\overline{Y_5}$、$\overline{Y_7}$ 接入 1 个 4 输入与非门 7420,其输出即为要实现的函数 $Y = AB\overline{C} + ACD$,电路如图 3-34 所示。

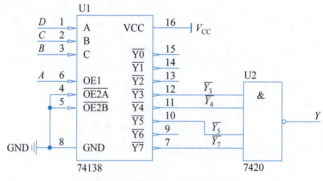

图 3-34 例 3-6 的电路图

3.4.4 数据选择器

数据选择器又称多路选择器(multiplexer,MUX)或多路开关,其基本逻辑功能是:在 n 个选择输入信号的控制下,从 2^n 个输入的数据信号中选择其一送到电路输出。这种功能也特别适合于实现布尔

函数,因此在现代大规模可编程逻辑器件(如 FPGA)中也大量地集成了各种 MUX,用于实现可编程的布尔函数。

1. 数据选择器的基本原理

4 选 1 数据选择器电路模型如图 3-35 所示,其逻辑功能是,在两个选择输入信号 A、B 的控制下,从 C_0、C_1、C_2、C_3 这 4 个输入的数据信号中选择其一送到电路输出 Y。

其布尔函数表达式可以表示为

$$Y = m_0 C_0 + m_1 C_1 + m_2 C_2 + m_3 C_3$$

其中,$m_0 \sim m_3$ 是以 B、A 作为自变量构成的最小项,$C_0 \sim C_3$ 是输入数据。该表达式描述了如下功能:当 $BA=00$ 时,$Y=C_0$;当 $BA=01$ 时,$Y=C_1$;当 $BA=10$ 时,$Y=C_2$;当 $BA=11$ 时,$Y=C_3$。

常用的数据选择器有 4 选 1 数据选择器 74153、8 选 1 数据选择器 74151 等。下面以 4 选 1 数据选择器 74153 为例进行讲解。

2. 4 选 1 数据选择器 74153

4 选 1 数据选择器 74153 的引脚排列和原理图符号如图 3-36(a)、图 3-36(b)所示。

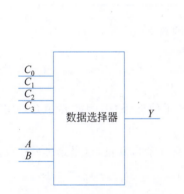

图 3-35 4 选 1 数据选择器模型

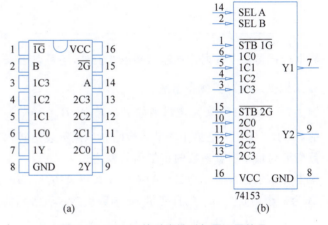

图 3-36 74153 的引脚排列与原理图符号
(a)引脚排列;(b)原理图符号

74153 符合上述数据选择器的基本原理,不同之处如下。
(1) 1 片 74153 中封装了 2 个完全一样的 4 选 1 数据选择器。
(2) 每个数据选择器带有 1 个使能输入端。
(3) 数据选择输入端为 2 个数据选择器共用。

每个数据选择器输入、输出如下。
(1) 数据输入 $C_0 \sim C_3$:4 个数据输入端。
(2) 选择输入 B、A:数据选择输入端,为 2 个数据选择器共用。
(3) 使能输入 $\overline{STB}(\overline{G})$:数据选择使能端 $STB'(G')$,低电平有效。
(4) 数据输出 Y:选择数据输出端。

74153 的功能表如表 3-12 所示。

从功能表可以看出,74153 每个数据选择器具有如下功能。
(1) 第 1 行,$\overline{STB}(G')=1$ 时,器件不能正常实现数据分配功能,输出 $Y=0$。
(2) 后面所有行,$\overline{STB}(G')=0$ 时,器件正常实现数据分配功能,将 BA 编码对应的输入数据送到输

出端 Y。B、A 的编码构成了 2 变量函数的最小项 $m_0 \sim m_3$,输出函数表达式可以表示为

$$Y = \overline{G'}(C_0 m_0 + C_1 m_1 + C_2 m_2 + C_3 m_3)$$

即也就是当使能输入 $G'=0$ 时,若选择输入 BA 分别为 00、01、10、11,则相应地把 C_0、C_1、C_2、C_3 送到数据输出端 Y;当 $G'=1$ 时,Y 恒为 0。

表 3-12 74153 中每个数据选择器的功能表

G'	B	A	C_0	C_1	C_2	C_3	Y
H	×	×	×	×	×	×	L
L	L	L	L	×	×	×	L
L	L	L	H	×	×	×	H
L	L	H	×	L	×	×	L
L	L	H	×	H	×	×	H
L	H	L	×	×	L	×	L
L	H	L	×	×	H	×	H
L	H	H	×	×	×	L	L
L	H	H	×	×	×	H	H

数据选择器除了数据选择输出基本功能外,还可以用来实现逻辑函数。

3. 用数据选择器实现布尔函数

例 3-7 用 74153 实现逻辑函数 $Z = F(A,B,C) = \sum m(1,3,5,6)$。

解:74153 实质上是最小项带系数的布尔函数表达式,只不过增加了使能条件,因此要想办法将布尔函数变形为最小项带系数的布尔函数表达式。

首先将布尔函数展开为 $Z = \overline{A}\overline{B}C + \overline{A}BC + A\overline{B}\overline{C} + AB\overline{C}$。该函数有 3 个自变量,这里选择两个变量 B、C 作为最小项 $m_0 \sim m_3$ 的自变量,则函数表达式可表示为

$$Z = \overline{A}m_1 + \overline{A}m_3 + Am_1 + Am_2 = 0 \cdot m_0 + 1 \cdot m_1 + A \cdot m_2 + \overline{A} \cdot m_3$$

对应于 74153 的函数表达式 $Y = \overline{G'}(C_0 m_0 + C_1 m_1 + C_2 m_2 + C_3 m_3)$,$G'=0$,$C_0=0$,$C_1=1$,$C_2=A$,$C_3=\overline{A}$。将 74153 的 B、A 编码输入接布尔函数自变量 B、C,则该电路实现了布尔函数 $Z = F(A,B,C) = \sum m(1,3,5,6)$ 的功能。电路如图 3-37 所示。

3.4.5 数据分配器

数据分配器又称多路分配器(demultiplexer,DeMUX),从逻辑功能看,与数据选择器恰恰相反,数据分配器只有 1 个数据输入端,但有 2^n 个数据输出端,根据 n 个选择输入信号的不同组合,把输入数据送到 2^n 个数据输出端的其中某一个。

若 $n=3$,则有 3 个选择输入信号,8 个数据输出端,其功能是根据选择输入信号的编码,将输入数据分配到对应的输出端,这就是 1 路-8 路数据分配器。74138 既可以作为译码器使用,也可以作为 1 路-8 路数据分配器使用。74138 的函数表达式可以表示为

$$Y'_7 = \overline{OE_1 \ \overline{OE'_{2A}} \ \overline{OE'_{2B}} m_7}$$

$$Y'_6 = \overline{OE_1 \ \overline{OE'_{2A}} \ \overline{OE'_{2B}} m_6}$$

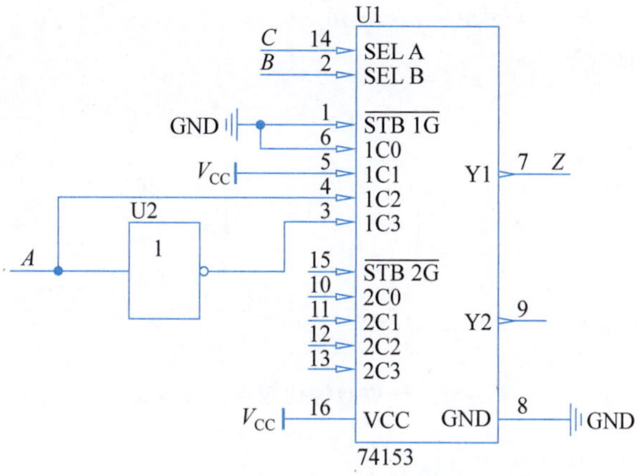

图 3-37 例 3-7 的电路图

$$Y'_5 = \overline{OE_1} \ \overline{OE'_{2A}} \ \overline{OE'_{2B}} m_5$$

$$Y'_4 = \overline{OE_1} \ \overline{OE'_{2A}} \ \overline{OE'_{2B}} m_4$$

$$Y'_3 = \overline{OE_1} \ \overline{OE'_{2A}} \ \overline{OE'_{2B}} m_3$$

$$Y'_2 = \overline{OE_1} \ \overline{OE'_{2A}} \ \overline{OE'_{2B}} m_2$$

$$Y'_1 = \overline{OE_1} \ \overline{OE'_{2A}} \ \overline{OE'_{2B}} m_1$$

$$Y'_0 = \overline{OE_1} \ \overline{OE'_{2A}} \ \overline{OE'_{2B}} m_0$$

将其编码输入 ABC 作为选择输入信号,则其使能端 OE_1、$\overline{OE'_{2A}}$、$\overline{OE'_{2B}}$ 可以选择其一作为数据输入端,其他两个使能端作为数据分配器的使能端使用;其输出 $Y'_0 \sim Y'_7$ 可以作为 8 路数据分配端。

3.4.6 数值比较器

数字系统中,用来比较两个数的数值大小的电路,称为数值比较器(digital comparator)。数值比较器的功能就是比较两个二进制数 A、B 的大小,产生大于、等于、小于的比较结果。

1. 1 位数值比较器

这种数值比较器的功能是比较两个二进制数 a、b 的大小,产生大于、等于、小于的结果。真值表如表 3-13 所示。

表 3-13　1 位数值比较器的真值表

a	b	$F_{a>b}$	$F_{a=b}$	$F_{a<b}$
0	0	0	1	0
0	1	0	0	1
1	0	1	0	0
1	1	0	1	0

可以直接写出函数表达式:

$$F_{a>b} = a\bar{b} = a \ \overline{ab}$$

$$F_{a<b} = \bar{a}b = b \ \overline{ab}$$

$$F_{a=b} = \bar{a}\bar{b} + ab = \overline{a\bar{b} + \bar{a}b} = \overline{F_{a>b} + F_{a<b}}$$

门电路实现如图 3-38 所示。

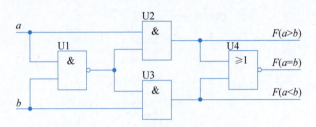

图 3-38 一位数值比较器的原理图

2. 带级联的 4 位二进制数值比较器 7485

7485 的引脚排列和原理图符号如图 3-39(a)、图 3-39(b) 所示。

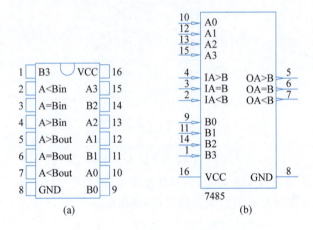

图 3-39 7485 的封装和原理图符号

(a) 引脚排列；(b) 原理图符号

7485 可以实现两个多位二进制数 A、B 的比较。7485 首先比较两个二进制数的最高 4 位 $A_3 \sim A_0$ 和 $B_3 \sim B_0$，如果不相等，则该 4 位的比较结果就可作为 A、B 两数的比较结果输出；否则，将低位比较结果作为 A、B 两数的比较结果输出。

7485 的输入输出信号定义如下。

(1) 4 位比较数据输入 $A_3 \sim A_0$、$B_3 \sim B_0$：参加比较的两个二进制数的最高 4 位数值。

(2) 级联输入 $I_{A>B}$、$I_{A=B}$、$I_{A<B}$：用于参加比较的两个二进制数的低位数值比较结果的输入。

(3) 比较结果输出 $O_{A>B}$、$O_{A=B}$、$O_{A<B}$：用于 A、B 比较结果的输出。

7485 的功能表如表 3-14 所示。

表 3-14 7485 的功能表

4 位数值输入				低位级联输入			输出		
A_3,B_3	A_2,B_2	A_1,B_1	A_0,B_0	$I_{A>B}$	$I_{A<B}$	$I_{A=B}$	$O_{A>B}$	$O_{A<B}$	$O_{A=B}$
$A_3 > B_3$	×	×	×	×	×	×	H	L	L
$A_3 < B_3$	×	×	×	×	×	×	L	H	L
$A_3 = B_3$	$A_2 > B_2$	×	×	×	×	×	H	L	L

续表

4位数值输入				低位级联输入			输 出		
$A_3 、 B_3$	$A_2 、 B_2$	$A_1 、 B_1$	$A_0 、 B_0$	$I_{A>B}$	$I_{A<B}$	$I_{A=B}$	$O_{A>B}$	$O_{A=B}$	$O_{A<B}$
$A_3=B_3$	$A_2<B_2$	×	×	×	×	×	L	H	L
$A_3=B_3$	$A_2=B_2$	$A_1>B_1$	×	×	×	×	H	L	L
$A_3=B_3$	$A_2=B_2$	$A_1<B_1$	×	×	×	×	L	H	L
$A_3=B_3$	$A_2=B_2$	$A_1=B_1$	$A_0>B_0$	×	×	×	H	L	L
$A_3=B_3$	$A_2=B_2$	$A_1=B_1$	$A_0<B_0$	×	×	×	L	H	L
$A_3=B_3$	$A_2=B_2$	$A_1=B_1$	$A_0=B_0$	H	L	L	H	L	L
$A_3=B_3$	$A_2=B_2$	$A_1=B_1$	$A_0=B_0$	L	H	L	L	H	L
$A_3=B_3$	$A_2=B_2$	$A_1=B_1$	$A_0=B_0$	×	×	H	L	L	H
$A_3=B_3$	$A_2=B_2$	$A_1=B_1$	$A_0=B_0$	H	H	L	L	L	L
$A_3=B_3$	$A_2=B_2$	$A_1=B_1$	$A_0=B_0$	L	L	L	H	H	L

根据功能表可以概括出 7485 的逻辑功能如下。

(1) 若输入 $A_3A_2A_1A_0 > B_3B_2B_1B_0$，则输出 $O_{A>B}$ 为 1，$O_{A=B}$、$O_{A<B}$ 都为 0。

(2) 若输入 $A_3A_2A_1A_0 < B_3B_2B_1B_0$，则输出 $O_{A<B}$ 为 1，$O_{A>B}$、$O_{A=B}$ 都为 0。

(3) 若输入 $A_3A_2A_1A_0 = B_3B_2B_1B_0$，则输出 $O_{A>B}$、$O_{A=B}$、$O_{A<B}$ 取决于 3 个级联输入 $I_{A>B}$、$I_{A=B}$、$I_{A<B}$。

① 若级联输入 $I_{A=B}$ 为 1，则输出 $O_{A=B}$ 端为 1，$O_{A>B}$、$O_{A<B}$ 端都为 0。

② 若级联输入 $I_{A>B}$ 为 1，$I_{A=B}$、$I_{A<B}$ 都是 0，则输出 $O_{A>B}$ 为 1，$O_{A=B}$、$O_{A<B}$ 都为 0。

③ 若级联输入 $I_{A<B}$ 为 1，$I_{A>B}$、$I_{A=B}$ 都是 0，则输出 $O_{A<B}$ 为 1，$O_{A>B}$、$O_{A=B}$ 都为 0。

④ 若级联输入 $I_{A>B}$、$I_{A<B}$ 都为 1，$I_{A=B}$ 是 0，则输出 $O_{A>B}$、$O_{A=B}$、$O_{A<B}$ 都为 0。

⑤ 若级联输入 $I_{A>B}$、$I_{A=B}$、$I_{A<B}$ 都是 0，则输出 $O_{A>B}$、$O_{A<B}$ 都为 1，$O_{A=B}$ 为 0。

3. 数值比较器的应用

例 3-8　用 7485 比较两个 16 位二进制数 $W(w_{15}\cdots w_0)$ 和 $V(v_{15}\cdots v_0)$ 的大小。

解：串联比较电路图如图 3-40 所示。

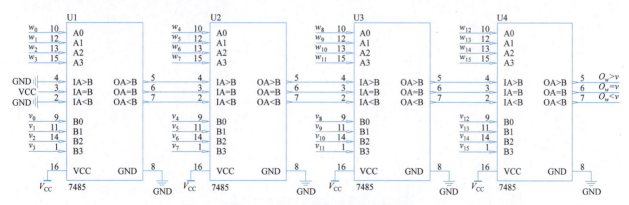

图 3-40　例 3-8 的串联比较电路图

U1、U2、U3、U4 分别比较 W 和 V 的 0～3、4～7、8～11、12～15 位数值。

当 $w_{12} \sim w_{15}$ 与 $v_{12} \sim v_{15}$ 输入的数值不等时,无须比较低位,U4 的比较结果即为 W、V 的比较结果;当 $w_{12} \sim w_{15}$、$v_{12} \sim v_{15}$ 输入的数值相等时,W、V 的比较结果取决于低位 $w_8 \sim w_{11}$、$v_8 \sim v_{11}$ 的比较结果;以此类推。

当位数较多,且要满足一定的速度要求时,由于这种串联方式比较电路需要的传递时间较长,可以采用并联比较方式,读者可以查阅相关书籍或自行设计 7485 的并联比较电路。

3.5 组合逻辑电路的竞争与险象

前面章节讨论组合逻辑电路时,只研究了输入和输出稳定状态之间的关系,没有考虑信号传输中的时延问题。实际上,信号经过任何逻辑门和导线都会产生时间延迟,这就使得当电路所有输入达到稳定状态时,输出并不是立即达到稳定状态。

在实际逻辑电路中,信号经过同一电路中的不同路径所产生的时延一般来说是各不相同的。各路径上延迟时间的长短与信号经过的门的级数有关,与具体逻辑门的时延大小有关,还与导线的长短有关。因此,输入信号经过不同路径到达输出端的时间也有先有后,这种现象称为竞争现象。电路中竞争现象的存在,使得输入信号的变化可能引起输出信号出现非预期的错误,这一现象称为险象。

并不是所有的竞争都会产生错误输出。有竞争的地方不一定会出现险象,而险象一定是竞争的结果。通常,把不产生错误输出的竞争称为非临界竞争,而导致错误输出的竞争称为临界竞争。

险象对于组合逻辑电路,或者同步时序逻辑电路,一般不会产生太大的影响。但对于异步时序电路,险象则会使系统产生错误的或不可预知的结果。为了使电路系统可靠地工作,设计者应当设法消除或避免电路中可能出现的险象。

3.5.1 组合险象

1. 险象的产生

组合电路中的险象是一种瞬态现象,表现为在输出端产生不应有的尖脉冲,暂时地破坏正常逻辑关系。一旦瞬态过程结束,即可恢复正常逻辑关系。下面举例说明这一现象。

图 3-41 所示为由与非门构成的发生组合险象的组合逻辑电路。

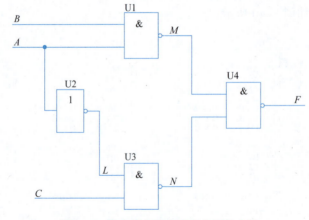

图 3-41 发生组合险象的组合逻辑电路

输出函数表达式为

$$F=\overline{\overline{AB}\,\overline{AC}}$$

假设输入变量 $B=C=1$，代入该函数表达式可得 $F=A+\overline{A}$。由互补律可知，无论 A 怎样变化，该函数表达式 F 的值应恒为 1，即当 $B=C=1$ 时，不论 A 是 0 还是 1，输出 F 的值都应保持 1 不变。然而，这是在理想状态下得出的结论。当考虑电路存在时间延迟时，电路会出现险象。假定每个门的延迟时间为 t_{pd}，则可用图 3-42 所示时序图来说明险象的产生。时序图中存在两处竞争，分别在 A 由低电平变到高电平的 1 处和 A 由高电平变到低电平的 2 处。

在①处，输入信号 A 由低电平变为高电平，延迟一个 t_{pd} 时间后，非门 U2 的输出 L 由高电平变为低电平，同时与非门 U1 的输出 M 也由高电平变为低电平。再经过一个 t_{pd} 延迟后，与非门 U3 的输出 N 才能由低电平变为高电平。最后到达与非门 U4 输入端的是由同一个 A 信号经不同路径传输而得到的两个信号 M 和 N，这时的 M 和 N 变化方向相反，并有一个 t_{pd} 的时差。显然，这里（图 3-42 中①处）存在一次竞争。但因 U4 是一个与非门，M 和 N 竞争的结果，使 U4 的输出保持为高电平，没有出现尖脉冲，即这里没有产生险象。所以，这次竞争是一次非临界竞争。

在②处，当 A 由高电平变为低电平时，M 和 N 也会在 U4 上产生竞争，且 M 和 N 在一个 t_{pd} 的时间内同时为高电平，则输出 F 上必然会出现一个负跳变的尖脉冲（如图 3-42 中②处所示）。也就是说，这次竞争的结果产生了险象，是一次临界竞争。

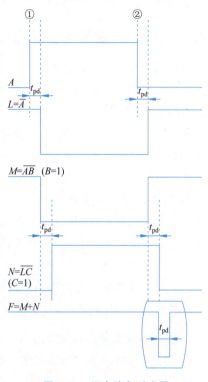

图 3-42　组合险象时序图

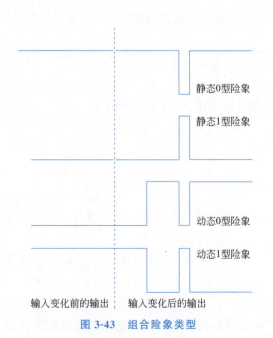

图 3-43　组合险象类型

2. 险象的分类

1) 静态险象和动态险象

险象都是由于输入发生变化而产生的，输入不变，不会产生险象。如果在输入变化而输出不应发生变化的情况下，输出端产生了险象，这种险象称为静态险象。如果在输入变化而输出应该发生变化的情况下，输出产生了险象，这种险象为称动态险象。上例中 F 本应保持 1 不变，但出现了险象，因此属于静态险象。

2) "0"型险象和"1"型险象

险象为负脉冲称为"0"型险象，反之称为"1"型险象。上例的险象属于"0"型险象。

3) 险象的 4 种类型

无论静态险象或动态险象，均可分为"0"型险象和"1"型险象，因此，险象的类型可以有以下四种：静态"0"型险象、静态"1"型险象、动态"0"型险象及动态"1"型险象，图 3-43 给出了这 4 种险象的典型波形，图中以虚线为界表示输入变化前后的输出。

值得指出的是,组合电路中的动态险象一般都是由静态险象引起的。因此,如果消除了电路中的静态险象也就消除了动态险象。

3.5.2 组合险象的发现和消除

当布尔函数表达式在其他输入变量取某种取值组合后,剩余的表达式只包含某一个变量的原变量和反变量(如 $F=A+\overline{A}$、$F=A\overline{A}$)时,由于反相器电路存在延迟,$\overline{A}$ 的输出比 A 信号晚到一个反相器的延迟时间,这就会导致在输出 F 信号上产生险象。

因此,判断一个函数表达式是否存在险象,主要取决于函数在其他输入变量取各种取值组合时,是否可以变换为 $F=A+\overline{A}$、$F=A\overline{A}$ 的形式。如果是则存在险象,否则不存在险象。

消除组合险象的方法有很多,最常用的方法就是增加冗余项。在保持原函数逻辑关系不变的基础上,增加冗余项以消除组合险象。对于 $F=A+\overline{A}$ 的形式,增加冗余项使函数变为 $F=A+\overline{A}+$(冗余积项)的形式,则当出现 0 型险象时,由冗余积项保证函数值一直为 1;对于 $F=A\overline{A}$ 的形式,增加冗余项使函数变为 $F=A\overline{A}$(冗余和项)的形式,则当出现 1 型险象时,由冗余和项保证函数值一直保持为 0,从而消除可能产生的险象。

判断一个电路是否可能产生险象的方法有代数法和卡诺图法,消除险象的方法同样也可以用代数法和卡诺图法。相比较而言,代数法过于烦琐,而卡诺图法更加快捷直观。

1. 代数法发现和消除组合险象

代数法从函数表达式的结构来发现是否存在组合险象。函数表达式存在险象的条件如下。

(1) 存在某个变量的原变量和反变量。

(2) 使其他输入变量取某种取值组合时,函数可以变换为 $F=A+\overline{A}$ 或 $F=A\overline{A}$ 的形式。

代数法消除组合险象,就是针对电路可能发生险象时的其他变量取值条件,在函数中增加对应的冗余积项或和项,使函数值保持其应有的逻辑值。

例 3-9 已知逻辑函数表达式为 $F=\overline{A}\overline{C}+\overline{A}B+AC$,试判断其对应的逻辑电路是否可能产生险象,如可能产生则消除之。

解:这是一个 3 变量函数,自变量为 A、B、C,变量 A 和 C 均存在原变量和反变量,所以,应对这两个变量分别进行分析。

先考察变量 A,将 B 和 C 的各种取值组合分别代入函数表达式中,可得到如下结果。

$BC=00$ 时,$F=\overline{A}$。

$BC=01$ 时,$F=A$。

$BC=10$ 时,$F=\overline{A}$。

$BC=11$ 时,$F=\overline{A}+A$。

当 $BC=11$ 时,A 的变化可能使电路产生险象,消除险象的方法就是在函数表达式中增加冗余积项 BC,以保证函数在 $BC=11$ 时,F 一直保持 1。

类似地,将 A 和 B 的各种取值组合分别代入函数表达式中,可由代入结果判断出变量 C 发生变化时不会产生险象。

因此,消除险象后的函数表达式为 $F=\overline{A}\overline{C}+\overline{A}B+AC+BC$。

例 3-10 函数表达式为 $F=(A+B)(\overline{A}+C)(\overline{B}+C)$,试判断其对应的逻辑电路是否可能产生险

象,如可能产生则消除之。

解:从给出的函数表达式可以看出,变量 A 和 B 均具备竞争条件。先考虑变量 B,将 A 和 C 的各种取值组合分别代入函数表达式中,结果如下:

$AC=00$ 时,$F=B\bar{B}$;
$AC=01$ 时,$F=B$;
$AC=10$ 时,$F=0$;
$AC=11$ 时,$F=1$。

当 $AC=00$ 时,B 的变化可能使电路输出产生险象,消除险象的方法就是在函数表达式中增加冗余和项 $(A+C)$,以保证函数在 $AC=00$ 时,F 一直保持 0。

用同样的方法考察 A,可发现当 $BC=00$ 时,A、B 的变化也可能使电路输出产生险象,需要在函数表达式中增加冗余和项 $(B+C)$,以保证函数在 $BC=00$ 时,F 一直保持 0。

因此,消除险象后的函数表达式为 $F=(A+B)(\bar{A}+C)(\bar{B}+C)(A+C)(B+C)$。

2. 卡诺图法发现和消除组合险象

在卡诺图上,只要发现卡诺圈"相切"的现象,必然存在组合险象。卡诺圈"相切"实际上是两个相邻的最小项分别被两个卡诺圈包含,两个相邻的最小项必然存在一个互反的变量。两个"相切"的卡诺圈,其函数表达式在特定条件下必然会产生 $F=A+\bar{A}$ 的形式。

在卡诺图中,消除险象的方法是增加一个冗余的卡诺圈,将两个"相切"的卡诺圈用最大的冗余卡诺圈相连,以保证函数值在这两个卡诺圈之间变化时,函数值一直保持为 1。

例 3-11 函数表达式为 $F=\bar{A}D+\bar{A}C+AB\bar{C}$,试判断其对应的电路是否可能产生险象,如可能产生则消除之。

解:画出给定函数的卡诺图如图 3-44 所示。

观察该卡诺图可发现,积项 $\bar{A}D$ 的卡诺圈与积项 $AB\bar{C}$ 的卡诺圈"相切",存在相邻最小项 m_5 和 m_{13},这说明对应电路存在险象。消除险象的方法就是增加积项 $B\bar{C}D$ 对应的卡诺圈,如图 3-44 中粗线圈所示。消除险象后的函数表达式为 $F=\bar{A}D+\bar{A}C+AB\bar{C}+B\bar{C}D$。

例 3-12 函数表达式为 $F=(A+B)(\bar{A}+C)(\bar{B}+C)$,试判断其对应的电路中是否可能产生险象,如可能产生则消除之。

解:或与式无法直接用卡诺图表示,但其反函数是与或式,可以直接在卡诺图上表示。

分析发现,一个函数的反函数对应的电路,只是在原电路输出端加了一个非门,它不会影响原函数的竞争与险象的特性,如果原函数存在险象,其反函数只不过将该险象反相后经过一级门延迟输出,所以,反函数存在险象,其原函数必然存在险象。

对题中函数表达式取非,得到其反函数 $\bar{F}=\bar{A}\bar{B}+A\bar{C}+B\bar{C}$,画出反函数的卡诺图,并画出函数表达式中各与项对应的卡诺圈,如图 3-45 所示。

观察该卡诺图可发现,积项 $\bar{A}\bar{B}$ 的卡诺圈与积项 $B\bar{C}$ 的卡诺圈"相切",积项 $\bar{A}\bar{B}$ 的卡诺圈与积项 $A\bar{C}$ 的卡诺圈也"相切"。这说明相应电路有两处($BC=00$ 和 $AC=00$ 时),可能产生险象。

消除险象的方法就是增加积项 $\bar{A}\bar{C}$ 对应的卡诺圈和积项 $\bar{B}\bar{C}$ 对应的卡诺圈,如图 3-45 中粗线圈所示。反函数表达式为 $\bar{F}=\bar{A}\bar{B}+A\bar{C}+B\bar{C}+\bar{A}\bar{C}+\bar{B}\bar{C}$。

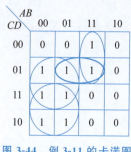
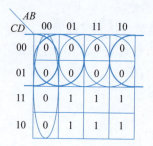

图 3-44　例 3-11 的卡诺图　　　　图 3-45　例 3-12 反函数的卡诺图

消除险象后的原函数为 $F=(A+B)(\overline{A}+C)(\overline{B}+C)(A+C)(B+C)$，与上面代数法的结果相同。

3. 增加惯性延时环节消除险象

在实际电路中，用来消除险象的另一种方法是在组合电路输出端增加一个惯性延时环节。通常采用 RC 电路作为惯性延时环节，如图 3-46(a)所示。由电路知识可知，RC 电路实际上是一个低通滤波器，它可以消除信号中的一些较大的尖峰和毛刺，包括组合险象产生的 0、1 尖峰信号。

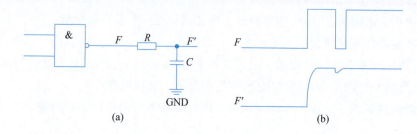

图 3-46　惯性环节消除险象
(a)惯性延时环节电路；(b)消除险象效果

一般情况下，组合逻辑电路的正常工作频率比险象产生的尖脉冲信号频率低，因此选择合适的惯性环节时间常数($\tau=RC$)，能够在保证正常逻辑信号的前提下基本滤除险象产生的尖脉冲，即使保留了一些幅度极小的毛刺，也不会对电路的可靠性产生影响。图 3-46(b)表明了这种方法的效果。

3.6　用 VHDL 描述组合逻辑电路

进程并发语句(process)是描述 VHDL 并行电路模块的基本语句，描述组合逻辑电路的 VHDL 模块称为组合逻辑进程。由于组合逻辑电路任意时刻的输出仅仅取决于该时刻的输入，与该时刻以前电路的输入和输出无关，因此组合逻辑进程应具有如下特点。

(1) 所有输入信号必须包含在进程的敏感信号列表中。

(2) 进程的所有输出信号必须在每次执行进程时赋值一次。

3.6.1　用 VHDL 描述组合逻辑电路的基本方法

组合逻辑进程可以有以下几种描述形式。

(1) 直接信号赋值语句：F<＝函数表达式。它与进程在功能上是等价的。例如：F<＝a OR b。

(2) 选择信号赋值语句：with…select…when。它提供了函数真值表的描述能力。例如：

```
ab<=a&b;
with ab select
    F<='0'  when "00",
       '1'  when "01",
       '1'  when "10",
       '1'  when "11",
       '1'  when others;
```

等价于

```
process(a,b)
begin
ab<=a&b;
case ab is
    when "00"   F<='0';
    when "01"   F<='1';
    when "10"   F<='1';
    when "11"   F<='1';
    when others F<='1';
end process;
```

上例中，with…select…when 与 case…is…when 不同，后者是顺序语句，只能用于进程内部实现选择赋值。此外，选择信号赋值语句必须给出所有情况的描述，否则可能在电路综合时出现错误。

（3）条件信号赋值语句：F<=… when…else。它也提供了函数真值表的描述能力。注意，它与选择赋值语句的不同是各个条件之间有优先级的区别。在所有条件中，首先出现的优先级最高，其他条件优先级逐步降低。例如：

```
ab<=a&b;
F<='0'  when ab ="00" else
   '1'  when ab ="01" else
   '1'  when ab ="10" else
   '1'  when ab ="11" else
   '1'  ;
```

因此，条件信号赋值语句特别适合于描述带有优先级的组合逻辑电路。

（4）进程语句。对于比较复杂的组合逻辑电路，需要使用进程语句进行描述。在进程中可以用顺序赋值语句<=、IF 语句、case…is…when 语句描述组合逻辑电路。

3.6.2 用 VHDL 描述组合逻辑电路举例

1. 组合逻辑电路的行为描述

例 3-13 用 VHDL 描述 8421BCD 编码转换为七段数码管编码的码制转换电路。

解：七段数码管编码转换电路输入信号为 8421BCD 编码 $B_8B_4B_2B_1$，输出为七段编码 $a\sim g$。因此该电路的实体可进行如下描述：

```
library IEEE;
use IEEE.STD_LOGIC_1164.ALL;
entity BCDto7Seg is
    Port ( B8B4B2B1 : in STD_LOGIC_VECTOR(3 downto 0);
           SEG7 : out STD_LOGIC_VECTOR(6 downto 0));--abcdefg
end BCDto7Seg;
```

七段数码管编码规则如表 3-4 所示。这是一个多输出组合逻辑电路,可以采用行为描述法对其真值表直接进行描述:

```
architecture Behavioral of BCDto7Seg is
begin
    WITH B8B4B2B1 SELECT
    SEG7<="1111110"   WHEN   "0000",      --0
          "0110000"   WHEN   "0001",      --1
          "1101101"   WHEN   "0010",      --2
          "1111001"   WHEN   "0011",      --3
          "0110011"   WHEN   "0100",      --4
          "1011011"   WHEN   "0101",      --5
          "1001111"   WHEN   "0110",      --6
          "1110000"   WHEN   "0111",      --7
          "1111111"   WHEN   "1000",      --8
          "1110011"   WHEN   "1001",      --9
          "XXXXXXX"   WHEN   OTHERS;
end Behavioral;
```

例 3-14 设计 8-3 线优先编码器电路,编码输入信号为 $I_7 \sim I_0$,优先级从 $I_7 \sim I_0$ 逐步降低,输出为输入信号的下标编码,用 VHDL 描述该电路。

解:8-3 线优先编码器的外部模型如图 3-30 所示。电路有 8 个输入:$I_7 \sim I_0$,3 个编码输出:$A_2 \sim A_0$。由于 $I_7 \sim I_0$ 有优先级,因此要根据优先级顺序对它们进行编码,优先级高的先编码,优先级低的后编码。该电路的 VHDL 行为描述如下:

```
library IEEE;
use IEEE.STD_LOGIC_1164.ALL;
entity Coder83 is
    Port ( I0,I1,I2,I3,I4,I5,I6,I7 : in STD_LOGIC;
         A : out STD_LOGIC_VECTOR (2 downto 0));
end Coder83;
architecture Behavioral of Coder83 is
begin
    A<="111" when I7='1' else
       "110" when I6='1' else
       "101" when I5='1' else
       "100" when I4='1' else
       "011" when I3='1' else
       "010" when I2='1' else
       "001" when I1='1' else
       "000" when I0='1' else
       "XXX" ;
end Behavioral;
```

2. 组合逻辑电路的数据流描述

例 3-15 用 VHDL 的数据流法描述半加器电路。

解:半加器电路有两个输入:A、B,两个输出:Ch、Sh。其函数表达式可以进行如下描述:$Sh = A \oplus B$,$Ch = AB$。该电路的 VHDL 描述如下:

```
library IEEE;
use IEEE.STD_LOGIC_1164.ALL;
entity h_adder is
    Port ( A,B : in STD_LOGIC;
```

```
        Sh,Ch : out STD_LOGIC);
end h_adder;
architecture Behavioral of h_adder is
begin
    Ch<=A AND B;
    Sh<=A XOR B;
end Behavioral;
```

3. 组合逻辑电路的结构化描述

结构化描述方法适用于复杂电路的层次化描述,借助已经建立的底层电路模块,可以简化上层电路的设计。

例 3-16　用 VHDL 的结构化描述法描述全加器电路。

解:全加器可以由两个半加器构成,全加器电路有 3 个输入:A_i、B_i 和 $Ci1$,2 个输出:C_i、S_i。借助例 3-15 实现的半加器,可以很容易建立全加器电路外部模型,如图 3-47 所示。

该电路的 VHDL 结构化描述如下:

```
library IEEE;
use IEEE.STD_LOGIC_1164.ALL;
entity f_adder is
    Port ( Ai,Bi,Ci1 : in STD_LOGIC;
           Si,Ci : out STD_LOGIC);
end f_adder;
architecture Behavioral of f_adder is
    COMPONENT h_adder
        PORT(A,B:IN STD_LOGIC;
        Sh,Ch:OUT STD_LOGIC);
    END COMPONENT;
    SIGNAL Sh1,Ch1,Ch2:STD_LOGIC;
begin
    u1:h_adder PORT MAP(Ai,Bi,Sh1,Ch1);
    u2:h_adder PORT MAP(Sh1,Ci1,Si,Ch2);
    Ci<=Ch1 OR Ch2;
end Behavioral;
```

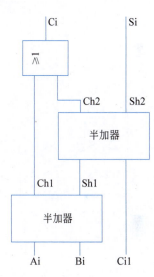

图 3-47　全加器外部模型

该例中,或门实现采用了数据流描述方法,是一种混合描述方式。

本章小结

本章首先介绍了组合逻辑电路的模型、特点和描述方法,然后详细讲解了组合逻辑电路的设计和分析过程,给出了在数字电路设计中常用的组合逻辑电路单元电路的原理和器件类型,讨论了组合逻辑电路在考虑电路延迟时出现的竞争和险象,以及发现和消除组合险象的方法,最后讲述了用 VHDL 描述组合逻辑电路的方法。

习题 3

1. 试分析图 3-48 中各电路的逻辑功能。
2. 试分析图 3-49 中各电路的逻辑功能。

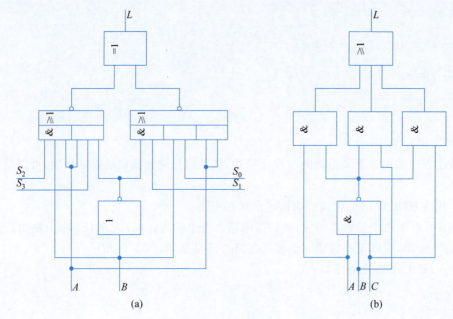

图 3-48　第 1 题图

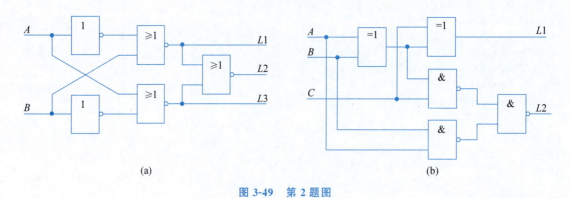

图 3-49　第 2 题图

3. 分析图 3-50 所示逻辑电路的逻辑功能，写出其简化的逻辑表达式，并用与非门改进设计。

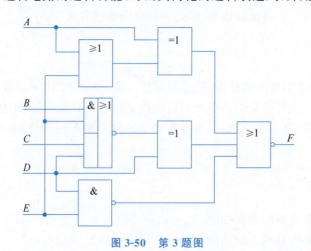

图 3-50　第 3 题图

4. 分析图 3-51 所示逻辑电路的逻辑功能,写出其简化的逻辑表达式。

5. 分析图 3-52 所示逻辑电路的逻辑功能,写出函数的逻辑表达式,并用最简线路实现它。

6. 分析图 3-53 所示的码制转换电路的工作原理。注脚 0 表示最低位,注脚 3 表示最高位。

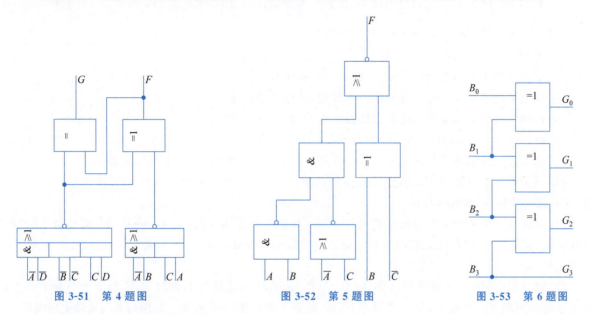

图 3-51　第 4 题图　　　　图 3-52　第 5 题图　　　　图 3-53　第 6 题图

7. 分别用与非门、或非门设计如下电路。

(1) 3 变量的非一致电路。

(2) 3 变量的偶数电路。

(3) 全减器。

8. 设 A、B、C、D 代表 4 位二进制数码,且 $x=8A+4B+2C+D$,写出下列问题的判断条件。

(1) $4 < x \leqslant 15$。

(2) $1 \leqslant x \leqslant 9$。

9. 设二进制补码 $[x]_{\text{补}}=x_0x_1x_2x_3x_4$,分别写出下列要求的判断条件。

(1) $(1/2 \leqslant x)$ 或 $(x < -1/2)$。

(2) $(1/4 \leqslant x < 1/2)$ 或 $(-1/2 \leqslant x < -1/4)$。

(3) $(1/8 \leqslant x < 1/4)$ 或 $(-1/4 \leqslant x < -1/8)$。

(4) $(0 \leqslant x < 1/8)$ 或 $(-1/8 \leqslant x < 0)$。

10. 设输入 $ABCD$ 是按余 3 码编码的二进制数码,相应的十进制数为 x,即 $x=8A+4B+2C+D-3,0 \leqslant x \leqslant 9$,要求:当 $x \leqslant 2$ 或 $x \geqslant 7$ 时,输出 $F=1$。试用与非门设计此逻辑电路。

11. 用与非门设计一个将余 3 码转换成七段数码管编码的转换电路。

12. 设 x 和 y 均为 4 位二进制数,分别表示一个逻辑电路的输入及输出,要求:当 $0 \leqslant x \leqslant 4$ 时,$y=x$;当 $5 \leqslant x \leqslant 9$ 时,$y=x+3$,且 x 不大于 9。试用与非门设计此逻辑电路。

13. 以原码作为输入,要求:当 $AB=00$ 时,其输出为原码不变;当 $AB=01$ 时,其输出反码;当 $AB=10$ 时,其输出补码。试设计此逻辑电路。

14. 举重比赛有 3 个裁判,1 个是主裁判 A,2 个是辅裁判 B 和 C,杠铃完全举上的裁决由每个裁判按一下自己面前的按钮来决定。只有两个以上裁判(其中必须有主裁判)判明成功时,表示成功的灯才亮。试设计此逻辑电路。

15. 试用与非门设计一个无反变量输入的最简三级线路实现下列函数。

(1) $F(A,B,C) = \sum m(3,5,6)$

(2) $F(A,B,C,D) = \sum m(1,4,5,8,12) + \sum d(3,6,9,15)$

(3) $F(A,B,C,D) = \sum m(0,6,10,11,14)$

(4) $F(A,B,C) = \bar{A}B + A\bar{C} + A\bar{B}$

16. 试用 8 选 1 多路选择器组成 64 选 1 多路选择器。

17. 试用中规模集成 4 位二进制比较器组成 18 位二进制比较器。

18. 试用中规模集成 4 位二进制比较器组成 20 位二进制比较器。

19. 试设计一个将 8421BCD 码转换为余 3 码的逻辑电路。

20. 用 4 位二进制并行加法器设计一个带进位的 1 位 8421BCD 码十进制加法器。

21. 试设计一个可逆的 4 位码变换器。当控制信号 $G=1$ 时，将 8421BCD 码转换为格雷码；$G=0$ 时，将格雷码转换为 8421BCD 码。

22. 试设计一个用与非门实现的监测信号灯工作状态的逻辑电路，要求：一组信号灯由红、黄、绿 3 盏灯组成；正常工作情况下，任何时刻只能点亮红或绿或黄或黄加绿灯；其他情况为故障情况，要求发出故障信号。

23. 某装置中装有 4 个传感器 A、B、C、D，要求：传感器 A 输出为 1，同时 B、C、D 3 个中至少有 2 个输出也为 1，则整个装置处于正常工作状态；否则，装置工作异常，发出报警。试用与非门设计逻辑电路。

24. 试用异或门设计一个能在 4 个不同地方均可独立控制路灯亮灭的电路。

25. 试设计一个 8 位数值比较器，当两个数相等时，输出 $L=1$；否则，输出 $L=0$。

26. 一优先编码器逻辑图如图 3-54 所示。

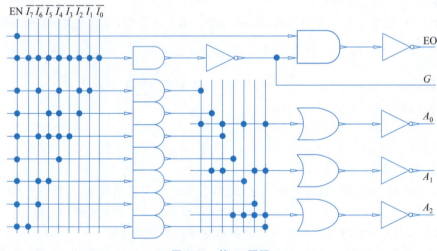

图 3-54 第 26 题图

(1) 列出使能输入端 EN 和优先状态标志位 G 及 $A_0 A_1 A_2$ 的真值表。

(2) 说明 $I_7 \sim I_0$ 的优先级别。

27. 试用 8-3 线优先编码器组成 32-5 线优先编码器。

28. 为了使 74138 译码器 $\overline{Y_6}$ 输出低电平，试标出各输入端应施加的电平。

29. 用 3-8 线译码器作地址译码器，要求 8 位地址为 C0H～C7H 时，译码器的 $\overline{Y_0} \sim \overline{Y_7}$ 依次输出有

效信号,译码器的输入应如何连接? 连接时可以使用必要的逻辑门,品种不限。地址信号为 $A_7 \sim A_0$, A_7 为高位, A_0 为低位。

30. 设计一个能将输入原码 $x_2 x_1 x_0$ 在控制信号 M 的作用下形成反码、补码输出 $y_2 y_1 y_0$ 的电路(控制信号 $M=0$ 时电路输出反码, $M=1$ 时输出补码),并画出电路图。

31. 试用最简便的方法以 1 位二进制全加器为元件设计一个 4 位代码转换电路,实现由格雷码到二进制码的转换。

32. 设计一个转换电路,当 $K=1$ 时,将输入的 4 位二进制代码转换为 4 位格雷码输出;当 $K=0$ 时,将输入的 4 位格雷码变换为 4 位二进制代码输出。试用 4 选 1 多路选择器并辅以与非门、异或门设计此电路,画出逻辑图并写出设计过程。

33. 若某工厂有 3 个车间,每个车间均需要 1MW 的电力。这 3 个车间由 2 组发电机组供电,1 台是 1MW,另 1 台是 2MW。此 3 个车间不一定同时开工。为了节省能源,又要保证电力供应,需设计一个逻辑电路,根据 3 个车间的开工情况,启动相应的发电机供电。列出真值表,并用双 4 选 1 数据选择器加以实现。

34. 设计一个 8421BCD 码乘以 5 的组合电路,其输出也是 8421BCD 码,并证明实现该功能不需要使用任何门电路。

35. 设计一个 4 输入的检测电路,要求:输入信号 A、B、C、D 为 8421BCD 码,当输入的 BCD 数可以被 2 和 3 整除时,输出为 1。试列出电路的真值表并进行简化。分别用与非门和 4 选 1 数据选择器及少量逻辑门实现此电路。

36. 试用与非门设计一个 4 输入译码器,产生 $ABCD$ 分别为 0010、1010、1110 时 3 个译码信号。要求低电平有效。

37. 试用 4-16 线译码器和 4-10 线译码器组成 128 路输出的译码器。

38. 试用与或非门设计一个格雷码七段显示译码器,七段显示器为共阴极接法。

39. 试用与非门实现下列函数,要求消除可能存在的竞争冒险。

(1) $L = B\bar{C} + \bar{B}C + A\bar{C} + A\bar{B}C + \bar{A}BC$

(2) $L = AB\bar{C} + \bar{A}B\bar{C}D + \bar{A}BCD + A\bar{B}\bar{C} + \bar{A}\bar{B}C + AB\bar{C}D$

40. 用多路选择器实现下列逻辑函数。

(1) $L = \bar{A}\bar{B}C + \bar{A}B\bar{C} + A\bar{B}\bar{C} + AB\bar{C} + \bar{A}BC + AB C$

(2) $L = \bar{A}CD + AC\bar{D} + A\bar{B} + \bar{A}\bar{B}C$

41. 用数据分配器实现下列逻辑函数。

(1) $L = A\bar{C} + A\bar{B}C$

(2) $L = ABC + \bar{A}BD + \bar{A}\bar{B}C\bar{D} + BD$

42. 分别用 VHDL 的行为描述法和数据流法描述先行进位 4 位二进制数加法器电路,并进行功能仿真。

43. 分别用 VHDL 的行为描述法和数据流法描述 2 位二进制数乘法器电路,并进行功能仿真。

44. 分别用 VHDL 的行为描述法和数据流法描述十进制编码器电路,并进行功能仿真。

45. 分别用 VHDL 的行为描述法和数据流法描述 3-8 线译码器电路,并进行功能仿真。

46. 分别用 VHDL 的行为描述法和数据流法描述 4 选 1 数据选择器电路,并进行功能仿真。

47. 分别用 VHDL 的行为描述法和数据流法描述 BCD 码转换为余 3 码的电路,并进行功能仿真。

48. 用 VHDL 的结构描述法描述串行进位 4 位二进制加法器电路,并进行功能仿真。

49. 用 VHDL 的结构描述法描述 2 位十进制加法器电路,并进行功能仿真。

50. 用 VHDL 的混合描述法描述 74x85 的逻辑功能,并进行功能仿真。

第 4 章 时序逻辑电路与触发器

前面所讲组合逻辑电路的特点是在任意时刻的稳定输出只与该时刻组合逻辑电路输入有关,与该时刻以前的输入无关。时序逻辑电路与组合逻辑电路有明显不同,是一种与时序有关的电路。时序逻辑电路在任意时刻的稳定输出不仅与该时刻的逻辑电路输入有关,而且与该时刻的逻辑电路状态有关,而该时刻电路的状态又与该时刻以前的输入有关。

时序逻辑电路是基于时序机理论的,下面首先介绍时序机的基本概念,然后介绍时序逻辑电路的结构模型、状态存储元件(锁存器和触发器器件),以及这些元器件的 VHDL 描述方法。

4.1 时序机与时序逻辑电路

4.1.1 时序机

时序机在有的文献中又称有限状态机(finite state machine,FSM)或有限自动机。它是一个从实际中抽象出来的数学模型,用于描述一个时序系统的操作特性。任何一个满足时序机定义的时间离散系统,不论是现实的物理机器(如一个时序电路)还是抽象的虚拟机器(如一个算法),都可以称为时序机。

1. 时序机的定义

时序机 M 是一个时序系统的抽象模型,可以用 5 个参量来表征,$M=(I,O,Q,N,Z)$,每个参量的定义如下。

(1) I 为时序机的输入变量有限集合。

(2) O 为时序机的输出变量有限集合。

(3) Q 为时序机的内部状态有限非空集合。

(4) N 为时序机的次态函数集合,它表示输入及现态到次态的映射,即 $I \times Q^n \to Q^{n+1}$。

(5) Z 为时序机的输出函数集合,它有两种情况。

① Z 是输入和状态的函数,即 $I \times Q \to O$,此时该时序机称为米利(Mealy)型时序机。

② Z 仅是状态的函数,即 $Q \to O$,此时该时序机称为摩尔(Moore)型时序机。

可以看出,在时序机中出现了如下重要概念。

(1) 状态:时序机在特定时刻所记忆的工作状况。对特定的时序系统,时序机每一个状态都有其确切的物理含义。

(2) 现态:用 Q^n 表示,时序机当前所处的状态。

(3) 次态:用 Q^{n+1} 表示,时序机在当前输入和现态作用下,产生的下一个状态。

现态和次态是相对而言的。在某一时刻,现态指的是该时刻的状态,次态指的是下一时刻的状态。当时间到达下一时刻,上一时刻的次态就变成了当前时刻的现态。

2. 时序机的模型

对应于时序机的定义,可以建立如图 4-1 所示的时序机的模型。图中给出了时序机的 5 个集合表示。

输入变量有限集合 $I=\{x_1,x_2,\cdots,x_n\}$。

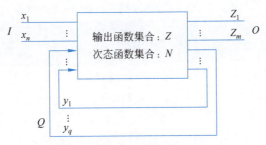

图 4-1 时序机的基本模型

输出变量有限集合 $O=\{Z_1,Z_2,\cdots,Z_m\}$。

内部状态变量有限非空集合 $Q=\{y_1,y_2,\cdots,y_q\}$。

输出函数集合 $Z=\{Z_i=f_i(x_1,x_2,\cdots,x_n,y_1^n,y_2^n,\cdots,y_q^n); i=1,\cdots,m\}$。

次态函数集合 $N=\{y_j^{n+1}=g_j(x_1,x_2,\cdots,x_n,y_1^n,y_2^n,\cdots,y_q^n); j=1,\cdots,q\}$。其中,$y_j^n$、$y_j^{n+1}$ 分别表示一个状态变量的现态与次态。

3. 时序机的状态图描述法

状态图是时序机的直观图形化描述工具,状态图采用图形的方法描述了时序机的状态以及状态之间的迁移过程和迁移条件。

Mealy 型时序机的状态图示例如图 4-2 所示,其绘制方法如下。

(1) 状态:用带圆圈的符号表示状态,如 q_j。

(2) 状态迁移:用有向边表示现态和次态之间的迁移关系。例如 $q_i \rightarrow q_j$ 表示由现态 q_i 迁移到次态 q_j。

(3) 状态迁移条件:在状态迁移的有向边上标注 I_k/Z_L。它表示在输入 I_k 的条件下,状态由现态 q_i 迁移到次态 q_j,并产生对应的输出为 Z_L。

Moore 型时序机的状态图示例如图 4-3 所示,其绘制方法与 Mealy 型时序机状态图略有不同。从图 4-3 中可以看到,Moore 型时序机状态图的输出 Z 与状态写在一起,表示输出只是状态的函数,状态迁移的有向边上只有输入条件 I_j。

图 4-2　Mealy 型时序机的状态图　　　　图 4-3　Moore 型时序机的状态图

4. 时序机的状态表描述

状态表是时序机的表格化描述工具,状态表采用表格的方式描述了时序机的状态及状态之间的迁移过程和迁移条件。

设时序机的所有 n 种输入为 $I_1,I_2,\cdots,I_n$,时序机的所有 k 种状态为 $q_1,q_2,\cdots,q_k$,Mealy 型时序机状态表的一般形式如表 4-1 所示。

表 4-1 中第 2 行列出了所有可能的输入,第 1 列列出了所有可能的现态,在每个输入和每个现态的交叉点,填入当前输入和现态作用下产生的次态函数和输出函数的函数值。因此,状态表实际上就是次态函数和输出函数的真值表。

表 4-1 Mealy 型时序机状态表的一般形式

现态	次态,输出			
	I_1	I_2	…	I_n
q_1	$N(I_1,q_1),Z(I_1,q_1)$	$N(I_2,q_1),Z(I_2,q_1)$	…	$N(I_n,q_1),Z(I_n,q_1)$
q_2	$N(I_1,q_2),Z(I_1,q_2)$	$N(I_2,q_2),Z(I_2,q_2)$	…	$N(I_n,q_2),Z(I_n,q_2)$
⋮	⋮	⋮	⋱	⋮
q_k	$N(I_1,q_k),Z(I_1,q_k)$	$N(I_2,q_k),Z(I_2,q_k)$	…	$N(I_n,q_k),Z(I_n,q_k)$

由于 Moore 型时序机的输出仅与状态有关,所以其状态表可以简化,如表 4-2 所示。输出 Z 只在每个现态所在行写出对应的输出函数值。

表 4-2 Moore 型时序机状态表的简化形式

现态	次态				输出
	I_1	I_2	…	I_n	Z
q_1	$N(I_1,q_1)$	$N(I_2,q_1)$	…	$N(I_n,q_1)$	$Z(q_1)$
q_2	$N(I_1,q_2)$	$N(I_2,q_2)$	…	$N(I_n,q_2)$	$Z(q_2)$
⋮	⋮	⋮	⋮	⋱	⋮
q_k	$N(I_1,q_k)$	$N(I_2,q_k)$	…	$N(I_n,q_k)$	$Z(q_k)$

5. 完全定义时序机和不完全定义时序机

在组合逻辑电路中,如果一个布尔函数的真值表中所有输出值都是确定的,则此函数称为完全定义函数;否则,称为不完全定义函数。在时序逻辑电路中,如果一个时序机的状态表中所有的次态和输出都是确定的值,则此时序机称为完全定义时序机;否则,称为不完全定义时序机。

不完全定义时序机在实际中是经常遇到的。例如,一个模 6 加 1、减 1 计数器,当 $x=0$ 时,进行加 1 计数,当 $x=1$ 时,进行减 1 计数,加 1、减 1 过程中产生的进位或借位用输出 Z 表示。为了表示 6 个计数状态 000~101,至少需要 3 个状态位,用 y_3、y_2、y_1 表示。其状态表如表 4-3 所示。

表 4-3 不完全定义时序机的状态表

$y_3^n y_2^n y_1^n$	$y_3^{n+1} y_2^{n+1} y_1^{n+1}, Z$	
	$x=0$	$x=1$
000	001,0	101,1
001	010,0	000,0
010	011,0	001,0
011	100,0	010,0
100	101,0	011,0
101	000,1	100,0
110	×××,×	×××,×
111	×××,×	×××,×

从表 4-3 中可以看出,状态 110 和 111 在六进制中没有意义,因此产生了 2 行无定义的次态和输出,这就是一个不完全定义时序机。

如果是一个模 8 加 1、减 1 计数器，状态 000~111 都有确定的次态和输出，则这个时序机是一个完全定义时序机。

4.1.2 时序逻辑电路

时序逻辑电路是时序机的电路实现，时序逻辑电路的理论和方法与时序机基本理论相同。为便于理解时序逻辑电路的基本概念，后面所述内容使用了时序机的概念，并从数字电路的角度进行解释。

1. 时序逻辑电路的基本模型

图 4-4 给出了时序逻辑电路的基本模型。可以看到，它与时序机模型基本相同，不同之处是时序逻辑电路模型增加了专门用于记忆电路状态的存储元件。

在时序逻辑电路中，存储元件是一类特殊的逻辑器件，存储元件具有改变、保持电路状态的能力。一个存储元件可以用图 4-5 所示的模型表示。一个存储元件可以记忆一个状态变量，当电路有多个状态变量时，需要使用多个存储元件。

图 4-4 时序逻辑电路的基本模型

图 4-5 一个存储元件的基本模型

从图 4-5 中可以看出，一个存储元件自身就是一个带反馈的时序逻辑电路。存储元件的输出信号称为状态，输入信号称为激励。图 4-5 中所示的一个存储元件输出状态为 y，激励信号为 $Y_1 \sim Y_r$，根据存储元件类型不同，一个存储元件可以有一个或多个激励信号。存储元件的功能可以用布尔函数描述，为了与普通布尔函数区别，存储元件的函数表达式通常称为状态方程。存储元件的状态方程可以表示为

$$y^{n+1} = g(Y, y^n)$$

其中，$Y = \{Y_1, Y_2, \cdots, Y_r\}$ 是存储元件的激励变量集合。

在图 4-4 所示的时序逻辑电路模型中，输出函数 $Z_1 \sim Z_m$ 用组合逻辑电路实现，所有存储元件的激励信号为 $Y_1 \sim Y_p$，它们也用组合逻辑电路实现。在激励信号 $Y_1 \sim Y_p$ 作用下，q 个存储元件产生电路的状态 $y_1 \sim y_q$。如果将激励信号 $Y_1 \sim Y_p$ 的函数表达式代入存储元件的状态方程，就构成了时序机的次态函数表达式。因此，时序逻辑电路的模型与时序机一般模型是一致的。

按照以上分析，时序逻辑电路模型可以由时序机模型来描述。

(1) 输入变量有限集合 $I = \{x_1, x_2, \cdots, x_n\}$。$n$ 个输入变量，有 2^n 种输入组合。

(2) 输出变量有限集合 $O = \{Z_1, Z_2, \cdots, Z_m\}$。

(3) 内部状态变量有限非空集合 $Q = \{y_1, y_2, \cdots, y_q\}$。$q$ 个状态变量，有 2^q 种状态组合。

(4) 输出函数集合 $Z = \{Z_i = f_i(x_1, x_2, \cdots, x_n, y_1^n, y_2^n, \cdots, y_q^n); i = 1, 2, \cdots, m\}$。

当 Z 是输入和状态的函数，即 $I \times Q \to O$ 时，该时序逻辑电路为 Mealy 型电路。

当 Z 仅是状态的函数，即 $Q \to O$ 时，该时序逻辑电路为 Moore 型电路。

(5) 次态函数集合 $N=\{y_j^{n+1}=g_j(x_1,x_2,\cdots,x_n,y_1^n,y_2^n,\cdots,y_q^n);j=1,2,\cdots,q\}$。

如果时序逻辑电路选用特定的存储元件记忆电路状态,就构成了时序逻辑电路的模型描述,其中的次态函数集合 N 分成了两部分。

① 存储元件状态方程:$y_j^{n+1}=g_j(Y,y_j^n),j=1,2,\cdots q$。其中,$Y$ 是存储元件的激励函数集合,它是所有激励变量 $\{Y_1,Y_2,\cdots,Y_p\}$ 的子集。

② 激励函数集合:$\{Y_k^{n+1}=h_k(x_1,x_2,\cdots,x_n,y_1^n,y_2^n,\cdots,y_q^n),k=1,2,\cdots p\}$。

应该认识到,这两种表示方法在逻辑上是等效的,只不过在具体的电路实现时,使用了专门的存储元件,把次态函数拆分成了存储元件状态方程和激励函数两部分。

2. 时序逻辑电路的分类

时序逻辑电路按照存储元件类型和工作方式的不同,可分为同步时序逻辑电路和异步时序逻辑电路。异步时序逻辑电路按照输入信号类型的不同,又可分为脉冲异步时序逻辑电路和电平异步时序逻辑电路。这些电路的分析和设计方法各不相同,在后面章节介绍。

3. 时序逻辑电路的存储元件

在时序逻辑电路中,存储元件是用于存储电路状态的关键部件。存储元件一般采用双稳态(bistable)电路,它有 0 和 1 两个稳定状态,可以将该元件置成 0 状态来存储一个 0,将元件置成 1 状态来存储一个 1,这样就实现了一个状态位的存储。

时序逻辑电路中经常用到两类存储器元件:锁存器(latch)与触发器(flip-flop)就是双稳态电路。能够直接被激励信号改变状态的存储元件被称为锁存器。如果有一个激励信号能使元件的状态变成 1,则称该锁存器为置位型锁存器(set latch);如果有一个激励信号能使元件的状态变成 0,则称该锁存器为复位型锁存器(reset latch)。如果该锁存器既有置位激励信号,又有复位激励信号,就称它为 RS 锁存器(reset-set latch)。在 RS 锁存器基础上,对电路结构稍加改变,可以扩展出满足不同应用需求的其他类型锁存器,如 JK 锁存器、D 锁存器等。

触发器也是在 RS 锁存器基础上改进而来的,与锁存器不同的地方在于它有一个特殊的激励端:时钟(clock)控制信号。只有在时钟控制信号的边沿(上升沿或下降沿),触发器才根据其他激励信号改变一次状态,这种特性使触发器常用于同步时序电路或其他脉冲触发的电路。

不管是锁存器还是触发器,次态都是由输入激励信号决定的。然而锁存器是根据它的激励信号立刻改变状态,而触发器在改变状态前要等待它的时钟信号到来,触发器的最终状态是由时钟信号边沿发生那个时刻其他激励信号的值决定的。因此,锁存器适合用作异步时序逻辑电路的状态存储元件,而触发器更适合用作同步时序逻辑电路的状态存储元件,当同步时序逻辑电路中有多个触发器时,它们可以在共同的时钟信号边沿同时改变它们的状态。

4.2 锁存器

锁存器就是把信号暂存以维持某种电平状态的电路,在数字电路中锁存器可用于记录二进制数字信号 0 和 1,每一个锁存器能够存储 1 位二进制信息,多位信息的存储需要多个锁存器。

锁存器的特点是对电平信号敏感,当激励信号发生变化时,锁存器会立刻按照函数关系改变电路的状态,因此,锁存器是响应速度最快的存储元件。

4.2.1 交叉耦合反相器构成的双稳态电路

双稳态电路是指有两种稳定状态的电路,电路稳态可以是 0,也可以是 1。双稳态电路是存储元件的基本电路单元,可以用于记忆电路的状态。交叉耦合反相器结构就是一种双稳态电路,如图 4-6 所示。

图 4-6 中,两个反相器 U1、U2 连在一起,构成了一个双稳态器件,电路没有外部输入,但可以存储二进制状态信息。其工作原理如下。

(1) 状态 $Q=1$ 时,Q 反馈到 U1 的输入端,使 $\overline{Q}=0$,$\overline{Q}$ 反馈到 U2 的输入端,又使 $Q=1$。这时,电路处于稳定状态:$Q=1$、$\overline{Q}=0$。

(2) 状态 $Q=0$ 时,Q 反馈到 U1 的输入端,使 $\overline{Q}=1$,$\overline{Q}$ 反馈到 U2 的输入端,又使 $Q=0$。这时,电路处于稳定状态:$Q=0$、$\overline{Q}=1$。

由此可见,这种交叉耦合反相器结构是一种双稳态电路,可以实现二进制状态信息的存储功能。为了能够修改存储的状态信息,需要引入外部激励信号。这种可以置"1"、清"0"的存储元件就是基本 RS 锁存器。

4.2.2 基本 RS 锁存器

1. 电路结构

将图 4-6 中的两个非门换成与非门,如图 4-7(a)所示,增加两个激励输入信号 R'、S',即构成了具有置 1(set)、清 0(reset)、状态存储功能的基本 RS 锁存器。图 4-7(b)是其原理图符号,其中输入端 $\overline{R}$、$\overline{S}$ 为低电平有效输入端,因此其输入引脚用"圆圈"表示,Q、$\overline{Q}$ 为其状态的原变量和反变量输出端。

基本 RS 锁存器也可以用或非门、与或非门等其他门电路实现,本章仅以与非门构成的基本 RS 锁存器为例进行讲解。

将图 4-7(a)的基本 RS 锁存器电路画成图 4-8 的形式,能够更加明显地看出基本 RS 锁存器的时序电路特征。基本 RS 锁存器由两部分构成。

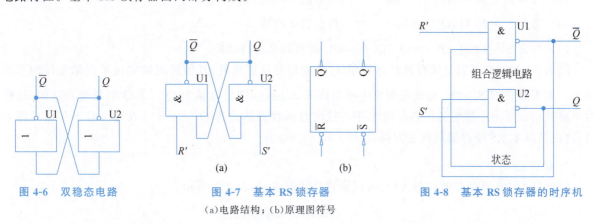

图 4-6 双稳态电路   图 4-7 基本 RS 锁存器   图 4-8 基本 RS 锁存器的时序机
(a)电路结构;(b)原理图符号

(1) 组合逻辑电路部分:由两个与非门 U1、U2 组成。
(2) 反馈部分:与非门输出反馈到输入端。

基本 RS 锁存器是在组合逻辑电路基础上,将输出反馈到输入端形成的电路,因此锁存器是一个典型的时序机,也就是说,锁存器本身就是一个时序逻辑电路。

基本 RS 锁存器的外部模型可以描述为如下内容。

(1) 激励输入:R'、S'。为了和取反区分,将输入端 $\overline{R}$、$\overline{S}$ 的信号表示为 R'、S',低电平有效。
(2) 状态:Q、$\overline{Q}$。它们表示存储元件记忆的同一个状态的原变量和反变量,应该总是互反的。

2. 工作原理与状态方程

根据电路图 4-7(a)，可以写出基本 RS 锁存器的次态函数表达式：

$$Q^{n+1} = \overline{S'\overline{R'Q^n}} = \overline{S'} + R'Q^n$$

$$\overline{Q^{n+1}} = \overline{R'\overline{S'\overline{Q^n}}} = \overline{R'} + S'\overline{Q^n}$$

根据次态函数表达式，进一步可以得到次态函数真值表，如表 4-4 所示。

表 4-4　基本 RS 锁存器的真值表

R'	S'	Q^n	Q^{n+1}	$\overline{Q^{n+1}}$
0	0	0	1	1
0	0	1	1	1
0	1	0	0	1
0	1	1	0	1
1	0	0	1	0
1	0	1	1	0
1	1	0	0	1
1	1	1	1	0

分析真值表，可以得到以下结论。

(1) 当 $R'S'=00$ 时，$Q^{n+1}=1$、$\overline{Q^{n+1}}=1$，不满足状态变量 Q、$\overline{Q}$ 互反的要求。

(2) 当 $R'S'=01$ 时，$Q^{n+1}=0$、$\overline{Q^{n+1}}=1$，具有清 0 功能。

(3) 当 $R'S'=10$ 时，$Q^{n+1}=1$、$\overline{Q^{n+1}}=0$，具有置 1 功能。

(4) 当 $R'S'=11$ 时，$Q^{n+1}=Q^n$、$\overline{Q^{n+1}}=\overline{Q^n}$，具有状态保持功能。

除 $R'S'=00$ 时不满足锁存器状态原变量、反变量互反要求外，其他情况则实现了存储元件的基本功能。如果禁止 $R'S'=00$，也就是理论上不允许 $R'S'=00$，则可以认为 Q^{n+1} 和 $\overline{Q^{n+1}}$ 总是互反的，这样的电路就构成了一个理想的状态存储元件。其次态函数表达式为 $Q^{n+1}=\overline{S'}+R'Q^n$，对于存储元件来说，这也是基本 RS 锁存器的状态方程。

3. 状态表

根据基本 RS 锁存器的状态方程，可以建立其状态表，如表 4-5 所示。

表 4-5　基本 RS 锁存器的状态表

Q^n	Q^{n+1}			
	$R'S'=00$	$R'S'=01$	$R'S'=11$	$R'S'=10$
0	×	0	0	1
1	×	0	1	1

在状态表的水平方向第 2 行列出了基本 RS 锁存器激励 $R'S'$ 的所有取值组合，第 1 列列出了基本 RS 锁存器所有的现态，在每种输入取值组合和每一种现态的交叉点列出了由状态方程产生的次态(本

例没有输出)。由于默认 Q、$\bar{Q}$ 总是互反的,因此在状态表中的现态 Q^n 和次态 Q^{n+1} 只用了一个状态变量表示。$R'S'=00$ 在此作为无关条件处理,其产生的次态为任意项"×"。

对比真值表 4-4 和状态表 4-5 可以看出,状态表事实上是次态函数真值表的另一种表示方法,状态表更加明显地体现出次态和输出是外部输入(横向排列)和电路现态(纵向排列)共同作用下产生的结果。

4. 禁止输入问题

虽然基本 RS 锁存器实现了存储元件的基本功能,但存在禁止 $R'S'=00$ 的问题,这种禁止输入只是一种理论上的约定,实际电路实现时,要避免出现 R'、S' 同时为 0 的情况。如果存储元件能够自动消除 R'、S' 同时为 0 的情况,则这样的电路是比较理想的存储元件。

4.2.3 门控 RS 锁存器

1. 电路结构

基本 RS 锁存器的激励信号 R'、S' 在任何时刻的变化,都可能立刻引起锁存器的状态变化。在很多应用中,往往希望锁存器只能在允许的时间内改变状态,在不允许状态变化时,无论激励信号如何变化,锁存器都能一直保持状态不变。实现这种功能的电路如图 4-9 所示,它是在基本 RS 锁存器基础上增加了引导电路,引入了门控端 CP 的控制。

门控 RS 锁存器的核心电路仍然是基本 RS 锁存器,为它的输入端信号 R'、S' 增加了两个受门控信号 CP 控制的与非门 U3、U4,这时电路的激励端信号变成了 R、S 以及门控端 CP。

2. 工作原理与状态方程

(1) CP=0 时,无论输入信号 R、S 如何变化,基本 RS 锁存器的输入信号 $R'S'=11$ 均保持不变,锁存器保持现态不变。

(2) CP=1 时,与非门 U3、U4 实际变成了非门,输入信号 R、S 反相后送给基本 RS 锁存器的输入信号 R'、S',即 $R'=\bar{R}$,$S'=\bar{S}$,代入基本 RS 锁存器的状态方程 $Q^{n+1}=\overline{S'}+R'Q^n$,即可得到门控 RS 锁存器的状态方程 $Q^{n+1}=S+\bar{R}Q^n$。

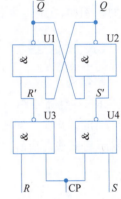

图 4-9 门控 RS 锁存器的电路结构

注意,门控 RS 锁存器的状态方程未体现门控端信号 CP 的作用,这是因为在默认情况下,锁存器只有在 CP=1 时才能按其状态方程 $Q^{n+1}=S+\bar{R}Q^n$ 进行状态变化,CP=0 时,状态保持不变。

3. 锁存器的初始状态预置功能

刚接通电源时锁存器的初始状态是随机的,未知的初始状态可能会导致时序逻辑电路不可靠工作。因此,锁存器电路一般都会增加预置初始状态的输入端,在电路进入正常工作状态以前,预置电路的初始状态。

图 4-10(a)所示为带预置输入端 $\overline{Rd}$ 和 $\overline{Sd}$ 的门控 RS 锁存器的电路结构。从图中可以看出,如果去掉引导电路,剩余部分是一个激励端为 $\overline{Rd}$ 和 $\overline{Sd}$ 的基本 RS 锁存器。按照基本 RS 锁存器的功能定义,$\overline{Rd}$ 和 $\overline{Sd}$ 分别是锁存器的直接清 0 端和直接置 1 端。

电路刚刚上电或复位时,在输入端 $\overline{Rd}$ 或 $\overline{Sd}$ 直接输入一个低电平脉冲(1→0→1)可以为锁存器预置初始状态 0 或 1;在电路正常工作时,$\overline{Rd}$ 和 $\overline{Sd}$ 均应保持逻辑 1 的无效输入,使锁存器按照其状态方程工作。

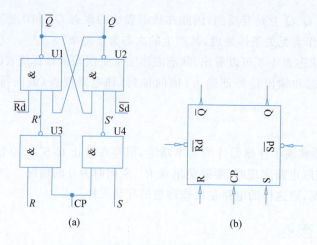

图 4-10 带预置端的门控 RS 锁存器

(a)电路结构；(b)原理图符号

图 4-10(b)是带预置端的门控 RS 锁存器的原理图符号，画电路时应注意输入端 $\overline{Rd}$ 和 $\overline{Sd}$ 带圈表示低电平有效。

在实际的各种锁存器和触发器电路中，大多都有预置初始状态的输入端，只不过输入信号名称可能有所不同。例如，在有些器件中，$\overline{Rd}$ 和 $\overline{Sd}$ 分别命名为 $\overline{CLR}$ 和 $\overline{PR}$，其功能完全相同。

4.2.4 JK 锁存器

1. 电路结构

基本 RS 锁存器存在 $R'S'=00$ 的禁止输入问题，对应地，在门控 RS 锁存器中，仍然存在 CP=1 时，RS=11 的禁止输入问题。因此，对门控 RS 锁存器进行改进，改进后的电路如图 4-11(a)所示，称为 JK 锁存器，它能够自动消除禁止输入的问题。图 4-11(b)为 JK 锁存器的原理图符号。

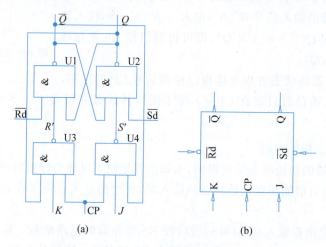

图 4-11 JK 锁存器

(a)电路结构；(b)原理图符号

JK 锁存器的核心电路仍然是基本 RS 锁存器，它在门控 RS 锁存器基础上增加了两个反馈，分别将 Q 和 $\overline{Q}$ 反馈到引导电路 U3、U4 的输入端，把 R 和 S 输入端重新命名为 K 和 J，就构成了 JK 锁存器。

2. 工作原理与状态方程

(1) CP=0 时,引导电路 U3、U4 门被封锁,基本 RS 锁存器的输入信号 $R'S'=11$,无论激励信号 J、K 如何变化,锁存器状态保持不变。

(2) CP=1 时,基本 RS 锁存器的输入信号 $R'=\overline{KQ^n}$,$S'=\overline{J\,\overline{Q^n}}$,代入基本 RS 锁存器的状态方程 $Q^{n+1}=\overline{S'}+R'Q^n$,即可得到 JK 锁存器状态方程 $Q^{n+1}=J\,\overline{Q^n}+\overline{K}Q^n$。

3. 禁止输入问题的消除

在 JK 锁存器中,当 CP=1 时,$R'=\overline{KQ^n}$,$S'=\overline{J\,\overline{Q^n}}$。如果 $JK=11$,则 $R'=\overline{Q^n}$,$S'=Q^n$,R' 和 S' 总是互反的,不会出现同时为 0 的情况。因此 JK 锁存器自动消除了基本 RS 锁存器的禁止输入问题。

4.2.5 D 锁存器

门控 RS 锁存器和 JK 锁存器都有两个激励输入端,但在一些系统中,只需要一个激励信号输入,一种简单的解决办法就是将门控 RS 锁存器的 S 端作为数据输入端,然后用一个与非门将 S 端与 CP 信号反相后作为 R 端的激励信号,这种结构的电路称为 D 锁存器(data latch)。

1. 电路结构

D 锁存器的电路结构如图 4-12(a)所示。图 4-12(b)给出了 D 锁存器的原理图符号。

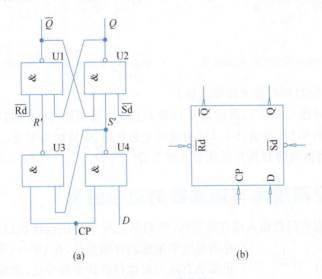

图 4-12 D 锁存器
(a)电路结构;(b)原理图符号

图 4-12(a)中,将门控 RS 锁存器的输入端 R 直接加载基本 RS 锁存器的信号 S',并将 S 端更名为 D 端,就构成了只有一个激励端的 D 锁存器。CP=1 时,基本 RS 锁存器的 $R'=\overline{S'}$,R'、S' 总是互为反变量,因此,R'、S' 不可能同时为 0。采用这样的方法,D 锁存器解决了基本 RS 锁存器的禁止输入问题。

2. 工作原理与状态方程

(1) CP=0 时,基本 RS 锁存器输入端 $R'S'=11$,D 锁存器状态保持不变。

(2) CP=1 时,基本 RS 锁存器的输入端 $R'=\overline{S'}$,$S'=\overline{D}$,代入基本 RS 锁存器的状态方程 $Q^{n+1}=\overline{S'}+R'Q^n$,即可得到 D 锁存器状态方程为 $Q^{n+1}=D$。

4.2.6 CMOS 传输门构成的 D 锁存器

利用 CMOS 传输门也可以构成 D 锁存器电路。CMOS 传输门的电路符号如图 4-13 所示。

CMOS 传输门的功能相当于一个传输信号的开关。A、B 分别为输入、输出信号(实际上可以互换),C、$\overline{C}$ 为开关的控制信号。当 $C=1$、$\overline{C}=0$ 时,A、B 之间导通;当 $C=0$、$\overline{C}=1$ 时,A、B 之间断开。

CMOS 传输门构成的 D 锁存器电路如图 4-14 所示。CMOS 传输门构成的 D 锁存器是在交叉耦合反相器基础上,增加了两个传输门。传输门 U3 控制激励信号 D 的输入,传输门 U4 控制交叉耦合反相器状态 Q 的反馈,U3 的同相控制端与 U4 的反相控制端接门控信号 CP,U3 的反相控制端与 U4 的同相控制端接门控信号的反变量信号 $\overline{CP}$,这样的连接使传输门 U3、U4 总是处于互斥导通状态,U3 导通则 U4 断开,U3 断开则 U4 导通。

图 4-13 CMOS 传输门的电路符号

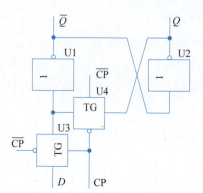

图 4-14 CMOS 传输门构成的 D 锁存器

CMOS 传输门构成的 D 锁存器工作原理如下。

(1) CP=1 时,U3 导通 U4 断开,激励信号 D 先经过 U1 反相使 $\overline{Q}=\overline{D}$,再经过 U2 反相使 $Q=D$。

(2) CP=0 时,U3 断开 U4 导通,U1、U2 构成双稳态电路,保持状态不变。

因此,CMOS 传输门构成的 D 锁存器状态方程为 $Q^{n+1}=D$。

4.3 锁存器的空翻现象与触发器的边沿触发

空翻现象是指锁存器在门控输入端有效期间,电路状态发生两次或两次以上变化的现象。由于锁存器是电平敏感的存储元件,在 CP=1 期间,激励信号的任何变化都会直接引起锁存器状态的变化,激励信号的多次变化,也会引起锁存器状态的多次变化。

图 4-15 给出了 D 锁存器空翻现象的示例。D 锁存器在 CP=1 时,状态方程为 $Q^{n+1}=D$,激励信号 D 的任何变化都会直接反映在输出状态 Q 上,激励信号 D 的多次变化会直接引起状态 Q 的多次翻转,其他锁存器也存在同样的问题。

当电路激励端出现异常干扰脉冲时,空翻将造成电路状态的不确定和系统工作的混乱,对于同步时序逻辑电路,应该采取措施防止空翻现象的发生。

通常采用边沿触发的方式消除空翻现象。边沿触发是指只有在时钟信号的正边沿(也可以用上升沿、0→1、↑ 表示)或负边

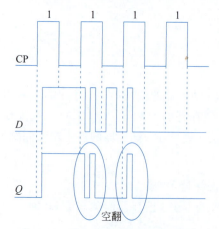

图 4-15 D 锁存器的空翻现象示例

沿(也可以用下降沿、1→0、↓表示)到达的那个时刻，才使存储元件按照状态方程产生一次变化，其他时间(CP＝0 或 CP＝1 期间)都保持原状态不变。由于时钟信号的正边沿或负边沿时间足够短，当时钟信号边沿作用于电路时，存储元件的激励信号不足以发生变化，存储元件只将时钟信号边沿到达那个时刻的激励信号作为电路输入，按照状态方程产生相应的状态输出。

边沿触发的存储元件称为触发器，触发器是对时钟边沿敏感的一类存储元件，每个时钟脉冲只在时钟信号的上升沿或下降沿时刻，使触发器的状态发生一次变化。按照电路结构的不同，触发器可以分为主从触发器和边沿触发器。其中，边沿触发器按工作原理又可以分为维持阻塞型触发器、延迟型边沿触发器。

4.4 主从触发器

主从触发器实现边沿触发的原理比较容易理解，电路也易于实现，其基本思想如下。

(1) 触发器由两个级联的主、从锁存器构成，用同一个时钟信号的原变量信号和反变量信号分别控制主、从锁存器。

(2) 时钟高电平时，主锁存器接收激励信号并存储状态，从锁存器保持状态不变。

(3) 时钟下降沿时，主锁存器锁定状态不变，并传递到从锁存器作为触发器的输出。

(4) 时钟低电平时，主、从锁存器保持状态不变。

按照以上思想，主从触发器只在时钟的下降沿时刻使触发器状态发生一次变化，从而实现了触发器的边沿触发。利用该方法，可以构成负边沿触发的主从 RS 触发器、主从 JK 触发器以及主从 D 触发器等。

4.4.1 主从 RS 触发器

主从 RS 触发器的电路结构如图 4-16(a)所示。它由两个门控 RS 锁存器组成，分别是主锁存器 U2 和从锁存器 U1，实现负边沿触发的关键是这两个锁存器的门控端分别接了时钟信号的原变量 CP 和反变量 CP′。图 4-16(b)给出了主从 RS 触发器的原理图符号，与门控锁存器的原理图符号相比，其时钟端 CLK(CP)增加了时钟边沿触发符号"^"与负边沿触发符号"○"。

主从 RS 触发器基本工作原理如下。

(1) CP＝1 时，主锁存器按照状态方程 $Q'^{n+1}=S+\bar{R}Q'^n$ 正常工作。从锁存器由于 CP′＝0 而保持原状态不变。

(2) CP＝1→0 时刻，主锁存器首先锁定该时刻的状态 Q'、$\overline{Q'}$ 不变。同时，CP 经过一个非门延迟，使从锁存器的 CP′＝0→1，从而将主锁存器最后时刻锁定的状态传递到从锁存器的输入端，使从锁存器 $R=\overline{Q'}$、$S=Q'$，最后将主锁存器锁定的状态 Q' 传递到从锁存器的状态输出：$Q^{n+1}=S+\bar{R}Q^n=Q'$。

(3) CP＝0 时，主锁存器状态不变，从锁存器虽然 CP′＝1，其状态也不变。

(4) CP＝0→1 时刻，主锁存器允许其状态 Q'、$\overline{Q'}$ 发生变化，但主锁存器 U2 的电路延迟比非门 U3 大，在其状态 Q'、$\overline{Q'}$ 变化之前，从锁存器的 CP′已经由 1 变为 0，封锁了从锁存器的输入，因此从锁存器状态仍然保持不变。

从以上分析可以看出，图 4-16(a)实现了主从 RS 触发器的负边沿触发功能，在 CP 脉冲的整个周期内，只有 CP 脉冲的下降沿时刻，才使触发器状态发生一次变化，主从 RS 触发器的状态方程仍然是 $Q^{n+1}=S+\bar{R}Q^n$。

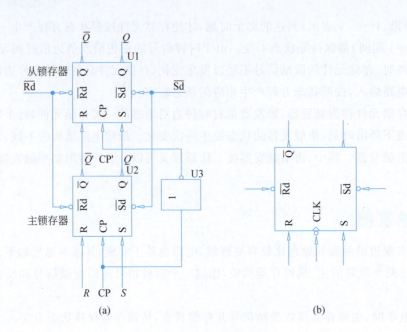

图 4-16 主从 RS 触发器
(a)电路结构；(b)原理图符号

需要说明的是，由于门控 RS 锁存器未解决其激励信号 $RS=11$ 的禁止输入问题，主从 RS 触发器依然存在禁止输入的问题。

4.4.2 主从 JK 触发器

1. 电路结构

图 4-17(a)给出了负边沿触发的主从 JK 触发器电路结构。从图中可以看出，主从 JK 触发器是由主从 RS 触发器增加引导电路改进而来的。为了解决禁止输入问题，引导电路 U4 和 U5 接入激励输入端的同时，又接入了触发器的状态反馈。图 4-17(b)为 JK 触发器的原理图符号。需要注意的是时钟端 CLK(CP)的画法，由于 JK 触发器是边沿触发，因此在时钟端上加了符号"^"，同时由于 JK 触发器是负边沿触发，因此在时钟端上加了符号"○"。

2. 工作原理与状态方程

(1) CP=1 时，主 RS 锁存器按照状态方程 $Q'^{n+1}=S+\overline{R}Q'^n$ 工作，其中 $S=J\overline{Q^n}$、$R=KQ^n$，则 $Q'^{n+1}=J\overline{Q^n}+\overline{KQ^n}Q'^n$。同时，CP'=0，从锁存器保持现态不变。

(2) CP=1→0 的下降沿时刻，主锁存器封锁 J、K 输入的变化。同时，CP'=0→1，使从锁存器按照状态方程 $Q^{n+1}=S+\overline{R}Q^n$ 工作，由于 $S=Q'$，$R=\overline{Q'}$，因此 $Q^{n+1}=Q'$，从锁存器在这一时刻只是起到状态传递作用。由于在该时刻 $Q^n=Q'^n$，因此 $Q'^{n+1}=J\overline{Q'^n}+\overline{KQ'^n}Q'^n=J\overline{Q^n}+\overline{KQ^n}Q^n$，传递到触发器输出即为触发器状态方程 $Q^{n+1}=J\overline{Q^n}+\overline{K}Q^n$。

(3) CP=0 时，主锁存器保持现态 Q' 不变，不再接受激励信号 J、K 的任何变化；与此同时，CP'=1，由于从锁存器输入状态 Q'、$\overline{Q'}$ 不变，触发器的输出状态 Q 也保持不变。

(4) 在 CP=0→1 的上升沿时刻，主锁存器按状态方程 $Q'^{n+1}=J\overline{Q^n}+\overline{KQ^n}Q'^n$ 工作。同时，CP'=1→0，从锁存器仍保持现态不变。

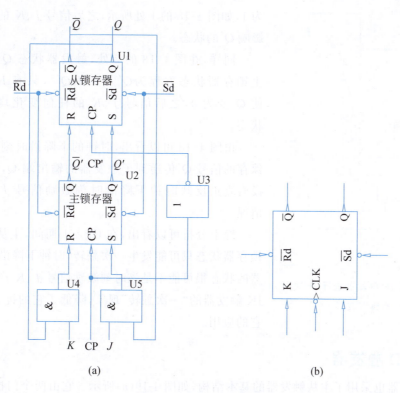

图 4-17 主从 JK 触发器
(a)电路结构；(b)原理图符号

由以上分析可以看出，触发器只在 CP＝1→0 的下降沿时刻状态发生变化，其状态方程为 $Q^{n+1}=J\overline{Q^n}+\overline{K}Q^n$。

3. "一次翻转"现象

主从 JK 触发器通过在输入端引入状态变量 Q 和 $\overline{Q}$ 的反馈，消除了基本 RS 锁存器 $R'S'=00$ 的禁止输入问题，但又产生了新的问题——"一次翻转"现象。主从 JK 触发器的"一次翻转"现象是指在 CP＝1 期间，不论输入信号 J、K 变化多少次，主锁存器状态能且仅能翻转一次。这种现象会导致激励信号 J、K 上的毛刺或干扰使主锁存器进入错误状态，在时钟信号的下降沿触发器不能捕捉到激励信号 J、K 的实际输入情况。

分析图 4-17(a)的电路图可以发现，由于与门 U4、U5 分别引入了状态变量的原变量 Q 和反变量 $\overline{Q}$，在 CP＝1 期间，这两个门在同一时刻只有一个打开，另一个处于关闭状态。

当触发器状态 $Q=0$ 时，$\overline{Q}=1$，主锁存器状态方程变为 $Q'^{n+1}=J+Q'^n$，因此 CP＝1 时主锁存器只能接收信号 J 的变化。一旦信号 J 为 1，则 $Q'=1$，在此之后，信号 J、K 的任何变化均不会对主锁存器的状态产生影响。

同理，当触发器状态 $Q=1$ 时，$\overline{Q}=0$，主锁存器状态方程变为 $Q'^{n+1}=\overline{K}Q'^n$，CP＝1 时主锁存器只能接收信号 K 的变化。一旦信号 K 为 1，则 $Q'=0$，在此之后，信号 J、K 的任何变化不会对主锁存器的状态产生任何影响。

主从 JK 触发器"一次翻转"的典型波形如图 4-18 所示。图中主锁存器状态为 Q'，触发器状态为 Q，假设初始状态都为 0。CP＝1 时，主锁存器状态方程为 $Q'^{n+1}=J+Q'^n$，只有 J 的高电平才能使 Q' 变

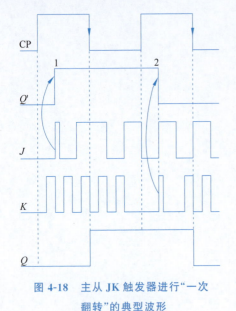

图 4-18 主从 JK 触发器进行"一次翻转"的典型波形

为 1,如图 4-18 的 1 处所示,之后信号 J、K 的任何变化均不会影响 Q' 的状态。

同样,在图 4-18 的 2 处,触发器状态 Q 为 1,CP=1 时,主锁存器状态方程为 $Q'^{n+1}=\overline{K}Q'^n$,只有 K 的高电平才能使 Q' 变为 0,之后信号 J、K 的任何变化均不会影响 Q' 的状态。

由图 4-18 可以看出,时钟的下降沿时刻只是把主锁存器保存的信号 Q' 传递到了触发器的输出端 Q,触发器的状态并没有真正反映时钟下降沿时刻激励信号 J、K 的实际输入情况。

综上分析可以看出,在 CP=1 期间,主从 JK 触发器的主锁存器状态只可能发生一次翻转,时钟下降沿时刻传递到触发器的状态很可能不是该时刻激励信号 J、K 产生的结果。主从 JK 触发器的"一次翻转"现象,降低了它的抗干扰能力,限制了它的应用。

4.4.3 主从 D 触发器

主从 D 触发器也采用了主从触发器的基本结构,如图 4-19(a)所示。它由两个门控 D 锁存器组成,分别是主锁存器 U2 和从锁存器 U1,实现负边沿触发的关键依然是这两个锁存器的门控端分别接了时钟信号的原变量 CP 和反变量 CP′。图 4-19(b)给出了主从 D 触发器的原理图符号。

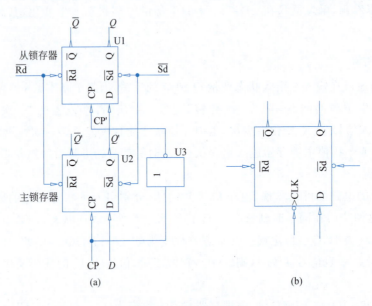

图 4-19 主从 D 触发器
(a)电路结构;(b)原理图符号

主从 D 触发器的工作过程完全符合主从触发器的基本工作原理。与主从 JK 触发器不同的是,CP=1 时,主锁存器按照状态方程 $Q'^{n+1}=D$ 正常工作,主锁存器的状态能够完全响应激励信号 D 的变化,不存在"一次翻转"现象。所以,CP=1→0 时刻,触发器的状态就是该时刻激励信号 D 的反映,使主从 D 触发器实现负边沿触发的功能,状态方程为 $Q^{n+1}=D$。

4.5 边沿触发器

主从触发器需要在时钟为 1 期间由主锁存器接受激励端的变化,在时钟下降沿将主锁存器保存的状态传递到从锁存器,因此更容易受到外部干扰。若触发器的状态只受到时钟信号边沿时刻(0→1 或 1→0)激励端信号的影响,其他时刻的激励端变化不会对触发器状态产生影响,则称这种触发器是边沿触发的边沿触发器。边沿触发器仅在时钟脉冲 CP 的上升沿或下降沿响应激励端输入信号,不仅能克服锁存器的空翻现象,而且能大大提高触发器的抗干扰能力。

边沿触发器有维持阻塞型 D 触发器和延迟型 JK 触发器。

4.5.1 正边沿触发的维持阻塞型 D 触发器

图 4-20(a)给出了正边沿触发的维持阻塞型 D 触发器电路结构。电路由两部分组成,一部分是由 U1、U2、U3 和 U4 组成的 D 锁存器,另一部分是由两个与非门 U5 与 U6 组成的引导电路。图 4-20(b)为 D 触发器的原理图符号。由于正边沿触发的维持阻塞型 D 触发器和负边沿触发的主从 D 触发器触发边沿不一样,它们的原理图符号在时钟端的画法上存在差异。负边沿触发的主从 D 触发器的时钟端上有符号"圆圈",正边沿触发的维持阻塞型 D 触发器的时钟端上没有该符号。

在 4.2.5 节中已经说明了 D 锁存器能够消除基本 RS 锁存器的禁止输入问题,在此只需说明增加引导电路 U5、U6 后 D 触发器的边沿触发原理。

1. 工作原理与状态方程

(1) CP=0 时,U3、U4 门被封锁,基本 RS 锁存器的输入信号 $R'S'=11$,D 触发器状态保持不变。同时,$R'=1,S'=1$ 反馈到 U5、U6 输入端,使两个与非门打开,输入信号 D 通过两个与非门,使 U5 的输出信号 $D'=\overline{D}$,U6 的输出信号 $D''=D$,D'、D'' 会随 D 的变化而变化。

(2) 在 CP=0→1 的上升沿时刻,D 锁存器按照状态方程 $Q^{n+1}=D''$ 工作,将该时刻激励信号 D 的值,通过 D'、D'' 传送给输出状态端 Q。

(3) CP=1 时,触发器在维持阻塞线控制下,不再接受 D 的变化,而保持现态不变。

如果 $D=1$,则 $D'=0$,$D''=1$,进而使 $S'=0$,$R'=1$,触发器状态 $Q=1$。S' 通过导线 1 反馈到 U6 的输入端,封锁 U6 的 D' 输入端,使 D'' 保持 1,这时,D 的任何变化不会再影响 S',故称导线 1 为置 1 维持线;同时,$S'=0$ 通过导线 2 封锁 U3 的其他输入,使 $R'=1$,故称导线 2 为置 0 阻塞线。通过导线 1 和导线 2 的反馈,触发器不再接受 D 的任何变化,状态 Q 保持在 CP=0→1 那个时刻的状态 1。

如果 $D=0$,则 $D'=1$,$D''=0$,进而使 $S'=1$,$R'=0$,触发器状态 $Q=0$。R' 通过导线 3 反馈到 U5 的输入端,封锁 U5 的输入端 D,这时,D 的任何变化也不会再影响触发器状态 Q,故称导线 3 为置 0 维持线;同时,由于 $S'=1$,通过导线 4 将 $D'=1$ 反馈到 U6 输入端,使 $D''=0$,故称导线 4 为置 1 阻塞线。通过导线 3 和导线 4 的反馈,使触发器不再接受 D 的任何变化,使状态 Q 保持在 $CP=0→1$ 那个时刻的状态 0。

(4) 在 CP=1→0 的下降沿时刻,$R'=1$,$S'=1$,D 触发器保持状态不变,同时开始接受激励端 D 的输入。

从以上工作过程分析可以看出,正边沿触发的维持阻塞型 D 触发器只有在 CP=0→1 的上升沿时

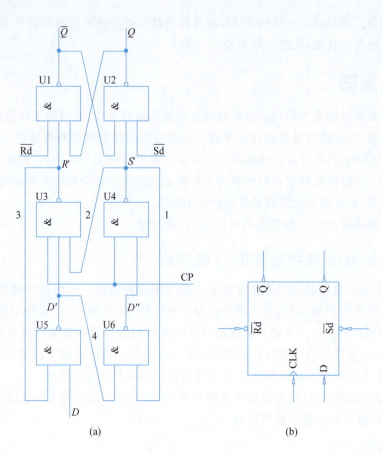

图 4-20 正边沿触发的维持阻塞型 D 触发器
(a)电路结构；(b)原理图符号

刻,才将激励端 D 的输入信号传递到状态输出端 Q,其他时间触发器都保持状态不变。因此,正边沿触发的维持阻塞型 D 触发器状态方程为 $Q^{n+1}=D$。本书后文所述的 D 触发器如未特别指明是主从 D 触发器,则均指正边沿触发的维持阻塞型 D 触发器。

2. 状态表

由 D 触发器的状态方程可以得到如表 4-6 所示的状态表,实际上也是状态方程的真值表。

表 4-6 D 触发器的状态表

Q^n	Q^{n+1}	
	$D=0$	$D=1$
0	0	1
1	0	1

由状态表可以看出如下内容。

(1) 当 $D=0$ 时,$Q^{n+1}=0$,无论现态如何,触发器进入 0 态。

(2) 当 $D=1$ 时,$Q^{n+1}=1$,无论现态如何,触发器进入 1 态。

通过分析可以看到,D 触发器的特点是次态总是与激励信号 D 保持一致。

3. 状态图

根据 D 触发器的状态表,容易画出其状态图,如图 4-21 所示。

状态图的构成方法如下。

(1) 现态 $Q^n=0$ 时,分别考虑激励信号 D 的两种情况;当 $D=0$ 时,触发器保持现态;当 $D=1$ 时,触发器次态变为 1。

(2) 现态 $Q^n=1$ 时,分别考虑激励信号 D 的两种情况;当 $D=0$ 时,触发器次态变为 0;当 $D=1$ 时,触发器保持现态。

4. 时序图

用时序图也可以描述 D 触发器的工作过程,绘制 D 触发器的时序图时应注意以下几点。

(1) 状态变化只发生在 CP=0→1 的上升沿时刻。

(2) CP 的每个上升沿之前的状态为现态 Q^n,上升沿之后的状态为次态 Q^{n+1}。

(3) 在 CP 的每个上升沿时刻,次态 Q^{n+1} 由激励信号 D 决定。

(4) 要把状态表的每一种情况都表示出来。

图 4-22 为 D 触发器的时序图示例图,图中初始状态为 0。

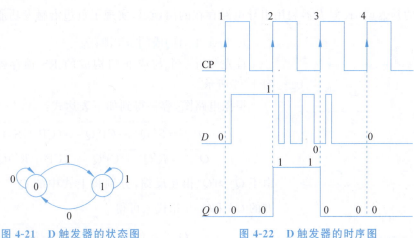

图 4-21 D 触发器的状态图   图 4-22 D 触发器的时序图

在时钟信号 CP 的第 1 个上升沿时刻,图中对应的现态 $Q^n=0$,$D=0$,查阅表 4-6 所示 D 触发器的状态表,可以得到次态 $Q^{n+1}=0$。利用 D 触发器的状态方程 $Q^{n+1}=D$,也可以直接得到 $Q^{n+1}=0$。因此,触发器保持现态不变。同理,在 CP 的第 2 个上升沿时刻,现态 $Q^n=0$,$D=1$,可得次态 $Q^{n+1}=1$,状态翻转;在 CP 的第 3 个上升沿时刻,现态 $Q^n=1$,$D=0$,可得次态 $Q^{n+1}=0$,状态翻转;在 CP 的第 4 个上升沿时刻,现态 $Q^n=0$,$D=0$,可得次态 $Q^{n+1}=0$,保持现态不变。

对比图 4-15 所示的 D 锁存器的时序图可以发现,对于相同的激励端输入波形,D 锁存器的状态输出存在空翻现象,D 触发器的状态输出只在时钟信号的上升沿按照状态方程发生一次变化,消除了空翻现象。

5. 激励表

触发器的状态方程、状态图、状态表以及时序图,都是将触发器的现态和激励信号作为输入,描述其产生相应次态和输出的工具。在时序电路设计过程中,有时也需要对触发器的工作原理进行逆向描述,即如果要使触发器由某种现态 Q^n 转变成另一种次态 Q^{n+1},应该给触发器输入什么样的激励信号,也就是将现态 Q^n 和次态 Q^{n+1} 作为自变量,得到触发器激励信号的函数。这种将现态 Q^n 和次态 Q^{n+1} 作为自变量,触发器激励信号作为输出函数的描述工具称为激励表。

分析 D 触发器的状态表可以得到其激励表如表 4-7 所示。

表 4-7 D 触发器的激励表

Q^n	Q^{n+1}	D
0	0	0
0	1	1
1	0	0
1	1	1

可以看出,D 触发器的激励表特征是:激励端与次态完全相同。也就是说,希望得到什么样的次态,就应给激励端输入什么样的激励信号。

4.5.2 负边沿触发的延迟型 JK 触发器

负边沿触发的延迟型 JK 触发器利用引导电路存在的门延迟,实现了负边沿触发功能。

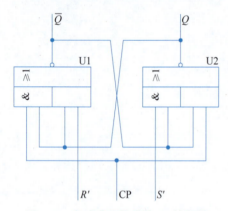

图 4-23 与或非门构成的 RS 锁存器

1. 与或非门构成的 RS 锁存器

首先分析一个与或非门构成的 RS 锁存器,电路结构如图 4-23 所示。

根据电路图,容易得到如下表达式:

$$Q^{n+1} = \overline{S'\overline{Q^n} + CP\,\overline{Q^n}} = \overline{(CP+S')\,\overline{Q^n}}$$

$$\overline{Q^{n+1}} = \overline{R'Q^n + CPQ^n} = \overline{(CP+R')Q^n}$$

由于 Q^n 和 $\overline{Q^n}$ 相互反馈,分别将上式中的 Q^{n+1} 和 $\overline{Q^{n+1}}$ 当作对方的 Q^n 和 $\overline{Q^n}$ 互相代入可得

$$Q^{n+1} = \overline{(CP+S')\,\overline{(CP+R')Q^n}}$$

$$\overline{Q^{n+1}} = \overline{(CP+R')\,\overline{(CP+S')\,\overline{Q^n}}}$$

化简后可得次态函数表达式:

$$Q^{n+1} = \overline{(CP+S')} + (CP+R')Q^n = \overline{CP}\,\overline{S'} + CPQ^n + R'Q^n = \overline{CP}(\overline{S'} + R'Q^n) + CPQ^n$$

$$\overline{Q^{n+1}} = \overline{(CP+R')} + (CP+S')\,\overline{Q^n} = \overline{CP}\,\overline{R'} + CP\,\overline{Q^n} + S'\,\overline{Q^n} = \overline{CP}(\overline{R'} + S'\,\overline{Q^n}) + CP\,\overline{Q^n}$$

分析次态函数表达式可知如下内容。

(1) 当 CP=1 时,$Q^{n+1} = Q^n$,$\overline{Q^{n+1}} = \overline{Q^n}$。

(2) 当 CP=0 时,$Q^{n+1} = \overline{S'} + R'Q^n$,$\overline{Q^{n+1}} = \overline{R'} + S'\overline{Q^n}$。

由以上分析可以看出,该锁存器在门控端信号 CP=0 时,按照状态方程 $Q^{n+1} = \overline{S'} + R'Q^n$ 工作,CP=1 时保持状态不变。与基本 RS 锁存器一样,该锁存器也存在 $R'S'=00$ 的禁止输入问题。

2. 负边沿触发的延迟型 JK 触发器

与 JK 锁存器消除禁止输入问题的方法一样,在上述锁存器的输入端加入引导电路,并引入状态变量的反馈,就构成了如图 4-24 所示的负边沿触发的延迟型 JK 触发器电路。电路由两部分组成,一部分

是由 U1、U2 与或非门组成的 RS 锁存器,另一部分是由 U3、U4 与非门组成的引导电路。

图 4-24 中,触发器的引导电路由与非门 U3、U4 构成,引入状态反馈是为了消除禁止输入问题。其函数表达式为

$$R' = \overline{CP \cdot K \cdot Q^n}$$
$$S' = \overline{CP \cdot J \cdot \overline{Q^n}}$$

当 CP=0 时,$R'=1, S'=1$。

当 CP=1 时,$R' = \overline{KQ^n}, S' = \overline{J\overline{Q^n}}$。

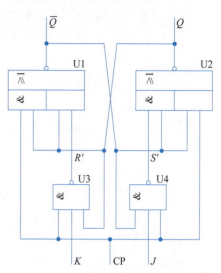

图 4-24 负边沿触发的延迟型 JK 触发器的电路结构

3. 触发器工作原理

(1) CP=0 时,引导电路 U3、U4 被封锁使 $R'S'=11$,RS 锁存器虽然按照状态方程 $Q^{n+1} = \overline{S'} + R'Q^n$ 进行工作,但由于 $R'S'=11$,触发器状态保持现态不变。

(2) 在 CP=0→1 时刻,RS 锁存器首先按照状态方程 $Q^{n+1}=Q^n$ 使触发器保持现态。同时引导电路 U3、U4 被打开,接受激励信号 J、K 的变化。由于 U3、U4 存在门延迟,当 R' 和 S' 产生有效输出时,门控 RS 锁存器已不接受 R' 和 S' 的任何变化。

(3) CP=1 时,锁存器保持现态,引导电路按照函数 $R'=\overline{KQ^n}, S'=\overline{J\overline{Q^n}}$ 接受激励信号 J、K 的变化。

(4) 在 CP=1→0 时刻,引导电路 U3、U4 被封锁,但由于引导电路存在门延迟,$R'=\overline{KQ^n}, S'=\overline{J\overline{Q^n}}$ 仍会保持一段时间。同时,门控 RS 锁存器开始按照状态方程 $Q^{n+1}=\overline{S'}+R'Q^n$ 工作,在该时刻 $R'=\overline{KQ^n}, S'=\overline{J\overline{Q^n}}$。因此,触发器按照状态方程 $Q^{n+1}=J\overline{Q^n}+\overline{K}Q^n$ 改变状态。当引导电路 U3、U4 门延迟结束时,$R'S'=11$,触发器将保持最后状态不变,然后进入 CP=0 的状态保持阶段。

综上所述,负边沿触发的延迟型 JK 触发器在时钟负边沿时刻的状态方程为 $Q^{n+1}=J\overline{Q^n}+\overline{K}Q^n$,该触发器消除了主从触发器的"一次翻转"问题,目前的大多数 TTL 集成 JK 触发器使用了这种电路结构。本书后文所述的 JK 触发器如未特别指明是主从 JK 触发器,则均指负边沿触发的延迟型 JK 触发器。

4. 状态表

由 JK 触发器的状态方程,可以得到如表 4-8 所示的状态表。它实际上也是状态方程的真值表。

表 4-8 JK 触发器的状态表

Q^n	Q^{n+1}			
	$JK=00$	$JK=01$	$JK=11$	$JK=10$
0	0	0	1	1
1	1	0	0	1

由状态表可以看出如下内容。

(1) 当 $JK=00$ 时，$Q^{n+1}=Q^n$，触发器状态保持不变。
(2) 当 $JK=01$ 时，$Q^{n+1}=0$，触发器被置"0"。
(3) 当 $JK=10$ 时，$Q^{n+1}=1$，触发器被置"1"。
(4) 当 $JK=11$ 时，$Q^{n+1}=\overline{Q^n}$，触发器状态翻转。

需要注意的是，状态表中的每一次现态 Q^n 到次态 Q^{n+1} 的变化都是在时钟脉冲的下降沿到达时产生的。

5. 状态图

根据 JK 触发器的状态表，容易画出其状态图，如图 4-25 所示。

状态图的构成方法如下。

(1) 当现态 $Q^n=0$ 时，激励信号 JK 要考虑 4 种情况：JK 为 00、01 时，触发器保持现态；JK 为 10、11 时，触发器次态变为 1。

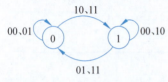

图 4-25 JK 触发器的状态图

(2) 当现态 $Q^n=1$ 时，激励信号 JK 也要考虑 4 种情况：JK 为 00、10 时，触发器保持现态；JK 为 01、11 时，触发器次态变为 0。

6. 时序图

用时序图也可以描述 JK 触发器的工作过程，绘制 JK 触发器的时序图时应注意以下几点。

(1) 状态变化只发生在 CP=1→0 的下降沿时刻。
(2) CP 的每个下降沿之前的状态为现态 Q^n，下降沿之后的状态为次态 Q^{n+1}。
(3) 在 CP 的每个下降沿时刻，次态 Q^{n+1} 由当前的现态 Q^n 和激励信号 J、K 决定。
(4) 要把状态表的每一种情况都表示出来。

图 4-26 为 JK 触发器的时序图示例图。图中给出了初始状态为 0，激励信号 JK 变化序列为 00→10→00→01→11→10→11 时的波形变化过程。

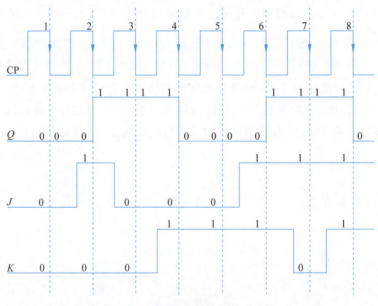

图 4-26 边沿 JK 触发器的时序图

在时钟信号 CP 的第 1 个下降沿时刻，图中对应的现态 $Q^n=0$，$JK=00$，查阅表 4-8 所示 JK 触发器的状态表，可以得到次态 $Q^{n+1}=0$。同样利用 JK 触发器的状态方程 $Q^{n+1}=J\overline{Q^n}+\overline{K}Q^n$，也可以得到 $Q^{n+1}=0$。因此，触发器保持现态不变。同理：

在 CP 的第 2 个下降沿时刻,现态 $Q^n=0$,$JK=10$,可得次态 $Q^{n+1}=1$,状态翻转;
在 CP 的第 3 个下降沿时刻,现态 $Q^n=1$,$JK=00$,可得次态 $Q^{n+1}=1$,保持现态不变;
在 CP 的第 4 个下降沿时刻,现态 $Q^n=1$,$JK=01$,可得次态 $Q^{n+1}=0$,状态翻转;
在 CP 的第 5 个下降沿时刻,现态 $Q^n=0$,$JK=01$,可得次态 $Q^{n+1}=0$,保持现态不变;
在 CP 的第 6 个下降沿时刻,现态 $Q^n=0$,$JK=11$,可得次态 $Q^{n+1}=1$,状态翻转;
在 CP 的第 7 个下降沿时刻,现态 $Q^n=1$,$JK=10$,可得次态 $Q^{n+1}=1$,保持现态不变;
在 CP 的第 8 个下降沿时刻,现态 $Q^n=1$,$JK=11$,可得次态 $Q^{n+1}=0$,状态翻转。

7. 激励表

分析 JK 触发器的状态表可以发现:
当 $Q^n=0$,$Q^{n+1}=0$ 时,对应的 $JK=00$ 或 01,即 $JK=0\times$;
当 $Q^n=0$,$Q^{n+1}=1$ 时,对应的 $JK=10$ 或 11,即 $JK=1\times$;
当 $Q^n=1$,$Q^{n+1}=0$ 时,对应的 $JK=01$ 或 11,即 $JK=\times 1$;
当 $Q^n=1$,$Q^{n+1}=1$ 时,对应的 $JK=00$ 或 10,即 $JK=\times 0$。
因此,可以得到如表 4-9 所示的 JK 触发器激励表。

表 4-9 JK 触发器的激励表

Q^n	Q^{n+1}	J	K
0	0	0	×
0	1	1	×
1	0	×	1
1	1	×	0

可以看出,JK 触发器的激励表特征如下:当 J 为 0 时,保持 0 态;当 J 为 1 时,0 态变 1 态;当 K 为 0 时,保持 1 态;当 K 为 1 时,1 态变 0 态。

4.6 T 触发器

在时序电路中还有一种常用触发器——T 触发器,T 触发器又称翻转触发器,可以对信号线上的脉冲进行计数。尽管这种触发器在现实中并不存在相应的器件,但是在设计计数器电路时会经常使用。T 触发器仅有一个激励信号 T,器件的功能如下:当 $T=0$ 时,触发器保持现态;当 $T=1$ 时,时钟的边沿到达,触发器的状态发生翻转。

1. 电路结构与状态方程

按照 T 触发器的功能描述,可将其状态方程表示为 $Q^{n+1}=T\oplus Q^n$。
当 $T=0$ 时,$Q^{n+1}=Q^n$ 保持现态;当 $T=1$ 时,$Q^{n+1}=\overline{Q^n}$ 状态翻转。
T 触发器可以用现有的各种集成触发器件实现,其实现方法就是布尔函数的变换过程。下面为用 JK 触发器、D 触发器实现 T 触发器的示例。
1) 用 D 触发器实现 T 触发器
T 触发器的状态方程为

$$Q^{n+1} = T \oplus Q^n$$

D 触发器的状态方程为

$$Q^{n+1} = D$$

将 T 触发器的激励端和现态作为输入,D 触发器的激励端作为输出,可得 D 触发器的激励端函数 $D = T \oplus Q^n$。也就是说,将表达式 $D = T \oplus Q^n$ 构成的电路输出接入 D 触发器的激励端,就构成了 T 触发器。图 4-27 给出了用正边沿 D 触发器实现正边沿 T 触发器的电路结构和原理图符号。

2)用 JK 触发器实现 T 触发器

用 JK 触发器实现 T 触发器也可以采用同样的方法。

T 触发器的状态方程为

$$Q^{n+1} = T \oplus Q^n = T\overline{Q^n} + \overline{T}Q^n$$

JK 触发器的状态方程为

$$Q^{n+1} = J\overline{Q^n} + \overline{K}Q^n$$

将 T 触发器的激励端和现态作为输入,JK 触发器的激励端作为输出,可得 $J = K = T$。也就是说,将 JK 触发器的激励端 J、K 直接短接并命名为 T,即可构成 T 触发器。

图 4-28 给出了用 JK 触发器实现的负边沿 T 触发器的电路结构和对应的原理图符号。

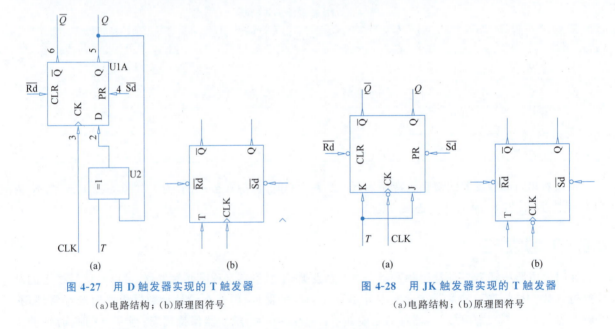

图 4-27　用 D 触发器实现的 T 触发器 　　　图 4-28　用 JK 触发器实现的 T 触发器

(a)电路结构;(b)原理图符号　　　　　　　(a)电路结构;(b)原理图符号

下面,以用 JK 触发器实现的负边沿 T 触发器为例进行分析。

2. 状态表

根据 T 触发器的状态方程 $Q^{n+1} = T \oplus Q^n$,可以得到如表 4-10 所示的 T 触发器状态表。

表 4-10　T 触发器的状态表

Q^n	Q^{n+1}	
	$T=0$	$T=1$
0	0	1
1	1	0

根据 T 触发器的状态表可以得出如下结论。

(1) 当 $T=0$ 时,触发器保持现态不变。

(2) 当 $T=1$ 时,触发器在 CP 的下降沿总是发生翻转,即 $Q^{n+1}=\overline{Q^n}$。

3. 状态图

根据 T 触发器的状态表,容易画出对应的状态图,如图 4-29 所示。

状态图的构成方法如下。

(1) 当现态 $Q^n=0$ 时,激励信号 T 要考虑两种情况:当 $T=0$ 时,触发器保持现态;当 $T=1$ 时,触发器次态变为 1。

(2) 当现态 $Q^n=1$ 时,激励信号 T 也要考虑两种情况:当 $T=0$ 时,触发器保持现态;当 $T=1$ 时,触发器次态变为 0。

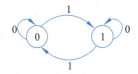

图 4-29 T 触发器状态图

4. 激励表

分析 T 触发器的状态表可以得到如表 4-11 所示的 T 触发器激励表

表 4-11 T 触发器的激励表

Q^n	Q^{n+1}	T
0	0	0
0	1	1
1	0	1
1	1	0

可以看出,T 触发器的激励表特征如下:当触发器保持现态时,$T=0$;当触发器状态翻转时,$T=1$。

4.7 集成触发器

在 TTL 和 CMOS 集成电路中,给出了一些经常使用的集成锁存器和触发器器件,它们的工作原理与上述的锁存器和触发器完全相同,器件生产厂商把这些电路制作成标准集成电路器件供电路设计人员选用。本节给出这些集成电路器件的引脚排列、原理图及功能表。

4.7.1 集成 RS 锁存器

常用集成 RS 锁存器有 TTL 的 74xx279、CMOS 的 CD4043、CD4044。下面简单介绍 74xx279,其他器件具有类似结构。

74xx279 是四 RS 锁存器,其内部封装了两组完全相同的基本 RS 锁存器,74xx279 的引脚排列和其中一组锁存器的原理图符号如图 4-30 所示。

在介绍具体器件以前,有必要对集成电路器件的原理图符号编号习惯进行说明。

在一幅电路原理图中,如果需要使用多个集成电路器件,为利于电路元件的区分和查错,就要对每个集成电路器件进行顺序编号,例如 U1、U2……

在一个集成电路器件中,如果包含多个功能相

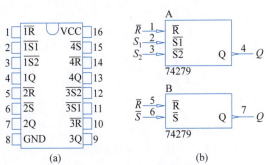

图 4-30 TTL 的 RS 锁存器 74xx279

(a)引脚排列;(b)原理图符号

同、相互独立的电路模块,也往往需要对每个电路模块的原理图符号进行顺序编号,习惯的编号方式为按字母顺序进行编号,例如 U1A、U1B……

在 74xx279 中,包含了 4 个基本 RS 锁存器,可以分别命名为 A、B、C、D 模块,其中 A、C 模块具有完全相同的结构,B、D 模块结构也相同。图 4-30(b)只给出了 A、B 模块的原理图符号,C、D 模块的原理图符号分别与 A、B 模块的结构相同。

A 模块的输入输出定义如下,其他模块类似。

(1) 激励信号:$\overline{R}$、$\overline{S_1}$、$\overline{S_2}$,低电平有效。为了和非关系区分,命名为 R'、S_1'、S_2'。其中 S_1'、S_2' 是与关系,可以用 $S'=S_1'S_2'$ 表示。

(2) 状态输出信号:Q,锁存器的状态输出。

74xx279 锁存器的功能表如表 4-12 所示。

表 4-12　RS 锁存器 74xx279 的功能表

$S'=S_1'S_2'$	R'	Q
H	H	不变
L	H	H
H	L	L
L	L	不稳定

第 1 行,$S'=1$,$R'=1$,锁存器保持现态不变。

第 2 行,$S'=0$,$R'=1$,锁存器状态置 1。

第 3 行,$S'=1$,$R'=0$,锁存器状态清 0。

第 4 行,$S'=0$,$R'=0$,禁止输入,锁存器状态不稳定。

4.7.2　集成 D 锁存器

常用集成 D 锁存器有 TTL 的四 D 锁存器 74xx75、CMOS 的四 D 锁存器 CD4042 等,下面简单介绍 74xx75,其他器件具有类似结构。

74xx75 是四 D 锁存器,其内部封装了 4 个 D 锁存器,两个锁存器构成一个模块,共用一个门控。A 模块中的锁存器 1、2 共用一个门控端 EN1-2,B 模块中的锁存器 3、4 共用一个门控端 EN3-4,74xx75 的引脚排列和 A 模块的原理图符号如图 4-31 所示。

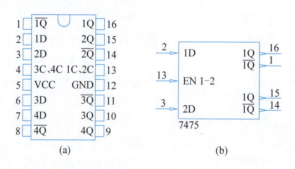

图 4-31　TTL 的 D 锁存器 74xx75
(a)引脚排列;(b)原理图符号

A 模块的输入输出定义如下,锁存器 3、4 具有相同结构。
(1) 激励信号:1D 和 2D。
(2) 门控信号:1C、2C,两个锁存器共用的门控信号,对应原理图符号中的 EN1-2。
(3) 状态输出信号:1Q、$\overline{1Q}$ 和 2Q、$\overline{2Q}$,锁存器的状态输出。

74xx75 锁存器的功能表如表 4-13 所示。

表 4-13　D 锁存器 74xx75 的功能表

D	C	Q	$\overline{Q}$
H	H	H	L
L	H	L	H
×	L	Q_0	$\overline{Q_0}$

第 1 行,$C=1$、$D=1$,锁存器状态置 1。
第 2 行,$C=1$、$D=0$,锁存器状态置 0。
第 3 行,$C=0$、D 任意,锁存器保持现态 Q_0。

4.7.3　集成 JK 触发器

常用集成 JK 触发器芯片有 TTL 的与输入 JK 触发器 74xx72、双 JK 触发器 74xx73、双 JK 触发器 74xx76、双 JK 触发器 74xx109(正边沿触发)、双 JK 触发器 74xx112 等,它们大多是边沿触发的 JK 触发器,且负边沿触发居多。CMOS 的 JK 触发器型号有双 JK 触发器 CD4027、与输入 JK 触发器 CD4095、CD4096 等。这里简单介绍双 JK 触发器 74xx112,其他器件具有类似结构。

74xx112 内部封装了两个完全相同的 JK 触发器,分别为 A、B 模块,74xx112 的引脚排列和其中一个触发器的原理图符号如图 4-32 所示。

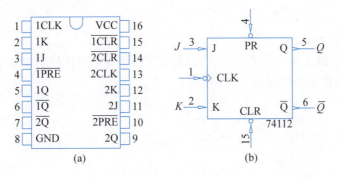

图 4-32　TTL 的 JK 触发器 74xx112
(a)引脚排列;(b)原理图符号

每个 JK 触发器输入输出定义如下。
(1) 时钟输入信号:CLK。
(2) 激励信号:J、K。
(3) 预置输入信号:$\overline{PR}$、$\overline{CLR}$,分别为置 1、清 0 端,低电平有效,分别对应引脚排列图中的 $\overline{PRE}$、$\overline{CLR}$。

(4) 状态输出信号：Q、$\bar{Q}$，分别为触发器的原变量、反变量状态输出。

74xx112 触发器的功能表如表 4-14 所示。

表 4-14 JK 触发器 74xx112 的功能表

$\overline{PR}$	$\overline{CLR}$	CLK	J	K	Q	$\bar{Q}$
L	H	×	×	×	H	L
H	L	×	×	×	L	H
L	L	×	×	×	不稳定	不稳定
H	H	↓	L	L	不变	不变
H	H	↓	H	L	H	L
H	H	↓	L	H	L	H
H	H	↓	H	H	翻转	翻转
H	H	H	×	×	不变	不变

第 1 行，$\overline{PR}=0$、$\overline{CLR}=1$，触发器置 1。

第 2 行，$\overline{PR}=1$、$\overline{CLR}=0$，触发器清 0。

第 3 行，$\overline{PR}=0$、$\overline{CLR}=0$，触发器状态不稳定，应避免这两个输入信号同时为 0。

第 4~7 行，$\overline{PR}=1$、$\overline{CLR}=1$，CLK 产生下降沿跳变(↓)，触发器按照 JK 触发器的状态方程 $Q^{n+1}=J\bar{Q}^n+\bar{K}Q^n$ 工作。

第 8 行，$\overline{PR}=1$、$\overline{CLR}=1$，CLK 无下降沿跳变，触发器保持状态不变。

4.7.4 集成 D 触发器

集成 D 触发器种类繁多，最典型的有 TTL 的双 D 触发器 74xx74、CMOS 的双 D 正边沿触发器 CD4013 等。

1. TTL 的 D 触发器 74xx74

74xx74 是双正边沿触发的 D 触发器，其内部封装了两个完全相同的 D 触发器，74xx74 的引脚排列和其中一个触发器的原理图符号如图 4-33 所示。

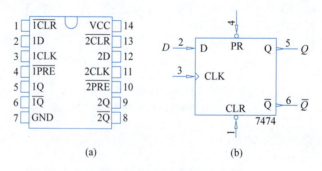

(a)　　　　　　　(b)

图 4-33 TTL 的 D 触发器 74xx74

(a)引脚排列；(b)原理图符号

每一个 D 触发器输入输出定义如下。

(1) 时钟输入信号：CLK。

(2) 激励信号：D。

(3) 预置输入信号：$\overline{PR}$、$\overline{CLR}$，分别为置 1、清 0 端，低电平有效，分别对应引脚排列图中的 $\overline{PRE}$、$\overline{CLR}$。

(4) 状态输出信号：Q、$\overline{Q}$，分别为触发器的原变量、反变量状态输出。

74xx74 触发器的功能表如表 4-15 所示。

表 4-15 D 触发器 74xx74 的功能表

$\overline{PR}$	$\overline{CLR}$	CLK	D	Q	$\overline{Q}$
L	H	×	×	H	L
H	L	×	×	L	H
L	L	×	×	不稳定	不稳定
H	H	↑	L	L	H
H	H	↑	H	H	L
H	H	H	×	不变	不变

第 1 行，$\overline{PR}=0$、$\overline{CLR}=1$，触发器置 1。

第 2 行，$\overline{PR}=1$、$\overline{CLR}=0$，触发器清 0。

第 3 行，$\overline{PR}=0$、$\overline{CLR}=0$，触发器状态不稳定，应避免这两个输入信号同时为 0。

第 4、5 行，$\overline{PR}=1$、$\overline{CLR}=1$，CLK 产生上升沿跳变(↑)，触发器按照 D 触发器的状态方程 $Q^{n+1}=D$ 工作。

第 6 行，$\overline{PR}=1$、$\overline{CLR}=1$，CLK 保持高电平，触发器保持现态不变。

2. CMOS 的 D 型触发器 CD4013

CD4013 也是双正边沿触发的 D 触发器，其内部封装了两个完全相同的 D 触发器，CD4013 的引脚排列和其中一个触发器的原理图符号如图 4-34 所示。

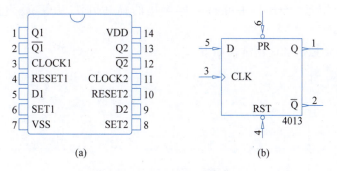

图 4-34 CMOS 的 D 触发器 CD4013

(a)引脚排列；(b)原理图符号

CD4013 与 74xx74 触发器基本功能完全相同，不同之处如下。

(1) 引脚排列顺序不同。

(2) 电源电压不同。

(3) 置 1、清 0 端是高电平有效。

4.8 触发器的 VHDL 描述

由于触发器属于时序逻辑电路,不仅有状态反馈的概念,而且有时钟边沿触发的特性,因此,用 VHDL 描述触发器(也包括时序逻辑电路)时,需要增加时钟信号边沿特性和反馈信号的描述。

4.8.1 VHDL 描述时序电路的相关知识

1. 信号的属性函数

利用信号的属性函数,可以得到信号的行为信息、功能信息和历史信息。信号的属性函数共有 5 种。

(1) 信号'event:如果在当前一个相当小的时间间隔内事件发生了,那么属性函数将返回一个布尔量"真"值,否则将返回一个布尔量"假"值。

(2) 信号'active:如果在当前时刻信号发生了变化,那么属性函数将返回一个布尔量"真"值,否则将返回一个布尔量"假"值。

(3) 信号'last_value:信号最后一次变化前的值,它返回的值和信号的数据类型相同。

(4) 信号'last_event:信号最后一次变化到当前时刻所经历的时间,它是一个时间量,有物理单位。

(5) 信号'last_active:信号从前一次变化到现在所经历的时间,它是一个时间量,有物理单位。

2. 信号的边沿检测

信号的边沿检测方法常用于触发器时钟信号的上升沿或下降沿的边沿检测。

(1) 上升沿判断逻辑:CLK'event and CLK='1',有上升沿,会返回"真",否则返回"假"。

(2) 下降沿判断逻辑:CLK'event and CLK='0',有下降沿,会返回"真",否则返回"假"。

这里用到了信号的属性函数 event,当信号 CLK 在当前一个相当小的时间间隔内事件发生了(有变化),则会返回真值,再配合 CLK='1'或者 CLK='0'的判断,就能够检测出 CLK 信号的上升沿或下降沿。

3. VHDL 的时序电路描述

触发器是一种独立运行的电路模块,因此,在 VHDL 中要用一个独立的可并行执行的程序模块来描述。在 2.3.5 节中介绍过,VHDL 中并行程序模块的描述方法很多,最为常用的就是进程语句 PROCESS。

(1) 进程语句 PROCESS 的语法结构如下:

```
process (敏感信号列表)
begin
    顺序语句;
    …
end process;
```

其中,敏感信号列表是指在该进程中用到的输入信号列表。形如:

```
(信号 1,信号 2,…,信号 n)
```

敏感信号,是指该电路模块对列表中的信号是敏感的,这些信号的任何变化都会启动该电路模块的执行,否则,该电路模块保持不变。

顺序语句可以是 VHDL 支持的任何顺序语句。

(2) 触发器的进程语句描述。触发器可以在进程语句中描述,由于触发器是边沿触发的,因此进程敏感信号列表中必须包含时钟信号（如 CLK），而且在进程中要书写当检测到时钟信号边沿（上升沿或下降沿）时电路应完成的功能。带有时钟信号边沿检测的进程语句示例如下：

```
process (clk,…)
begin
    …
    if clk'event and clk='1' then                         --上升沿检测
    --或者 if clk'event and clk='0'then                   --下降沿检测
        时钟信号边沿到达时,电路应完成的功能描述；
    end if;
    …
end process;
```

该进程经过综合后，会产生对应的触发器电路。

需要说明的是，VHDL 不允许在一个进程中检测多个信号的边沿。一个带有时钟信号边沿检测的 VHDL 进程只能综合为一个触发器电路，当在一个进程中检测多个信号的边沿时，会产生多个触发器电路，带来电路时序状态的紊乱。

（3）触发器的同步复位与异步复位描述。触发器的复位是指，在电路工作开始或工作过程中，给电路设置一个初始的状态。在 VHDL 中，有两种可用的触发器复位方式，即同步复位和异步复位。

同步复位是指复位操作与时钟信号同步，只有当时钟边沿到来时，才能进行复位操作。例如，下面这段代码在时钟边沿到达时完成同步复位操作：

```
process (clk,rst,…)
begin
    …
if clk'event and clk='1' then                             --上升沿检测
    if rst='0' then
        电路复位,直接设置电路的初始工作状态;
    else
        时钟信号边沿到达时,电路应完成的功能描述;
    end if;
end if;
    …
end process;
```

上面这段代码中加入了敏感信号 rst，当时钟边沿到达且 rst 为 0 时，电路执行复位操作；当时钟边沿到达且 rst 为 1 时，电路执行其逻辑功能。

异步复位是指复位操作与时钟信号无关，无论时钟边沿是否到来，只要复位信号到达，就可以进行复位操作。具体如下：

```
process (clk,rst,…)
begin
    …
    if rst='0' then
        电路复位,直接设置电路的初始工作状态;
    else
        if clk'event and clk='1' then                     --上升沿检测
            时钟信号边沿到达时,电路应完成的功能描述;
        end if;
    end if;
    …
end process;
```

上面这段代码中同样加入了敏感信号 rst,但其复位操作不受时钟边沿的控制,只要 rst 为 0,电路即进行复位操作;只有 rst 为 1 时,才进行时钟边沿检测;只有 rst 为 1 且时钟边沿到达时,电路才执行其逻辑功能。

4.8.2 触发器的 VHDL 描述

1. JK 触发器的 VHDL 描述

下面为一段 VHDL 代码:

```
library IEEE;
use IEEE.STD_LOGIC_1164.ALL;
entity JKFF is
    Port ( J : in STD_LOGIC;
           K : in STD_LOGIC;
           CLR : in STD_LOGIC;
           clk : in STD_LOGIC;
           Q : out STD_LOGIC;
           QN : out STD_LOGIC);
end JKFF;
architecture Behavioral of JKFF is
    signal y: std_logic:='0';                          --初始状态为 0;
begin
    process (clk,CLR,J,K)
    begin
        if CLR='0' then                                --异步复位
            y<='0';
        else if clk'event and clk='0' then             --下降沿检测
            y<=(j and (not y)) or ((not k) and y) ;    --JK 触发器状态方程
        end if;
        end if;
    end process;

    Q<=y;
    QN<=not y;
end Behavioral;
```

这段 VHDL 代码描述的 JK 触发器功能如下。

(1) 输入信号 J、K、CLR、CLK,输出信号: Q、QN。

(2) 实现异步复位功能,当 CLR 低电平时实现异步复位。

(3) CLK 负边沿触发,状态方程为 $Q^{n+1}=J\overline{Q^n}+\overline{K}Q^n$。

2. D 触发器的 VHDL 描述

下面为一段 VHDL 代码:

```
library IEEE;
use IEEE.STD_LOGIC_1164.ALL;
entity DFF is
    Port ( D: in STD_LOGIC;
           CLR : in STD_LOGIC;
           CLK : in STD_LOGIC;
           Q : out STD_LOGIC;
           QN : out STD_LOGIC);
```

```vhdl
end DFF;
architecture Behavioral of DFF is
    signal y: std_logic:='0';                     --初始状态为 0;
begin
    process (clk, CLR, D)
    begin
        if CLR='0' then                           --异步复位
            y<='0';
            else if clk'event and clk='1' then    --上升沿检测
                y<=D ;                            --D 触发器状态方程
            end if;
        end if;
    end process;
    Q<=y;
    QN<=not y;
end Behavioral;
```

这段 VHDL 代码描述的 D 触发器功能如下。

(1) 输入信号 D、CLR、CLK，输出信号 Q、QN。

(2) 异步复位功能，CLR 低电平时实现异步复位。

(3) CLK 正边沿触发，状态方程为 $Q^{n+1}=D$。

4.8.3 基本 RS 锁存器的 VHDL 描述

下面为一段 VHDL 代码：

```vhdl
library IEEE;
use IEEE.STD_LOGIC_1164.ALL;
entity RSLatch is
    Port ( R : in STD_LOGIC;
           S : in STD_LOGIC;
           Q : inout STD_LOGIC;
           QN : inout STD_LOGIC);
end RSLatch;
architecture Behavioral of RSLatch is
begin
    process(R,S,Q,QN)
    begin
        QN<=R nand Q;
        Q<=S nand QN;
    end process;
end Behavioral;
```

这段 VHDL 代码描述的基本 RS 锁存器功能如下。

(1) 输入信号 R、S，输出(反馈)信号 Q、QN。

(2) $Q=\overline{S \cdot QN}$，$QN=\overline{R \cdot Q}$。

由上述程序可以看出如下内容。

(1) 该电路的输出信号 Q、QN 同时又反馈到了电路的输入端，因此其端口模式为 INOUT。

(2) 锁存器没有时钟信号，是电平敏感电路，若输入发生变化，则状态跟着发生变化。

对上述代码综合时，会产生一个严重警告信息：这段代码存在组合逻辑循环，生成了锁存器。

锁存器是电平敏感存储元件，对输入(或反馈)信号上的毛刺敏感。由于在组合电路中存在组合险象，不可避免会产生毛刺信号，如果电路中存在对毛刺信号敏感的锁存器，会产生意想不到的结果。另外，由于没有时钟信号，锁存器不容易进行静态时序分析。正是因为这两个原因，在 FPGA 设计时，尽量不使用锁存器，除非真的需要锁存的功能。如果仅是因为代码风格问题而导致电路中出现锁存器或者类似功能的逻辑，那么其本身就是一个功能错误。

正常的组合逻辑电路描述不会产生锁存器。在 FPGA 电路设计中，不规范的电路描述可能会产生意想不到的锁存器，而设计者往往并没有注意到自己的设计会被综合出锁存器，导致综合出的电路出现逻辑错误。描述组合逻辑电路时产生意外的锁存器的情况一般有以下两种。

(1) if 语句缺少 else。
(2) case 结构中的分支没有包含所有情况，且没有 default 语句。

因此，在设计组合逻辑电路时，要注意将 if 语句中的 else 写完整，case 结构中一定要考虑所有取值情况，并加上 default 语句，这样可以减少综合出锁存器的可能性。

在时钟边沿触发的时序电路中，即便因为语句不完整而产生了锁存器，电路一般不会对毛刺敏感，也不会产生逻辑错误。

本章小结

本章首先介绍了时序机的基本概念，以及时序机的状态图、状态表描述方法；讨论了时序逻辑电路与时序机的关系及时序逻辑电路的分类。然后详细介绍了不同类型的锁存器、触发器的构成及基本工作原理，给出了常用的锁存器、触发器器件。最后对锁存器、触发器的 VHDL 描述方法进行了讨论。

习题 4

1. 在如图 4-7(a)所示的基本 RS 锁存器电路中，输入如图 4-35 所示的波形，试画出 Q 和 $\overline{Q}$ 的波形（不考虑各门的传输延迟时间，并设触发器的初始状态为 0）。

2. 试分析图 4-36 所示电路的逻辑功能，并与基本 RS 触发器的逻辑功能进行比较。

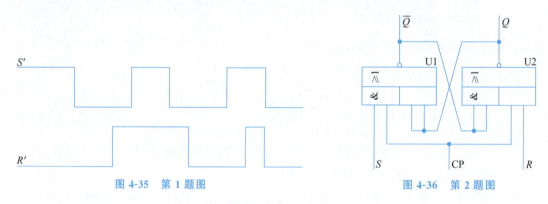

图 4-35 第 1 题图　　　　　图 4-36 第 2 题图

3. 给出 D 锁存器、JK 锁存器的功能表和状态表。

4. 已知具有直接清 0、置 1 功能的主从 JK 触发器（如图 4-17(a)所示），各输入端的波形如图 4-37 所示，试画出 Q' 和 $\overline{Q}$ 的波形（触发器的初始状态为 0 态）。

5. 电路如题 4，设 $\overline{S_d}$ 和 $\overline{R_d}$ 端始终处在高电平，CP、J、K 的波形如图 4-38 所示，试画出 Q' 和 $\overline{Q}$ 的波形（触发器的初始状态为 0 态）。

6. 如图 4-39 所示电路为 RS 触发器的一种结构。写出其真值表，说明其工作原理，并指出它与主从 RS 触发器功能上的区别。根据输入信号画出对应输出信号 Q 的波形。

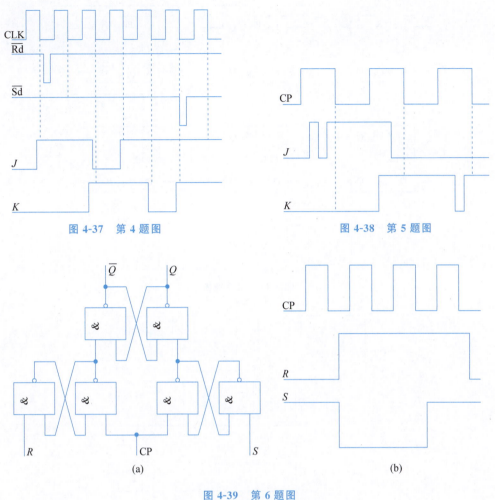

图 4-37 第 4 题图

图 4-38 第 5 题图

图 4-39 第 6 题图

(a)RS 触发器电路；(b)输入波形

7. 设维持阻塞 D 触发器的初始状态为 0，试画出在如图 4-40 所示信号 CP 和 D 的波形时，触发器 Q 端的波形。

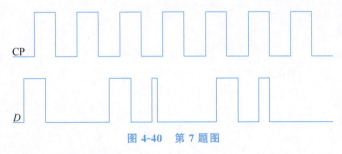

图 4-40 第 7 题图

8. 如图 4-41 所示，若其中各个触发器起始时皆为 0 态，试画出 Q 端的波形。

9. 负边沿触发的主从 JK 触发器起始状态为 0，信号 CP、J、K 的波形如图 4-42 所示，试画出触发器 Q 端的波形（触发器的初始状态为 0 态）。

10. 分析如图 4-43 所示的逻辑图，首先用状态图描述该电路的逻辑功能，说明该逻辑图与何种功能

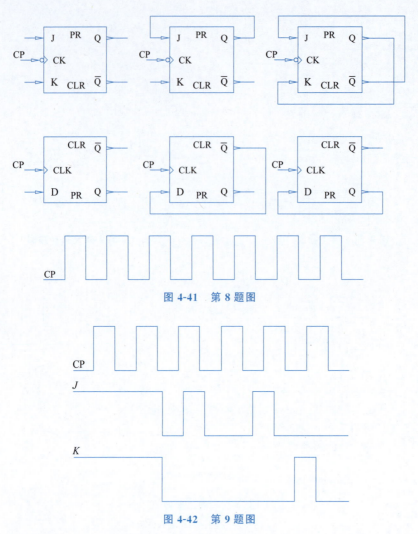

图 4-41 第 8 题图

图 4-42 第 9 题图

的触发器等效。然后根据 CP、X、$\overline{Rd}$ 的波形，画出对应 Q 的波形（设触发器的初始状态为 0，忽略与非门和触发器的传输延迟时间）。

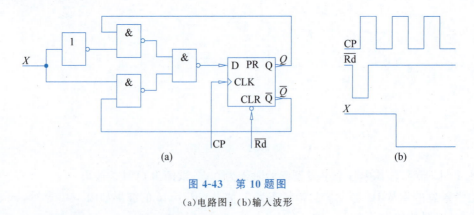

图 4-43 第 10 题图
(a)电路图；(b)输入波形

11. 由两个负边沿触发的 JK 触发器组成的时序电路如图 4-44(a)所示，CP、X 的波形如图 4-44(b)所示，设触发器初始状态为 0，试画出 Q_1、Q_2 的波形。

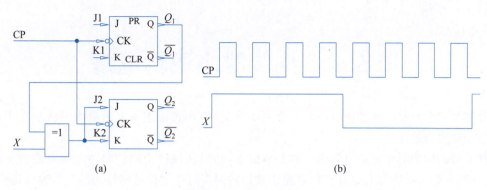

图 4-44　第 11 题图
(a)电路图；(b)输入波形

12. 试用 VHDL 描述图 4-43 所示电路的功能，按照给定输入波形进行功能仿真，比较仿真结果与分析结果是否一致。

13. 试用 VHDL 描述图 4-44 所示电路的功能，按照给定输入波形进行功能仿真，比较仿真结果与分析结果是否一致。

14. 试用 VHDL 描述 D 锁存器和 D 触发器的功能，按照图 4-15 和图 4-22 的初始状态和输入波形进行功能仿真，验证状态输出波形的正确性，分析两种状态输出波形的不同之处。

15. 用 VHDL 描述负边沿触发的异步复位 T 触发器。

第 5 章 同步时序逻辑电路

同步时序逻辑电路是时序逻辑电路的一个主要分支,它与其他逻辑电路最大的区别在于电路状态改变方式是同步进行的。

本章首先介绍同步时序逻辑电路的一些基本概念,然后详细讨论同步时序逻辑电路的设计和分析方法,并对一些在数字系统尤其是计算机电路中常用的同步时序逻辑电路模块的基本原理进行讨论,最后给出同步时序逻辑电路的 VHDL 描述方法。

5.1 同步时序逻辑电路概述

5.1.1 同步时序逻辑电路模型及特点

1. 同步时序逻辑电路的模型

图 5-1 给出了同步时序逻辑电路的结构模型,它的存储元件使用边沿触发的触发器元件,所有触发器受统一时钟信号 CP 的控制,可保证电路所有的触发器能够在同一个时钟边沿同步地发生状态变化。

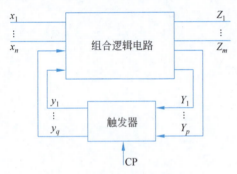

图 5-1 同步时序逻辑电路的模型

按照时序机的定义,同步时序逻辑电路由以下几部分组成。

(1) 输入变量有限集合 $I=\{x_1,x_2,\cdots,x_n\}$,其中 n 个输入变量,有 2^n 种输入组合。

(2) 输出变量有限集合 $O=\{Z_1,Z_2,\cdots,Z_m\}$。

(3) 内部状态变量有限非空集合 $Q=\{y_1,y_2,\cdots,y_q\}$,其中 q 为状态变量的个数,共有 2^q 种状态组合。

(4) 输出函数集合 $Z=\{Z_i=f_i(x_1,x_2,\cdots,x_n,y_1^n,y_2^n,\cdots,y_q^n)$,其中 $i=1,2,\cdots,m\}$。

当 Z 是输入和状态的函数(即 $I \times Q \rightarrow O$)时,该同步时序逻辑电路为 Mealy 型电路。

当 Z 仅是状态的函数(即 $Q \rightarrow O$)时,该同步时序逻辑电路为 Moore 型电路。

(5) 次态函数集合 $N=\{y_j^{n+1}=g_j(x_1,x_2,\cdots,x_n,y_1^n,y_2^n,\cdots,y_q^n)$,其中 $j=1,2,\cdots,q\}$。

同步时序逻辑电路选用触发器作为存储元件,次态函数集合 N 分成了两部分。

① 触发器状态方程:$y_j^{n+1}=g_j(Y,y_j^n),j=1,2,\cdots,q$,其中 Y 是触发器的激励函数集合,也是所有激励变量 $\{Y_1,Y_2,\cdots,Y_p\}$ 的子集。

② 触发器激励函数集合:$\{Y_k^{n+1}=h_k(x_1,x_2,\cdots,x_n,y_1^n,y_2^n,\cdots,y_q^n)$,其中 $k=1,2,\cdots,p\}$。

2. 同步时序逻辑电路的特点

同步时序逻辑电路的模型决定了同步时序逻辑电路具有如下特点。

(1) 电路状态的变化受统一的时钟脉冲控制。

(2) 电路状态的改变,只发生在时钟的上升沿或下降沿时刻。

(3) 每个时钟脉冲的上升沿或下降沿只能使电路状态发生一次变化。

3. 同步时序逻辑电路的统一时钟信号

统一的时钟脉冲是同步时序逻辑电路工作的基本步调,由于存在统一的时钟脉冲,同步时序逻辑电路才能按预定的状态序列有条不紊地工作。时钟信号是周期固定、连续不停的 0、1 交替序列。图 5-2 给出了时钟信号示例。上升沿是指信号 0→1 变化的时刻,也可以表示为"↑";下降沿是指信号 1→0 变化的时刻,也可以表示为"↓"。

在统一时钟脉冲控制下,同步时序逻辑电路所有的触发器在同一个时钟边沿(上升沿或下降沿,与使用的触发器类型有关)发生状态的改变,并且每个时钟边沿所有的触发器状态只发生一次变化。这种工作方式使同步时序逻辑电路的状态变化容易控制,不会受到其他激励信号上的各种毛刺的干扰,提高了电路的可靠性。

图 5-2 时钟信号

在研究同步时序逻辑电路时,通常不把统一时钟信号作为输入信号处理,而是将它当成一种默认的时间基准,电路状态的改变只能发生在统一时钟信号的边沿时刻。若把某个时钟脉冲边沿到来前电路所处的状态称为现态,则该时钟脉冲边沿作用后电路的状态称为次态,即前一个脉冲的次态是后一个脉冲的现态。

5.1.2 同步时序逻辑电路的描述方法

以下几种同步时序逻辑电路的描述方法虽然都可用于描述同步时序逻辑电路的工作原理,但各自的用途不同。

1. 用状态图描述

这种方法使用直观的图形方法描述电路的功能,可以用于电路设计初期的电路建模阶段。

2. 用状态表描述

这种方法使用真值表方法描述电路的功能,可以用于电路的简化设计阶段。

3. 用时序图描述

这种方法使用波形描述电路的功能,也可以用于电路设计初期的电路建模阶段。

4. 用函数表达式描述

这种方法使用数学的方法描述电路的功能,可以用于电路的实现阶段。同步时序逻辑电路的函数表达式有两种描述方法。

1) 输出函数与次态函数

输出函数:$Z_i = f_i(x_1, x_2, \cdots, x_n, y_1^n, y_2^n, \cdots, y_q^n)$,其中 $i = 1, 2, \cdots, m$。

次态函数:$y_j^{n+1} = g_j(x_1, x_2, \cdots, x_n, y_1^n, y_2^n, \cdots, y_q^n)$,其中 $j = 1, 2, \cdots, q$。

这种描述方法只说明了输出和次态与输入和现态的关系,并未表明采用什么电路实现。

2) 输出函数、激励函数和状态方程

输出函数:$Z_i = f_i(x_1, x_2, \cdots, x_n, y_1^n, y_2^n, \cdots, y_q^n)$,其中 $i = 1, 2, \cdots, m$。

状态方程:$y_j^{n+1} = g_j(Y, y_j^n)$,其中 $j = 1, 2, \cdots, q$。

激励函数:$Y_k^{n+1} = h_k(x_1, x_2, \cdots, x_n, y_1^n, y_2^n, \cdots, y_q^n)$,其中 $k = 1, 2, \cdots, p$。

这种描述方法不仅说明了输出和次态与输入和现态的关系,还表明了采用什么样的触发器作为存储元件。

5. 用原理图描述

这种方法使用原理图符号描述电路的原理性结构,再利用门电路实现组合逻辑函数,最后利用触发器实现状态存储电路。

6. 用 VHDL 描述

这种方法使用 VHDL 描述同步时序逻辑电路,与用 VHDL 描述触发器的程序结构基本相同,不同之处在于,同步时序逻辑电路需要在一个进程的同一个时钟边沿产生所有状态的次态,而触发器只需要处理一个状态。

5.2 同步时序逻辑电路的设计

电路设计的基本任务是按照要实现的功能描述给出电路实现。

同步时序逻辑电路的设计过程与组合逻辑电路的设计过程基本一致,主要包括两个环节:一是建立同步时序逻辑电路模型,二是用合适的集成逻辑器件实现电路。

1. 建立同步时序逻辑电路模型

在实际的电路设计中,功能描述是多种多样的,可以是直接的状态图、状态表、函数表达式,也可以是波形图、表格、文字等描述方法。无论什么样的描述方法,关键是要理解功能描述表达的含义,建立正确的电路模型,这样才能够设计出符合功能描述的电路。

同步时序逻辑电路模型的建立过程如下。

(1) 根据功能描述,确定输入信号、输出信号,建立原始状态图和原始状态表。这个环节实际上是对次态函数和输出函数的建模,其关键是正确理解功能描述表达的含义,用状态图和状态表全面、正确地描述电路的状态、输出及状态迁移过程。

(2) 将原始状态表化简为最小化状态表。原始状态图、原始状态表的状态个数是在分析阶段根据功能描述人为设定的,所以原始状态的个数可能存在冗余。由于冗余的状态会增加触发器元件个数,因此需要通过原始状态表的化简消除冗余状态,使状态表中的状态个数最少。

(3) 状态分配,将符号化状态表转换为二进制状态表。原始状态表可能使用符号表示,由于最终需要用触发器实现,因此要把符号化状态表转换为二进制状态表。这就需要根据状态个数确定使用触发器的数目,进而给每个状态指定二进制编码。

(4) 根据二进制状态表,写出电路的次态函数和输出函数。二进制状态表事实上就是次态函数和输出函数的真值表,利用真值表可以很容易写出电路次态函数和输出函数的表达式。

2. 用合适的集成逻辑器件实现电路

根据不同的电路规模、电路实现条件,可以选择相应的集成逻辑器件来实现电路。

(1) 用触发器和门电路实现同步时序逻辑电路。用触发器作为存储元件时,首先要确定使用触发器的类型,选定触发器后,触发器的状态方程就确定了,同时触发器的激励端也确定了。这时就需要利用触发器的状态表和激励表,确定激励函数真值表,将次态函数分解为触发器的状态方程和激励函数表达式,再结合输出函数表达式画出电路。

(2) 用触发器和 SPLD 器件实现同步时序逻辑电路。用 SPLD 器件的与或门阵列替代门电路实现时序电路的组合逻辑电路部分,存储元件仍然需要使用触发器,其电路实现过程与用触发器和门电路实现时序逻辑电路的过程完全相同。在有些 SPLD 器件中也集成了一部分触发器电路,这样可以减少使用分立的触发器元件,其电路实现过程与使用专门的触发器元件实现电路的方法基本相同。这部分内容本章不再专门讨论。

（3）用 VHDL 描述同步时序逻辑电路。根据电路的需要，可以采用行为描述法、数据流描述法或结构描述法对电路功能进行描述。

5.2.1 建立原始状态图和原始状态表

状态图和状态表能够直观、清晰地反映同步时序电路的逻辑功能。所以，同步时序电路设计的第一步是建立能够描述功能要求的原始状态图和原始状态表。

原始状态图和原始状态表通常是根据问题的描述直接建立起来的，它们是对设计要求的最原始的抽象，是设计电路的初始依据。如果原始状态图不能正确地反映设计要求，那么依此设计出来的电路将会是错误的。因此，建立正确的原始状态图和原始状态表是同步时序电路设计中最关键的环节。

同步时序电路有米利（Mealy）型和摩尔（Moore）型两种模型，具体将电路设计成哪种模型，有的由设计要求规定，有的可由设计者选择。不同模型对应的电路结构不同，设计时，应根据问题中的信号形式、电路所需器件的多少等进行综合考虑。

状态图和状态表是可以相互转换的，由状态图转换为状态表时，只需将所有状态在状态表的最左列列出作为现态，将所有输入组合在状态表的第二行列出作为输入，根据状态图的迁移方向（次态）和迁移条件（输入输出），在状态表的现态和输入交叉位置填上对应的次态和输出即可，无关的次态和输出填入任意项 X。

建立原始状态图没有统一的方法。一般而言，对于不同的电路功能描述，其状态个数有确定和不确定两种情况，其状态图的建立方法是不一样的。

1. 状态个数确定的情况

通过对功能描述的分析，能够明确确定最少状态个数时，首先分别给每个状态分配一个不同的符号表示，在状态图上画出所有的状态。然后分析功能描述的含义，在状态图上标出每个状态在所有输入情况下的状态迁移方向和对应的输出取值。

需要强调的是，对于有 n 个外部输入信号的状态图，从每个状态出发，必须要考虑所有 2^n 种输入组合情况下对应的次态和输出，否则状态图将是不完整的。

例 5-1 某模 5 加 1 和加 2 计数器，有一个输入 x 和一个输出 Z。输入 x 为加 1、加 2 控制信号，当 $x=0$ 时，计数器在时钟脉冲作用下进行加 1 计数；当 $x=1$ 时，计数器在时钟脉冲作用下进行加 2 计数；当电路计满 5 个状态后，输出 Z 产生一个 1 信号作为进位输出；平时 Z 输出为 0。试建立该计数器的 Mealy 型原始状态图和状态表。

解：根据题意，电路有一个输入 x，一个输出 Z，在计数脉冲 CP 作用下进行同步计数。

由于是模 5 计数器，所以电路应有 5 个状态，分别对应计数值 0～4。首先画出 5 个状态如图 5-3(a)所

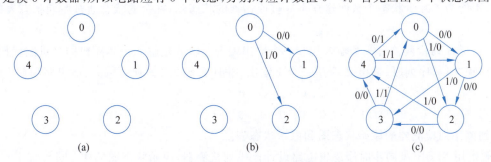

图 5-3 例 5-1 的状态图
(a)5 个状态；(b)部分状态图；(c)完整状态图

示。从状态 0 出发,分别考虑 $x=0$ 和 $x=1$ 两种情况,可得其状态的次态和输出,如图 5-3(b)所示。同样,从每个状态出发,分别考虑 $x=0$ 和 $x=1$ 两种情况,可得完整的状态,如图 5-3(c)所示。

将状态图中每个状态在 $x=0$ 和 $x=1$ 时的迁移次态和输出情况填入表 5-1 中,即构成模 5 加 1 和加 2 计数器的状态表。

表 5-1 例 5-1 的状态表

现 态	次态,输出	
	$x=0$	$x=1$
0	1,0	2,0
1	2,0	3,0
2	3,0	4,0
3	4,0	0,1
4	0,1	1,1

由状态图构造状态表时,首先将状态 0~4 在状态表的最左列列出,将输入 x 的两种取值情况在状态表的第二行列出;然后在状态表中每一个现态和输入交叉位置填上状态图中对应的次态和输出,即可构成完整的状态表。

2. 状态个数不确定的情况

通过对功能描述的分析,在不能明确知道最少状态个数时,可以采用以下过程建立原始状态图。由于状态个数不确定,在原始状态图和状态表中一般用字母或数字表示状态。

(1) 设定一个初始状态 A,表示电路没有任何输入时的初始状态。

(2) 从每一个已有的现态出发,对于所有可能的输入组合,分别考虑每一种输入组合情况下应该产生的次态和输出,建立现态与次态之间的迁移关系。

如果要迁移的下一个状态在状态图中不存在,则增加一个新状态,同时在这两个状态之间画一个迁移箭头并标注迁移条件(输入输出);如果要迁移的下一个状态在状态图中已经存在,则直接在这两个状态之间画一个迁移箭头并标注迁移条件(输入输出)。

(3) 对每个新产生的状态,重复步骤(2),直到没有新状态产生,这时就构成了一个完整的状态图。

需要注意的是,建立完整、正确的原始状态图是同步时序电路设计中最关键的一步,当问题描述比较复杂时,不能为了减少状态个数而建立不完整或错误的状态图,冗余的状态通过后期状态表的化简可以消除。

例 5-2 某序列检测器有一个输入端和一个输出端。在输入端输入一串随机的二进制代码 x,当输入序列中出现"011"序列时,输出 Z 产生一个 1 输出,平时 Z 输出 0。典型输入、输出序列如下。

输入 x: 1 0 1 0 1 1 1 0 0 1 1 0
输出 Z: 0 0 0 0 0 1 0 0 0 0 1 0

试得到该序列检测器的原始状态图和原始状态表。

解: 假定用 Mealy 型同步时序逻辑电路设计该序列检测器,原始状态图的建立过程如下。

设电路的初始状态为 A。在 A 状态下,如果电路输入为 0,由于未得到"011"序列,所以输出 Z 为 0。由于输入的 0 是序列"011"中的第一个信号,所以应该用一个新状态将它记住,在状态图中增加一个

新状态 B 记住收到了第一个 0,然后在状态 A 和 B 之间建立一个迁移关系,迁移条件为 $0/0(x/Z)$。当处在初始状态 A 时电路输入为 1,输出 Z 为 0,由于 1 不是序列"011"的第一个信号,故不需要记忆,可令其停留在状态 A,继续等待第一个 0 的出现。该转换关系如图 5-4(a) 所示。

当电路处于状态 B 时,若输入 x 为 0,它不是"011"序列的第二个信号,但仍可作为序列中的第一个信号,故可令电路停留在状态 B,输出为 0;若输入 x 为 1,则意味着收到了"011"序列的前两位 01,需用一个新状态 C 将它记住,故此时电路由状态 B 迁移到状态 C,输出为 0。状态图如图 5-4(b) 所示。

当电路处于状态 C 时,若输入 x 为 0,则收到的连续 3 位代码为"010",不是关心的序列"011",但此时最后输入的 0 依然可以作为序列的第一个信号,故此时应迁移到状态 B,输出 0;若输入 x 为 1,则表示收到了序列"011",需用一个新状态 D 记住,此时迁移到状态 D,输出 1。状态图如图 5-4(c) 所示。

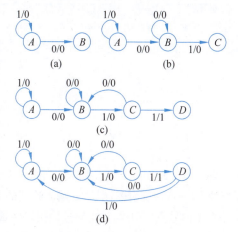

图 5-4 例 5-2 的 Mealy 型状态图

当电路处于状态 D 时,若输入 x 为 0,则应迁移到状态 B,由于最后输入的三位已经不是"011",输出应为 0;若输入 x 为 1,此时最后输入的三位为"111",则应输出 0,迁移到状态 A,等待 0 的到来。至此,状态图中没有未考虑的新状态,得到的状态图就是该序列检测器完整的 Mealy 型状态图,如图 5-4(d) 所示。

相应的原始状态表如表 5-2 所示。

表 5-2 例 5-2 的 Mealy 型状态表

现 态	次态,输出	
	$x=0$	$x=1$
A	$B,0$	$A,0$
B	$B,0$	$C,0$
C	$B,0$	$D,1$
D	$B,0$	$A,0$

若用 Moore 型同步时序电路实现"011"序列检测器的逻辑功能,则电路输出完全取决于状态,而与输入无直接联系。在画状态图时,应将输出标记在代表各状态的圆圈内。

假定电路初始状态为 A,并用状态 B、C、D 分别表示收到了输入 x 送来的 0、01、011。显然,根据题意,仅当处于状态 D 时电路输出为 1,其他状态下输出均为 0。

当从初始状态 A 开始,输入端 x 正好依次输入 0、1、1 时,则状态从 A 转至 B、B 转至 C、C 转至 D。考虑到 A 状态下输入为 1 时,它不是指定序列中的第一位信号,不必记忆,可令状态停留在 A;B 状态下输入为 0 时,它不是指定序列的第二位,但可作为指定序列的第一位,故可使状态停留在 B;C 状态下输入 0 时,它不是指定序列的第三位,但同样可作为第一位,故使状态转向 B;D 状态下输入 0 时,同样应转向 B,而输入为 1 时,则应使状态进入 A。完整的 Moore 型原始状态图如图 5-5 所示。

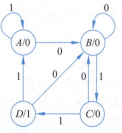

图 5-5 例 5-2 的 Moore 型状态图

相应的原始状态表如表 5-3 所示。

表 5-3　例 5-2 的 Moore 型状态表

现态	次态		输出
	$x=0$	$x=1$	Z
A	B	A	0
B	B	C	0
C	B	D	0
D	B	A	1

例 5-3　设计一个用于引爆控制的同步时序电路,该电路有一个输入端 x 和一个输出端 Z。平时输入 x 始终为 0,一旦需要引爆,则从 x 输入连续的 4 个 1 信号(不能被 0 间断),电路收到第 4 个 1 后在输出端 Z 产生一个 1 信号点火引爆,该电路连同引爆装置一起被炸毁。试建立该电路的 Mealy 型状态图和状态表。

解：该电路实际上是一个用于特殊场所的"1111"序列检测器。它与一般序列检测器不同的是,收到 4 个 1 后产生引爆信号,同时使电路自毁,故此时不再存在次态问题。

设状态 A 表示电路初始状态,状态 B 表示收到了第一个 1 输入,状态 C 表示收到了连续的 2 个 1 输入,状态 D 表示收到了连续的 3 个 1 输入。根据题意,A 状态下 x 为 1 时,输出为 0,转向状态 B;B 状态下 x 为 1 时,输出为 0,转向状态 C;C 状态下 x 为 1 时,输出为 0,转向状态 D;而 D 状态下 x 为 1 时,输出为 1,次态随意(实际上已不存在次态)。

A 状态下 x 为 0 时,可令输出为 0,停留在状态 A,而 B、C、D 这 3 个状态下 x 为 0 时,前面的 1 可能是误触发或干扰信号,故它们的输出 $Z=0$,且均应回到 A 等待可靠的引爆信号。据此,可得到该电路的 Mealy 型原始状态图如图 5-6 所示。

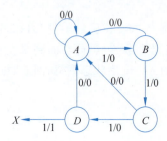

图 5-6　例 5-3 的 Mealy 型状态图

原始状态表如表 5-4 所示,表中用 X 表示不确定次态或不确定输出。

表 5-4　例 5-3 的 Mealy 型状态表

现态	次态·输出	
	$x=0$	$x=1$
A	A,0	B,0
B	A,0	C,0
C	A,0	D,0
D	A,0	×,1

5.2.2　状态表化简

从原始状态图的建立过程可以看出,在明确知道状态个数的情况下,每个原始状态都是必不可少的,这样的状态表不需要化简。在状态个数不明确的情况下,原始状态可能有冗余。在设计具体电路时,状态数目的多少将直接决定电路中所需触发器数目的多少。为了降低电路的复杂性和电路成本,应尽可能地使状态表中包含的状态数达到最少,这时就需要进行状态表化简。

状态表化简就是采用某种化简技术从原始状态表中消去多余状态,得到一个既能正确地描述给定的逻辑功能,又能使状态数目达到最少的状态表,通常称这种状态表为最小化状态表。状态表化简的基本思想就是把那些具有相同含义的状态合并为一个状态,使化简后的状态在状态表中都是必不可少的。

原始状态表可能存在两种情况,一种是状态表中所有的次态和输出都是确定的完全定义状态表,另一种是不完全定义状态表。这两种状态表的化简方法有所不同,下面分别讨论。

1. 完全定义状态表的化简

完全定义状态表的化简建立在状态等效概念基础之上。完全定义状态表中,如果两个状态是等效的,则称这两个状态为等效状态对,可以合并为一个状态。如果 n 个状态相互之间都是等效的,则称这 n 个状态为状态等效类,可以合并为一个状态。完全定义状态表的化简过程就是找出能够覆盖原始状态表所有状态的最大等效类,合并等效类后得到最小化状态表的过程。

1) 等效状态对 (S_i, S_j)

假设状态 S_i 和 S_j 是完全定义状态表中的两个状态,如果对于所有可能的输入序列,分别从 S_i 和 S_j 出发,得到的次态和输出响应序列完全相同,则状态 S_i 和 S_j 是等效状态对,记作 (S_i, S_j)。

在状态表中的每一种输入组合情况下,S_i 和 S_j 等效,应同时满足如下输出和次态条件。

(1) 输出相同。

(2) 次态属于下列情况之一。

① 次态相同。

次态相同是指在某一种输入情况下,现态 S_i 和 S_j 的次态均为 S_k。

② 次态交错或为各自的现态。

次态交错是指在某一种输入情况下,现态 S_i 的次态是 S_j,现态 S_j 的次态是 S_i。

次态是各自的现态是指在某一种输入情况下,现态 S_i 的次态是 S_i,现态 S_j 的次态是 S_j。

③ 次态循环或为等效对。

次态循环是指在某一种输入情况下,现态 S_i 的次态是 S_j,S_j 的次态是 S_k,S_k 的次态是 S_i,S_i、S_j 和 S_k 形成了次态循环。

次态为等效对是指在某一种输入情况下,S_i 的次态是 S_k,S_j 的次态是 S_l,而 S_k 与 S_l 是等效状态对。

以上情况在图 5-7 中给予了图示说明。

从状态表中找出等效状态对是状态表化简的第一步,当状态表中状态个数比较多时找出所有等效状态对的工作是比较烦琐的,为了进行有序比较,下面给出了寻找等效状态对的有效工具——隐含表。

2) 利用隐含表,找到等效状态对

隐含表的基本结构如图 5-8 所示。隐含表是一个直角三角形阶梯网格,用以实现状态表中状态对之间的两两比较,从而决定任意两状态之间的等效关系。隐含表的横向和纵向格数相同,因为每个状态不用和自己比较,所以格数等于原始状态表中的状态数减1。隐含表横向从第一个状态开始标注,纵向从第二个状态开始标注。

寻找等效状态对时,首先进行两两比较,在隐含表中每个交叉点标注两个状态是否等效,用"√"表示等效,用"✕"表示不等效,不确定是否等效则标注其依赖的状态对。

两两比较完成后进行关联比较,对于那些不确定是否等效的状态对,要检查其依赖的状态对是否等效,如果依赖的状态对也不确定是否等效,则继续检查新的依赖状态对,直到有明确的等效或不等效状态对出现,或者形成循环。一旦出现一个不等效状态对,则整个状态对序列上的所有状态对都不等效;如果最后确定的状态对都等效,则整个状态对序列上的所有状态对都等效;如果形成循环,则整个状

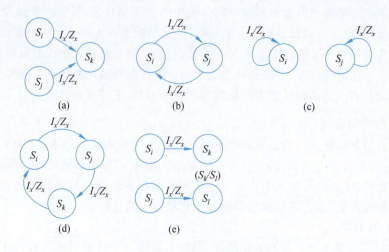

图 5-7 次态等效条件

(a) 次态相同;(b) 次态交错;(c) 各自的现态;(d) 次态循环;(e) 次态为等效对

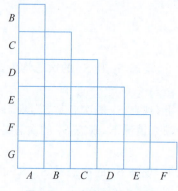

图 5-8 隐含表的基本结构

对循环上的所有状态对都等效。

3) 利用等效状态的传递性,寻找最大等效类

等效状态具有传递性。假设 S_i 和 S_j 等效,S_j 和 S_k 等效,那么 S_i 和 S_k 也等效。记作 (S_i, S_j),$(S_j, S_k) \rightarrow (S_i, S_k)$。

等效类是彼此等效的状态构成的等效状态集合。根据等效状态的传递性,可以从等效对中寻找出由彼此等效的状态构成的等效类。例如,由 (S_i, S_j) 和 (S_j, S_k) 可以推出 (S_i, S_k),因此 S_i、S_j、S_k 属于同一等效类,记作 $\{S_i, S_j, S_k\}$。

最大等效类是不被任何别的等效类包含的等效类。这里所指的最大,并不是指包含的状态最多,而是指它的独立性,即使只有一个状态,只要它不被包含在别的等效类中,也是最大等效类。

需要注意的是,由于等效状态具有传递性,因此任意一种状态最终只能出现在一个最大等效类中,任何两个最大等效类中不可能出现同一个状态。

4) 合并最大等效类,作出最小化状态表

最大等效类是彼此等效的所有状态构成的集合,它们可以合并成一个状态。原始状态表的化简过程,就是寻找最大等效类,然后将每个最大等效类合并为一个新状态,从而得到最小化状态表的过程。

例 5-4 化简表 5-5 所示的原始状态表。

表 5-5 例 5-4 的状态表

现 态	次态,输出	
	$x=0$	$x=1$
A	C,0	B,1
B	F,0	A,1
C	F,0	G,0
D	D,0	E,0
E	C,0	E,1
F	C,0	G,0
G	C,1	D,0

解:

(1) 作隐含表。根据画隐含表的规则,可以得到与给定状态表对应的隐含表框架,如图 5-9 所示。由于原始状态表中有 A~G 共 7 个状态,所以隐含表的横向和纵向各有 6 个方格。纵向从上到下依次为 B~G,横向从左到右依次为 A~F。表中每个方格代表一个状态对,如左上角的方格代表状态对 A 和 B,右下角的方格代表状态对 F 和 G。

(2) 顺序比较。顺序比较时,由于输出逻辑值是确定的 0 或者 1,其是否等效一目了然,因此可以根据输出条件快速确定哪些状态对不等效,剩余的少数不确定状态对再根据次态等效条件进行比较。这样一来,可以大大减少两两比较的工作量。例如,在状态表 5-5 中的 $x=0$ 列,由于状态 G 的输出与其他状态的输出均不相同,因此可以快速确定状态 G 和其他所有状态不等效,在隐含表中 G 所在的行全部标记"✕";同样,在 $x=1$ 列,根据输出是否相同很快可以确定状态 A、B、E 与其他状态也不等效,在隐含表中相应位置直接标记"✕"。由输出条件确定的隐含表如图 5-9 所示。

剩余的少数状态对只需按照次态等效条件顺序进行两两比较。状态表 5-5 中,A、B 是否等效取决于 C、F,因此在 A、B 的交叉点填入状态对 CF;同样,A、E 是否等效取决于 B、E,因此在 A、E 的交叉点填入状态对 BE;B、E 是否等效取决于 A、E 和 C、F,因此在 B、E 的交叉点填入状态对 AE 和 CF。后面依次比较 C、D、C、F 和 D、F,得到的隐含表如图 5-10 所示。其中 C、F 的次态出现了状态交错,因此 C、F 是等效的,在隐含表的相应方格内填入"√"。

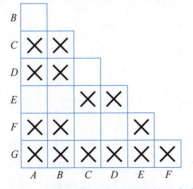 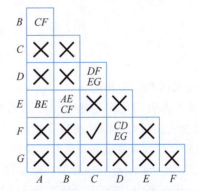

图 5-9 由例 5-4 输出条件得到的隐含表　　图 5-10 由例 5-4 次态条件得到的隐含表

经过顺序比较后,还有一些状态对尚未确定是否等效,故应接着进行关联比较。

（3）关联比较。在图 5-10 所示的隐含表中，状态 A、B 是否等效取决于 C、F，而状态 C、F 对应的方格标有"√"，表明状态 C 和 F 等效，因此 A 和 B 也等效。状态 A、E 是否等效取决于 B、E，状态 B、E 是否等效又取决于 A、E 和 C、F，出现了如图 5-11(a)所示的循环关系。已知状态 C 和 F 是等效的，而状态 B、E 又与状态 A、E 构成循环，因此状态 A、E 是等效状态对，B、E 也是等效状态对。C、D 和 D、F 由于 E、G 不等效而均不等效。关联比较得到的隐含表如图 5-11(b)所示。

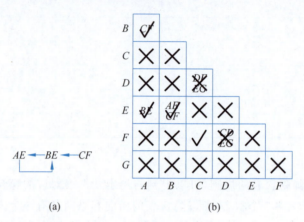

图 5-11　由例 5-4 的关联比较得到的隐含表
(a)循环关系；(b)隐含表

（4）合并最大等效类，作出最小化状态表。由图 5-11(b)所示的隐含表可知，原始状态表中的 7 个状态共有 4 个等效对：(A,B)，(A,E)，(B,E)，(C,F)，利用等效状态的传递性，可得最大等效类 $\{A,B,E\}$。等效对 (C,F) 不包含在任何其他等效类中，所以也是一个最大等效类 $\{C,F\}$。状态 D 和 G 不和任何其他状态等效，故各自构成一个最大等效类 $\{D\}$、$\{G\}$。将最大等效类 $\{A,B,E\}$、$\{C,F\}$、$\{D\}$、$\{G\}$ 分别合并为一个状态，并分别用新的字母 a、b、c、d 表示，即可得到化简后的最小化状态表，如表 5-6 所示。

表 5-6　例 5-4 的最小化状态表

现态	次态，输出	
	$x=0$	$x=1$
a	$b,0$	$a,1$
b	$b,0$	$d,0$
c	$c,0$	$a,0$
d	$b,1$	$c,0$

2. 不完全定义状态表的化简

不完全定义状态表的化简是建立在状态相容概念基础之上的。不完全定义状态表中存在任意项"×"，使得不完全定义状态表的化简略显复杂。

等效是严格的相同，等效最终表现为 0 和 0、1 和 1 之间的等效。相容则相对比较宽松，由于"×"表示任意项，在需要的时候可以看作 0 或者 1，因此相容可以表现为 0 和 0、0 和"×"、1 和 1、1 和"×"之间的相容。

不完全定义状态表中，如果两个状态是相容的，则称这两个状态为相容状态对，可以合并为一个状态。如果 n 个状态相互之间都是两两相容的，则这 n 个状态为状态相容类，也可以合并为一个状态。不完全定义状态表的化简过程就是找出能够覆盖原始状态表所有状态的最大相容类，合并相容类后得到最小化状态表的过程。

1) 相容状态对(S_i,S_j)

假设状态S_i和S_j是不完全定义状态表中的两个状态,如果对于所有可能的输入序列,分别从S_i和S_j出发,所得到的次态和输出响应序列完全相容,则状态S_i和S_j是相容状态对,记作(S_i,S_j)。

在状态表中的每一种输入组合情况下,S_i和S_j相容,应同时满足如下条件。

(1) 输出相同或存在任意项"×"。

(2) 次态属于下列情况之一。

① 次态相同。

② 次态交错或为各自的现态。

③ 次态循环或为相容对。

④ 存在任意项"×"。

2) 利用隐含表,找到相容状态对

隐含表同样适用于相容状态对的查找。寻找相容状态对时,同样首先要进行两两的顺序比较,然后进行关联比较,最终确定每一个状态对之间的相容关系。

3) 相容不具有传递性,需要利用状态合并图找到最大相容类

相容状态不具有传递性。这是因为0和"×"相容,1和"×"相容,但不能说0和1相容。

相容类是指由若干彼此两两相容的状态构成的集合。处于同一个相容类中的所有状态之间都是两两相容的,它们可以合并为一个状态。由于相容关系不具有传递性,因此要求相容类中各状态之间必须两两相容。例如,若有相容对(S_i,S_j)、(S_j,S_k)和(S_i,S_k),才可以构成相容类$\{S_i,S_j,S_k\}$。

最大相容类是指不被任何别的相容类所包含的相容类。状态合并图是寻找最大相容类的直观图形工具。状态合并图的使用方法如下。

(1) 将不完全定义状态表的所有状态以"点"的形式均匀地标注在圆周上。

(2) 把各个相容状态对用直线连起来。

(3) 按照最大相容类的定义,最大相容类在合并图中表现为包含所有对角线的最大多边形。

(4) 寻找最大相容类的过程,就是在合并图中搜索包含所有对角线的最大多边形的过程。

由于相容不具有传递性,因此一个状态很可能出现在多个最大相容类中,这会导致最大相容类之间发生交叠,产生冗余的最大相容类。这时就需要找出能够包含原始状态表所有状态的最小覆盖。

4) 利用覆盖闭合表,找到原始状态表的最小覆盖

最小覆盖是指能够完全表示原始状态表的最大相容类的集合,应满足如下3个条件。

(1) 覆盖性,即所选相容类集合应包含原始状态表的全部状态。

(2) 最小性,即所选相容类集合中相容类个数应最少。

(3) 闭合性,即所选相容类集合中的任意一个相容类在原始状态表的同一个输入条件下产生的次态应该属于该集合中的某个相容类。这样的相容类是闭合的,否则需要拆分相容类。

同时具备覆盖性、最小性、闭合性3个条件的相容类集合称为最小闭覆盖。它不能完全确定状态表是最简的,只是要寻找一个最小闭覆盖。

寻找最小闭覆盖需要借助覆盖闭合表。覆盖闭合表是指反映覆盖性和闭性的表,该表包括两部分,一部分反映相容类集合的状态覆盖情况,另一部分反映相容类集合的闭合关系。覆盖闭合表的画法会在例题中给出。

5) 作出最小化状态表

在选出一个最小闭覆盖之后,将最小闭覆盖中的每个相容类用一个新的状态符号表示,再将其代入

原始状态表,即可得到与原始状态表功能相同的最小化状态表。

例 5-5 化简如表 5-7 所示的原始状态表。

表 5-7 例 5-5 的状态表

现 态	次态,输出	
	$x=0$	$x=1$
A	A,×	×,×
B	C,1	B,0
C	D,0	×,1
D	×,×	B,×
E	A,0	C,1

解:表 5-7 是一个具有 5 个状态的原始状态表,表中存在不确定的次态和输出,因此是一个不完全定义状态表。

(1) 确定隐含表。根据 $x=0$ 时的输出可以确定 B 和 C、E 不相容,根据 $x=1$ 时的输出也可以确定 B 和 C、E 不相容。根据相容状态的判断标准对剩余的各状态对进行顺序比较和关联比较后的结果如图 5-12(a)所示。

由隐含表可知,该状态表的相容状态对有 (A,B)、(A,C)、(A,D)、(A,E)、(B,D)、(C,D)、(C,E)。

(2) 绘制状态合并图,找出最大相容类。根据相容状态对可绘制状态合并图,如图 5-12(b)所示。从状态合并图可以看出:没有包含 5 个状态、4 个状态的最大相容类,但存在包含 3 个状态的最大相容类。

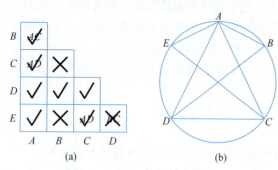

图 5-12 例 5-5 的隐含表和合并图
(a)隐含表;(b)合并图

从第 1 个状态 A 开始 5 中取 3 进行组合,观察合并图是否形成三角形,从而确定是否为最大相容类,分析可得最大相容类为 $\{A,B,D\}$、$\{A,C,D\}$、$\{A,C,E\}$。由于相容关系已经被这 3 个最大相容类包含,因此不存在其他的相容类。

(3) 作覆盖闭合表,求最小闭覆盖。根据由合并图得到的 3 个最大相容类,确定其覆盖闭合表,如表 5-8 所示。

表 5-8 例 5-5 的覆盖闭合表

最大相容类	覆盖性					闭合性	
	A	B	C	D	E	$x=0$	$x=1$
$\{A,B,D\}$	√	√		√		$\{A,C\}$	$\{B\}$
$\{A,C,D\}$	√		√	√		$\{A,D\}$	$\{B\}$
$\{A,C,E\}$	√		√		√	$\{A,D\}$	$\{C\}$

首先分析 3 个最大相容类的覆盖性。对于每一个最大相容类,分别在其包含的状态列标"√"。从

标注结果可以看出,状态 B 和 E 各自只包含在 1 个最大相容类中,因此它们所在的最大相容类 $\{A,B,D\}$ 和 $\{A,C,E\}$ 是最小覆盖中必不可少的两个集合。而 $\{A,C,D\}$ 中的 3 个状态已经被前两个集合包含,因此 $\{A,C,D\}$ 可能是冗余的。

然后分析 3 个最大相容类的闭合性。当 $x=0$ 时,相容类 $\{A,B,D\}$ 产生的次态集合为 $\{A,C\}$ ("×"可以不考虑),相容类 $\{A,C,D\}$ 产生的次态集合为 $\{A,D\}$,相容类 $\{A,C,E\}$ 产生的次态集合为 $\{A,D\}$;当 $x=1$ 时,相容类 $\{A,B,D\}$ 产生的次态集合为 $\{B\}$,相容类 $\{A,C,D\}$ 产生的次态集合为 $\{B\}$,相容类 $\{A,C,E\}$ 产生的次态集合为 $\{C\}$。把结果填入闭合表 5-8 对应位置。

若每个最大相容类在每种输入组合情况下产生的次态集合为某个最大相容类的子集,则符合闭合性,否则不符合闭合性。对于不符合闭合性的最大相容类,需要拆分最大相容类使之符合闭合性。

观察表 5-8 可知,当 $x=1$ 时,所有最大相容类产生的次态集合都只有一个元素,必然符合闭合性;当 $x=0$ 时,$\{A,B,D\}$ 次态集合 $\{A,C\}$ 是 $\{A,C,E\}$ 的子集,$\{A,C,E\}$ 次态集合 $\{A,D\}$ 是 $\{A,B,D\}$ 的子集,因此最小覆盖 $\{A,B,D\}$、$\{A,C,E\}$ 符合覆盖闭合性,是原始状态表的最小闭覆盖。

将最大相容类 $\{A,B,D\}$、$\{A,C,E\}$ 分别合并为一个状态,并用新的字母 a、b 表示,即可得到化简后的最小化状态表,如表 5-9 所示。需要注意的是,在合并最大相容类时,其次态集合或输出集合中有确定值时,用确定值代替合并后的集合;没有确定值时,用"×"代替。

表 5-9 例 5-5 的最小化状态表

现 态	次态,输出	
	$x=0$	$x=1$
a	$b,1$	$a,0$
b	$a,0$	$b,1$

5.2.3 状态分配

状态分配又称状态编码或状态赋值,其目的是给符号化状态表中用字母或数字表示的状态指定二进制代码,形成二进制状态表。在得到最小化状态表后,必须将状态表中的状态用二进制代码表示,以便用触发器实现的这些状态。

状态分配的任务有两个。

(1) 确定状态分配的长度,实际上就是确定触发器的个数。

(2) 为每个状态指定二进制编码。

状态分配的长度是由最小化状态表中的状态个数来决定的。设最小化状态表的状态数为 N,状态分配的长度为 m,状态数 N 与状态分配长度 m 的关系为 $m=\lceil \log_2 N \rceil$。例如,若某状态表的状态数 $N=4$,则状态的二进制编码的位数应为 $m=2$。

在二进制编码的位数确定之后,状态编码可以有许多种状态分配方案。一般来说,用 m 位二进制编码的 2^m 种组合来对 N 个状态进行分配时,可能出现的状态分配方案数 $K_s = A_{2^m}^N = \dfrac{2^m!}{(2^m-N)!}$。例如,当 $N=4,m=2$ 时,有 24 种不同的分配方案。随着状态数目的增加,分配方案的数目会急剧增加。如何从众多的分配方案中寻找出一种最佳方案,使所设计的电路最简单,是一件十分困难的事情。此外,分配方案的好坏还与所采用的触发器类型相关,即一种分配方案对某种触发器是最佳的,但对另一种触发器则不一定是最佳的。因此,状态分配的问题是一个比较复杂的问题。尽管做了大量研究工作,但从理论上讲,寻求最佳状态分配的问题还没有完全解决。

在实际工程中,通常按照一定的原则,凭借设计经验寻求相对最佳的编码方案。解决编码问题的一种常用方法为相邻法,这是一种比较直观、简单的方法。

相邻法的基本思想是,在选择状态分配时,尽可能使激励函数和输出函数在卡诺图上的标 1 最小项处在相邻位置,从而有利于激励函数和输出函数的化简。相邻法的状态分配原则如下。

原则 1:在相同输入条件下,具有相同次态的现态应尽可能分配相邻的二进制编码。

原则 2:在相邻输入条件下,同一现态的次态应尽可能分配相邻的二进制编码。

原则 3:输出完全相同的现态应尽可能分配相邻的二进制编码。

一般情况下,上述 3 条原则在大多数情况下是有效的,但由于这 3 条原则是分别实施的,因此经常出现某些状态表不能同时满足 3 条原则的情况。此时,可按原则 1~3 的优先顺序考虑,即把原则 1 放在首位。此外,从电路的实际工作状态考虑,一般会将初始状态设置为 0 状态。下面,举例说明相邻法的应用。

例 5-6 对表 5-10 所示的状态表进行状态分配。

表 5-10 例 5-6 的符号化状态表

现态	次态,输出	
	$x=0$	$x=1$
A	$C,0$	$B,0$
B	$A,0$	$A,1$
C	$A,1$	$D,1$
D	$B,0$	$C,0$

解: 表 5-10 所示的状态表中共出现了 4 个状态,即 $N=4$,所以状态分配的长度应为 $m=2$。也就是说,实现该状态表的功能需要两个触发器。

设状态变量用 y_2 和 y_1 表示。根据相邻法的编码原则,表中 4 个状态的相邻关系如下。

(1) 由原则 1 得到状态 B 和 C 应分配相邻的二进制编码。

(2) 由原则 2 得到状态 B 和 C、A 和 D 应分配相邻的二进制编码。

(3) 由原则 3 得到状态 A 和 D 应分配相邻的二进制编码。

综合原则 1~3 可知,状态分配时要求满足 B 和 C、A 和 D 相邻。

图 5-13 例 5-6 的状态分配方案

在进行状态分配时,为了使状态之间的相邻关系一目了然,通常将卡诺图作为状态分配的工具。假定将状态 A 分配编码为 $y_2y_1=00$,一种满足上述相邻关系的分配方案如图 5-13 所示。即状态 A、B、C、D 的状态分配依次为 y_2y_1 的取值 00、01、11、10。

将上面状态表中的状态 A、B、C、D 用各自的编码代替,即可得到该状态表的二进制状态表,如表 5-11 所示。需要指出的是,满足分配原则的方案通常可以有多种,设计者可从中任选一种,不同的状态分配方案只会影响电路的复杂性,不会影响电路的正确性。

表 5-11 例 5-6 的二进制状态表

$y_2^n y_1^n$	$y_2^{n+1} y_1^{n+1}, Z$	
	$x=0$	$x=1$
00	11,0	01,0
01	00,0	00,1
11	00,1	10,1
10	01,0	11,0

5.2.4 用集成触发器和逻辑器件实现

二进制状态表事实上就是时序逻辑电路的次态函数真值表和输出函数真值表。利用二进制状态表可以写出次态函数和输出函数表达式。由于要使用边沿触发的触发器实现同步时序逻辑电路,因此需要要根据触发器类型,将次态函数表达式变换为触发器的状态方程和激励函数表达式,才能用具体的电路元件实现时序逻辑电路。

在用小规模的触发器和逻辑器件实现电路时,首先需要确定存储元件使用的触发器类型,选定触发器类型后,触发器的状态方程也就确定了;然后根据次态函数真值表和触发器的激励表确定激励函数表达式。

当触发器类型、输出函数表达式和激励函数表达式全部确定并化简为最简表达式后,就可以用具体的触发器和逻辑器件实现时序逻辑电路。

1. 选定触发器类型,确定激励函数和输出函数

常用的触发器类型有 RS 触发器、JK 触发器、T 触发器和 D 触发器。它们的状态方程和激励端个数各不相同。虽然对于相同的次态函数,因实现时选定的触发器不同,对应的激励表、激励函数和最终的电路会不尽相同,但根据次态函数和激励表求激励函数的方法是相同的。

触发器的激励表是把触发器的现态和次态作为自变量,把触发器的输入(或激励)作为因变量的一种真值表,也就是说,触发器激励表说明的是触发器从现态转移到某种次态时对激励端的要求。各种触发器的激励表可以从触发器的状态表直接推出。表 5-12 列出了 4 种触发器的激励表。

表 5-12 触发器的激励表

Q^n	Q^{n+1}	RS 触发器		JK 触发器		T 触发器	D 触发器
		R	S	J	K	T	D
0	0	×	0	0	×	0	0
0	1	0	1	1	×	1	1
1	0	1	0	×	1	1	0
1	1	0	×	×	0	0	1

将二进制状态表中每一个现态到次态变化的状态对作为输入,再结合触发器激励表,就可以得到触发器的激励函数真值表,进而可以求得激励函数表达式。二进制状态表中的输出部分,构成了输出函数真值表,因此输出函数表达式也很容易得到。

2. 画出逻辑电路原理图

将得到的激励函数表达式和输出函数表达式进行化简,即可得到同步时序逻辑电路的组合逻辑电路部分,再结合选定的触发器,可画出逻辑电路的原理图。

例 5-7 用 JK 触发器和适当的逻辑门实现表 5-13 所示二进制状态表的功能。

表 5-13 例 5-7 的状态表

$y_2^n y_1^n$	$y_2^{n+1} y_1^{n+1}, Z$	
	$x=0$	$x=1$
00	11,0	01,0
01	00,0	00,1
11	00,1	10,1
10	01,0	11,0

解:根据给定的二进制状态表可知,需要使用两个 JK 触发器,它们共用一个时钟端 CLK,假设两个触发器状态输出分别为 y_2、y_1,它们的激励端输入分别为 J_2、K_2、J_1、K_1,电路的输出为 Z。

根据给定的二进制状态表和 JK 触发器的激励表,可列出激励函数和输出函数的真值表,如表 5-14 所示。产生激励函数真值表时,需要按照二进制状态表中每个状态现态到次态的变化需求,查找对应的激励表,将产生这种状态变化要求的激励端输入填入激励函数真值表的相应位置。

表 5-14 例 5-7 的激励与输出函数真值表(JK 触发器)

$y_2^n y_1^n$	$J_2 K_2 J_1 K_1, Z$	
	$x=0$	$x=1$
00	1×1×,0	0×1×,0
01	0××1,0	0××1,1
11	×1×1,1	×0×1,1
10	×11×,0	×01×,0

这是一个多输出组合逻辑电路真值表。其中,Z 构成时序逻辑电路的输出函数,J_2、K_2、J_1、K_1 构成时序逻辑电路的激励端函数,用卡诺图化简,如图 5-14 所示。

根据卡诺图得出函数表达式如下:

$$J_2 = \bar{x}\,\overline{y_1^n}; \quad K_2 = \bar{x}$$
$$J_1 = 1; K_1 = 1$$
$$Z = x y_1^n + y_2^n y_1^n = (x + y_2^n) y_1^n$$

由于选定存储元件为 JK 触发器,因此,触发器的状态方程可以表示为

$$y_2^{n+1} = J_2 \overline{y_2^n} + \overline{K_2} y_2^n; \quad y_1^{n+1} = J_1 \overline{y_1^n} + \overline{K_1} y_1^n$$

根据以上布尔函数表达式,画出电路原理图,如图 5-15 所示。

上例如果选用 D 触发器作为存储元件,激励函数的获取会变得更加容易。

根据给定的二进制状态表可知,需要使用两个 D 触发器,它们共用一个时钟端 CLK。假设两个触发器的状态输出分别为 y_2、y_1,它们的激励端输入分别为 D_2、D_1,电路的输出为 Z。

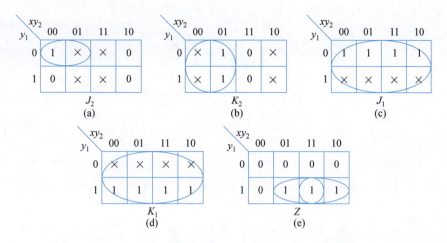

图 5-14 例 5-7 中激励与输出函数的卡诺图（JK 触发器）

(a) 激励函数 J_2 的卡诺图；(b) 激励函数 K_2 的卡诺图；(c) 激励函数 J_1 的卡诺图；(d) 激励函数 K_1 的卡诺图；(e) 输出函数 Z 的卡诺图

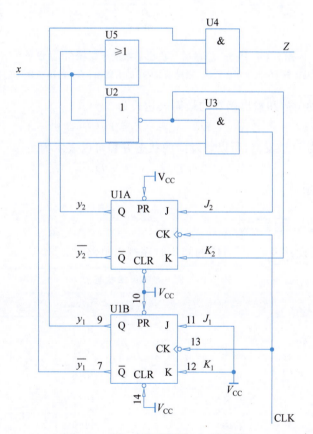

图 5-15 例 5-7 的原理图（JK 触发器）

由于 D 触发器激励表中的激励端输入与次态完全相同，所以其次态函数真值表和激励函数真值表也完全相同，从而在用 D 触发器作为存储元件进行设计时，可直接利用次态函数真值表产生激励端函数，如表 5-15 所示。

表 5-15　例 5-7 的激励与输出真值表（D 触发器）

$y_2^n y_1^n$	$D_2 D_1, Z$	
	$x=0$	$x=1$
00	11,0	01,0
01	00,0	00,1
11	00,1	10,1
10	01,0	11,0

根据给定的二进制状态表可直接画出激励函数和输出函数的卡诺图如图 5-16 所示。

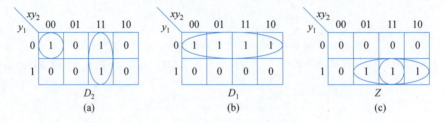

图 5-16　例 5-7 中激励与输出函数的卡诺图（D 触发器）

(a) 激励函数 D_2 的卡诺图；(b) 激励函数 D_1 的卡诺图；(c) 输出函数 Z 的卡诺图

根据卡诺图可得激励函数和输出函数的最简表达式为

$$D_2 = xy_2^n + \bar{x}\,\overline{y_2^n}\,\overline{y_1^n}; \quad D_1 = \overline{y_1^n}; \quad Z = xy_1^n + y_2^n y_1^n = (x+y_2^n)y_1^n$$

由于选定存储元件为 D 触发器，所以触发器的状态方程可以表示为

$$y_2^{n+1} = D_2; \quad y_1^{n+1} = D_1$$

原理图如图 5-17 所示。

5.2.5　电路的挂起与自启动

例 5-8　用 D 触发器设计表 5-16 对应的同步时序逻辑电路。

表 5-16　例 5-8 的原始状态表

$y_3^n y_2^n y_1^n y_0^n$	$y_3^{n+1} y_2^{n+1} y_1^{n+1} y_0^{n+1}$	$y_3^n y_2^n y_1^n y_0^n$	$y_3^{n+1} y_2^{n+1} y_1^{n+1} y_0^{n+1}$
0000	××××	1000	0100
0001	1000	1001	××××
0010	0001	1010	××××
0011	××××	1011	××××
0100	0010	1100	××××
0101	××××	1101	××××
0110	××××	1110	××××
0111	××××	1111	××××

解：根据给定的二进制状态表可知，需要使用 4 个 D 触发器，它们共用一个时钟端 CLK，假设 4 个

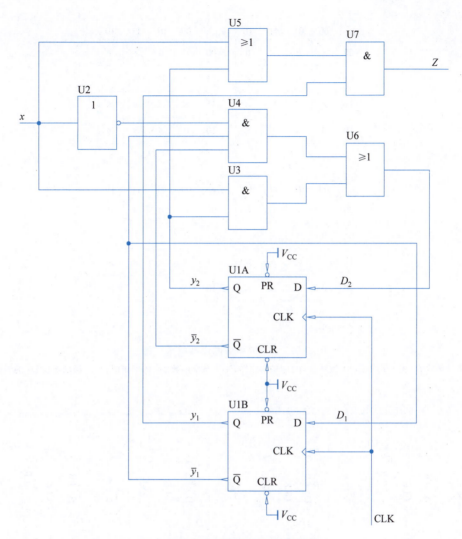

图 5-17 例 5-7 的原理图（D 触发器）

触发器的激励端输入分别为 D_3、D_2、D_1、D_0，电路的输出为 Z。

由于 D 触发器的次态函数真值表与激励函数真值表相同，直接利用次态函数真值表即可得到激励端函数。根据给定的二进制状态表可直接画出激励函数的卡诺图，如图 5-18 所示。

根据卡诺图可得激励函数的最简表达式为

$$D_3 = y_0^n; \quad D_2 = y_3^n; \quad D_1 = y_2^n; \quad D_0 = y_1^n$$

原理图如图 5-19 所示。

由状态表 5-16 可以看出，该电路希望实现的功能是实现 0001→1000→0100→0010→0001 的状态循环，正常情况下只有一个 1 在 4 个状态位中由左向右循环传递，其他状态都是无效状态。当电路设计完成后，由于激励函数表达式已经确定，所以原始状态表中无效状态的次态也不再是任意状态××××，会根据激励函数表达式变成确定的状态。这时的状态表变为如表 5-17 所示的实际状态表。

188 数字逻辑与数字系统设计

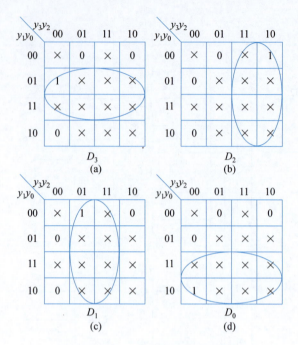

图 5-18 例 5-8 中激励函数的卡诺图

(a) 激励函数 D_3 的卡诺图；(b) 激励函数 D_2 的卡诺图；(c) 激励函数 D_1 的卡诺图；(d) 激励函数 D_0 的卡诺图

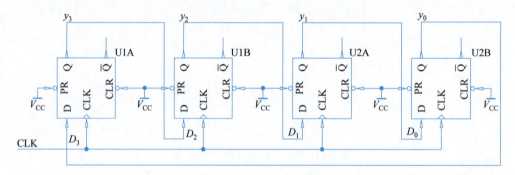

图 5-19 例 5-8 的原理图

表 5-17 例 5-8 的实际状态表

$y_3^n y_2^n y_1^n y_0^n$	$y_3^{n+1} y_2^{n+1} y_1^{n+1} y_0^{n+1}$	$y_3^n y_2^n y_1^n y_0^n$	$y_3^{n+1} y_2^{n+1} y_1^{n+1} y_0^{n+1}$
0000	0000	1000	0100
0001	1000	1001	1100
0010	0001	1010	0101
0011	1001	1011	1101
0100	0010	1100	0110
0101	1010	1101	1110
0110	0011	1110	0111
0111	1011	1111	1111

由于触发器在初始上电时的状态是随机的,因此 4 个触发器构成的初始状态 $y_3y_2y_1y_0$ 可能是 16 个状态中的任意一个。按实际的状态表,逐个分析每一种初始状态情况下产生的状态循环如下。

(1) 0000→0000。

(2) 0001→1000→0100→0010→0001。

(3) 0011→1001→1100→0110→0011。

(4) 0101→1010→0101。

(5) 0111→1011→1101→1110→0111。

(6) 1111→1111。

在以上状态循环中,只有状态循环(2)符合电路的功能要求,其他情况会一直保持错误的状态循环,无法进入正确的状态循环。这时,电路就出现了挂起现象。

1. 电路的"挂起"现象

对于存在无效状态的状态表,在电路设计完成后,无效状态的次态都应变成确定的状态。如果此时无效状态构成循环,不能自动进入有效状态循环,就称这种现象为挂起。很显然,挂起现象会使时序电路不能正常工作。

产生挂起现象的原因是状态表中存在无效状态。因此,对于存在无效状态的状态表,在进行电路设计时需要进行挂起分析,避免挂起现象的产生。

2. 电路的自启动

消除了挂起现象的电路,能够在进入无效状态后,经过一个或几个时钟周期自动回到有效状态循环,这种电路称为自启动电路。消除挂起现象的方法一般有两种。

(1) 在系统初始上电时,给系统设置初始状态为有效状态,使电路直接进入有效状态循环。这种方法在受到干扰进入无效循环时,仍然不能实现自启动。

(2) 打破无效状态循环。通过修改状态表,使无效状态经过一个或几个时钟周期自动回到有效状态循环。这种方法在任何情况下都能够实现自启动。

采用第二种方法实现电路的自启动,需要修改状态表。对于不同的状态表,可以采用不同的修改方案。虽然没有统一的方法,但基本原则依然是在能够实现自启动的基础上,达到函数表达式最简。一般有以下几种方法。

(1) 对于有明显规律的无效状态循环,尽可能保持无效状态循环的状态变化规律,只在某一个状态处断开无效循环,使其进入有效状态循环。

(2) 尽可能通过修改最少的状态位,达到打破无效状态循环的目的。

(3) 发现二进制状态表存在无效状态时,可以直接指定无效状态的次态为确定状态值,引导无效状态进入有效状态循环。这种方法可能增加电路复杂性。

例 5-9 用 D 触发器设计状态表 5-16 对应的能够自启动的同步时序逻辑电路。

解:根据给定的二进制状态表可知,需要使用 4 个 D 触发器,它们共用 1 个时钟端 CLK,假设 4 个触发器的激励端输入分别为 D_3、D_2、D_1、D_0,电路的输出为 Z。

由于存在无效状态,因此可能产生挂起现象,为了使电路具有自启动功能,可采用以下 3 种方案。

第一种方案是直接指定所有无效状态的次态为有效状态,例如指定状态为 0001、1000、0100、0010 中的一个,当电路进入无效状态后,在一个时钟周期内即可直接进入有效状态循环。但这种直接指定次态的方案可能会增加电路的复杂性。

第二种方案是按照带有无效状态的状态表设计完电路,这时的电路是最简的,分析实际状态表如果发现存在挂起现象，则只需根据引起挂起现象的次态产生的位置，修改相应的次态并修改激励函数表达式，使该次态进入有效循环。这种方案考虑了电路的最简，但需要在电路设计完成后仔细分析状态表，修改激励函数，显得比较烦琐。

第三种方案是对于有明显变化规律的无效状态循环，尽可能保持无效状态循环的状态变化规律，只在某一个状态处断开无效循环，使其进入有效循环。这种方案电路简单，且只需一次电路设计过程。

研究状态表 5-16，可以发现其有效状态循环是一个循环右移电路，有效状态循环中只有一个 1 在循环右移。可以使无效状态循环遵循循环右移的规律，在合适的位置打破无效状态循环，使其进入有效状态循环。

分析状态表中的无效状态可知有以下两种情况。

（1）状态变量中没有 1，在循环右移时从最高位补 1，产生有效循环需要的 1。

（2）状态变量中有两个或两个以上的 1，在循环右移时从最高位补 0，逐步减少 1 的个数，直到只有一个 1。

打破无效状态循环的具体方案如下。

(1) 0000→1000。

(2) 0001→1000→0100→0010→0001。

(3) 0011→0001。

(4) 0101→0010。

(5) 0111→0011。

(6) 1111→0111。

采用以上方案，所有的无效状态都可以经过一个或几个时钟周期进入有效状态循环。按照该方案得到可自启动的状态表，如表 5-18 所示。

表 5-18　例 5-9 中可自启动的状态表

$y_3^n y_2^n y_1^n y_0^n$	$y_3^{n+1} y_2^{n+1} y_1^{n+1} y_0^{n+1}$	$y_3^n y_2^n y_1^n y_0^n$	$y_3^{n+1} y_2^{n+1} y_1^{n+1} y_0^{n+1}$
0000	1000	1000	0100
0001	1000	1001	0100
0010	0001	1010	0101
0011	0001	1011	0101
0100	0010	1100	0110
0101	0010	1101	0110
0110	0011	1110	0111
0111	0011	1111	0111

根据以上状态表可画出函数的卡诺图并化简，如图 5-20 所示。

根据卡诺图可得激励函数的最简表达式为

$$D_3 = \overline{y_3^n}\, \overline{y_2^n}\, \overline{y_1^n}; \quad D_2 = y_3^n; \quad D_1 = y_2^n; \quad D_0 = y_1^n$$

原理图如图 5-21 所示。

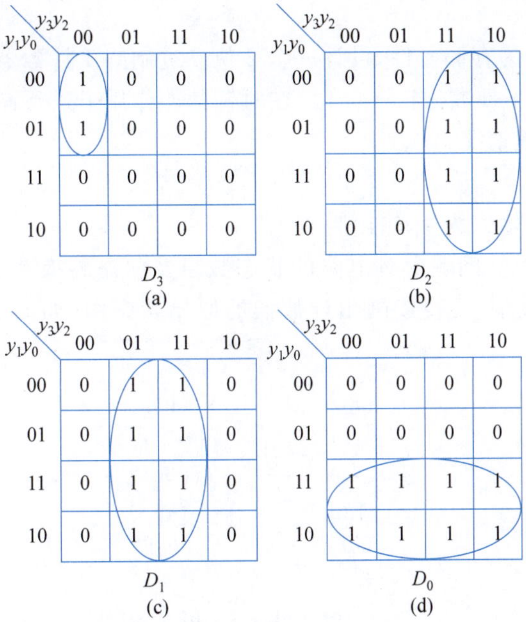

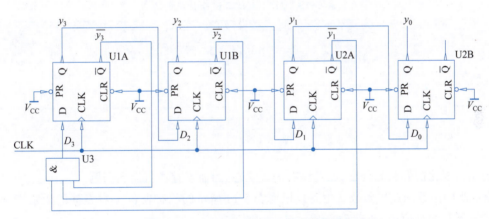

图 5-20　例 5-9 中可自启动的激励函数的卡诺图
（a）激励函数 D_3 的卡诺图；（b）激励函数 D_2 的卡诺图；（c）激励函数 D_1 的卡诺图；（d）激励函数 D_0 的卡诺图

图 5-21　例 5-9 中可自启动电路的原理图

5.3　同步时序逻辑电路的设计举例

在数字系统中，同步时序电路的应用十分广泛，为了帮助读者熟练掌握其设计方法，下面给出几个设计实例。

1. 状态个数的确定

有一些同步时序逻辑电路，在模型建立阶段就可以很明确地知道电路的最少状态个数，例如计数器、寄存器、节拍信号发生器等常用电路。由于每个已知状态在电路中都是必不可少的，因此这类电路在设计时一般可以省略状态表化简，甚至省略状态分配环节，这样一来，可大大简化电路的设计过程。

对于这类状态个数确定的问题，直接建立状态表可能会比先建立原始状态表更简单，因此在实际应用中，除非特别要求建立原始状态图，可以直接建立状态表。这样做的前提是已熟练掌握建立原始状态图和原始状态表的方法。

例 5-10 用 T 触发器作为存储元件,设计一个 2 位二进制减 1 计数器。电路工作状态受输入信号 x 的控制。当 $x=0$ 时,电路不计数;当 $x=1$ 时,在时钟脉冲作用下进行减 1 计数。计数器有一个输出 Z,当产生借位时 Z 为 1,其他情况为 0。

解:

(1) 根据电路描述,电路输入为 x,输出为 Z。

(2) 确定状态图和状态表。问题中对电路的状态数目及状态转换关系的描述均十分清楚,根据问题描述,状态变量用 y_2、y_1 表示,可直接画出计数器的原始状态图,如图 5-22 所示。二进制状态表如表 5-19 所示。

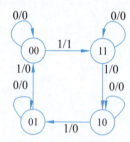

图 5-22 例 5-10 的原始状态图

表 5-19 例 5-10 的二进制状态表

$y_2^n y_1^n$	$y_2^{n+1} y_1^{n+1}$, Z	
	$x=0$	$x=1$
00	00,0	11,1
01	01,0	00,0
11	11,0	10,0
10	10,0	01,0

状态表不需要化简和状态分配,而且没有无效状态,因而不存在自启动问题。

(3) 确定激励函数和输出函数并化简。根据表 5-19 所示的状态表和 T 触发器的激励表,可确定激励函数和输出函数的真值表,如表 5-20 所示。

表 5-20 例 5-10 的激励、输出真值表

$y_2^n y_1^n$	$T_2 T_1$, Z	
	$x=0$	$x=1$
00	00,0	11,1
01	00,0	01,0
11	00,0	01,0
10	00,0	11,0

卡诺图如图 5-23 所示。

化简后的激励函数和输出函数表达式为

$$T_2 = x\,\overline{y_1^n}; \quad T_1 = x; \quad Z = x\,\overline{y_2^n}\,\overline{y_1^n}$$

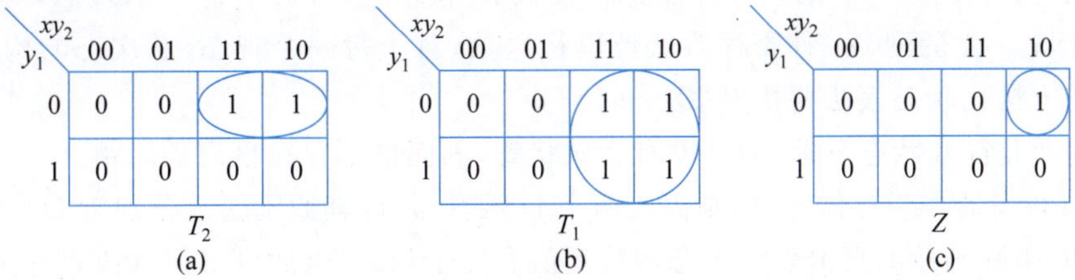

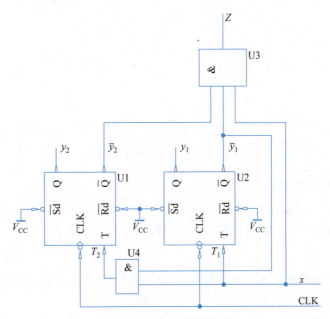

图 5-23　例 5-10 的卡诺图

（a）激励函数 T_2 的卡诺图；（b）激励函数 T_1 的卡诺图；（c）输出函数 Z 的卡诺图

（4）画出逻辑电路图。根据激励函数和输出函数表达式，电路图如图 5-24 所示。

图 5-24　例 5-10 的原理图

例 5-11　设计一个 2 位串行输入、并行输出的双向移位寄存器。该寄存器有 x_1 和 x_2 两个输入信号，其中 x_2 为控制信号，用于控制移位方向，x_1 为数据输入信号。当 $x_2=0$ 时，x_1 往寄存器高位串行送数，寄存器中的数据从高位移向低位；当 $x_2=1$ 时，x_1 往寄存器低位串行送数，寄存器中的数据从低位移向高位。寄存器的输出为触发器状态本身。

解：电路输入为 $x_2 x_1$，输出为 Z。由于是 2 位移位寄存器，所以需要设置两个状态位 y_2 和 y_1，其中 y_2 为高位，y_1 为低位，因而可直接给出寄存器的状态表，如表 5-21 所示。

表 5-21　例 5-11 的二进制状态表

$y_2^n y_1^n$	$y_2^{n+1} y_1^{n+1}$			
	$x_2 x_1=00$	$x_2 x_1=01$	$x_2 x_1=11$	$x_2 x_1=10$
00	00	10	01	00
01	00	10	11	10
11	01	11	11	10
10	01	11	01	00

构建状态表时,对于 $x_2=0$ 的列,x_1 往寄存器高位串行送数,对于每一个现态,其次态的构成是 x_1y_2;同理,对于 $x_2=1$ 的列,x_1 往寄存器低位串行送数,对于每一个现态,其次态的构成是 y_2x_1。这样构建状态表的方法比状态表法要快得多。

状态表不需要化简和状态分配,而且没有无效状态,因而也不存在自启动问题。

假定采用 D 触发器作为存储元件,则需要两个 D 触发器,设其激励输入分别为 D_2、D_1。由 D 触发器的激励表可知,激励函数的真值表与次态函数真值表完全相同,因此可根据真值表直接作出激励函数卡诺图,如图 5-25 所示。

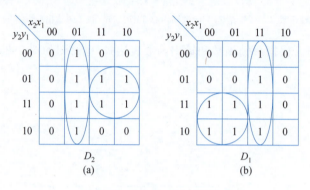

图 5-25　例 5-11 的卡诺图

(a) 激励函数 D_2 的卡诺图;(b) 激励函数 D_1 的卡诺图

化简后,激励函数表达式可写成

$$D_2 = \overline{x_2}x_1 + x_2y_1^n; \quad D_1 = \overline{x_2}y_2^n + x_2x_1$$

根据以上函数表达式,可画出该寄存器的逻辑电路,如图 5-26 所示。

2. 状态个数不确定

在模型建立阶段,当不能明确知道电路最少状态个数时,需要首先建立原始状态图和原始状态表,然后进行状态表化简和状态分配,最后实现时序逻辑电路。

例 5-12　用 JK 触发器作为存储元件,设计一个"101"序列检测器。该电路有一个输入 x 和一个输出 Z,当随机输入信号中出现"101"序列时,输出一个 1 信号。允许输入重叠。

解:电路输入为 x,输出为 Z。根据题意,当随机输入信号中出现"101"序列时,输出一个 1 信号,因此,可以设计成 Moore 型电路。

在没有 x 输入信息时,设初始状态为 A,从 A 出发,根据 x 输入情况逐步增加需要记忆的状态,最后得到原始状态图,如图 5-27 所示。

A 状态时,收到 1,表示收到的可能是"101"序列的第一位 1,需要用 B 状态记忆。收到 0,继续等待。

B 状态表示已经收到了序列 1,再收到 0,表示收到的可能是"101"序列的第二位 0,需要用 C 状态记忆。再收到 1,则继续等待 0。

C 状态表示已经收到了序列 10,再收到 1,表示收到了完整的"101"序列,需要用 D 状态记忆。再收到 0,则出现了 100 序列,无论再收到什么信息,都不可能出现"101"序列,因此回到 A 状态重新等待第一位。

D 状态表示已经收到了序列"101",再收到 1,表示收到了 1011 序列,最后一个 1 可能会成为"101"序列的第一位,因此回到状态 B。再收到 0,则出现了"1010"序列,最后的 10 可能会成为"101"序列的

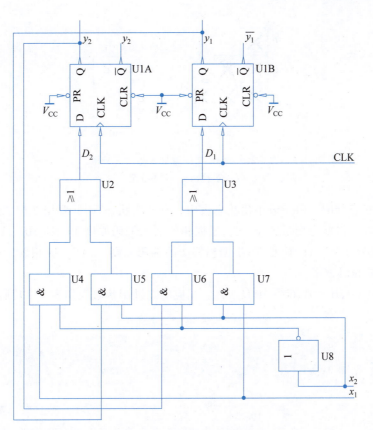

图 5-26 例 5-11 的原理图

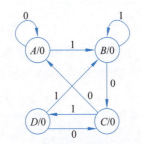

图 5-27 例 5-12 的原始状态图

前两位,因此回到状态 C。

根据原始状态图,可得原始状态表,如表 5-22 所示。

表 5-22 例 5-12 的原始状态表

现 态	次 态		输 出
	$x=0$	$x=1$	Z
A	A	B	0
B	C	B	0
C	A	D	0
D	C	B	1

对状态表进行化简,画出隐含表,如图 5-28(a)所示。分析发现这已是最小化状态表。

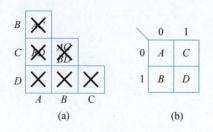

图 5-28 例 5-12 的隐含表与状态分配
(a)隐含表；(b)状态分配

对状态表进行状态分配。由于最小化状态表中共有 4 个状态，因此要用 2 位二进制代码表示，即电路中要有 2 个触发器。设状态变量为 y_2、y_1，根据相邻法的编码原则 1，AC、BD、ABD 应相邻；根据相邻法的编码原则 2，AB、BC、AD 应相邻；根据相邻法的编码原则 3，ABC 应相邻。按照优先顺序，给出如图 5-28(b)所示的编码方案。

编码方案为 $A=00$、$B=01$、$C=10$、$D=11$。相应的二进制状态表如表 5-23 所示。

表 5-23 例 5-12 的二进制状态表

$y_2^n y_1^n$	$y_2^{n+1} y_1^{n+1}$		Z
	$x=0$	$x=1$	
00	00	01	0
01	10	01	0
10	00	11	0
11	10	01	1

根据题目要求，使用 JK 触发器作为存储元件，利用 JK 触发器的激励表和二进制状态表，可列出激励函数 J_2、K_2、J_1、K_1 和输出函数 Z 的真值表，如表 5-24 所示。

表 5-24 例 5-12 的激励、输出真值表

$y_2^n y_1^n$	$J_2 K_2, J_1 K_1$		Z
	$x=0$	$x=1$	
00	$0\times,0\times$	$0\times,1\times$	0
01	$1\times,\times1$	$0\times,\times0$	0
10	$\times1,0\times$	$\times0,0\times$	0
11	$\times0,\times1$	$\times1,\times0$	1

卡诺图化简如图 5-29 所示。
可得激励函数和输出函数最简表达式如下：

$$J_2 = \bar{x} y_1^n; \quad K_2 = \bar{x}\,\overline{y_1^n} + x y_1^n = \overline{x \oplus y_1^n};$$
$$J_1 = x; \quad K_1 = \bar{x};$$
$$Z = y_2^n y_1^n$$

根据输出函数和激励函数表达式，可画出原理图，如图 5-30 所示。

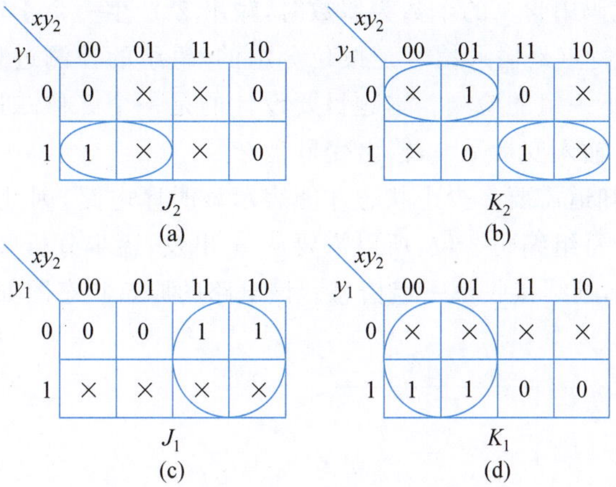

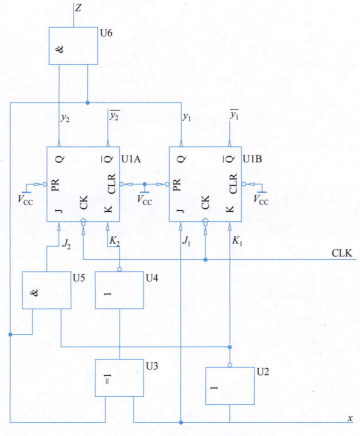

图 5-29 例 5-12 的卡诺图

（a）激励函数 J_2 的卡诺图；（b）激励函数 k_2 的卡诺图；（c）激励函数 J_1 的卡诺图；（d）激励函数 k_1 的卡诺图

图 5-30 例 5-12 的原理图

3. 存在无效状态

当状态图存在无效状态时，应分析电路是否存在挂起现象，如果存在，要消除"挂起"现象，使电路能够自启动。

例 5-13 设计一个 3 位二进制码的串行奇偶检测器。要求：该电路从输入端 x 串行输入二进制代码,每 3 位为一组;当 3 位代码中含 1 的个数为偶数时,输出 Z 产生一个 1 输出,平时 Z 输出为 0。

解:串行代码检测器的特点是输入信号是按位分组的,每组的检测过程相同,即一组检测完后,电路回到初始状态,接着进行下一组的检测。本题目要设计的是一个 3 位二进制码的串行奇偶检测器,3 位一组检测其奇偶性。串行输入变量是 x,输出变量是 Z。

根据题意,初始时并不知道需要多少个状态才能表示该时序电路,因此可设初始状态为 A,表示未收到任何信息的状态。因为每组编码 3 位,所以需要从 A 出发,逐步分析收到的 3 位二进制代码,确定其奇偶性,然后再从 A 开始,继续接收下一组信息。该电路的原始状态图如图 5-31 所示。

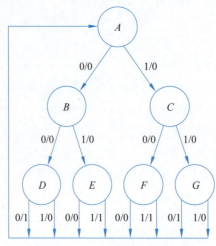

图 5-31 例 5-13 的原始状态图

原始状态表如表 5-25 所示。

表 5-25 例 5-13 的原始状态表

现 态	次态,输出	
	$x=0$	$x=1$
A	$B,0$	$C,0$
B	$D,0$	$E,0$
C	$F,0$	$G,0$
D	$A,1$	$A,0$
E	$A,0$	$A,1$
F	$A,0$	$A,1$
G	$A,1$	$A,0$

用隐含表法进行状态表化简,隐含表如图 5-32(a)所示。

首先按照输出等效条件,标注出 D、G 分别和 A、B、C、E、F 不等效,E、F 和 A、B、C、D、G 不等效。然后进行顺序比较和关联比较,得到等效状态对 (D,G)、(E,F),进而得到最大等效类 $\{A\}$、$\{B\}$、$\{C\}$、$\{D,G\}$、$\{E,F\}$,并分别设为 q_0、q_1、q_2、q_3、q_4。用新状态表示最大等效类,则可得到最小化状态表,如表 5-26 所示。

第5章 同步时序逻辑电路

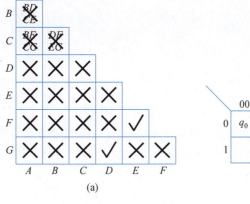

图 5-32　例 5-13 的隐含表与状态分配
（a）隐含表；（b）状态分配

表 5-26　例 5-13 的最小化状态表

现　态	次态、输出	
	$x=0$	$x=1$
q_0	$q_1,0$	$q_2,0$
q_1	$q_3,0$	$q_4,0$
q_2	$q_4,0$	$q_3,0$
q_3	$q_0,1$	$q_0,0$
q_4	$q_0,0$	$q_0,1$

可以看出，最小化状态表中有 5 个状态，所以需采用 3 位二进制编码表示，即电路要用 3 个触发器。设状态变量为 y_3、y_2、y_1，根据状态编码的原则 1，q_3q_4 应相邻；根据状态编码的原则 2，q_1q_2、q_3q_4 应相邻；根据状态编码的原则 3，$q_0q_1q_2$ 应相邻，从而可得如图 5-32（b）所示的状态编码方案。按照该方案，状态编码为 $q_0=000$、$q_1=010$、$q_2=110$、$q_3=100$、$q_4=101$。

用状态编码替换状态表中的符号状态，可得二进制状态表，如表 5-27 所示。表中，3 个状态位可表示 8 个状态，其中有效状态只有 5 个，状态 001、011 和 111 是无效状态，其次态和输出暂作为无关条件处理。

表 5-27　例 5-13 的二进制状态表

$y_2^n y_1^n y_0^n$	$y_2^{n+1} y_1^{n+1} y_0^{n+1}, Z$	
	$x=0$	$x=1$
000	010,0	110,0
001	×××,×	×××,×
010	100,0	101,0
011	×××,×	×××,×
100	000,1	000,0
101	000,0	000,1

续表

$y_2^n y_1^n y_0^n$	$y_2^{n+1} y_1^{n+1} y_0^{n+1}, Z$	
	$x=0$	$x=1$
110	101,0	100,0
111	×××,×	×××,×

假定用 D 触发器作为存储元件，则需要使用 3 个 D 触发器。设其激励信号分别为 D_3、D_2、D_1，由 D 触发器的激励表可知，激励函数的真值表与次态函数真值表完全相同，因此可根据真值表直接得到激励函数和输出函数卡诺图，如图 5-33 所示。

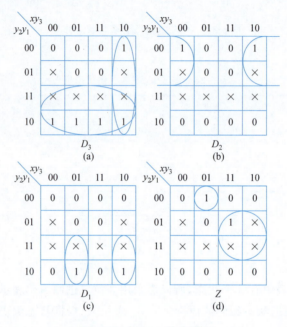

图 5-33 例 5-13 的卡诺图

(a) 激励函数 D_3 卡诺图；(b) 激励函数 D_2 卡诺图；(c) 激励函数 D_1 卡诺图；(d) 输出函数 Z 卡诺图

化简后的激励函数和输出函数表达式为

$$D_3 = x\,\overline{y_3^n} + y_2^n$$
$$D_2 = \overline{y_3^n}\,\overline{y_2^n}$$
$$D_1 = \bar{x}\,y_3^n y_2^n + x\,\overline{y_3^n} y_2^n = (x \oplus y_3^n) y_2^n$$
$$Z = x y_1^n + \bar{x}\,y_3^n\,\overline{y_2^n}\,\overline{y_1^n}$$

由于二进制状态表存在无效状态，因此可能存在挂起现象，需要进一步根据函数表达式判断是否确实存在挂起现象。

本例包含 001、011 和 111 共 3 个无效状态，在化简激励函数和输出函数时均被视为无关条件处理，即在这几个状态下，激励函数和输出函数的函数值可根据化简的需要指定为 1 或者 0。通常的做法是，在卡诺图上和 1 圈在一起，即指定为 1；否则，指定为 0。

检查化简时的卡诺图，便可知道在无效状态下的激励函数和输出函数的取值，并由此推出相应的次态，进而作出与设计方案对应的状态表和状态图，分析是否确实存在挂起现象。

由卡诺图分析可知,本例中无效状态对应的次态函数、输出函数状态表如表 5-28 所示。

表 5-28 例 5-13 的无效状态表

$y_2^n y_1^n y_0^n$ 无效状态	$y_2^{n+1} y_1^{n+1} y_0^{n+1}, Z$	
	$x=0$	$x=1$
001	010,0	110,1
011	100,0	101,1
111	101,0	100,1

由无效状态表可知,此方案无效状态的次态均进入了有效状态循环,不会产生挂起现象。但在无效状态下,输入 $x=1$ 时会错误地输出 1,因此应将相应的输出修改为 0,即将输出函数表达式修改为

$$Z = xy_3^n \overline{y_2^n} y_1^n + \bar{x} y_3^n \overline{y_2^n} \overline{y_1^n} = y_3^n \overline{y_2^n} \overline{(x \oplus y_1^n)}$$

根据简化后的激励函数表达式和修改后的输出函数表达式,可画出该奇偶校验电路的原理图,如图 5-34 所示。

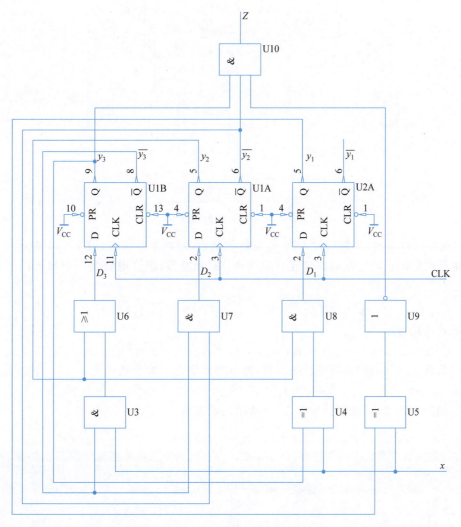

图 5-34 例 5-13 的原理图

5.4 同步时序逻辑电路的分析

电路分析的基本任务是,通过分析给定的电路实现描述电路功能。

对于原理图实现,可以根据原理图写出激励函数和输出函数表达式,进而得到次态函数和输出函数表达式,建立电路的状态表和状态图,按照状态图的状态迁移过程描述电路的功能。

同步时序逻辑电路分析的基本步骤如下。

(1) 确定电路的外部模型,包括输入输出信号。
(2) 写出每个门电路和触发器的函数表达式。
(3) 用代入法写出输出函数表达式和次态函数表达式,并化简为最简与或式。
(4) 确定电路的状态表和状态图。
(5) 描述电路功能。

例 5-14 分析如图 5-35 所示的同步时序逻辑电路。

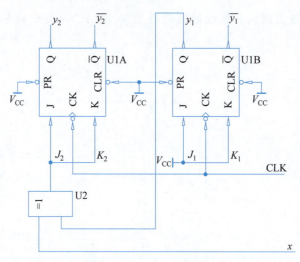

图 5-35 例 5-14 的原理图

解:由电路图可以看出,电路的输入为 x,电路的状态(即触发器状态)用 y_2、y_1 表示。该电路的状态变量就是电路的输出。该电路的存储元件是两个 JK 触发器,组合电路是一个异或门。触发器的状态方程为

$$y_2^{n+1} = J_2 \overline{y_2^n} + \overline{K_2} y_2^n; \quad y_1^{n+1} = J_1 \overline{y_1^n} + \overline{K_1} y_1^n$$

激励函数表达式为

$$J_1 = K_1 = 1; \quad J_2 = K_2 = x \oplus y_1^n$$

将激励函数表达式代入触发器的状态方程,即可得到次态函数表达式为

$$y_2^{n+1} = x \oplus y_1^n \oplus y_2^n; \quad y_1^{n+1} = \overline{y_1^n}$$

根据次态函数表达式,可以得到如表 5-29 所示的状态表。

表 5-29 例 5-14 的状态表

$y_2^n y_1^n$	$y_2^{n+1} y_1^{n+1}, Z$	
	$x=0$	$x=1$
00	01	11
01	10	00

续表

$y_2^n y_1^n$	$y_2^{n+1} y_1^{n+1}, Z$	
	$x=0$	$x=1$
11	00	10
10	11	01

建立状态表时，首先依次列出电路输入和现态的所有取值组合；然后根据激励函数表达式，填写每一组输入和现态取值下次态函数的相应函数值。根据状态表可以画出如图 5-36 所示的状态图。

从状态图可以看出，该电路是一个 2 位二进制数可逆计数器。当 $x=0$ 时，电路进行加 1 计数，计数序列为 00→01→10→11→00→…；当 $x=1$ 时，电路进行减 1 计数，计数序列为 00→11→10→01→00→……

例 5-15 图 5-37 所示为一个同步时序逻辑电路，试分析该电路的逻辑功能。

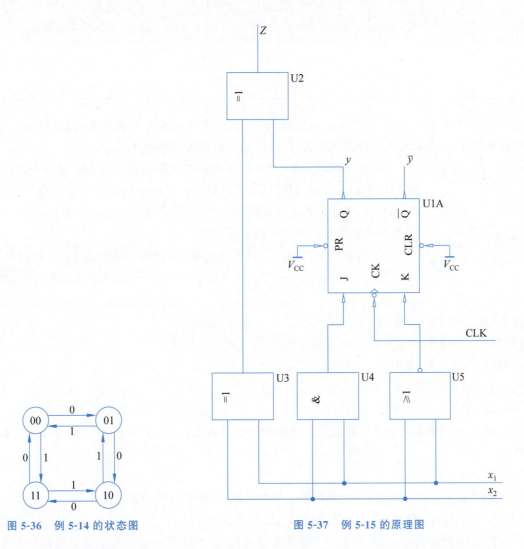

图 5-36 例 5-14 的状态图　　　　图 5-37 例 5-15 的原理图

解：该电路有两个输入信号 x_1、x_2，一个输出信号 Z。输出信号 Z 与输入信号和状态均有直接联系，属于 Mealy 型电路。该电路的存储元件为 JK 触发器，组合逻辑电路部分由门电路构成。

由逻辑电路图可知,输出函数表达式为

$$Z = x_1 \oplus x_2 \oplus y^n$$

触发器的状态方程为

$$y^{n+1} = J\overline{y^n} + \overline{K}y^n$$

激励函数表达式为

$$J = x_1 x_2; \quad K = \overline{x_1 + x_2}$$

将激励函数表达式代入触发器的状态方程,化简后即可得到次态函数表达式

$$y^{n+1} = x_1 x_2 \overline{y^n} + (x_1 + x_2)y^n = x_1 x_2 + x_1 y^n + x_2 y^n$$

根据次态函数和输出函数表达式,作出状态表,如表 5-30 所示。

表 5-30 例 5-15 的状态表

y^n	y^{n+1}, Z			
	$x_2 x_1 = 00$	$x_2 x_1 = 01$	$x_2 x_1 = 11$	$x_2 x_1 = 10$
0	0,0	0,1	1,0	0,1
1	0,1	1,0	1,1	1,0

建立状态表时,将输入 x_1、x_2 和现态 y 的所有取值组合代入次态函数和输出函数表达式,计算出相应的次态和输出,填入状态表。根据状态表,可以得到如图 5-38 所示的状态图。

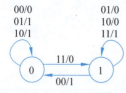

图 5-38 例 5-15 的状态图

由状态图可以看出,该电路实现了串行加法器的功能。其中 x_1、x_2 为两个加数,它们按照先低位、后高位的顺序串行地加到相应的输入端。每位相加产生的进位由触发器的状态位 y 保存下来,参加下一位数的相加,输出 Z 为和数,也是从低位到高位串行地输出。

为了验证该串行加法器的工作过程,可以在初始状态 $y = 0$ 的情况下,给 $x_1 x_2$ 输入序列 00→01→10→11→11→10→01→00,按照状态表,给出其次态和输出。

时钟节拍 : 1 2 3 4 5 6 7 8。

x_1(加数) : 0 0 1 1 1 1 0 0。

x_2(加数) : 0 1 0 1 1 0 1 0。

y(进位) : 0 0 0 0 1 1 1 1 0。

Z(和) : 0 1 1 0 1 0 0 1。

观察发现,该电路确实实现了先低位后高位串行加法器的功能,图 5-39 给出了以上计算过程的工作时序图。

应当注意如下 3 点。

(1) JK 触发器是负边沿触发的,所以状态 y 只在时钟 CLK 的负边沿发生变化。

(2) 输入信号 x_1、x_2 应在 CLK 的负边沿到达之前准备好。

(3) 每个 CLK 的负边沿,总是产生下一位加法的进位,因此在第 8 个节拍事实上已经产生了参加第 9 位加法的进位,但这时第 9 位加法的两个加数不一定输入。

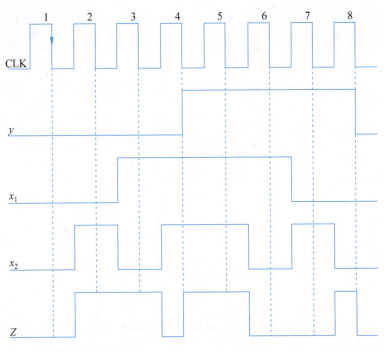

图 5-39 例 5-15 的时序图

5.5 常用同步时序逻辑电路

常用的时序逻辑电路有寄存器、计数器、节拍信号发生器等,在计算机及其他数字系统中应用极为广泛,是数字系统的重要组成部分。

在 TTL 和 CMOS 系列的器件手册中包含大量常用的时序逻辑电路器件。这些器件可采用同步时序逻辑电路的设计方法进行设计;那些集成时序逻辑电路器件则为设计更复杂的数字电路系统提供了方便。

5.5.1 寄存器

寄存器是由多个触发器组成的同步时序逻辑电路,主要用于寄存二进制数码,是计算机中最基本的逻辑部件。现代处理器内部通常都会设置大量的寄存器。

1. 寄存器的基本结构

寄存器内部一般由同一时钟控制的多个 D 触发器构成,以实现多位数据的寄存。图 5-40 给出了寄存器的一般性结构。

寄存器通常具有以下 4 种功能。

(1) 清除数码 $\overline{\text{CLR}}$。将寄存器中所寄存的原始数据清除,在逻辑上只要将所有触发器的置 0 端连接在一起,作为置 0 信号的输入端 $\overline{\text{CLR}}$。当需要清除数码时,可在置 0 输入端加一个置 0 脉冲,寄存器将全部处于 0 状态。

(2) 接收数码 LD。在接收信号的作用下,将外部输入数据接收到寄存器中,当接收控制信号 LD 为高电位时,输入数码端 DI1、DI2、DI3 和 DI4 通过与门 U1~U4 送到寄存器各触发器的输入端,此时,在时钟脉冲 CLK 的作用下,各触发器将数据寄存,从而实现了接收数据的功能。

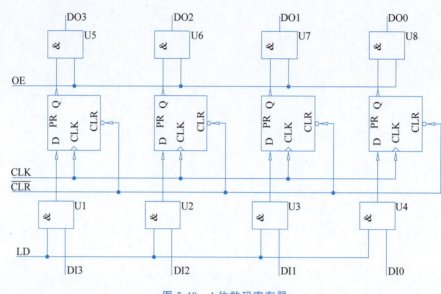

图 5-40 4 位数码寄存器

(3) 寄存数码。寄存器接收了数据代码后,只要不出现清除、接收等信号,寄存器应保留原寄存数据不变。

(4) 输出数码。在输出控制信号作用下,寄存器中数据通过与门 U5~U8 分别输出至 DO0~DO3。

2. 移位寄存器

除了以上常用功能以外,有些寄存器为了某些特殊用途,还具备移位逻辑功能,这样的寄存器称为移位寄存器。移位寄存器可以有以下一个或多个功能。

(1) 左移功能:将寄存器的每位触发器状态输出到高位触发器的输入端。

(2) 右移功能:将寄存器的每位触发器状态输出到低位触发器的输入端。

(3) 串入并出功能:寄存器有一个串行数据输入端,每个时钟脉冲送入一位数据并随寄存器数据一起左移或右移,寄存器的多位数据可以并行输出。

(4) 并入串出功能:寄存器可以并行输入多位数据,寄存器有一个串行数据输出端,每个时钟脉冲从寄存器左移或右移一位数据到数据输出端。

3. 常用寄存器

常用寄存器器件类型很多,例如 74595 是 8 位串入并出、三态输出的移位寄存器,74165 是 8 位并入串出的移位寄存器,74194 是 4 位双向输出的移位寄存器,等等。各种寄存器型号及功能在 TTL 和 CMOS 系列器件手册中均可查阅。

5.5.2 计数器

计数器是用于对脉冲数目进行计数的数字电路,是数字设备中基本的逻辑部件。例如,计算机中用于记录指令执行顺序的指令计数器,用以记录乘除法步数的乘除计数器,等等。计数器还常用于实现分频、定时等逻辑功能。

计数器的种类很多,按工作方式它可分为同步计数器和异步计数器;按进位制可分为二进制计数器和非二进制计数器;此外,按工作特点又可分为加 1 计数器、减 1 计数器、可逆计数器和环形移位计数器等。本节主要针对同步计数器的构成特点进行介绍。

同步计数器的计数脉冲（即 CLK）同时加到各触发器的时钟端，当计数脉冲到来时，各触发器同时改变状态。因此，同步计数器又称并行计数器。

同步计数器的设计完全按照同步时序逻辑电路的设计方法进行。一般情况下，计数器的状态个数和状态编码都是确定的，因此同步计数器的设计不需要状态化简和状态分配，设计过程比较简单。

例 5-16 用 D 触发器设计一个模 16 同步加 1 计数器。

解：这是一个自动计数器，不需要外部输入，直接对时钟脉冲进行计数。该计数器有 16 个状态，且每个状态即为计数值，共需要用 4 个触发器，触发器的状态输出设为 y_3、y_2、y_1、y_0。该计数器的状态表如表 5-31 所示。

表 5-31 例 5-16 的状态表

$y_3^n y_2^n y_1^n y_0^n$	$y_3^{n+1} y_2^{n+1} y_1^{n+1} y_0^{n+1}$	$y_3^n y_2^n y_1^n y_0^n$	$y_3^{n+1} y_2^{n+1} y_1^{n+1} y_0^{n+1}$
0000	0001	1000	1001
0001	0010	1001	1010
0010	0011	1010	1011
0011	0100	1011	1100
0100	0101	1100	1101
0101	0110	1101	1110
0110	0111	1110	1111
0111	1000	1111	0000

由于状态个数确定且每一个状态缺一不可，因此该状态表不需要化简，不需要状态分配，其本身就是最简的二进制状态表。

根据 D 触发器激励表的特点，激励函数真值表与状态表（次态函数真值表）完全相同，根据激励函数真值表可直接写出下面的激励端的函数表达式：

$$D_3 = \sum m(7,8,9,10,11,12,13,14)$$

$$D_2 = \sum m(3,4,5,6,11,12,13,14)$$

$$D_1 = \sum m(1,2,5,6,9,10,13,14)$$

$$D_0 = \sum m(0,2,4,6,8,10,12,14)$$

激励函数的卡诺图化简过程如图 5-41 所示。

根据卡诺图，可写出下面的最简函数表达式：

$$D_3 = y_3\overline{y_2} + y_3\overline{y_1} + y_3\overline{y_0} + \overline{y_3}y_2y_1y_0 = y_3\overline{y_2y_1y_0} + \overline{y_3}y_2y_1y_0 = y_3 \oplus (y_2y_1y_0)$$

$$D_2 = y_2\overline{y_1} + y_2\overline{y_0} + \overline{y_2}y_1y_0 = y_2 \oplus (y_1y_0)$$

$$D_1 = y_1\overline{y_0} + \overline{y_1}y_0 = y_1 \oplus y_0$$

$$D_0 = \overline{y_0}$$

根据函数表达式，容易画出电路原理图，如图 5-42 所示。

在同步计数器中，模 2 计数器和非模 2 计数器的设计方法是相同的，只是设计非模 2 计数器时需要检查是否存在挂起现象，如果存在就要消除挂起现象，设计成自启动电路。

此外，同步计数器也可以设计成不按二进制编码顺序计数，而按格雷码顺序计数，即每次计数只有

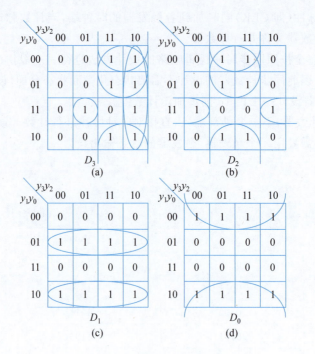

图 5-41 例 5-16 的卡诺图

(a) 激励函数 D_3 的卡诺图;(b) 激励函数 D_2 的卡诺图;(c) 激励函数 D_1 的卡诺图;(d) 激励函数 D_0 的卡诺图

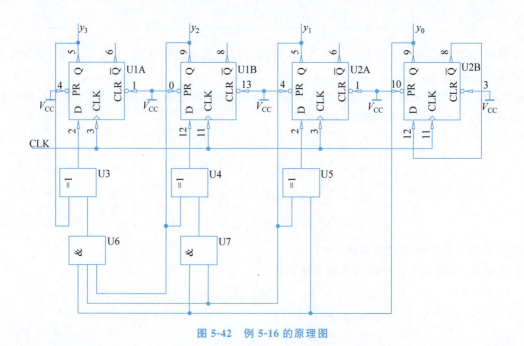

图 5-42 例 5-16 的原理图

一位触发器改变状态。其设计方法与前述方法相同,读者根据前面方法进行设计。

常用计数器器件类型很多,例如 74160 是可预置 BCD 异步清除计数器,74161 是可预置 4 位二进制异步清除计数器,74163 是可预置 4 位二进制同步清除计数器,74190 是 BCD 同步加/减计数器,74191 是二进制同步可逆计数器,74192 是可预置 BCD 双时钟可逆计数器,74193 是可预置 4 位二进制双时钟可逆计数器,等等。各种计数器型号及功能在 TTL 和 CMOS 系列器件手册中均可自行查阅。

5.5.3 节拍信号发生器

计算机在执行一条指令时,总是把一条指令分成若干基本动作,由控制器发出一系列节拍脉冲信号,每个节拍脉冲信号控制计算机完成一个或几个基本动作。节拍信号发生器就是用来产生节拍脉冲的逻辑部件。根据结构不同,节拍信号发生器可分为计数型和移位型两种。

1. 计数型节拍信号发生器

计数型节拍信号发生器由计数器完成节拍个数的计数,对当前状态用门电路进行译码产生节拍信号。

例 5-17 用 T 触发器设计一个 4 节拍的计数型节拍信号发生器。

解:一个 4 节拍信号发生器的状态表如表 5-32 所示,计数状态用 y_2 和 y_1 表示,实现模 4 计数器功能,节拍信号 $W_0 \sim W_3$ 是对计数状态 $y_2 y_1$ 进行译码产生的函数。由状态表可知,它是一个 Moore 型时序电路。

表 5-32 例 5-17 的状态表

$y_2^n y_1^n$	$y_2^{n+1} y_1^{n+1}$	$W_0 W_1 W_2 W_3$
00	01	1000
01	10	0100
10	11	0010
11	00	0001

如果选用 T 触发器实现,则其激励端输入可设为 T_2 和 T_1,容易得到其激励函数和输出函数真值表,如表 5-33 所示。

表 5-33 例 5-17 的激励、输出真值表

$y_2^n y_1^n$	$T_2 T_1$	$W_0 W_1 W_2 W_3$
00	01	1000
01	11	0100
10	01	0010
11	11	0001

根据激励函数和次态函数真值表,其激励函数表达式和输出函数表达式为

$$T_2 = \sum m(1,3) = y_1^n; \quad T_1 = 1;$$

$$W_0 = \overline{y_2^n}\,\overline{y_1^n}; \quad W_1 = \overline{y_2^n} y_1^n; \quad W_2 = y_2^n \overline{y_1^n}; \quad W_3 = y_2^n y_1^n$$

图 5-43 为 4 节拍信号发生器电路原理图和波形图。

2. 移位型节拍信号发生器

移位型节拍信号发生器由移位寄存器和门电路组成,在移位寄存器中始终保持一个触发器状态为 1,其他触发器状态都是 0,这个 1 状态在移位寄存器中循环移动,就构成了移位型节拍信号发生器。

例 5-9 就是一个可自启动的移位型节拍信号发生器的设计实例。这种电路的寄存器状态利用率很低,一个 n 位移位寄存器可有 2^n 个状态,却只用了其中 n 个状态产生 n 个节拍信号。如果采用扭环形

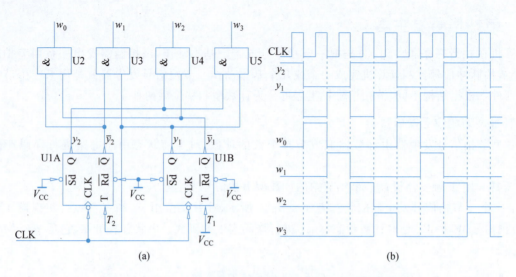

图 5-43 例 5-17 中计数型节拍信号发生器的原理图与波形图
(a)原理图；(b)波形图

移位寄存器,当状态位数仍为 n 时,可产生 $2n$ 个节拍信号;如果采用线性反馈移位寄存器(linear feedback shift register,LFSR),则可以用 n 位环形移位寄存器产生 2^n-1 个节拍信号。读者可从相关书籍查阅其工作原理,在此不再赘述。

5.6　同步时序逻辑电路的 VHDL 描述

用 VHDL 可以描述任何同步时序逻辑电路。为使最终实现的电路最简,在用 VHDL 描述电路之前,需要构造电路的最简模型,这些工作在前面已进行了详尽描述,在此不再赘述。

5.6.1　用 VHDL 的 3 种风格描述同步时序逻辑电路

本节主要讲解用 VHDL 描述同步时序逻辑电路的方法。用 VHDL 描述同步时序逻辑电路,同样也可以用 VHDL 的 3 种描述方法:行为描述法、数据流描述法和结构化描述法。下面通过实例进行讨论。

例 5-18　分别用 VHDL 的行为描述法、数据流描述法、结构化描述法描述表 5-34 所示二进制状态表的功能。

表 5-34　例 5-18 的状态表

现态	次态,输出	
	$x=0$	$x=1$
q_0	$q_3,0$	$q_1,0$
q_1	$q_0,0$	$q_0,1$
q_3	$q_0,1$	$q_2,1$
q_2	$q_1,0$	$q_3,0$

解:建立电路的模型,确定电路的输入和输出。

分析表 5-34 给出的状态表可知,该模型有一个外部输入 x,由于是同步时序状态表,故隐含了一个

May all your wishes come true

清华大学出版社
TSINGHUA UNIVERSITY PRESS

如果知识是通向未来的大门，
我们愿意为你打造一把打开这扇门的钥匙！

https://www.shuimushuhui.com/

图书详情 | 配套资源 | 课程视频 | 会议资讯 | 图书出版

扬帆起航

May all your wishes come true

统一的时钟输入 CLK,有一个电路输出信号 Z。其中的状态信号 Q 虽然在电路中是必需的,但其只作为记录内部状态的信号,不需输出到电路外部,因此不作为电路的外部端口信号。据此可建立电路的实体描述如下:

```
library IEEE;
use IEEE.STD_LOGIC_1164.ALL;
entity exam5_18 is
    Port ( x : in STD_LOGIC;
           clk : in STD_LOGIC;
           z : out STD_LOGIC);
end exam5_18;
```

1. 行为描述法

行为描述法适用于直接描述数学模型,不涉及具体的电路和器件,因此是对电路最高级别的抽象。对表 5-34 所示状态表的行为,可直接用下述描述程序:

```
architecture Behavioral_bhv of exam5_18 is
    TYPE state IS (q0,q1,q2,q3);                    --自定义枚举状态数据类型
    signal Q:state:=q0;
begin
    status_machine:process(clk,x)                   --时序机进程
        variable tmp_Q:state;
    begin
        if clk'event and clk='1' then
            if x='0' then
                with Q select
                    tmp_Q:=q3 when q0,
                          q0 when q1,
                          q1 when q2,
                          q0 when q3;
            else
                with Q select
                    tmp_Q:=q1 when q0,
                          q0 when q1,
                          q3 when q2,
                          q2 when q3;
            end if;
            Q<=tmp_Q;
        end if;
    end process;

output:process(x,Q)                                 --输出进程
    variable tmp_z:STD_LOGIC;
begin
    if x='0' then
        with Q select
            tmp_z:='0' when q0,
                  '0' when q1,
                  '0' when q2,
                  '1' when q3;
```

```
            else
                with Q select
                    tmp_z:='0' when q0,
                           '1' when q1,
                           '0' when q2,
                           '1' when q3;
                end if;
                z<=tmp_z;
        end process;
end Behavioral_bhv;
```

该程序有如下几个特点。

(1) 时序机的状态是符号化的,可先利用自定义枚举数据类型定义一种包含 4 个符号状态的数据类型 state,再将状态信号 Q 定义为该数据类型,程序中没有表示 Q 的二进制编码。

(2) 时序机和输出分成了两个进程处理。由于是同步时序逻辑电路,因此时序机进程是对 clk 信号的上升沿敏感的处理过程,只有 clk 的上升沿到达时,电路的状态 Q 才发生一次变化。输出进程只对输入和状态信号敏感,只要输入 x 或状态 Q 发生变化,电路的输出就会发生变化。因此可以认为,时序机进程对应于状态记忆电路,输出进程对应于输出逻辑电路。

(3) 用中间变量 tmp_Q、tmp_z 记录状态信号 Q 和输出信号 Z 的中间变化过程,只在进程的最后一次性修改它们的值。变量 tmp_Q、tmp_z 是局部的、暂时的中间变量,只在所在进程中有效,且只表示变量的传输过程,不会变为实际电路。

(4) 时序机和输出进程是对次态函数和输出函数真值表的直接描述,未涉及任何触发器与门电路的信息,因此属于行为描述。

2. 数据流描述法

数据流描述采用并行信号赋值语句描述电路的逻辑表达式或逻辑方程。当任意一个输入信号的值发生变化时,将激活赋值语句,使信息从所描述的结构中流出。因此,数据流描述是从信号到信号的数据流动路径形式进行描述。

对于表 5-34 所示的状态表,首先要构造其输入信号到输出信号的数据流过程函数,包括次态函数和输出函数,建立过程如下。

对符号状态表进行状态分配,将其变成二进制状态表,如表 5-35 所示。

表 5-35 例 5-18 的状态表

$y_2^n y_1^n$ ($y_2 y_1$)	$y_2^{n+1} y_1^{n+1}$, Z	
	$x=0$	$x=1$
00	11,0	01,0
01	00,0	00,1
11	00,1	10,1
10	01,0	11,0

建立次态函数和输出函数的卡诺图,如图 5-44 所示。

根据卡诺图,可得次态函数和输出函数表达式:

$$y_2^{n+1} = x y_2^n + \bar{x}\,\overline{y_2^n}\,\overline{y_1^n}; y_1^{n+1} = \overline{y_1^n}$$

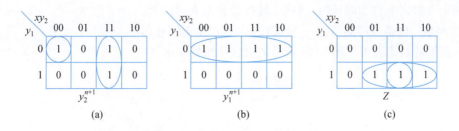

图 5-44　例 5-18 中次态与输出函数的卡诺图

(a) 次态函数 y_2 的卡诺图；(b) 次态函数 y_1 的卡诺图；(c) 输出函数 Z 的卡诺图

$$Z = xy_1^n + y_2^n y_1^n = (x + y_2^n)y_1^n$$

表 5-35 所示的状态表的数据流描述程序如下：

```
architecture Behavioral_ds of exam5_18 is
    signal y2:STD_LOGIC:='0';
    signal y1:STD_LOGIC:='0';
begin
    status_machine:process(clk,x)                           --时序机进程
        variable tmp_y2:STD_LOGIC;
        variable tmp_y1:STD_LOGIC;
    begin
        if clk'event and clk='1' then
            tmp_y2:=(x and y2) or (x and (not y2) and (not y1));
            tmp_y1:=not y1;
            y2<=tmp_y2;
            y1<=tmp_y1;
        end if;
    end process;
    z<=(x or y2) and y1;                                    --输出信号赋值
end Behavioral_ds;
```

该程序有如下几个特点。

(1) 时序机的状态是二进制的，状态位 y2、y1 是作为次态函数表达式进行赋值的。

(2) 时序机和输出同样分成了两个进程处理。由于是同步时序逻辑电路，因此，时序机进程是对 CLK 信号的上升沿敏感的处理过程，只有 CLK 的上升沿到达时，电路的状态信号才根据数据流输入的变化，发生一次变化。这里的输出进程变成了一个信号赋值语句，它与一个进程相当，也会被综合为一个独立运行的电路模块。

(3) 时序机和输出语句是对次态函数和输出函数表达式的描述，表示输入信号和输出信号数据流之间的关系，属于数据流描述。

3. 结构化描述法

结构化描述法主要用于描述比较复杂的数字电路系统。对于大型的数字电路系统，需要首先建立清晰的层次化模块结构，明确定义每个电路模块的功能和模块之间的信号连接关系，然后对上层模块用结构化描述法进行描述，对于底层模块用数据流或行为描述法进行描述。

表 5-35 所示的状态表是一个比较小的时序电路系统，根据时序电路模型，可以将该电路分成两个电路模块。

(1) 时序机模块：受输入信号 x 和 CLK 的控制，产生同步状态输出信号 $y_2 y_1$，时序机模块在同步

时钟 CLK 的上升沿完成状态的转换,其状态转换受状态表的约束。

(2) 输出模块:根据当前的输入 x 和状态 y_2y_1,产生电路输出。

表 5-35 所示的状态表可用图 5-45 所示的层次化结构表示。

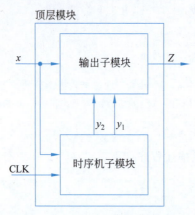

图 5-45　例 5-18 的层次结构图

首先设计顶层模块程序。代码如下:

```
architecture Behavioral_stru of exam5_18 is
    component FSM                                       --时序机模块声明
        Port ( x : in STD_LOGIC;
               clk : in STD_LOGIC;
               Q: out STD_LOGIC_VECTOR(1 DOWNTO 0));
    end component;
    component Output                                    --输出模块声明
        Port ( x : in STD_LOGIC;
               Q : in STD_LOGIC_VECTOR(1 DOWNTO 0);
               z : out STD_LOGIC);
    end component;
    signal  Q:STD_LOGIC_VECTOR(1 DOWNTO 0);
begin
    U1:FSM     port map(x=>x,clk=>clk,Q=>Q);            --时序机模块例化
    U2:Output port map(x=>x,Q=>Q,z=>z);                 --输出模块例化
end Behavioral_stru;
```

顶层模块中声明了两个子模块:时序机子模块 FSM、输出子模块 Output。顶层模块的实现也非常简单,分别实例化了 U1:FSM 模块和 U2:Output 模块,并通过状态信号 Q 建立了这两个模块之间的连接关系,然后分别设计两个子模块。

时序机子模块 FSM 的实现代码如下:

```
library IEEE;
use IEEE.STD_LOGIC_1164.ALL;
entity FSM is
    Port ( x : in STD_LOGIC;
           clk : in STD_LOGIC;
           Q : out STD_LOGIC_VECTOR(1 DOWNTO 0));
end FSM;
architecture Behavioral of FSM is
    signal y2y1 : STD_LOGIC_VECTOR(1 DOWNTO 0):="00";
```

```
begin
    status_machine:process(clk,x)                              --时序机进程
        variable tmp_y2y1:STD_LOGIC_VECTOR(1 DOWNTO 0);
    begin
        if clk'event and clk='1' then
            if x='0' then
                with y2y1 select
                    tmp_y2y1:="11" when "00",
                              "00" when "01",
                              "01" when "10",
                              "00" when "11";
            else
                with y2y1 select
                    tmp_y2y1:="01" when "00",
                              "00" when "01",
                              "11" when "10",
                              "10" when "11";
            end if;
            y2y1<=tmp_y2y1;
        end if;
    end process;
    Q<=y2y1;
end Behavioral;
```

输出子模块 Output 的实现代码如下：

```
library IEEE;
use IEEE.STD_LOGIC_1164.ALL;
entity Output is
    Port ( x : in STD_LOGIC;
           Q : in STD_LOGIC_VECTOR (1 downto 0);
           z : out STD_LOGIC);
end Output;
architecture Behavioral of Output is
begin
    z<=(x or Q(1)) and Q(0);                                  --输出信号赋值
end Behavioral;
```

可以看到，时序机子模块和输出子模块是电路的底层模块，因此实现代码分别采用行为描述法、数据流描述法、结构化描述法使电路的层次结构显得更加清晰。

5.6.2 用 VHDL 描述同步计数器

例 5-19 用 VHDL 设计一个模 16 同步加 1 计数器。

解：这是一个自动计数器，不需要外部输入，直接对时钟脉冲进行加 1 计数。该计数器有 16 个状态且每个状态即为计数值，共需要用 4 个状态位，设为 y_3、y_2、y_1 和 y_0。其 VHDL 代码如下：

```
library IEEE;
use IEEE.STD_LOGIC_1164.ALL;
use IEEE.STD_LOGIC_UNSIGNED.ALL;
entity counter16 is
    Port ( clk : in STD_LOGIC;
           y : out STD_LOGIC_VECTOR (3 downto 0));
end counter16;
```

```
architecture Behavioral of counter16 is
    signal Q : STD_LOGIC_VECTOR (3 downto 0):="0000";
begin
    process(clk)
    begin
        if (clk'event and clk='1') then
            Q<=Q+1;
        end if;
    end process;
    y<=Q;
end Behavioral;
```

该程序有如下几个特点。

(1) 电路有一个输入时钟信号 clk 和一个 4 位的模 16 计数输出信号 y(3,…,0)。

(2) 电路在时钟信号 clk 驱动下工作,每个脉冲上升沿计数信号 y(3,…,0)加 1,进行循环计数。

(3) 调用了 IEEE.STD_LOGIC_UNSIGNED 库,能够直接实现信号量 $Q \leqslant Q+1$ 的数学运算。

本章小结

本章首先简单介绍了同步时序逻辑电路的基本模型和描述方法,然后详细探讨了同步时序逻辑电路的设计过程和每一个设计环节,分类型给出了同步时序逻辑电路的设计举例。在介绍了同步时序逻辑电路的分析方法后,对各种常用同步时序逻辑电路进行了详细的分析和讨论,最后介绍了用 VHDL 描述同步时序逻辑电路的方法。

习题 5

1. 已知时序网络的状态表如表 5-36 所示,试画出它的状态图。

表 5-36　第 1 题表

现　态	次　态		输　出 (Z)
	$x=0$	$x=1$	
A	C	B	0
B	C	D	0
C	D	B	0
D	B	A	1

2. 试分别画出同步 JK 触发器、T 触发器和 D 触发器的状态图。

3. 设有如表 5-37～表 5-39 所示的 3 个完全定义状态表,试确定与每张状态表等效的最简状态表。

表 5-37　第 3 题表(a)

现　态	次态,输出	
	$x=0$	$x=1$
1	4,0	2,0
2	3,1	1,0

续表

现 态	次态,输出	
	$x=0$	$x=1$
3	2,1	5,0
4	1,0	2,0
5	4,0	1,0

表 5-38　第 3 题表(b)

现 态	次态,输出	
	$x=0$	$x=1$
1	8,0	7,1
2	3,0	5,0
3	2,0	1,0
4	5,1	8,0
5	8,0	4,1
6	5,1	3,0
7	1,1	8,0
8	4,0	6,1

表 5-39　第 3 题表(c)

现 态	次态,输出			
	$x_2x_1=00$	$x_2x_1=01$	$x_2x_1=11$	$x_2x_1=10$
1	2,0	3,0	2,1	1,0
2	5,0	3,0	2,1	4,1
3	1,0	2,0	3,1	4,1
4	3,0	4,0	1,1	2,0
5	5,0	3,0	3,1	5,0

4. 试求表 5-40 中不完全定义机的最大相容类。

表 5-40　第 4 题表

现 态	次态,输出			
	$x_2x_1=00$	$x_2x_1=01$	$x_2x_1=11$	$x_2x_1=10$
1	×,×	5,1	1,×	3,1
2	×,×	2,×	5,1	6,1
3	6,0	×,×	×,×	2,1

续表

现态	次态,输出			
	$x_2x_1=00$	$x_2x_1=01$	$x_2x_1=11$	$x_2x_1=10$
4	×,1	×,×	3,0	×,×
5	1,×	5,0	6,×	×,×
6	4,0	6,×	×,×	×,×

5. 试化简表 5-41～表 5-43 所示的 3 个不完全定义机的状态表。

表 5-41 第 5 题表(a)

现态	次态,输出			
	$x_2x_1=00$	$x_2x_1=01$	$x_2x_1=11$	$x_2x_1=10$
1	3,0	3,×	4,×	3,×
2	4,1	3,0	×,×	1,×
3	1,×	1,1	×,×	×,×
4	2,×	×,×	3,×	5,×
5	2,×	5,×	3,×	4,×

表 5-42 第 5 题表(b)

现态	次态,输出	
	$x=0$	$x=1$
1	×,0	4,×
2	1,1	5,1
3	×,0	4,×
4	3,1	2,1
5	5,×	1,×

表 5-43 第 5 题表(c)

现态	次态,输出	
	$x=0$	$x=1$
1	3,×	×,×
2	×,×	6,0
3	4,1	1,×
4	6,1	×,×
5	5,×	5,×
6	4,1	7,1
7	2,0	3,0

6. 试用 JK 触发器设计一个"101"序列检测器。该同步时序网络有一个输入,一个输出。对应于每个连续输入序列"101"的最后一个 1,输出 $Z=1$,其他情况下 $Z=0$。例如:

输入 x 为 010101101

输出 Z 为 000101001

7. 设有如表 5-44 所示的 Moore 型时序逻辑电路状态表,试用 T 触发器和与非门设计该时序电路。

表 5-44 第 7 题表

现态	次态		输出 (Z)
	$x=0$	$x=1$	
q_1	q_2	q_3	0
q_2	q_1	q_4	1
q_3	q_2	q_2	0
q_4	q_1	q_1	1

8. 试分析图 5-46 所示同步时序网络,确定它的状态表和状态图,并画出当输入 x 为 0110101 序列时网络的时序图。

9. 试分析图 5-47 所示同步时序网络,确定它的状态表和状态图,并画出当输入 x 为 0110110 序列时网络的时序图。

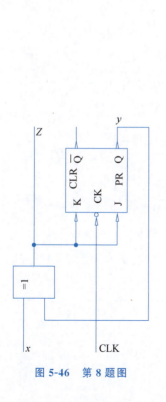

图 5-46 第 8 题图

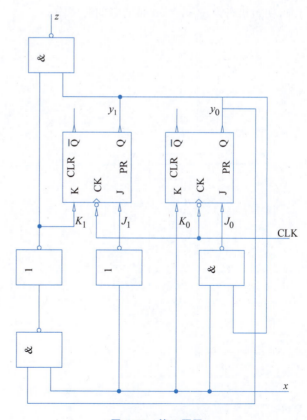

图 5-47 第 9 题图

10. 试分析图 5-48 所示同步时序网络，确定它的状态表和状态图。

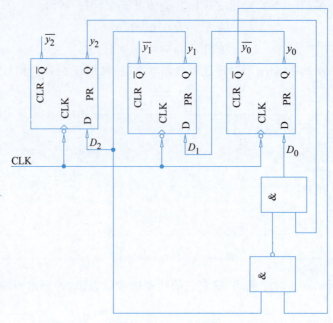

图 5-48　第 10 题图

11. 试分析图 5-49 所示同步时序网络的逻辑功能，确定它的状态表和状态图，并画出当输入 x 序列为 1011101，初始状态为 $y_2 y_1 = 00$ 时网络的时序图。

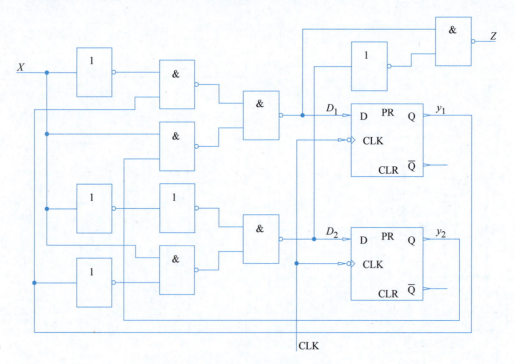

图 5-49　第 11 题图

12. 试用 JK 触发器设计一个格雷码十进制计数器。

13. 试用 T 触发器设计一个模 8 二进制可逆同步计数器。设用外部输入 x 控制加 1 或减 1,当 $x=1$ 时,加 1;当 $x=0$ 时,减 1。

14. 设计一个可同时产生如图 5-50 所示的两种输出波形的脉冲发生器。

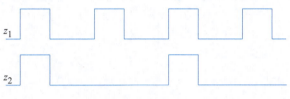

图 5-50 第 14 题图

15. 设计一个具有下述特点的计数器。要求:计数器有两个输入 C_1 和 C_2,C_1 用于控制计数器的模数,而 C_2 用于控制计数器的加减。若 $C_1=0$,则计数器为模 3 计数器;若 $C_1=1$,则计数器为模 4 计数器;若 $C_2=0$,则计数器为加 1 计数器;若 $C_2=1$,则计数器为减 1 计数器。

16. 设有如图 5-51 所示时序网络,试作出其状态表。

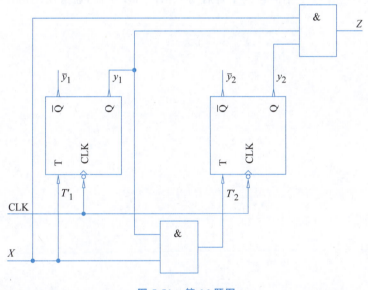

图 5-51 第 16 题图

17. 设计一个可满足图 5-52 所示波形要求的时序网络。要求:确定状态表,选用 D 触发器,写出激励函数和输出函数,画出逻辑图。

18. 设某一时序网络有一个输入 x 和一个输出 Z。输入由 5 个符号组成,这些符号或为 0 或为 1,若两个符号为 1,两个符号为 0,且前两个符号为 11,则输出 $Z=1$。试确定此网络的状态图和状态表。

19. 试用 VHDL 描述"1011"序列检测器的功能。该同步时序网络有一个输入、一个输出。若每个连续输入序列"1011"的最后一位为 1,则输出 $Z=1$;其他情况,则 $Z=0$。通过功能仿真测试设计的正确性。

20. 用 VHDL 的混合描述法描述图 5-47 所示电路,通过功能仿真测试电路的功能。

21. 用 VHDL 的混合描述法描述图 5-52 所示电路,通过功能仿真测试电路的功能。

22. 时钟分频电路(分频器)在集成电路设计中经常会用到,其目的是产生不同频率的时钟,满足系

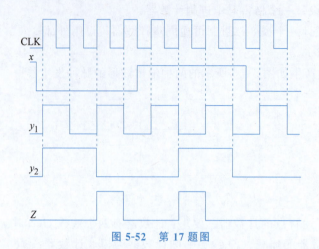

图 5-52　第 17 题图

统的需要。现有一个 50MHz 的时钟源，试用 VHDL 描述将该时钟源分频产生 1Hz 时钟信号。

23. 用 VHDL 设计一个 4 节拍的计数型节拍信号发生器，通过功能仿真测试电路的功能。

24. 用 VHDL 设计一个 4 节拍的移位型自启动节拍信号发生器，通过功能仿真测试电路的功能。

第 6 章 异步时序逻辑电路

异步时序逻辑电路是时序逻辑电路的另一个主要分支,异步时序逻辑电路与同步时序逻辑电路最大的区别就在于电路各个状态位改变方式不是同步进行的,而是各自独立进行的。

本章首先介绍异步时序逻辑电路中的一些基本概念,然后分别对脉冲异步时序逻辑电路和电平异步时序逻辑电路的设计和分析方法进行讨论。

6.1 异步时序逻辑电路概述

1. 异步时序逻辑电路模型

图 6-1 给出了异步时序逻辑电路的结构模型。从图 6-1 中可以看出,异步时序逻辑电路与同步时序逻辑电路明显的区别在于该电路的存储元件没有统一的时钟脉冲,各个存储元件是各自独立工作的。

异步时序逻辑电路同样也可以按照时序机的定义进行描述,主要由以下几部分组成。

(1) 输入变量有限集合 $I = \{x_1, x_2, \cdots, x_n\}$。

(2) 输出变量有限集合 $O = \{Z_1, Z_2, \cdots, Z_m\}$。

(3) 内部状态变量有限非空集合 $Q = \{y_1, y_2, \cdots, y_q\}$。

(4) 输出函数集合 $Z = \{Z_i | Z_i = f_i(x_1, x_2, \cdots, x_n, y_1^n, y_2^n, \cdots, y_q^n);$ 其中 $i = 1, 2, \cdots, m\}$。

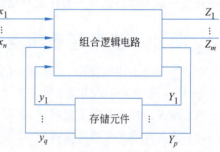

图 6-1 异步时序逻辑电路模型

当 $I \times Q \rightarrow O$ 时,该电路为 Mealy 型电路。

当 $Q \rightarrow O$ 时,该电路为 Moore 型电路。

(5) 次态函数集合 $N = \{y_j^{n+1} = g_j(x_1, x_2, \cdots, x_n, y_1^n, y_2^n, \cdots, y_q^n);$ 其中 $j = 1, 2, \cdots, q\}$。

对于使用了专门的存储元件时序电路,次态函数集合 N 可以分成两部分。

① 存储元件状态方程: $y_j^{n+1} = g_j(Y, y_j^n), j = 1, 2, \cdots q$。其中,$Y$ 是存储元件的激励函数集合,它是所有激励变量 $\{Y_1, Y_2, \cdots, Y_p\}$ 的子集。

② 激励函数集合: $Y = \{Y_k^{n+1} | Y_k^{n+1} = h_k(x_1, x_2, \cdots, x_n, y_1^n, y_2^n, \cdots, y_q^n);$ 其中 $k = 1, 2, \cdots, p\}$。

异步时序逻辑电路的存储元件可以是边沿触发的触发器元件,也可以是电平敏感的锁存器元件,甚至是一段延迟线(可以是延迟元件或电路自身延迟)。这些存储元件独立工作,因此它们的时钟控制端不再有特殊地位。在异步时序电路中,存储元件的时钟端都被当作一般的激励信号处理。

2. 异步时序逻辑电路特点

由异步时序逻辑电路的模型决定了异步时序逻辑电路具有如下特点。

(1) 电路没有统一的时钟脉冲。

(2) 电路输入的变化会直接引起电路状态的改变。

(3) 电路输入的一次变化可能会引起状态的多次变化。

异步时序逻辑电路每个输入信号的变化都可能引起电路状态的改变,新的状态又会通过组合逻辑电路产生新的激励信号,引起电路状态的多次改变。因此,异步时序逻辑电路的分析和设计方法与同步时序逻辑电路有明显不同。

由于异步时序逻辑电路能够对输入信号的变化快速反应,异步时序逻辑电路常用于响应速度快、实时性高的电路系统。

3. 异步时序逻辑电路类型

存储元件类型不同,引起电路状态变化的信号类型也不一样。根据引起电路状态变化的信号类型的不同,可将异步时序电路分成脉冲异步时序逻辑电路和电平异步时序逻辑电路。

(1) 脉冲异步时序逻辑电路。脉冲异步时序逻辑电路状态变化是由外部输入脉冲信号引起的。脉冲异步时序逻辑电路的存储元件可以是触发器或锁存器,只有脉冲信号(正脉冲:0→1→0 或者负脉冲 1→0→1)才可能使存储元件的状态发生变化,这种对脉冲信号敏感的异步时序逻辑电路被称为脉冲异步时序逻辑电路。

(2) 电平异步时序逻辑电路。电平异步时序逻辑电路状态变化可以是由外部输入信号的任何电平变化引起的。电平异步时序逻辑电路的存储元件可以是电平敏感的锁存器,也可以是一段延迟线(电路的直接反馈)。一个电平的跳变(正跳变:0→1 或者负跳变 1→0)都可能使存储元件的状态发生变化,这种对电平信号敏感的异步时序逻辑电路被称为电平异步时序逻辑电路。

6.2 脉冲异步时序逻辑电路

在脉冲异步时序电路中,外部输入的脉冲信号会直接引起存储元件状态变化。为了保证电路可靠地工作,输入脉冲信号必须满足如下约束。

(1) 输入脉冲的宽度要足够宽,必须保证触发器可靠翻转。

(2) 输入脉冲的间隔要足够长,必须保证前一个脉冲引起的电路响应完全结束后,后一个脉冲才能到来。这就意味着当新的脉冲到来时,电路始终处于可预知的状态。

(3) 不允许在两个或两个以上输入端同时出现脉冲。因为客观上两个或两个以上脉冲是不可能准确地"同时"到达的,所以在没有时钟脉冲同步的情况下,由不可预知的时间延迟造成的微小时差,可能导致电路产生错误的状态转移。

此外,在脉冲异步时序逻辑电路中,Mealy 型和 Moore 型电路的输出信号有所不同。对于 Mealy 型电路,因为输出是状态变量和输入变量的函数,所以输出一定是脉冲信号;而对于 Moore 型电路,因为输出仅是状态变量的函数,所以输出是电平信号。

6.2.1 脉冲异步时序逻辑电路的设计

脉冲异步时序逻辑电路和同步时序逻辑电路的设计过程大体相同,同样分为建立原始状态图和状态表、状态化简、状态分配、确定激励函数和输出函数、画出逻辑电路图等步骤。但因为脉冲异步时序逻辑电路没有统一的时钟信号,以及对输入脉冲信号存在约束条件,所以在某些步骤的处理细节上与同步时序逻辑电路有所不同。

在脉冲异步时序逻辑电路设计时,主要应注意如下两个不同点。

(1) 因为不允许两个或两个以上输入端同时出现脉冲,所以形成原始状态图时,从一个状态出发的每一次状态迁移,只能是某一个信号出现脉冲引起的;当有 n 个输入信号时,只需考虑每个信号各自出现脉冲的 n 种情况,而不是 2^n 种情况,简化了原始状态图的建立过程。在建立原始状态表时,无脉冲出现则次态与现态相同;对多个输入同时有脉冲的情况作为无关条件处理。

(2) 由于异步时序逻辑电路没有统一时钟脉冲,触发器的时钟输入端也作为一般激励信号处理,因此异步时序逻辑电路中触发器的激励表与同步时序逻辑电路中触发器的激励表有所不同,如表6-1所示。为描述方便,CP端有脉冲信号时用"1"表示,没有脉冲时用"0"表示。

表6-1 异步时序逻辑电路中触发器的激励表

Q^n	Q^{n+1}	RS触发器			JK触发器			T触发器		D触发器	
		CP	R	S	CP	J	K	CP	T	CP	D
0	0	0	×	×	0	×	×	0	×	0	×
		×	×	0	×	0	×	×	0	×	0
0	1	1	0	1	1	1	×	1	1	1	1
1	0	1	1	0	1	×	1	1	1	1	0
1	1	0	×	×	0	×	×	0	×	0	×
		×	0	×	×	×	0	×	0	×	1

分析激励表发现,每种触发器都增加了激励信号CP。当触发器状态需要翻转时,必须使CP为1,且其他激励端应给出相应的输入信号。当触发器需要保持现态时,有两种处理方法:一是令CP为0,其他激励端取任意值"×";二是令CP为任意值"×",其他激励端取保持现态的激励输入。例如,要使D触发器保持0不变,一种选择是CP为0,D为"×",另一种选择是CP为"×",D为0。更多的选择将使激励函数的确定变得更加灵活,因此应根据怎样更有利于电路简化,来选择处理方法。

下面举例说明脉冲异步时序逻辑电路设计的方法和步骤。

例6-1 用D触发器作为存储元件,设计一个"x_1-x_2-x_2"序列检测器。该电路有两个输入端x_1和x_2,一个输出端Z。仅当x_1端输入一个脉冲、x_2端连续输入两个脉冲时,输出端Z由0变为1,该1信号将一直维持到输入端x_1或x_2再出现脉冲时才由1变为0。

解:由题意可知,该序列检测器为Moore型脉冲异步时序电路。电路的输入端为x_1、x_2,输出端为Z。设初始状态为A,根据题意可作出原始状态图如图6-2所示。图6-2中用x_1表示x_1端有脉冲输入,同时x_2为0;x_2表示x_2端有脉冲输入,同时x_1为0。

在上面的原始状态图中,虽然有两个输入变量x_1、x_2,但是从每个状态出发的状态迁移也只有两种情况,即x_1有脉冲($x_1x_2=10$)或x_2有脉冲($x_1x_2=01$)。$x_1x_2=00$表示没有脉冲,默认总是保持现态;$x_1x_2=11$表示两个信号同时有脉冲,是不允许的输入,当作为任意项处理。因此,$x_1x_2=00$和11的情况可以不在状态图中体现(此处是与同步时序逻辑电路第一个不同之处)。下面建立原始状态表如表6-2所示。

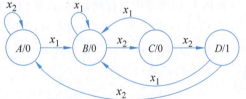

图6-2 例6-1原始状态图

表6-2 例6-1的原始状态表

现 态	次 态				输出 (Z)
	$x_1x_2=00$	$x_1x_2=01$	$x_1x_2=11$	$x_1x_2=10$	
A	A	A	×	B	0
B	B	C	×	B	0

续表

现 态	次 态				输 出 (Z)
	$x_1x_2=00$	$x_1x_2=01$	$x_1x_2=11$	$x_1x_2=10$	
C	C	D	×	B	0
D	D	A	×	B	1

按照不完全确定状态表的化简方法,用隐含表检查该状态表可知,该状态表中的状态均不相容,已为最简状态表。

图 6-3 例 6-1 的状态相邻图

下面,对状态表进行状态分配。由于最简状态表中有 4 个状态,故需用两位二进制代码表示。根据相邻法状态分配的原则一得出 A、D 相邻,A、B、C、D 相邻;根据原则二得出 A、B 相邻,B、C 相邻,C、D 相邻,A、D 相邻,B、D 相邻;根据原则三得出 A、B、C 相邻。采用图 6-3 的相邻编码方案可得 $A=00,B=01,C=11,D=10$。

设状态变量为 y_2、y_1,将状态编码代入最小化状态表,可得二进制状态表如表 6-3 所示。

表 6-3 例 6-1 的二进制状态表

$y_2^n y_1^n$	$y_2^{n+1} y_1^{n+1}$				Z
	$x_1x_2=00$	$x_1x_2=01$	$x_1x_2=11$	$x_1x_2=10$	
00	00	00	××	01	0
01	01	11	××	01	0
11	11	10	××	01	0
10	10	00	××	01	1

选用 D 触发器作为存储元件,设激励端信号为 C_2,D_2,C_1,D_1。假定无脉冲输入时,令时钟端信号 C 取 0,信号 D 取任意;有脉冲输入时,令时钟端信号 C 取值为 1(有脉冲出现),信号 D 取次态值。从表 6-3 及以上假设条件可以得到激励函数和输出函数真值表如表 6-4 所示(此处是与同步时序逻辑电路第二个不同之处)。

表 6-4 例 6-1 中激励函数与输出函数的真值表

$y_2^n y_1^n$	$C_2 D_2$,$C_1 D_1$				Z
	$x_1x_2=00$	$x_1x_2=01$	$x_1x_2=11$	$x_1x_2=10$	
00	0×,0×	10,10	××,××	10,11	0
01	0×,0×	11,11	××,××	10,11	0
11	0×,0×	11,10	××,××	10,11	0
10	0×,0×	10,10	××,××	10,11	1

根据激励函数和输出函数真值表,可得如下函数表达式:

$$C_2 = \sum m(4,5,6,7,8,9,10,11) + \sum d(12,13,14,15)$$

$$D_2 = \sum m(5,7) + \sum d(12,13,14,15)$$
$$C_1 = \sum m(4,5,6,7,8,9,10,11) + \sum d(12,13,14,15)$$
$$D_1 = \sum m(5,8,9,10,11) + \sum d(12,13,14,15)$$
$$Z = y_2^n \overline{y_1^n}$$

卡诺图如图 6-4 所示。

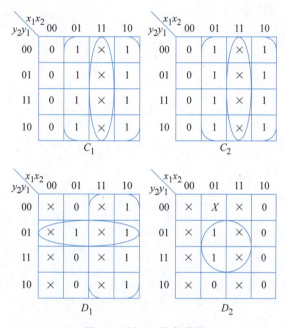

图 6-4 例 6-1 的卡诺图

化简后的激励函数和输出函数表达式如下：

$$C_1 = x_1 + x_2; \quad D_1 = x_1 + \overline{y_2^n} y_1^n; \quad C_2 = x_1 + x_2; \quad D_2 = x_2 y_1^n; \quad Z = y_2^n \overline{y_1^n}$$

根据激励函数和输出函数表达式，可画出该序列检测器的原理图如图 6-5 所示。

为了观察异步时序逻辑的状态变化过程，图 6-6 给出了该电路的典型工作时序图，假设触发器初始状态为 00，图中未考虑门电路及触发器的电路延迟。

从典型时序图可以得到以下结论。

(1) 两个触发器的时钟端信号 C_1、C_2 虽然是统一变化的，但它们都是外部输入脉冲引起的变化。由于采用了 D 触发器，状态变化都是由上升沿引起的。

(2) 每当 C_1、C_2 脉冲到达时，D_1、D_2 已将激励端信号准备好，次态按照激励端函数进行变化。变化在图中用浅色箭头标出。

(3) 在状态波形 y_1、y_2 之间给出了对应的符号状态变化序列，结合原始状态图可以看出，输出 Z 只有在 D 状态（$y_2 y_1 = 10$）时，才变成高电平，其他时间都是低电平，符合题意要求。

6.2.2 脉冲异步时序逻辑电路的分析

脉冲异步时序逻辑电路的分析方法与同步时序逻辑电路大致相同，分析过程同样采用状态表、状态图、时序图等作为分析工具，分析步骤如下。

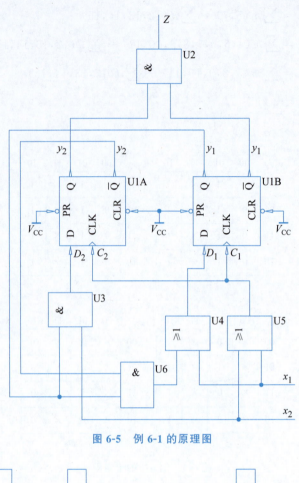

图 6-5 例 6-1 的原理图

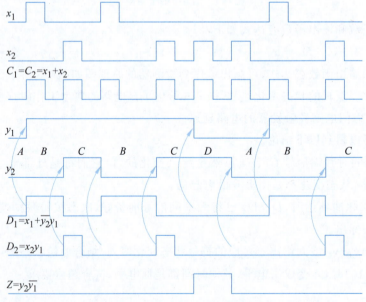

图 6-6 例 6-1 的典型时序图

（1）写出电路的输出函数和激励函数表达式。
（2）将激励函数代入触发器方程，得到电路次态函数表达式。

(3) 确定状态表和状态图。
(4) 用文字描述电路的逻辑功能。

脉冲异步时序逻辑电路没有统一的时钟脉冲,再加上对输入信号存在约束条件,因此在具体分析步骤的实施上有所差别,主要表现为两点。

(1) 当存储元件采用时钟控制触发器时,触发器的时钟控制端应作为激励信号处理。分析时应特别注意触发器时钟端何时有脉冲作用,仅当时钟端有脉冲作用时,才根据触发器的其他输入信号确定状态转移方向;否则,触发器状态不变。

(2) 由于不允许两个或两个以上输入端同时出现脉冲,加之输入端无脉冲出现时,电路状态不会发生变化,因此分析时可以排除这些情况,使分析过程得以简化。

下面举例说明脉冲异步时序逻辑电路的分析方法。

例 6-2 分析图 6-7 所示脉冲异步时序逻辑电路,指出该电路功能。

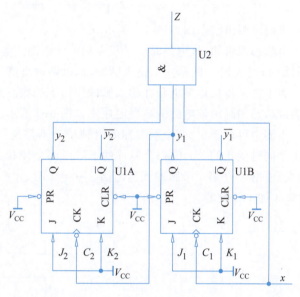

图 6-7 例 6-2 的原理图

解:该电路由两个 JK 触发器和一个与门组成,有一个输入信号 x 和一个输出信号 Z,输出是输入和状态的函数,属于 Mealy 型脉冲异步时序电路。写出输出函数和激励函数表达式。

$$C_2 = y_1^n; \quad C_1 = x$$
$$J_2 = K_2 = J_1 = K_1 = 1$$
$$Z = x y_2^n y_1^n$$

根据 JK 触发器的状态方程

$$y_2^{n+1} = (J_2 \overline{y_2^n} + \overline{K_2} y_2^n)(C_2 \downarrow); \quad y_1^{n+1} = (J_1 \overline{y_1^n} + \overline{K_1} y_1^n)(C_1 \downarrow)$$

将激励函数表达式代入,可写出次态函数表达式:

$$y_2^{n+1} = (\overline{y_2^n})(y_1^n \downarrow); \quad y_1^{n+1} = (\overline{y_1^n})(x \downarrow)$$

应当注意的是,异步时序逻辑电路没有统一时钟脉冲,外部输入的变化会直接引起状态的变化,且会引起状态的多次变化。在本例的次态函数表达式中,两个触发器状态变化的顺序是不一样的。当外部输入 x 上有脉冲时,其下降沿首先引起状态 y_1 的变化;然后,y_1 的下降沿进一步引起状态 y_2 的变化。

因此,分析脉冲异步时序逻辑电路时,应该分成两步。

首先根据次态函数 $y_1^{n+1}=(\overline{y_1^n})(x\downarrow)$,在 x 的下降沿使 $y_1^{n+1}=\overline{y_1^n}$;其他情况 y_1^{n+1} 保持不变。
然后根据次态函数 $y_2^{n+1}=(\overline{y_2^n})(y_1^n\downarrow)$,在 y_1 的下降沿使 $y_2^{n+1}=\overline{y_2^n}$;其他情况 y_2^{n+1} 保持不变。
按照以上分析方法,可列出状态表如表 6-5 所示。

表 6-5　例 6-2 的状态表

$y_2^n y_1^n$	$y_2^{n+1} y_1^{n+1} \cdot Z$	
	$x=0$	$x=1(\uparrow\downarrow)$
00	00,0	01,0
01	01,0	10,0
10	10,0	11,0
11	11,0	00,1

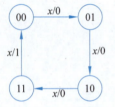

图 6-8　例 6-2 的状态图

进而可画出状态图如图 6-8 所示。

由状态图可知,该电路是一个模 4 加 1 计数器。信号 x 上的每一个脉冲使计数器加 1,当收到 x 的第 4 个输入脉冲时,电路输出信号 Z 产生一个进位脉冲。

为了进一步描述该电路在输入脉冲作用下的状态和输出变化过程,可根据状态表或状态图画出该电路的典型时序图如图 6-9 所示。

由图中可以看出,两个触发器的时钟信号不是统一变化的,因此它们的状态也不是同时变化的。x 的每个脉冲的下降沿都会使状态 y_1 翻转一次;只有在 y_1 的下降沿,状态 y_2 翻转一次;输出 Z 在第 4 个脉冲到达,且 $xy_2y_1=1$ 时,才产生一个进位脉冲。因此该电路是一个带进位脉冲的模 4 加 1 计数器。

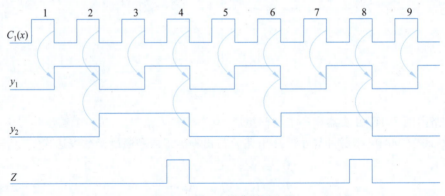

图 6-9　例 6-2 的典型时序图

6.3　电平异步时序逻辑电路

6.3.1　电平异步时序逻辑电路概述

1. 电平异步时序逻辑电路模型

电平异步时序逻辑电路同样由组合电路和存储元件两部分组成,但存储元件可以是电平敏感的锁存器,或者直接由反馈回路中的延迟元件构成。延迟元件一般不用专门插入延迟线,而是利用组合逻辑电路本身固有的分布延迟在反馈回路中的"集总"达到同样效果。锁存器本身就是由电路的直接反馈构成的电平异步时序逻辑电路,因此用锁存器作为存储元件与直接反馈构成的延迟元件是等效的。综上可得,电平异步时序逻辑电路一般结构模型如图 6-10 所示。

电平异步时序逻辑电路同样也可以按照时序机的定义来描述,它可以由以下几部分组成。

(1) 输入变量有限集合 $I=\{x_1,x_2,\cdots,x_n\}$。

(2) 输出变量有限集合 $O=\{Z_1,Z_2,\cdots,Z_m\}$。

(3) 内部状态变量有限非空集合 $Q=\{y_1,y_2,\cdots,y_q\}$。

(4) 输出函数集合 $Z=\{Z_i=f_i(x_1,x_2,\cdots,x_n,y_1^n,y_2^n,\cdots,y_q^n);i=1,2,\cdots,m\}$。

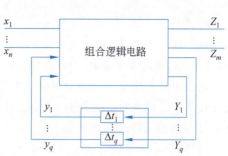

图 6-10　电平异步时序逻辑电路模型

当 $I\times Q \to O$ 时,该电路为 Mealy 型电路。

当 $Q \to O$ 时,该电路为 Moore 型电路。

(5) 次态函数集合 $N=\{y_j^{n+1}=g_j(x_1,x_2,\cdots,x_n,y_1^n,y_2^n,\cdots,y_q^n);$ 其中 $j=1,2,\cdots,q\}$。

由于电平异步时序逻辑电路存储元件被抽象为延迟元件,因此其状态方程和激励端函数可用如下表达式表示。

① 存储元件状态方程:$y_j^{n+1}(t+\Delta t_j)=Y_j(t)$;其中 $j=1,2,\cdots,q$。

② 激励函数集合:$Y=\{Y_k^{n+1}|Y_k^{n+1}=h_k(x_1,x_2,\cdots,x_n,y_1^n,y_2^n,\cdots,y_q^n);$ 其中 $k=1,2,\cdots,q\}$。

2. 电平异步时序逻辑电路特点

由电平异步时序逻辑电路的结构模型及函数表达式可知,这种逻辑电路具有如下特点。

(1) 电路输出和状态的改变是由输入信号的电平变化直接引起的,因为电平异步时序逻辑电路可以及时地对输入信号的变化作出响应,所以工作速度较快。

(2) 电路的次态和激励仅仅相差一个时间延迟,即次态 y^{n+1} 是激励 Y 经过 Δt 延迟后的"重现"。进而可知,激励端与电路状态是一一对应的。

(3) 输入信号的一次变化可能引起电路状态的多次变化。当电路处在稳定状态 y^n 下,输入信号发生变化时,若激励 Y 的值与现态 y^n 的值是相同的,则电路继续处于稳定状态;若激励 Y 的值与现态 y^n 的值不同,则激励 Y 经过 Δt 延迟后形成次态 y^{n+1},次态 y^{n+1} 作为新的现态 y^n 反馈到组合电路输入端,这个新的现态 y^n 又会引起激励 Y 和输出 Z 的变化,这是一个循环过程,该过程将一直进行到激励 Y 等于现态 y^n 的稳态为止。在循环过程终止前,电路一直处于不稳定状态;变化过程结束后,电路进入一个新的稳定状态。这一现象,是电平异步时序电路的一个重要特征。

因此,在电平异步时序逻辑电路中,产生了如下概念。

(1) 稳态:$y_j^n(t)=Y_j(t)$,即 $y_j^n=y_j^{n+1}$;电路处于稳态,保持当前状态不变。

(2) 非稳态:$y_j^n(t)\neq Y_j(t)$,即 $y_j^n\neq y_j^{n+1}$;电路处于非稳态,状态会一直变化,直到进入稳态,因此,非稳态也称过渡状态。

3. 输入信号的约束

考虑到电平异步时序电路输入信号的变化将直接引起输出和状态的变化,为了保证电路可靠地工作,对输入信号有如下两条约束。

(1) 不允许两个或两个以上输入信号同时发生变化,原因是客观上不可能有绝对的"同时",微小的时差都可能使最终到达的状态不确定。

(2) 必须在输入信号变化引起的电路响应完全结束后,才允许输入信号再次变化,即必须使电路进入稳定状态后,才允许输入信号发生变化。

以上两条是使电平异步时序电路可靠工作的基本条件,通常将满足上述条件的工作方式称为基本工作方式,按基本工作方式工作的电平异步时序逻辑电路被称为基本型电路。

4. 流程表

电平异步时序逻辑电路也可以用时序机的状态表和状态图进行描述,但由于电路状态存在稳态与非稳态的区别,状态表也要表示稳态之间的迁移流程,因此将电平异步时序逻辑电路的状态表称为流程表。

流程表是用于反映电平异步时序电路输出信号、次态与电路输入信号、现态之间关系的一种表格形式。其基本结构与状态表相同,不同之处在于流程表中应明确表示出电路的稳态和非稳态。因此,流程表中与现态相同的次态需要加上"〇",以表示电路处于稳态,如果处于非稳态,不需要加。

另外,为了更好地体现不允许两个或两个以上输入信号同时变化的约束,在流程表中,将输入的各种取值组合按相邻关系排列(类似卡诺图),以表示输入信号只能在相邻位置上发生变化。

例如,用与非门构成的基本 RS 锁存器如图 6-11(a)所示,从电路模型角度分析,RS 锁存器也可以视为图 6-11(b)所示的电平异步时序逻辑电路,该电平异步时序电路的输入信号为 R'、S',激励信号为 Y_1、Y_2,状态变量为 y_1、y_2,在此不考虑电路的输出。

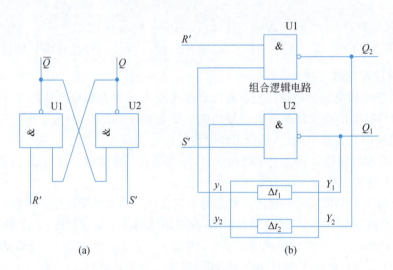

图 6-11 基本 RS 锁存器及其等效电路
(a)RS 锁存器;(b)电平异步时序电路

其流程表如表 6-6 所示。

表 6-6 基本 RS 锁存器的流程表

$y_1^n y_2^n$	$y_1^{n+1} y_2^{n+1}$			
	$R'S'=00$	$R'S'=01$	$R'S'=11$	$R'S'=10$
00	××	××	××	××
01	11	⑩1	⑩1	10
10	11	01	⑩	⑩
11	⑪	01	××	10

可以看到,在流程表中出现了稳态与非稳态之分,与现态相同的次态为稳态,需要加"〇",与现态不同的次态是非稳态,不需要加。

5. 总态与总态图

由于电平异步时序逻辑电路存在稳态和非稳态,而且在同一种输入信号作用下,可能有一个稳态也可能有多个稳态,因此为了对电路的工作状态和逻辑功能进行确切说明,引入了总态的概念。

总态是电路输入、现态和输出的一个组合,记作$(x,y^n)/Z$,对于 Moore 型时序机,总态可表示为$(x,y^n/Z)$。其中,x 表示输入,y^n 表示现态,Z 表示对应的输出。在流程表中,总态是对某一种输入取值和某一种现态交叉点所对应的次态和输出的集总描述。总态可以是稳定总态,也可以是非稳定总态。

例如,流程表 6-6 中,总态记作$(R'S',y_1^n y_2^n)$(这里没有考虑输出),其中带"○"的总态是稳定总态,不带"○"的总态是非稳定总态。例如,对应 $R'S'=01,y_1^n y_2^n=01$ 的总态记作(01,01),由于其次态与现态相同,因此该总态是一个稳定总态。对应 $R'S'=01,y_1^n y_2^n=10$ 的总态记作(01,10),由于其次态与现态不同,因此该总态是一个非稳定总态。

总态图是时序机的状态图在电平异步时序电路中的表现形式,是反映稳定总态之间迁移关系的一种有向图,它能够清晰地描述一个电平异步时序逻辑电路的逻辑功能。

在电平异步时序逻辑电路中,输入的相邻变化是引起稳定总态之间变化的根本原因,因此总态图中的每个迁移关系都是从每个稳定总态出发,使输入进行相邻变化并达到另一个稳定总态的过程。总态图描述了一个电平异步时序逻辑电路所有的稳定总态之间的迁移关系。

例如,表 6-6 所示的流程表对应的总态图如图 6-12 所示。图中首先表示出流程表所有的 5 个稳定总态,然后从每个稳定状态出发,使输入分别进行相邻变化,用有向边指向其应该达到的另一个稳定总态。

例如,从图中稳定总态(01,01)出发,使输入进行相邻变化,当输入由 01 变为 11 时,下一个稳定总态为(11,01);当输入由 01 变为 00 时,下一个稳定总态为(00,11)。

表 6-7 给出了这个迁移过程的细节。表中,从稳定总态(01,01)出发,当输入由 01 变为 11 时,总态进行水平方向上的变化,如表中向右的箭头所示,因为下一个总态(11,01)是稳定总态,所以该变化过程直接结束;当输

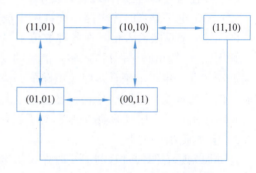

图 6-12 基本 RS 锁存器的总态图

入由 01 变为 00 时,总态进行水平方向上的变化,如表中向左的箭头所示,下一个总态(00,01)不是稳定总态,因此将其次态 11 作为现态,继续进行垂直方向上的变化,指向下一个总态(00,11),由于总态(00,11)是稳定总态,因此该变化过程结束。在总态由(01,01)→(00,01)→(00,11)的变化过程中,中间的(00,01)是一个过渡总态。

表 6-7 基本 RS 锁存器流程表的状态迁移过程

$y_1^n y_2^n$	$y_1^{n+1} y_2^{n+1}$			
	$R'S'=00$	$R'S'=01$	$R'S'=11$	$R'S'=10$
00	11	11	11	11
01	11	⓪①	⓪①	10
10	11	01	⑩	⑩
11	⑪	01	00	10

一个电平异步时序逻辑电路的逻辑功能完全可以用总态图中所有的稳定总态和迁移关系进行描

述。对电平异步时序逻辑电路而言,稳定总态是有意义的状态,非稳定总态只是起到稳定总态之间的过渡和连接作用,因此,在总态图只体现稳定总态之间的迁移关系,不体现稳定总态之间的过渡过程。

6.3.2 电平异步时序逻辑电路的设计

电平异步时序电路设计的一般步骤如下。
(1) 根据设计要求,建立原始总态图和原始流程表。
(2) 化简原始流程表,得到最简流程表。
(3) 对状态编码,得到二进制流程表。
(4) 确定激励状态和输出函数表达式,并消除组合险象。
(5) 画出逻辑电路图。

1. 建立原始总态图和原始流程表

原始流程表是对电平异步时序电路的表格化模型描述。在建立原始流程表时,通常首先借助图形化的时序图或原始总态图,直观地描述问题的输入、输出及状态之间的迁移关系,然后转换为原始流程表。即首先根据题意画出典型输入、输出时序图或画出原始总态图,然后形成原始流程表。

1) 建立典型时序图

画典型输入、输出时序图应注意以下3点。
(1) 符合题意,即正确体现设计要求。
(2) 满足电平异步时序电路不允许两个或两个以上输入信号同时改变的约束条件。
(3) 尽可能反映输入信号在各种取值下允许发生的变化。

画出输入、输出时序图后,按输入信号的变化进行时间划分,将每次变化作为一个新的输入,用不同时刻进行区分。由于电平异步时序电路的约束,每次输入信号变化,必须保证电路进入稳定状态后才允许输入信号再次变化,因此,应根据题意设立与各时刻输入、输出对应的稳定状态。

画时序图是一个比较烦琐的过程,对于复杂问题,容易漏掉输入情况,因此不推荐使用时序图的方法。

2) 建立原始总态图

建立原始总态图的过程与同步时序逻辑电路建立原始状态图的过程几乎完全相同。其过程可以描述如下。
(1) 首先指定一个原始总态$(I,A)/Z$,表示没有有效输入时的一个初始总态。
(2) 从 A 总态出发,使输入变量集合 I 中的每个变量作相邻变化,根据问题描述,产生新的总态。
(3) 对每一个新的总态,分别使输入变量集合 I 中的每个变量进行相邻变化,根据问题描述产生新的总态或者指向已有总态。
(4) 重复过程(3),直到没有新的总态产生。

例 6-3 某电平异步时序逻辑电路有两个输入信号 x_1 和 x_2,一个输出信号 Z。输出与输入之间的关系为只要 $x_1x_2=00$,则 $Z=0$,在此之后,当 $x_1x_2=01$ 或 10 时,$Z=1$;只要 $x_1x_2=11$,则 $Z=1$,在此之后,当 $x_1x_2=01$ 或 10 时,$Z=0$。画出该电路的原始总态图。

解:设总态表示为$(x_1x_2,Q)/Z$,初始总态为$(00,A)/0$。

从状态 A 出发,当输入由 00→01 或 00→10 时,输出 $Z=1$,因此产生两个新总态$(01,B)/1$ 和$(10,C)/1$,这两个总态对问题描述来讲是有意义的总态。

从状态 B 出发,当输入由 01→00 时,按照题意,应该回到总态$(00,A)/0$ 继续等待输入的变化;当输入由 01→11 时,根据题意应产生新总态$(11,D)/1$。

从状态 C 出发,当输入由 10→00 时,按照题意,应该回到 A 总态$(00,A)/0$ 继续等待输入的变化;当输入由 10→11 时,根据题意应指向已有总态$(11,D)/1$。

从状态 D 出发,当输入由 11→01 时,输出 $Z=0$,与总态 $(01,B)/1$ 虽然输入相同,但输出不同,所以应该建立新的总态 $(01,E)/0$;同样的道理,当输入由 11→10 时,建立新的总态 $(10,F)/0$。

从状态 E 出发,当输入由 01→00 时,按照题意应该回到 A 总态 $(00,A)/0$ 继续等待输入的变化;当输入由 01→11 时,按照题中描述,只要 $x_1x_2=11$,则 $Z=1$,因此应该回到总态 $(11,D)/1$。

从状态 F 出发,当输入由 10→00 时,按照题意应该回到 A 总态 $(00,A)/0$ 继续等待输入的变化;当输入由 10→11 时,应该回到 D 总态 $(11,D)/1$。

至此,已没有新的总态产生,建立的总态图如图 6-13 所示。

3) 建立原始流程表

根据时序图或者总态图,建立原始流程表时,一般分为 3 个步骤进行。

(1) 确定原始流程表,填入稳定状态和相应输出。稳定状态与原始总态图中的每个稳定总态对应。原始总态图中每个总态都是稳态,只要把原始总态图中所有总态按其输入和现态的交叉点位置顺序填入流程表,并表示为稳态(画圈)即可。

(2) 填入过渡状态,指定过渡状态的输出。过渡状态对应于原始总态图中的每个迁移关系。原始总态图的每个迁移关系都是由输入变量的变化引起的,原始总态图的每个迁移关系在流程表中表现为从一

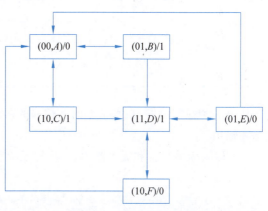

图 6-13 例 6-3 的总态图

个稳态出发首先进行水平变化,然后进行垂直变化,最后进入下一个稳态。因此,过渡总态的位置就是源总态所在行、目的总态所在列交叉点的位置;过渡总态的输入与目的总态相同,状态与源总态相同。

过渡总态的输出遵循以下原则:若源总态和目的总态输出相同,则过渡状态的输出和它们的输出相同;若源总态和目的总态输出不同,则过渡状态的输出为任意值"×"。这样能够在电路经过过渡状态时,输出尽可能不产生尖脉冲信号。

(3) 填入无关状态和无关输出。无关状态在原始总态图中没有体现,它们是输入作相邻变化时不能达到的状态。由于不允许两个或两个以上输入信号同时改变,因此对输入不可能到达的列,在相应位置填入任意状态和任意输出,用"×"表示。

例 6-4 建立图 6-13 所示总态图对应的原始流程表。

解:

(1) 确定原始流程表,填入稳定总态和相应输出,如表 6-8 所示。

表 6-8 例 6-4 填入的稳定总态

现 态	次态,输出			
	$x_1x_2=00$	$x_1x_2=01$	$x_1x_2=11$	$x_1x_2=10$
A	Ⓐ,0			
B		Ⓑ,1		
C				Ⓒ,1
D			Ⓓ,1	
E		Ⓔ,0		
F				Ⓕ,0

将原始总态图中的每个状态按位置顺序填入流程表。

(2) 填入过渡状态,指定过渡状态的输出,如表 6-9 所示。

表 6-9　例 6-4 填入和过渡状态

现　态	次态、输出			
	$x_1x_2=00$	$x_1x_2=01$	$x_1x_2=11$	$x_1x_2=10$
A	Ⓐ,0	B,×		C,×
B	A,×	Ⓑ,1	D,1	
C	A,×		D,1	Ⓒ,1
D		E,×	Ⓓ,1	F,×
E	A,0	Ⓔ,0	D,×	
F	A,0		D,×	Ⓕ,0

从每一个稳态出发,在水平方向上相邻的两个位置即为过渡状态,分别按照原始总态图填入对应的次态和输出。

(3) 填入无关状态和无关输出,完成原始流程表,如表 6-10 所示。

表 6-10　例 6-4 的流程表

现　态	次态、输出			
	$x_1x_2=00$	$x_1x_2=01$	$x_1x_2=11$	$x_1x_2=10$
A	Ⓐ,0	B,×	×,×	C,×
B	A,×	Ⓑ,1	D,1	×,×
C	A,×	×,×	D,1	Ⓒ,1
D	×,×	E,×	Ⓓ,1	F,×
E	A,0	Ⓔ,0	D,×	×,×
F	A,0	×,×	D,×	Ⓕ,0

填完稳态和过渡状态之后,所有剩余的位置都是无关状态,填入×,×。

2. 化简原始流程表

在建立原始流程表时,设计者一般将注意力集中在如何正确、清晰地描述给定的设计要求上,并没有关注使用状态的多少,因而得到的流程表往往不是最简的。流程表中状态数目的多少与电路的复杂程度直接相关。为了获得一种经济、合理的设计方案,需要对原始流程表进行化简,求出最简流程表。

电平异步时序逻辑电路的原始流程表存在无关状态,因此存在不完全定义流程表,其化简方法与同步时序逻辑电路不完全定义状态表的化简方法完全相同。

例 6-5　化简表 6-10 所示原始流程表。

解:

(1) 确定隐含表,进行顺序比较和关联比较,找相容状态对。图 6-14 给出了原始流程表 6-10 对应的隐含表。相容状态对为(A,B)、(A,C)、(B,C)、(B,F)、(C,E)、(D,E)、(D,F)、(E,F)。

(2) 作合并图,求最大相容类。根据所得出的相容状态对,可作出合并图如图 6-15 所示。由合并图可知,最大相容类为{A,B,C}、{B,F}、{C,E}、{D,E,F}。

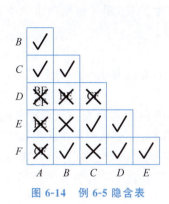

图 6-14 例 6-5 隐含表

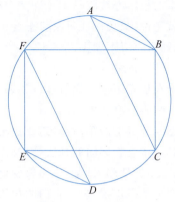

图 6-15 例 6-5 合并图

(3) 确定覆盖闭合表,选择一个最小覆盖。

覆盖闭合表如表 6-11 所示。显然 $\{B,F\}$ 和 $\{C,E\}$ 是冗余的最大相容类,$\{A,B,C\}$ 和 $\{D,E,F\}$ 满足覆盖性、闭合性和最小性,因此这两个最大相容类即为原始流程表的最小覆盖。

表 6-11 例 6-5 的覆盖闭合表

最大相容类	覆 盖 性						闭 合 性			
	A	B	C	D	E	F	$x_1x_2=00$	$x_1x_2=01$	$x_1x_2=11$	$x_1x_2=10$
$\{A,B,C\}$	√	√	√				$\{A\}$	$\{B\}$	$\{D\}$	$\{C\}$
$\{B,F\}$		√				√	$\{A\}$	$\{B\}$	$\{D\}$	$\{F\}$
$\{C,E\}$			√		√		$\{A\}$	$\{E\}$	$\{D\}$	$\{C\}$
$\{D,E,F\}$				√	√	√	$\{A\}$	$\{E\}$	$\{D\}$	$\{F\}$

(4) 确定最简流程表。设 $a=\{A,B,C\}$,$b=\{D,E,F\}$,即可得到最简流程表如表 6-12 所示。

表 6-12 例 6-5 的最简流程表

现 态	次态,输出			
	$x_1x_2=00$	$x_1x_2=01$	$x_1x_2=11$	$x_1x_2=10$
a	ⓐ,0	ⓐ,1	b,1	ⓐ,1
b	a,0	ⓑ,0	ⓑ,1	ⓑ,0

3. 状态分配

与同步时序逻辑电路的状态分配相同,异步时序逻辑电路状态分配的任务。

(1) 确定状态的二进制编码位数。

(2) 选择合适的状态分配方案,给每个符号状态分配一个二进制编码。

在同步时序逻辑电路中,不同的状态分配方案只影响电路复杂性,不影响电路的正确性;而在异步时序逻辑电路中,不同的状态分配方案直接影响电路的正确性,不合理的状态分配将使电路无法正常工作。因此,异步时序逻辑电路的状态分配原则是必须要遵循的基本原则。

在组合逻辑电路中,讨论了由于外部输入信号经过不同路径到达输出的时间有先后,会产生竞争问题,竞争可能产生组合险象导致电路产生错误输出。同样,当异步时序逻辑电路多个状态位"同时"发生变化时,也存在先后到达的竞争问题,竞争有可能使电路进入错误的状态。

消除这种错误的根本办法就是不允许多个状态位"同时"发生变化,严格遵循"相邻状态相邻分配"的基本原则。也就是说,只要保证每次状态变化只有一位发生变化,即可避免产生竞争。因此,在确定状态分配方案时,通常有以下原则。

1) 相邻状态,相邻分配

相邻状态是指在稳态下输入取值进行相邻变化时,发生状态迁移前后的两个状态。相邻分配是指分配给相邻状态的编码只有一位不同。

实现相邻状态相邻分配的第一步,是要找出流程表中所有的相邻状态。状态相邻图是描述状态相邻关系的有效工具。状态相邻图的画法是,首先将流程表中的每个稳态表示在状态相邻图中,然后从流程表中每一个稳态出发,使输入取值作相邻变化,下一个直接到达的状态即为相邻状态,在状态相邻图中用有向边将这两个状态连接,表示它们的相邻关系。找出流程表中所有的状态相邻关系后,即构成了状态相邻图。

在同步时序逻辑电路中,N 个状态的状态编码位数为 $m=\lceil \log_2 N \rceil$。在异步时序逻辑电路中,由于要遵循相邻状态相邻分配的原则,当状态相邻图的最大连接度 $L>\lceil \log_2 N \rceil$ 时,状态编码位数 m 应该由状态相邻图的最大连接度 L 确定,这是由于至少需要 L 位二进制编码才可能产生 L 个相邻状态编码。

最后按照状态相邻图的相邻要求,选择合适的相邻编码方案,对流程表中每个状态进行二进制编码,将符号化流程表中的符号状态替换为对应的二进制编码。

例 6-6 对表 6-13 所示流程表进行状态编码,要求相邻状态,相邻分配。

表 6-13 例 6-6 的流程表

现　态	次态,输出			
	$x_1x_2=00$	$x_1x_2=01$	$x_1x_2=11$	$x_1x_2=10$
A	Ⓐ	Ⓐ	B	C
B	A	Ⓑ	Ⓑ	Ⓑ
C	Ⓒ	A	D	Ⓒ
D	C	Ⓓ	Ⓓ	Ⓓ

解:

(1) 确定状态编码位数。根据"相邻状态,相邻分配"的原则,状态相邻图的构造过程如下。

首先分析流程表,找出所有稳态并表示在状态相邻图中,如图 6-16(a)所示。然后从流程表中每个稳态出发,使输入进行相邻变化,找出所有的状态相邻关系并在状态相邻图中表示。

从流程表中第一行的第一个稳态Ⓐ出发,当输入进行 $x_1x_2=00\to01$ 变化时,状态 A 与自身相邻可以不表示;当输入进行 $x_1x_2=00\to10$ 的变化时,状态Ⓐ→C,则 A 和 C 是相邻状态,在相邻状态图中 A 到 C 画一个有向边。

从流程表中第 1 行的第 2 个稳态Ⓐ出发,使输入进行 $x_1x_2=01\to00$ 变化,A 自身相邻不表示;使输入进行 $x_1x_2=01\to11$ 的变化,状态Ⓐ→Ⓑ,则 A 和 B 是相邻状态,在相邻状态图中 A 到 B 画一个有向边。

同样的方法,由第 2 行每个稳态Ⓑ出发,使输入进行相邻变化,可能的相邻关系是 $B\to A$,用有向边表示在状态相邻图上。由第 3 行每个稳态Ⓒ出发,使输入进行相邻变化,可能的相邻关

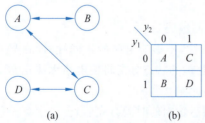

图 6-16 例 6-6 的状态相邻图和状态分配方案

(a)状态相邻图;(b)状态分配方案

系是 $C \to A$、$C \to D$，用有向边表示在状态相邻图上。由第 4 行每个稳态 Ⓓ 出发，使输入进行相邻变化，可能的相邻关系是 $D \to C$，用有向边表示在状态相邻图上。

按照以上过程，例题中流程表对应的状态相邻图如图 6-16(a)所示。

由状态相邻图可知，最大连接度 $L=2$，则状态编码位数为 2。

(2) 确定状态编码方案。2 位编码的状态分方案可用卡诺图 6-16(b)表示。假设状态 A 放在 00 的位置，根据状态相邻图 A 和 B、A 和 C、C 和 D 的状态相邻关系，状态 B、C、D 的位置也被确定，其中 B、C 的位置可以互换。按照图中状态分配方案，A 的编码为 00，B 为 01，C 为 10，D 为 11。

(3) 建立二进制流程表。设两位状态用 y_2、y_1 表示，将流程表中符号状态用相应二进制编码表示，即可得到表 6-14 所示二进制流程表。从二进制流程表可以看出，在任意一个稳态下输入信号发生相邻变化时，只可能引起一个状态位发生变化，因而从根本上消除了竞争现象。

表 6-14 例 6-6 的二进制流程表

现　态	次态，输出			
	$x_1x_2=00$	$x_1x_2=01$	$x_1x_2=11$	$x_1x_2=10$
00	⓪⓪	⓪⓪	01	10
01	00	⓪①	⓪①	⓪①
10	①⓪	00	11	①⓪
11	10	①①	①①	①①

2) 增加过渡状态，实现相邻分配

当状态相邻图出现了由奇数个状态构成的闭环时，即使按照最大连接度 L 确定了状态编码位数，也无法直接实现状态的相邻分配。例如，3 个状态 A、B、C 要求两两相邻，使用 2 个状态位进行状态编码时，无论如何也无法直接满足状态编码的相邻要求。

在电平异步时序逻辑电路中，从一个稳态迁移到另一个稳态时，允许经过一个甚至多个过渡状态。因此，当出现无法实现直接的状态相邻分配时，一种常用的方法就是通过增加过渡状态实现相邻分配。

例 6-7 对表 6-15 所示流程表进行状态分配，求得二进制流程表。

表 6-15 例 6-7 的流程表

现　态	次态，输出			
	$x_1x_2=00$	$x_1x_2=01$	$x_1x_2=11$	$x_1x_2=10$
A	Ⓐ	B	C	Ⓐ
B	A	Ⓑ	Ⓑ	C
C	A	B	Ⓒ	Ⓒ

解：根据题中流程表，可画出状态相邻图，如图 6-17(a)所示。

状态相邻图最大连接度为 2，故用 2 个状态位即可表示所有相邻关系。但由于 3 个状态之间的相邻关系构成闭环，因此用两位代码无论怎样分配均无法满足所有的状态相邻关系。

如果在状态 A 和 C 之间增加一个过渡状态 D，将 $A \to C$ 改为 $A \to D \to C$，将 $C \to A$ 改为 $C \to D \to A$，则状态相邻图被修改为图 6-17(b)所示。增加过渡状态 D 后的状态相邻图可以通过过渡状态 D，实现稳态 AC 之间的相邻变化。

增加过渡状态后的流程表如表 6-16 所示,新的流程表中增加了一行状态 D,但该行没有稳定状态,因为状态 D 仅在稳态 A 和 C 发生转换时起到过渡作用。

表 6-16 例 6-7 中增加过渡状态后的流程表

现 态	次态,输出			
	$x_1x_2=00$	$x_1x_2=01$	$x_1x_2=11$	$x_1x_2=10$
A	Ⓐ	B	D	Ⓐ
B	A	Ⓑ	Ⓑ	C
C	D	B	Ⓒ	Ⓒ
D	A		C	

在流程表 6-16 中,$A \to C$ 的状态迁移经过了过渡状态 D,即为 $A \to D \to C$,表现为稳定总态(10,A)在输入由 $10 \to 11$ 时,首先在水平方向迁移到非稳定总态(11,A),然后在垂直方向迁移到非稳定总态(11,D),最后在垂直方向迁移到稳定总态(11,C)。

$C \to A$ 的状态迁移过程经过非稳态 D 后,变成了 $C \to D \to A$,也采用同样的分析方法。

根据增加过渡状态 D 后的状态相邻图,A 和 B、B 和 C、C 和 D、D 和 A 为相邻状态,状态分配时应令其状态编码相邻,可选择状态分配方案如图 6-18 所示。

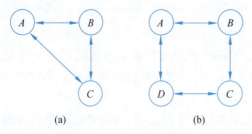

图 6-17 例 6-7 的状态相邻图
(a)原状态相邻图;(b)增加过渡状态的相邻状态图

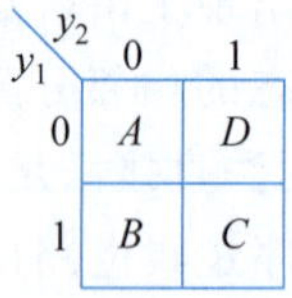

图 6-18 例 6-7 的状态分配方案

设状态用 y_2、y_1 表示,用 00 表示 A,01 表示 B,11 表示 C,10 表示 D。对应的二进制流程表如表 6-17 所示,该流程表描述的电路中不存在竞争。

表 6-17 例 6-7 的二进制流程表

$y_2^n y_1^n$	$y_2^{n+1} y_1^{n+1}$			
	$x_1x_2=00$	$x_1x_2=01$	$x_1x_2=11$	$x_1x_2=10$
00	⓪⓪	01	10	⓪⓪
01	00	⓪①	⓪①	11
11	10	01	⑪	⑪
10	00	××	11	××

3) 允许非临界竞争,避免临界竞争

当电路存在竞争时,并不是所有的竞争都会产生错误输出。通常情况下,把不产生错误输出的竞争称为非临界竞争,导致错误输出的竞争称为临界竞争。当状态变量出现竞争时,也可以遵循允许非临界竞争,避免临界竞争的原则。这样可以减少不必要的状态相邻约束,进而减少状态变量个数,简化电路设计。

识别非临界竞争的方法是,在流程表中,如果某种输入所在列只有一个稳态,且目标为该列的所有相邻关系都能进入该隐状,则这种相邻关系属于非临界竞争。若在状态分配时存在非临界竞争的相邻状态不必分配相邻的状态编码,则最终的竞争结果都会进入预定的稳态。

例 6-8 对表 6-18 所示流程表进行状态编码,得到二进制流程表。

表 6-18 例 6-8 的流程表

现 态	次 态				输 出
	$x_1x_2=00$	$x_1x_2=01$	$x_1x_2=11$	$x_1x_2=10$	
A	Ⓐ	C	D	Ⓐ	0
B	A	C	Ⓑ	Ⓑ	0
C	A	Ⓒ	Ⓒ	B	0
D	A	C	D	A	1

解:根据题中流程表可画出状态相邻图如图 6-19(a)所示。状态相邻图最大连接度为 3,显然需用 3 个二进制状态位实现相邻状态相邻分配。

观察题中流程表不难发现,若输入 $x_1x_2=00$ 所在列只有一个稳态Ⓐ,且目标为该列的相邻关系最终都能进入稳态Ⓐ,则目标为该列的所有状态相邻关系都属于非临界竞争。第 2 行输入由 10→00 的 Ⓑ→A、第 3 行输入由 01→00 的 Ⓒ→A 的状态转换都属于非临界竞争。

若输入 $x_1x_2=01$ 所在列只有一个稳态Ⓒ且目标为该列的相邻关系最终都能进入稳态Ⓒ,则第 1 行输入由 00→01 的 Ⓐ→C、第 2 行输入由 11→01 的 Ⓑ→C、第 4 行输入由 00→01 的 Ⓓ→C 的状态转换也都属于非临界竞争。

在图 6-19(a)中,去掉上述的非临界竞争相邻关系,可得允许非临界竞争的状态相邻图,如图 6-19(b)所示。很明显,新的状态相邻图最大连接度为 1,小于 $\lceil \log_2 N \rceil$,其状态位个数应为 $\lceil \log_2 4 \rceil = 2$。

根据新的状态相邻图,A 和 B、A 和 D、C 和 B 为相邻状态,状态分配时应令其状态编码相邻,可选择状态分配方案如图 6-20 所示。

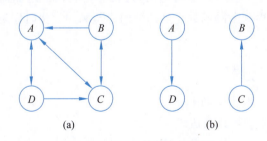

图 6-19 例 6-8 的状态相邻图
(a)原始相邻状态图;(b)消除非临界竞争相邻状态图

图 6-20 例 6-8 的状态分配方案

设状态用 y_2、y_1 表示,用 00 表示 A,01 表示 B,11 表示 C,10 表示 D。对应的二进制流程表如表 6-19 所示,该流程表描述的电路存在非临界竞争,不存在临界竞争。

表 6-19　例 6-8 的二进制流程表

$y_2^n y_1^n$	$y_2^{n+1} y_1^{n+1}$				Z
	$x_1 x_2 = 00$	$x_1 x_2 = 01$	$x_1 x_2 = 11$	$x_1 x_2 = 10$	
00	⓪⓪	11	10	⓪⓪	0
01	00	11	⓪①	⓪①	0
11	00	⑪	⑪	01	0
10	00	11	⑩	00	1

4. 用延迟元件作为存储元件，实现电平异步时序逻辑电路

在用延迟元件作为存储元件时，次态是激励经过 Δt 延迟以后的"重现"，二进制流程表与激励函数真值表完全相同，因此可以根据二进制流程表直接产生激励函数。根据流程表可画出激励函数、输出函数的卡诺图，化简后即可得到它们的最简表达式。需要注意的是，在电平异步时序逻辑电路中必须要消除布尔函数的组合险象。

例 6-9 用延迟元件作为存储元件，实现流程表 6-19 对应的电平异步时序逻辑电路。

解：(1) 确定激励状态和输出函数表达式，消除组合险象。根据表 6-19 可画出激励 Y_2、Y_1 的卡诺图如图 6-21 所示。

化简后可得到激励和输出函数表达式为

$$Z = y_2^n \overline{y_1^n}$$
$$Y_2 = x_2 \overline{x_1} + x_2 y_2^n + x_2 \overline{y_1^n}$$
$$Y_1 = x_2 \overline{x_1} + x_2 y_1^n + x_1 y_1^n$$

在 Y_1 的卡诺图中，最简函数的卡诺圈存在相切现象，即存在组合险象，增加粗线所示的冗余项，可以消除组合险象。

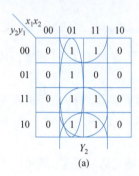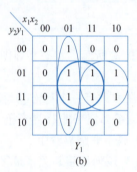

图 6-21　例 6-9 中 Y_1 和 Y_2 的卡诺图

(2) 画出逻辑电路图。根据激励函数和输出函数表达式，画出相应原理图，如图 6-22 所示。

5. 用锁存器作为存储元件实现电平异步时序逻辑电路

用锁存器作为存储元件也可以设计电平异步时序逻辑电路，这就需要利用二进制流程表和锁存器的激励表产生锁存器的激励函数真值表并得到激励函数。这部分内容与脉冲异步时序逻辑电路获得激励函数的方法相同，不再详细讨论。

6.3.3　电平异步时序逻辑电路的分析

电平异步时序逻辑电路的分析过程的一般步骤如下。

(1) 根据逻辑电路图写出输出函数和激励函数表达式。
(2) 确定流程表。
(3) 画出总态图或时序图。
(4) 说明电路逻辑功能。

例 6-10 分析图 6-23 所示电平异步时序逻辑电路。

第6章 异步时序逻辑电路

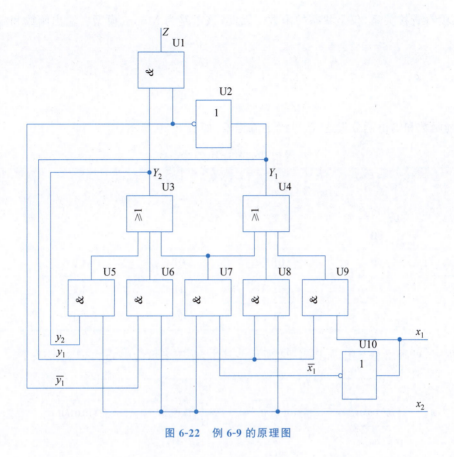

图 6-22 例 6-9 的原理图

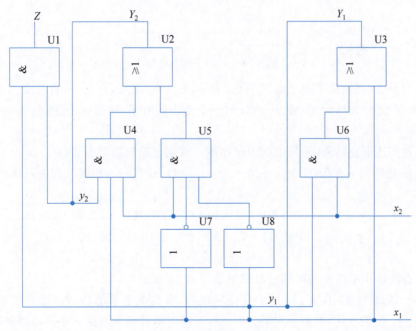

图 6-23 例 6-10 的原理图

解：该电路有两个外部输入 x_1、x_2；两条反馈回路对应的激励为 Y_1、Y_2，状态为 y_1、y_2；一个外部输

出 Z，与输入没有直接关系，仅是状态的函数。因此，该电路为 Moore 模型。输出函数和激励函数表达式如下：

$$Y_2 = x_2 x_1 y_2^n + x_2 \overline{x_1} \overline{y_1^n}$$
$$Y_1 = x_2 y_1^n + x_1$$
$$Z = y_2^n y_1^n$$

根据激励函数和输出函数表达式，可确定流程表，如表 6-20 所示。

表 6-20 例 6-10 的流程表

$y_2^n y_1^n$	$y_2^{n+1} y_1^{n+1}$				Z
	$x_2 x_1 = 00$	$x_2 x_1 = 01$	$x_2 x_1 = 11$	$x_2 x_1 = 10$	
00	⓪⓪	01	01	10	0
01	00	⓪①	⓪①	⓪①	0
11	00	01	①①	01	1
10	00	01	11	①⓪	0

根据流程表，可画出总态图，如图 6-24 所示。其中，总态表示为 $(x_2 x_1, y_2^n y_1^n / Z)$。

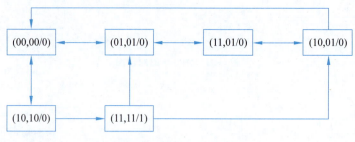

图 6-24 例 6-10 的总态图

从总态图可以看出，该电路实现了如下功能：从 $x_2 x_1 = 00$ 出发，只有 x_2 首先变为高电平，x_1 再变为高电平时，输出 Z 变为 1，然后 x_2 或 x_1 有任何一个变为低电平，输出 Z 回到 0；其他情况下，Z 一直保持低电平。

为了更直观地描述电路功能，还可以画出时序图。假定电路初始总态为 $(x_2 x_1, y_2^n y_1^n / Z) = (00, 00/0)$，输入 $x_2 x_1$ 的变化序列为 $00 \to 01 \to 11 \to 10 \to 00 \to 10 \to 11 \to 01 \to 00$，根据流程表可作出状态和输出响应序列如下：

$x_2 x_1$：　00　01　11　10　00　10　11　01　00
$y_2 y_1$：　00　01　01　01　00　10　11　01　00
Z：　　　0　0　0　0　0　0　1　0　0

根据以上状态和输出响应序列可画出时序图如图 6-25 所示。

在图 6-25 所示的时序图中，x_2、x_1 的变化是随机的，其高低电平维持时间也是随机的。x_2、x_1 的变化会引起状态 y_2、y_1 的变化，但有一定的延时 Δt，其延时即其函数表达式中门电路延时的集总，为了明显起见，在时序图中进行了夸张表示，实际的延迟极小。

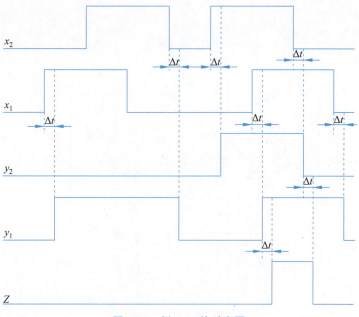

图 6-25 例 6-10 的时序图

本章小结

本章介绍了异步时序逻辑电路的基本概念,对脉冲异步和电平异步时序逻辑电路的区别进行了讨论;详细介绍了脉冲异步时序逻辑电路的设计和分析过程;给出了电平异步时序逻辑电路的描述工具,对电平异步时序逻辑电路的分析和设计过程进行了详细讨论;给出了电平异步时序逻辑电路的设计举例。

习题 6

1. 分析如图 6-26 所示脉冲异步时序逻辑电路。
(1) 确定状态表,画出状态图。
(2) 说明电路功能。
2. 分析如图 6-27 所示脉冲异步时序逻辑电路。
(1) 确定状态表,画出时序图。
(2) 说明电路逻辑功能。
3. 分析如图 6-28 所示脉冲异步时序逻辑电路。
(1) 确定状态表,画出状态图。
(2) 说明电路功能。
4. 分析如图 6-29 所示脉冲异步时序逻辑电路,画出时序图并说明该电路逻辑功能。
5. 用 D 触发器作为存储元件,设计一个异步时序逻辑电路。要求:在输入信号 x 的脉冲作用下,实现 3 位二进制减 1 计数功能,当电路状态为"000"时,在输入脉冲作用下输出信号 Z 产生一个借位脉冲;平时,Z 输出 0。
6. 用 T 触发器作为存储元件,设计一个异步时序逻辑电路。要求:有两个输入信号 x_1、x_2,一个输出信号 Z,当输入序列为"$x_1 \to x_2 \to x_1$"时,在输出信号 Z 产生一个脉冲;平时,输出为 0。

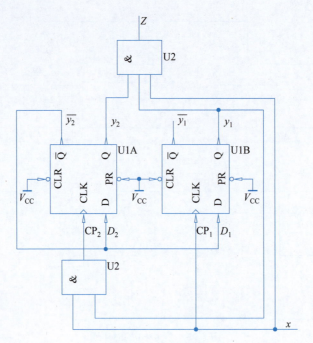

图 6-26　第 1 题图

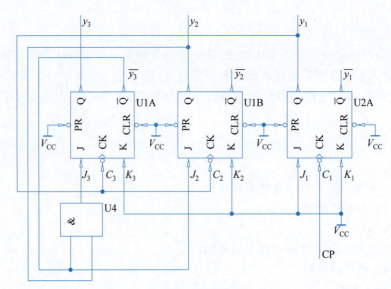

图 6-27　第 2 题图

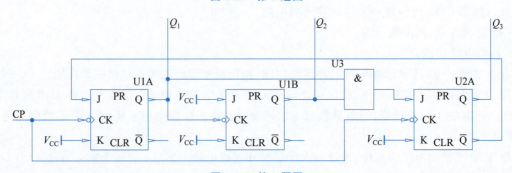

图 6-28　第 3 题图

7. 分析如图 6-30 所示电平异步时序逻辑电路,确定流程表。

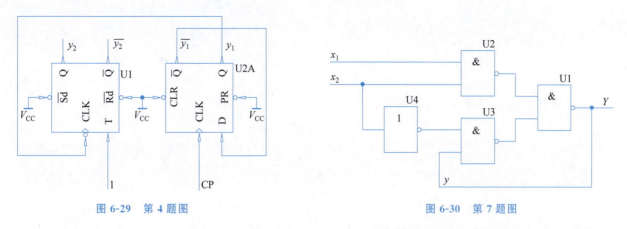

图 6-29 第 4 题图　　　　　　　　　　　图 6-30 第 7 题图

8. 分析如图 6-31 所示电平异步时序逻辑电路,确定流程表,画出状态图,说明该电路逻辑功能。

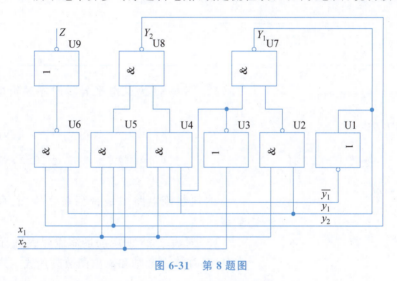

图 6-31 第 8 题图

9. 某电平异步时序逻辑电路,流程表如表 6-21 所示。确定输入 x_2x_1 变化序列为 00→01→11→10→11→01→00 时的总态 (x_2x_1,y_2y_1) 响应序列。

表 6-21 第 9 题的流程表

现　态	次态,输出			
(y_2y_1)	$x_2x_1=00$	$x_2x_1=01$	$x_2x_1=11$	$x_2x_1=10$
00	⓪⓪,0	01,0	01,0	10,0
01	00,0	⓪①,0	⓪①,0	11,0
11	00,0	01,0	10,0	①①,0
10	00,×	00,1	①⓪,1	①⓪,1

10. 某电平异步时序逻辑电路有一个输入信号 x 和一个输出信号 Z。要求:每当 x 出现一次 0→1→0 的跳变后,当 x 为 1 时,输出 Z 为 1,然后再次等待 x 出现下一次 0→1→0 的跳变。典型输入输出时序图如图 6-32 所示。试确定该电路的原始流程表。

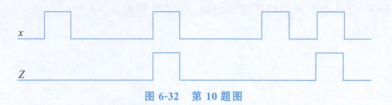

图 6-32 第 10 题图

11. 简化如表 6-22 所示的原始流程表。

表 6-22 第 11 题的流程表

现 态	次态, 输出			
	$x_2x_1=00$	$x_2x_1=01$	$x_2x_1=11$	$x_2x_1=10$
1	①,0	5,×	×,×	2,×
2	1,×	×,×	3,×	②,0
3	×,×	5,×	③,1	4,×
4	1,×	×,×	3,×	④,1
5	1,×	⑤,0	6,×	×,×
6	×,×	5,×	⑥,0	4,×

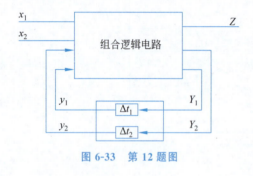

图 6-33 第 12 题图

12. 图 6-33 为某电平异步时序逻辑电路的结构框图。其中

$$Y_2 = x_2 y_2 + \bar{x}_1 y_2 + x_2 \bar{x}_1 y_1$$

$$Y_1 = x_2 x_1 + \bar{x}_2 \bar{x}_1 y_2 + x_2 y_2 \overline{\bar{y}_1}$$

$$Z = y_2 y_1$$

试判断该电路中是否存在竞争,若存在,则说明竞争类型。

13. 对表 6-23 所示的最简流程表进行无临界竞争的状态分配,并确定激励和输出函数表达式。

表 6-23 第 13 题的流程表

现 态	次态, 输出			
	$x_2x_1=00$	$x_2x_1=01$	$x_2x_1=11$	$x_2x_1=10$
A	Ⓐ,0	Ⓐ,0	Ⓐ,0	C,×
B	Ⓑ,0	A,0	C,×	Ⓑ,0
C	B,×	A,×	Ⓒ,1	Ⓒ,1

14. 某电平异步时序逻辑电路有两个输入信号 x_1、x_2 和一个输出信号 Z。要求:当 $x_1=0$ 时,Z 总为 0;当 $x_1=1$ 时,x_2 的第一次从 0→1 的跳变使 Z 变为 1,该 1 输出信号一直保持到 x_2 由 1→0,才变为 0。试用与非门实现该电路功能。

第7章 数字集成逻辑电路

数字集成逻辑电路是实现数字电路系统的基本电路元件。数字集成逻辑电路经过几十年的发展,经历了小规模的门电路、中大规模的 PLD 器件及超大规模的 CPLD/FPGA 器件。随着数字集成电路的规模越来越大、结构越来越复杂,电路实现方法也越来越复杂。

本章在简单介绍半导体器件及其开关特性的基础上,分别介绍门电路、PLD 器件以及 CPLD/FPGA 器件的基本原理和结构,最后给出使用不同逻辑器件实现数字电路的方法。

7.1 数字集成电路概述

7.1.1 数字集成电路的发展历史

1. 电子管阶段(20 世纪初—20 世纪 60 年代)

电子管是最早发明的一种电信号放大器件,由封闭在玻璃容器(一般为玻璃管)中的阴极电子发射部分、控制栅极、加速栅极和被焊在管基上的阳极引线组成。

1946 年,世界上第一台电子计算机 ENIAC 由约 1.8 万个电子管组成,其体积庞大,质量约 30t,占地面积约 170m^2,内部有电路焊接点约 50 万个,耗电量约 174kW·h。

2. 晶体管阶段(20 世纪 50—70 年代)

1947 年 12 月,美国贝尔实验室正式成功演示了第一个基于锗半导体的具有放大功能的点接触式晶体管,这标志着现代半导体产业的诞生和信息时代的开启。

3. 集成电路(20 世纪 60 年代至今)

1958 年,美国德州仪器公司的工程师 Jack Kilby 发明了基于锗的集成电路。

1959 年,美国仙童公司的诺伊斯提交了用铝作为导电条制备基于硅的集成电路专利的平面工艺。

1960 年,诞生了新型的金属-氧化物-半导体场效应晶体管(MOSFET),为后来大规模集成电路的研制奠定了基础。1963 年仙童半导体公司发明了 CMOS 电路。1968 年,美国无线电公司发明了第一个 CMOS 集成电路。

集成电路(integrated circuit,IC)是一种微型电子器件或部件。它经过氧化、光刻、扩散、外延、蒸铝等半导体制造工艺,把构成具有一定功能的电路所需的半导体、电阻、电容、晶体管等元件及它们之间的连接导线全部集成在一小块硅片上,然后焊接、封装在一个管壳内。其封装外壳有圆壳式、扁平式或双列直插式等多种形式。

7.1.2 数字集成电路的分类

1. 按集成度分类

按照电路规模的大小不同,数字集成电路可以分成如下几类。更具体的分类信息如表 7-1 所示。

(1) 小规模集成电路(small scale integrated circuit,SSIC)。

(2) 中规模集成电路(medium scale integrated circuit,MSIC)。

(3) 大规模集成电路(large scale integrated circuit,LSIC)。

(4) 超大规模集成电路(very large scale integrated circuit,VLSIC)。
(5) 特大规模集成电路(ultra large scale integrated circuit,ULSIC)。
(6) 巨大规模集成电路也被称作极大规模集成电路或超特大规模集成电路(giga scale integrated circuit,GSIC)。

表 7-1 数字集成电路按集成度分类

分 类	时 间	元 件 个 数	典型的集成电路
SSIC	20 世纪 60 年代	$10 \sim 10^2$	逻辑门、触发器
MSIC	1966 年	$10^2 \sim 10^3$	计数器、加法器、计时器、寄存器、译码器
LSIC	1970 年	$10^3 \sim 10^5$	小型存储器、门阵列
VLSIC	20 世纪 70 年代后期	$>10^5$	大型存储器、微处理器
ULSIC	1993 年	$>10^7$	可编程逻辑器件、ASIC、闪存、DRAM
GSIC	1994 年	$>10^8$	1GB DRAM

2. 按半导体器件分类

根据电路的基本元件类型,数字集成电路可以分成两大类。
(1) 双极型数字集成电路。
(2) MOS 型(或单极型)数字集成电路。

按照组成数字集成电路的器件类型和电路结构不同,双极型、MOS 型数字集成电路又可以分成多种子类型,如表 7-2 所示。本书主要介绍常用的 TTL 和 CMOS 数字集成电路。

表 7-2 数字集成电路按半导体器件分类

数字集成电路	双极型	DTL(diode-transistor logic)
		TTL(transistor-transistor logic)
		ECL(emitter-coupled logic)
		IIL(integrated injection logic)
	MOS 型	NMOS(N-channel metal oxide semiconductor)
		PMOS(P-channel metal oxide semiconductor)
		CMOS(complementary metal oxide semiconductor)

3. 按功能分类

(1) 标准集成电路产品。
(2) 微处理器及其外围接口电路产品。
(3) 面向特定用途集成电路 ASIC 产品。
PLD 是 ASIC 产品的一个重要分支。

7.2 集成逻辑门电路

逻辑门是组成各类数字逻辑电路的基本逻辑器件。本节就常用的 TTL、MOS 门电路进行定性分析,不进行详细的定量分析和参数设计,目的就在于了解它的逻辑功能、输入输出特性以及使用选择等方面的知识。

7.2.1 逻辑值的物理量表示

1. 逻辑值与物理量

布尔代数使用二值函数描述任何复杂的逻辑系统,逻辑系统可以采用不同的物理系统表示,该物理系统应该能够满足布尔代数运算的基本要求:首先,物理系统应明确定义能够表达 0、1 逻辑值的二值物理量;其次,物理系统应能够进行物理量的运算,实现布尔函数基本运算。

现实中能满足以上要求的物理量很多,如机械开关的开合,机电开关(继电器)的开合,电气量的二值状态,电子器件的电气物理量,等等。用其中一种状态表示逻辑 1,另一种状态表示逻辑 0,再用它们构成的各种连接关系可以实现布尔函数的逻辑运算。

目前,半导体电子开关元件用半导体电子开关电压值的高、低表示逻辑值的 1 和 0,并通过不同的电气连接方法构成逻辑运算电路。根据电子开关元件类型的不同,可分为 TTL、CMOS 等不同的集成逻辑器件。

2. 逻辑值的定义

虽然在不同的逻辑电路系统中,逻辑值 0、1 的定义可能不同,但都可以实现相同的逻辑功能,且相互之间可以转换。

例如,在标准 TTL 集成电路系统中,定义电源电压 V_{CC} 为 5V 直流,定义逻辑 0 为不大于 0.3V 的电压值,定义逻辑 1 为不小于 3.6V 的电压值;在标准 CMOS 集成电路系统中,定义电源电压 V_{DD} 为 3~18V 直流,定义逻辑 0 为不大于 V_{DD} 的 45%,定义逻辑 1 为不小于 V_{DD} 的 55%;在 RS-232-C 标准中定义电源电压 V_{DD} 为 ±12V 直流,定义逻辑 0 为正电压,定义逻辑 1 为负电压,等等。

3. 正负逻辑

一个逻辑系统可以使用正逻辑或负逻辑表示。在一个逻辑系统中,规定高电平为逻辑 1,低电平为逻辑 0,称为正逻辑;相反的逻辑规定称为负逻辑。对于同一个数字电路或系统,既可采用正逻辑,也可采用负逻辑。正逻辑和负逻辑都可以表示同样的逻辑功能,但逻辑运算过程是不同的。

7.2.2 半导体器件的开关特性

半导体开关元件是逻辑电路最基本的电子开关元件,也是构成集成逻辑电路的基本元件。目前常用的半导体开关元件有晶体二极管、晶体三极管和 MOS 管。研究这些元件的开关特性时,除了要研究它们在导通与截止两种状态下的静态特性,还要分析它们在导通和截止状态之间的转变过程,即用于描述开关元件工作速度的动态特性。

1. 晶体二极管(diode)

晶体二极管种类很多,这里以开关二极管为例进行讲解,其他二极管分析方法类似。

1) 基本结构

晶体二极管是由 P 型半导体和 N 型半导体构成的 PN 结,晶体二极管的基本结构和电路符号如图 7-1(a)、(b)所示。

2) 静态特性

图 7-1(c)给出了晶体二极管的伏安特性。图中,横轴为 PN 结上施加的正向电压 V_F,纵轴为流过 PN 结的正向电流 I_F,IFRM 表示重复峰值正向电流,VRRM 表示重复峰值反向电压。从图中可以看出,晶体二极管的正向导通阈值电压 V_T 约为 0.7V(硅二极管为 0.5~0.7 V;锗二极管为 0.1~0.2 V),因而晶体二极管具有如下开关特性。

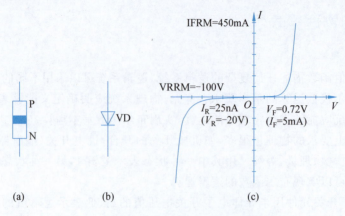

图 7-1 二极管的结构、电路符号和伏安特性
(a)结构；(b)电路符号；(c)伏安特性

(1) 导通：二极管两端施加电压 $V_F > V_T$，二极管导通，内阻很小，正向电流急剧增加。
(2) 截止：二极管两端施加电压 $V_F < V_T$，二极管截止，内阻很大，正向电流接近 0A。

从晶体二极管的伏安特性可以看出，它可以作为开关器件使用。

3) 动态特性

二极管的动态特性是指二极管在导通与截止两种状态转换过程中表现出来的特性。因为二极管内部电荷的"建立"和"消散"都需要一个过程，所以完成两种状态的转换需要一定的时间。

通常把二极管从正向导通到反向截止所需要的时间称为反向恢复时间，而把二极管从反向截止到正向导通所需要的时间称为开通时间。相比之下，开通时间很短，一般可以忽略不计。因此，影响二极管开关速度的主要因素是反向恢复时间。

图 7-2(a)给出了晶体二极管动态测试电路，在电路中施加理想方波电压 V_I，在二极管中产生导通电流 I_d，图 7-2(b)给出了 I_d 的典型波形，其中 t_{fc} 为开通时间，t_{rr} 为反向恢复时间。

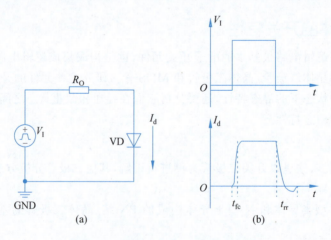

图 7-2 二极管的工作电路和典型波形
(a)测试电路；(b)典型波形

(1) 截止→导通，开通时间 t_{fc} 极短，可忽略。
(2) 导通→截止，反向恢复时间 t_{rr} 为纳秒级。

2. 晶体三极管

按制作工艺和结构不同,晶体三极管(transistor)可分为有 NPN 和 PNP 两种,下面以 NPN 型三极管为例进行分析,PNP 型与 NPN 型工作原理相似,只是极性不同。

1) 基本结构

NPN 型三极管可以理解为由 2 块 N 型半导体中间夹着一块 P 型半导体组成,如图 7-3(a)所示,从每块半导体引出一条引线,三条引线分别称为发射极 e (emitter)、基极 b(base)和集电极 c(collector)。图 7-3(b)为 NPN 型三极管在数字电路中的等效电路,可以把它看作两个背靠背的二极管。需要说明的是,模拟电路中的三极管并非这样两个二极管的简单等效,在此不深入讨论。三极管的电路符号如图 7-3(c)所示。

2) 静态特性

NPN 型三极管的基本工作特性是电流放大。基极 b 和发射极 e 之间的电流 I_b 称为基极电流,集电极 c 与发射极 e 之间的电流 I_c 称为集电极电流,集电极电流 I_c 受控于基极电流 I_b,在一定范围内,它们之间存在线性关系:$I_c = \beta I_b$,β 是三极管的固有放大倍数。图 7-4 给出了某种晶体三极管的输入输出特性曲线。

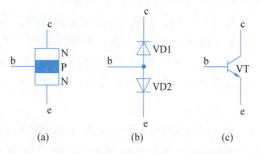

图 7-3 三极管的结构、等效电路和电路符号
(a)结构;(b)等效电路;(c)电路符号

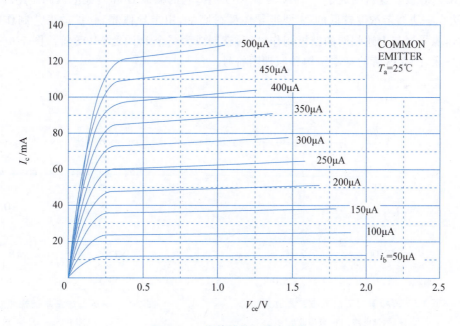

图 7-4 三极管的输入输出特性

图 7-4 中,横轴为集射极压降 V_{ce},纵轴为集电极电流 I_c,图中的曲线分别表示当基极电流 I_b 为 50~500μA 时,对应的集射极压降 V_{ce} 和集电极电流 I_c 的变化规律。从图中可以看出,在一定范围内,晶体三极管具有很好的电流线性放大特性。然而,数字电路不使用三极管的线性特性,只使用三极管的两个极端:截止与饱和导通特性。

(1) 截止区:当 $V_{be} < V_T$,$I_b \approx 0$A 时,$I_{ce} \approx 0$A,R_{ce} 趋于无穷大,三极管处于截止状态。

(2) 饱和导通区:当 $V_{be} > V_T$,I_b 达到饱和电流 I_{bs}(即 I_b 增大,I_c 不随 I_b 增大时)时,I_c 最大,R_{ce} 很

小,$V_{ce}≈0.3V$,三极管进入饱和导通状态。

由于三极管的饱和导通和截止受控于基极电流 I_b,因此可以认为三极管是电流控制的开关元件。

3) 动态特性

三极管的动态特性是指三极管在饱和导通与截止两种状态转换过程中的特性。三极管的开关速度由其开关时间来表征,开关时间越短,开关速度就越快。三极管的开关过程包含开启和关断两个过程,相应地就有开启时间 t_{on} 和关断时间 t_{off}。

图 7-5 给出了晶体三极管动态测试电路及典型波形,在基极上施加理想方波电压 V_I,在三极管基射极产生基极电流 I_b,同时在三极管集射极产生集电极电流 I_c。

截止→饱和导通,开启时间:$t_{on}=t_d+t_r$,t_d、t_r 分别为延迟时间、上升时间。

饱和导通→截止,关断时间:$t_{off}=t_s+t_f$,t_s、t_f 分别为存储时间、下降时间。

3. MOS 管

MOS 管(MOSFET)按制作工艺和结构不同,有增强型和耗尽型、NMOS 和 PMOS 之分,下面以增强型 NMOS 和 PMOS 为例进行分析,未特别说明,均指增强型 MOS 管。

1) 基本结构

NMOS 管是在一块掺杂浓度较低的 P 型半导体硅衬底上,用半导体光刻、扩散工艺制作两个高掺杂浓度的 N+区,并用金属铝引出两个电极,分别作为漏极 D 和源极 S。然后在漏极和源极之间的 P 型半导体表面覆盖一层很薄的二氧化硅(SiO_2)绝缘层膜,再在这个绝缘层膜上引出一个铝电极作为栅极 G,基底引出端为 B 极。这就构成了一个 N 沟道 MOS 管,它的栅极 G 和其他电极间是绝缘的。用与上述相同的方法在一块掺杂浓度较低的 N 型半导体硅衬底上,用半导体光刻、扩散工艺制作两个高掺杂浓度的 P+区,及采用与上述相同的栅极制作过程,就制成为一个 P 沟道 MOS 管。图 7-6(a)、(b)所示分别是 NMOS 和 PMOS 管的基本结构和原理图符号。

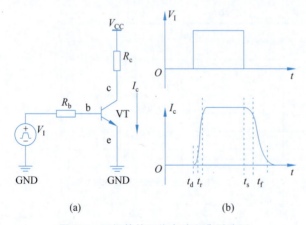

图 7-5 三极管的工作电路和典型波形
(a)测试电路;(b)典型波形

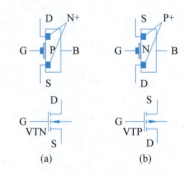

图 7-6 MOS 管的基本结构和原理图符号
(a)NMOS;(b)PMOS

2) 静态特性

NMOS 管和 PMOS 管都是电压控制的开关元件,其漏源电阻 R_{DS} 受栅源电压 V_{GS} 控制,当 R_{DS} 趋于无穷大时,MOS 管截止;当 R_{DS} 趋于 0 时,MOS 管导通。下面以 NMOS 管为例,讲解其工作原理。

(1) $V_{GS}=0V$ 时,R_{DS} 趋于无穷大,NMOS 管截止。NMOS 管的漏极 D 和源极 S 之间可以看成两个背靠背的 PN 结。当栅源电压 $V_{GS}=0V$ 时,即使加上漏源电压 V_{DS},而且不论 V_{DS} 的极性如何,总有一个 PN 结处于反偏状态,漏源电阻 R_{DS} 趋于无穷大,因此这时漏极电流 $I_D≈0A$。

(2) $V_{GS}>0V$ 的情况。若 $V_{GS}>0V$，则栅极 G 和衬底 B 之间的 SiO_2 绝缘层中会产生一个电场。电场方向垂直于半导体表面,由栅极指向衬底。这个电场能排斥空穴而吸引电子,将 P 型衬底中的电子吸引到衬底表面,但不足以使漏极 D 和源极 S 之间导通。

(3) V_{GS} 达到某一数值,漏极 D 和源极 S 之间导电沟道形成,$R_{DS} \to 0\Omega$,NMOS 管导通。当 V_{GS} 增加时,吸引到 P 衬底表面层的电子就会增多,当 V_{GS} 达到某一数值时,这些电子在栅极附近的 P 衬底表面便形成一个 N 型薄层,且与两个 N+区相连通,在漏源极 DS 之间形成 N 型导电沟道。V_{GS} 越大,作用于半导体表面的电场就越强,吸引到 P 衬底表面的电子就越多,导电沟道越厚,沟道电阻越小,这时,$R_{DS} \to 0\Omega$,NMOS 管导通。

NMOS 管开始形成沟道时的栅源电压 V_{GS} 称为开启电压,用 V_{TH} 表示,是正电压。

PMOS 管开始形成沟道时的栅源电压 V_{GS} 也称为开启电压,与 NMOS 管相反,用 $-V_{TH}$ 表示,是负电压。只有当 $V_{GS}<-V_{TH}$ 时,$R_{DS} \to 0$,PMOS 管导通;$V_{GS}>-V_{TH}$ 时,R_{DS} 趋于无穷大,PMOS 管截止。

图 7-7 给出了一种 NMOS 管的传输特性。图中,横轴为栅源之间施加的电压 V_{GS},纵轴为漏极电流 I_D。从图中可以看出,栅源电压 V_{GS} 大于开通阈值电压 V_{TH}(一般为 2~4 V)时,NMOS 管开始导通,当漏源极施加电压 V_{DS} 时,漏源极电流 I_D 受控于栅源电压 V_{GS}。

与三极管相似,NMOS 管也有 3 个工作区:

(1) 截止区(夹断区):当 $V_{GS}<V_{TH}$ 时,$I_D=0A$,NMOS 管处于截止状态。

(2) 变阻区:当 $V_{GS}>V_{TH}$ 时,$V_{DS}<V_{GS}-V_{TH}$,I_D 与 V_{DS} 近似呈线性关系。

(3) 饱和区(恒流区):当 $V_{GS}>V_{TH}$,$V_{DS}>V_{GS}-V_{TH}$ 时,I_D 不随 V_{DS} 增大而增大,MOS 管进入饱和导通状态。

在数字电路中,NMOS 管作为开关元件主要使用它的截止区和饱和区。

截止态:当 $V_{GS}<V_{TH}$ 时,$I_D=0A$,R_{DS} 趋于无穷大,NMOS 管截止。

导通态:当 $V_{GS}>V_{TH}$,$V_{DS}>V_{GS}-V_{TH}$ 时,I_D 最大,$R_{DS}(on) \approx 0\Omega$,NMOS 管饱和导通。

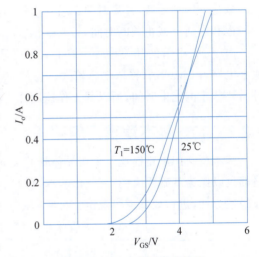

图 7-7 NMOS 管的传输特性

PMOS 管作为开关元件,其截止和饱和状态定义如下。

截止态:当 $V_{GS}>-V_{TH}$ 时,$I_D=0A$,R_{DS} 趋于无穷大,PMOS 管截止。

导通态:当 $V_{GS}<-V_{TH}$,$|V_{DS}|>|V_{GS}-V_{TH}|$,$|I_D|$ 最大,$R_{DS}(on) \approx 0\Omega$,PMOS 管饱和导通。

由于 MOS 管的饱和导通和截止受控于栅源电压 V_{GS},因此可以认为 MOS 管是电压控制的开关元件。

3) 动态特性

MOS 管的动态特性是指 MOS 管在饱和导通与截止两种状态转换过程中的特性。NMOS 管和 PMOS 管有相似的动态特性,在此只以 NMOS 管为例进行分析。图 7-8 给出了 NMOS 管动态测试电路和典型波形,在 NMOS 管栅极上施加理想方波电压 V_I,在漏源极产生漏极电流 I_D。

NMOS 管的动态特性包含开启和关断过程,相应地就有开启和关断时间 t_{on}、t_{off}。

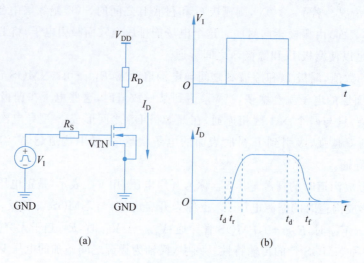

图 7-8　NMOS 管的工作电路和典型波形
(a)测试电路；(b)典型波形

截止→饱和导通，开启时间：$t_{on}=t_d+t_r$，t_d、t_r 分别为延迟时间、上升时间；

饱和导通→截止关断时间 $t_{off}=t_d+t_f$，t_d 其中，分别为延迟时间，t_f 为下降时间。

由于 MOS 管的开关特性受控于电压信号 V_{GS}，因此 MOS 管的工作功耗极低，非常适合做低功耗数字电路，但 MOS 管输入电容较大，V_{GS} 从 0V 充电至 MOS 管的开门电压需要较大的瞬间充电电流，且需要一定的充电时间，所以其工作速度比三极管开关慢一些。

7.2.3　TTL 基本逻辑门电路

基本逻辑门电路描述了采用晶体管开关元件实现与、或、非运算的基本原理，实际的集成逻辑门电路都是以此为基础构成的。TTL 基本逻辑门电路主要采用晶体二极管和三极管作为开关元件构成。为描述方便，进行如下逻辑规定：电源 V_{CC} 为 5V 直流电压，低电平电压不大于 0.8V，高电平电压不小于 3.6V，二极管采用硅管，其正向压降约为 0.7V。

1. 基本与门

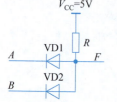

图 7-9　基本与门电路

图 7-9 给出了 TTL 基本与门电路示意图。其中，V_{CC} 为工作电源，A、B 为输入信号，F 为输出信号。

(1) 当 $V_A=V_B=0V$ 或 $V_A=0V$、$V_B=5V$ 或 $V_A=5V$、$V_B=0V$ 时，二极管 VD1 和 VD2 至少有一个导通，由于二极管正向导通时的钳位作用，使输出 $V_F=0.7V$。

(2) 当 $V_A=V_B=5V$ 时，VD1 和 VD2 都截止，输出 $V_F=5V$。

表 7-3 的前三列给出了电路的工作电压数据汇总，按照前述逻辑规定，不难得出后三列对应的逻辑真值表。由真值表可以看出，该电路实现了布尔函数的与运算 $F=AB$。

表 7-3　基本与门的实验参数和真值表

V_A/V	V_B/V	V_F/V	A	B	F
0	0	0.7	0	0	0

续表

V_A/V	V_B/V	V_F/V	A	B	F
0	5	0.7	0	1	0
5	0	0.7	1	0	0
5	5	5	1	1	1

2. 基本或门

图 7-10 给出了 TTL 基本或门电路示意图。其中,A、B 为输入信号,F 为输出信号。

(1) 当 $V_A=V_B=0$V 时,VD1 和 VD2 都截止,输出 $V_F=0$V。

(2) 当 $V_A=0$V、$V_B=5$V 或 $V_A=5$V、$V_B=0$V 或 $V_A=V_B=5$V 时,VD1 和 VD2 至少有一个导通,二极管压降为 0.7V,则输出 $V_F=4.3$V。

表 7-4 给出了电路的工作电压数据汇总和对应的逻辑真值表,由真值表可以看出,该电路实现了布尔函数的或运算 $F=A+B$。

表 7-4 基本或门的实验参数和真值表

V_A/V	V_B/V	V_F/V	A	B	F
0	0	0	0	0	0
0	5	4.3	0	1	1
5	0	4.3	1	0	1
5	5	4.3	1	1	1

3. 基本非门

图 7-11 给出了 TTL 基本非门电路示意图。其中,A 为输入信号,F 为输出信号。

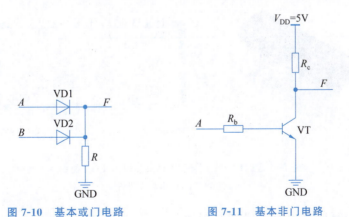

图 7-10 基本或门电路　　图 7-11 基本非门电路

(1) $V_A=0$V 时,三极管截止,输出 $V_F=5$V。

(2) $V_A=5$V 时,三极管饱和导通,输出 $V_F=0.3$V。

表 7-5 给出了电路的工作电压数据汇总和对应的逻辑真值表。由真值表可以看出,该电路实现了布尔函数的非运算 $F=\overline{A}$。

表 7-5　基本非门的实验参数和真值表

V_A/V	V_F/V	A	F
0	5	0	1
5	0.3	1	0

7.2.4　TTL 集成逻辑门电路

虽然基本逻辑门电路能够实现与、或、非关系，但电路的驱动能力比较差，不能作为实际的门电路使用。在基本逻辑门电路基础上加入驱动电路并进行集成封装，就构成了实际的 TTL 集成逻辑门电路。

1. 标准 TTL 集成电路简介

1）逻辑规定

标准 TTL 集成电路的电源电压 V_{CC} 是固定的 +5V 直流，高电平电压不低于 3.6V，低电平电压不高于 0.3V。

2）集成电路功能描述方法

在 TTL 集成电路手册中，集成电路功能描述以功能表（functional table）的形式进行表示，它实际上是真值表的简化描述。

3）命名规则

标准 TTL 集成电路以"74"作为集成逻辑器件的名称前缀，后接器件的具体型号编码，在 TTL 系列中，定义了数以千计的 TTL 集成电路型号。

4）封装形式

标准 TTL 集成电路的封装形式描述集成电路的形状、引脚排列、封装材料等信息。集成电路的封装形式很多，在此不再一一介绍，仅以双列直插（DIP）封装为例进行介绍。例如 DIP-14 封装的四-2 输入与非门 7400 的实物图与引脚排列图如图 7-12 所示。

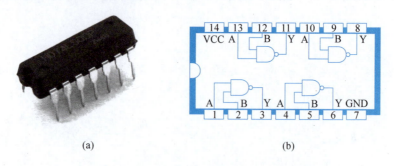

图 7-12　TTL 与非门电路和引脚（以 DIP-14 为例）
(a)实物图；(b)引脚排列图

电路引脚编号："缺口"朝上，按 U 形顺序编号。

电源引脚：VCC。

地线引脚：GND。

功能引脚：按芯片功能分类。

2. TTL 与非门 7400

集成电路芯片 7400 封装了 4 个完全相同的 2 输入端与非门。TTL 与非门是最基本的集成门电路结构,其他各种门电路都是由与非门改变而来。

在 TTL 集成电路手册中,7400 与非门的功能表如表 7-6 所示,虽然表示方法与真值表不完全相同,但和真值表表示了完全相同的逻辑关系。

表 7-6 7400 的功能表

A	B	F
H	H	L
L	×	H
×	L	H

图 7-13(a)给出了 7400 与非门的电路结构原理图。图中 VT1 是一个多发射极三极管,可看作是两个发射极独立、基极共用、集电极也共用的三极管。VD1、VD2 为输入端钳位二极管,它们限制输入端可能出现的负极性干扰脉冲,以保护输入级的多发射三极管,在下面对电路基本原理的分析中,不考虑二极管 VD1 和 VD2,而且将多发射极三极管看成背靠背的二极管,因此可将图 7-13(a)等效为图 7-13(b)所示的电路。

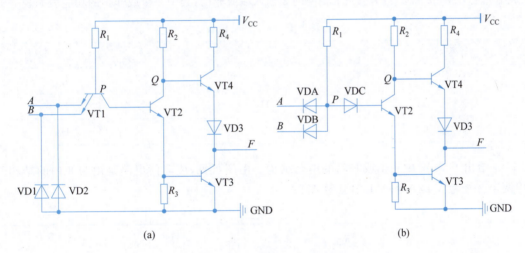

图 7-13 与非门电路图和等效电路
(a)与非门电路;(b)与非门等效电路

该电路的组成如下。

① 基本与门电路由 R_1、VDA、VDB 组成。

② 基本非门电路由 VDC、R_2、VT2、R_3 组成。

③ 输出级驱动电路,由 R_4、VT3、VD3、VT4 组成。由电路结构可以看出,与非门是由与门、非门级联构成,并通过三极管 VT3、VT4 增强了电路在逻辑 0 和逻辑 1 输出时的电路驱动能力。下面分 4 种情况对图 7-13 进行定性讨论。

(1) 当 $V_A=V_B=0$V 或 $V_A=0$V,$V_B=5$V 或 $V_A=5$V,$V_B=0$V 时,只要 A、B 输入端有一个输入为 0V,则 $V_P=0.7$V,进而使 VDC、VT2、VT3 截止;同时,V_Q 为高电平,使 VT4、VD3 导通,因此输出 $V_F \approx V_{CC}-1.4\text{V}=3.6\text{V}$。

（2）当 $V_A=V_B=5\text{V}$ 时，V_P 为高电平使 VDC、VT2、VT3 导通，V_P 被钳位在 2.1V；同时 VT2、VT3 导通使 $V_Q=1\text{V}$，则 VT4、VD3 截止，因此输出 $V_F\approx0.3\text{V}$。

表 7-7 左侧三列为电路的输入输出电压列表汇总。按照 TTL 逻辑定义，可以得到右侧三列对应的逻辑值列表。

表 7-7　7400 与非门的实验参数和真值表

V_A/V	V_B/V	V_F/V	A	B	F
0	0	3.6	0	0	1
0	5	3.6	0	1	1
5	0	3.6	1	0	1
5	5	0.3	1	1	0

综合上述 4 种情况，该电路的规律是，输入有低电平，则输出为高电平；输入全高电平，则输出为低电平。由真值表可以看出，该电路实现了 $F=\overline{AB}$ 的函数关系。

3. TTL 或非门

集成电路芯片 7402 封装了 4 个完全相同的 2 输入端或非门，其中一个或非门的功能表如表 7-8 所示。

表 7-8　7402 的功能表

A	B	F
H	×	L
×	H	L
L	L	H

图 7-14 给出了 7402 中一个或非门的电路结构。由图可见，或非门电路是由与非门的结构改进而来的，用两个三极管 VT2A 和 VT2B 代替 VT2。

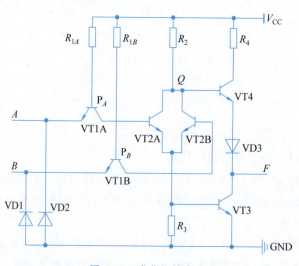

图 7-14　或非门的电路

若两输入端 A、B 均为低电平,则 VT2A 和 VT2B 及 VT5 均截止,同时 VT4、VD3 导通,输出 $V_F \approx V_{CC} - 1.4\text{V} = 3.6\text{V}$,输出为高电平。

若 A、B 两输入端中有一个为高电平,则 VT2A 或 VT2B 将有一个饱和导通,导致 VT5 对地导通,同时 $V_Q = 1\text{V}$,VT4、VD3 截止,输出 $V_F = 0.3\text{V}$,输出为低电平。

这就实现了或非功能,即 $F = \overline{A + B}$。

4. TTL 常用逻辑门电路

由与非门、或非门电路可以看出,TTL 的各种逻辑门电路都可以由与非门变形而来。在 TTL 与非门基础之上,很容易构成其他常用的逻辑门电路,在此不再一一分析。常用的 TTL 逻辑门电路功能及型号如表 7-9 所示。

表 7-9 常用 TTL 逻辑门

功　　能	型　　号	功　　能	型　　号
四 2 输入与门	7408	二 4 输入与非门	7420
四 2 输入或门	7432	四 2 输入或非门	7402
六非门	7404	与或非门	7451
四 2 输入与非门	7400	四 2 输入异或门	7486

7.2.5　MOS 集成门电路

TTL 数字集成电路也可以由 NMOS 管、PMOS 管或两者的结合构成,分别称为 NMOS 门电路、PMOS 门电路和 CMOS(互补 MOS)门电路。其中 PMOS 最早问世,但 NMOS 比 PMOS 有更高的工作速度和更高的集成度,因此目前 NMOS 电路的应用比 PMOS 广泛得多,特别是在 LSIC 领域中。

MOS 集成门电路的工作电源电压范围较宽,通常为了和 TTL 数字集成电路区分,其电源一般命名为 V_{DD},地线用 V_{SS} 表示。由于本书讲述的内容是数字电路系统,因此在 TTL 和 MOS 电路共地操作中,将数字地统称为 GND。

1. NMOS 门电路

NMOS 逻辑门电路全部由 N 沟道 MOS 管构成。这种器件具有较小的几何尺寸,结构简单,易于使用 CAD 技术进行设计,因此适合于制造大规模集成电路。现以增强型 NMOS 非门(反相器)为例来说明它的工作原理。NMOS 非门的电路如图 7-15 所示,它是构成 NMOS 逻辑门电路的最基本构件。

图 7-15 中,VTN1 称为工作管,VTN2 称为负载管,它们都是增强型 N 沟道 MOS 管。VTN2 管栅极和漏极短接,实际上起到了负载电阻的作用,故被称为负载管,之所以用 MOS 管代替电阻,是因为在集成电路中制作大电阻占用的硅片面积比晶体管大得多。

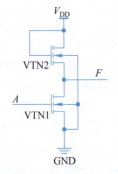

图 7-15　NMOS 反相器

设 VTN1 和 VTN2 的开启电压分别为 V_{TH1} 和 V_{TH2}。由于 VTN2 栅极接正电源电压 V_{DD},因此 VT2 总是导通的。

当输入 V_A 为低电平(逻辑 0)时,$V_{GS1} < V_{TH1}$,VTN1 截止,故输出 $V_F = V_{DD} - V_{T2}$,其中 V_{T2} 为负载管 VTN2 上的压降。由于 VTN2 上的电流极小,故 V_{T2} 极小,使得 V_F 为高电平(逻辑 1)。

当输入 V_A 为高电平(逻辑 1)时,$V_{GS1}>V_{TH1}$,VTN1 导通,输出 V_F 为

$$V_F = V_{DD} \frac{R_{DS1}}{R_{DS1}+R_{DS2}}$$

其中,R_{DS1} 和 R_{DS2} 分别为 VTN1 和 VTN2 导通时的漏源等效电阻。为实现逻辑非,此时 V_F 应为低电平(逻辑 0),这就要求 $R_{DS2} \gg R_{DS1}$,在制造中一般使 R_{DS2} 为 R_{DS1} 的 10~100 倍。

根据以上分析,图 7-15 所示电路实现了 $F=\overline{A}$ 的逻辑功能。

在 NMOS 非门的基础上,通过简单的串联和并联,容易构成 NMOS 与非、或非、与或非等逻辑门电路,在此不再赘述。

2. CMOS 门电路

图 7-16 给出了 CMOS 六非门 4069 的双列直插芯片实物图与引脚排列,它与 TTL 门电路可以有相同的封装形式,但其电气特性与 TTL 门电路不完全兼容。标准 CMOS 门电路的供电电源 V_{DD} 为 3~18 V 直流;其逻辑值 0、1 对应的电压值随电源电压而不同。一般情况下,低电平电压不高于电源电压的 45%,高电平电压不低于电源电压的 55%。因此,在 TTL 门电路与 CMOS 门电路相互连接时,一定要注意同一逻辑值之间的电压变换关系。

1) CMOS 非门(反相器)

非门是 CMOS 器件的最基本单元电路,其电路如图 7-17 所示。它由一个 NMOS 管 VTN 和一个 PMOS 管 VTP 组成,两者的开启电压分别为 V_{TN}(正值)和 V_{TP}(负值),两管漏极相连作为输出端,两管栅极相连作为输入。VTP 的源极接电源 V_{DD},VTN 的源极接地 GND。$V_{DD}>V_{TN}+|V_{TP}|$。

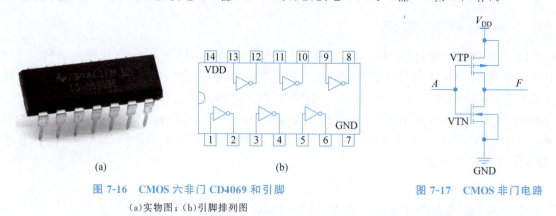

图 7-16　CMOS 六非门 CD4069 和引脚
(a)实物图;(b)引脚排列图

图 7-17　CMOS 非门电路

当输入 A 为 0V(逻辑 0)时,NMOS 管的 $V_{GSTN}=0V<V_{TN}$,VTN 截止,即输出端与地断开;同时,PMOS 管的 $V_{GSTP}=-V_{DD}<V_{TP}$,VTP 导通,即输出端 F 与电源 V_{DD} 导通。因此输出 F 为 V_{DD}(逻辑 1)。

当输入 A 为 V_{DD}(逻辑 1)时,PMOS 管的 $V_{GSTP}=0V>V_{TP}$,VTP 截止,即输出端 F 与电源 V_{DD} 断开;同时,NMOS 管的 $V_{GSTN}=V_{DD}>V_{TN}$,VTN 导通,即输出端与地接通。因此输出 F 为 0V(逻辑 0)。

上述电路实现了非关系,即 $F=\overline{A}$。值得指出的是,在上述两种情况下,从电源 V_{DD} 经两个串接的 MOS 管到地,电流都极小,仅等于截止管很小的泄漏电流,因此 CMOS 非门的静态功耗极小,其典型值仅为 10nW 左右。

2) CMOS 或非门

2 输入 CMOS 或非门电路如图 7-18 所示。它可看成是在 CMOS 非门的基础上,在 NMOS 管旁边再并接一个 NMOS 管,PMOS 管之上再串接一个 PMOS 管。

只有当输入信号 A 和 B 都为逻辑 0,即为低电平时,两个并接的 NMOS 管 VTN1 和 VTN2 才同时

截止,使输出 F 与地线之间完全断开,同时,两个串接的 PMOS 管 VTP1 和 VTP2 同时导通,使输出 F 与 V_{DD} 之间导通。这时,输出 F 为高电平,即逻辑 1。

当输入信号 A 和 B 有任何一个为逻辑 1,即高电平时,两个串接的 PMOS 管 VTP1 和 VTP2 总有一个截止,使输出 F 与 V_{DD} 之间断开;同时,两个并接的 NMOS 管 VTN1 和 VTN2 总有一个导通,使输出 F 与地线之间导通。这时,输出 F 为低电平,即逻辑 0。

由此可见,该电路实现了或非关系,即 $F=\overline{A+B}$。推而广之,实现 n 个输入变量的或非,可采用同样的结构,即将 n 个 NMOS 管并接,将 n 个 PMOS 管串接。

3) CMOS 与非门

两输入 CMOS 与非门电路如图 7-19 所示。它可看成是在 CMOS 非门的基础上,在 NMOS 管之下再串接一个 NMOS 管,PMOS 管旁边再并接一个 PMOS 管构成。

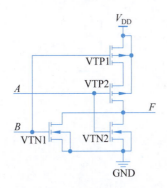

图 7-18 CMOS 或非门电路

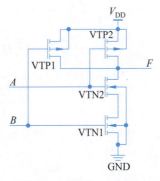

图 7-19 CMOS 与非门电路

只有当输入信号 A 和 B 都为逻辑 1,即高电平时,两个并接的 PMOS 管 VTP1 和 VTP2 才同时截止,使输出 F 与电源之间完全断开;同时,两个串接的 NMOS 管 VTN1 和 VTN2 同时导通,使输出 F 与地线之间导通。这时,输出 F 为低电平,即逻辑 0。

当输入信号 A 和 B 有任何一个为逻辑 0,即低电平时,两个串接的 NMOS 管 VTN1 和 VTN2 总有一个截止,使输出 F 与地线之间断开;同时,两个并接的 PMOS 管 VTP1 和 VTP2 总有一个导通,使输出 F 与 V_{DD} 之间导通。这时,输出 F 为高电平,即逻辑 1。

由此可见,该电路实现了与非关系,即 $F=\overline{AB}$。实现 n 个输入变量的与非,可采用同样结构,即将 n 个 N 沟道 MOS 管串接,将 n 个 P 沟道 MOS 管并接。

4) CMOS 与或非门

在习题中留给读者分析。

3. CMOS 传输门和模拟开关

CMOS 传输门由一个 NMOS 管 VTN 和一个 PMOS 管 VTP 并接构成,如图 7-20 所示。图中,A 为输入端信号,B 为输出端信号,C、$\overline{C}$ 为互反的两个控制端信号。设输入端信号 V_A 的变化范围为 $0 \sim V_{DD}$。

当控制信号 $C=1$ 时,$\overline{C}=0$,即 $V_C=V_{DD}$,$V_{\overline{C}}=0$ V。若 $0 \leqslant V_A \leqslant V_{DD}-V_{TN}$,则 VTN 导通;若 $|V_{TP}| \leqslant V_A \leqslant V_{DD}$,则 VTP 导通。因此当 $0 \leqslant V_A \leqslant V_{DD}$ 时,VTN 和 VTP 中至少有一个导通,A 点的(模拟)信号就传到了 B 点,即有 $V_B=$

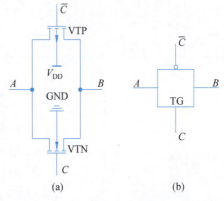

图 7-20 CMOS 传输门的电路和符号

(a)电路;(b)符号

V_A,相当于开关接通。

当控制信号 $C=0$ 时,$\bar{C}=1$ 即 $V_C=0$ V,$V_{\bar{C}}=V_{DD}$,当 $0 \leqslant V_A \leqslant V_{DD}$ 时,VTN 和 VTP 总都是截止,A 点的信号就送不到 B 点,相当于开关断开。

将 CMOS 传输门和一个非门组合起来,就构成了模拟开关,如图 7-21 所示。因为由非门产生了 $\bar{C}$,所以只要一个控制信号 C 就可以控制模拟开关的导通与断开。

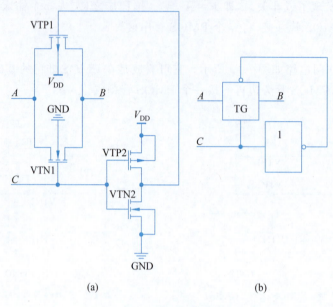

图 7-21　CMOS 模拟开关

(a)电路;(b)符号

4. CMOS 常用逻辑门电路

常用的 CMOS 逻辑门电路功能及型号如表 7-10 所示。

表 7-10　常用的 CMOS 逻辑门电路

功　能	型　号	功　能	型　号
四 2 输入与门	4081	二 4 输入与非门	4012
四 2 输入或门	4071	四 2 输入或非门	4001
六非门	4069	与或非门	4086
四 2 输入与非门	4011	四 2 输入异或门	4070

图 7-22　门电路的输出端短接错误

7.2.6　OC 门、OD 门与三态门

对于一般的门电路,输出端连接在一起形成短接是错误的连接方法。图 7-22 给出了两个普通的与非门输出短接的情况。

不短接时,设门 A 输出为高电平,即逻辑 1;设门 B 输出为低电平,即逻辑 0。把门 A 和门 B 的输出端依照图 7-22 进行短接后,电流从电源经门 A 的输出与门 B 的输出一起,对地有了一条电阻很低的通路,其不良后果如下。

(1)输出可能既非逻辑 1,也非逻辑 0,导致逻辑功能混乱。

(2) 上述通路导致输出级电流远大于正常值,功率剧增,发热增大,可能烧坏器件。

在实际应用中,有很多情况需要输出短接以满足特定的应用需求。OC 门(open collector sate,集电极开路)、OD 门(open drain sate,漏电极开路)和三态门这 3 类特殊的门电路允许输出短接,以实现特定的逻辑电路功能。

1. OC 门与 OD 门

OC 门是 TTL 门电路中的集电极开路门,OD 门是 CMOS 门电路中的漏极开路门。OC 门与 OD 门有一个共同特点:输出级的电源侧开关管与集成电路内部的电源物理断开,只保留接地开关管。当输出逻辑 0 时,接地开关管导通接地,输出为 0V;当输出逻辑 1 时,接地开关管与地线断开,输出虽然为逻辑 1,但其电压的高低与器件本身的电源无关,完全取决于外接电源电压。

1) TTL 的 OC 门

在如图 7-23(a)所示的 TTL 与非门电路中,将输出驱动级的三极管 VT3 的集电极与电源 V_{CC} 断开,如此形成的门电路称为 OC 门,其电路符号如图 7-23(b)所示,两种符号均可表示 OC 门。

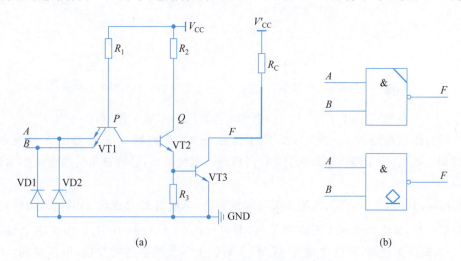

图 7-23 OC 与非门的电路及符号
(a)原理;(b)电路符号

当输出逻辑 0 时,VT3 导通,与普通 TTL 门电路输出低电平电压相同。

当输出逻辑 1 时,VT3 截止,输出端与芯片内部的电源 V_{CC} 和地均断开。当外接电源 V'_{CC} 和电阻 R_C 时,OC 门输出的高电平电压完全取决于 V'_{CC} 的电压值。

常用的 TTL 系列 OC 门有 7401、7403、7405、7406、7407、7409 等,在 TTL 集成电路手册中可以查到。

2) CMOS 的 OD 门

如图 7-24 所示,在 CMOS 与非门电路中,将输出级 NMOS 管 VTN 的漏极与电源 V_{DD} 断开,如此形成的门电路称为 OD 门,其电路符号与 OC 门的电路符号相同。

当输出逻辑 0 时,VTN 导通,与普通 CMOS 门电路输出低电平电压相同。

当输出逻辑 1 时,VTN 截止,输出端与芯片内部的电源 V_{DD} 和地均断开,当外接电源 V'_{DD} 和电阻 R_D 时,OD 门输出高电平电压完全取决于 V'_{DD} 的电压值。

3) OC 门与 OD 门的应用

(1) 实现电平转换。如前所述,当用 OC 门或 OD 门输出逻辑 0 时,输出低电平电压与普通门电路相同;当用 OC 门或 OD 门输出逻辑 1 时,输出端与电源和地均断开,当外接电源和电阻时,OC 门或 OD

门输出高电平电压完全取决于外接电源 $V'_{CC}(V'_{DD})$ 的电压值。

采用 OC 门或 OD 门可以实现逻辑电平的转换,同样是逻辑 1,可以从一种电压转换为另一种电压,因此,用 OC 门或 OD 门容易建立起 TTL 和 CMOS 逻辑系统之间的连接。

(2) 实现"线与"。将若干个 OC 门或 OD 门输出端(短路)连接在一起,通过电源外接一个公共电阻 R_C,即可构成一个多输入与门,由于与门是通过"导线"直接短路连接的,因此称为"线与"。图 7-25 给出了两个 OC 门构成的"线与",OD 门也可以用同样的方法构成"线与"。

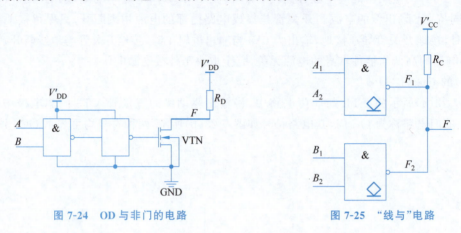

图 7-24　OD 与非门的电路　　　　　图 7-25　"线与"电路

当 OC 与非门 A 单独工作时,$F_1 = \overline{A_1 A_2}$;当 OC 与非门 B 单独工作时,$F_2 = \overline{B_1 B_2}$。

现在两个门的输出端连在了一起,只要 F_1、F_2 有一个输出逻辑 0,总的输出 F 就是逻辑 0,即使 F_1、F_2 中有逻辑 1 输出,由于输出逻辑 0 的 OC 门将输出电位拉低,总的输出仍为逻辑 0,对输出逻辑值不会产生影响。

当两个门都输出逻辑 1 时,它们的输出都与地线断开,总输出 F 是逻辑 1,其电压为外接电源 $V_{CC'}$。

由以上分析可知,该电路实现了逻辑与关系,即 $F = F_1 F_2 = \overline{A_1 A_2} \cdot \overline{B_1 B_2}$。由于这个与关系是通过将输出线 F_1、F_2 短接实现的,所以常称为"线与"。对以上函数关系进行变换,可以得到:$F = F_1 F_2 = \overline{A_1 A_2} \cdot \overline{B_1 B_2} = \overline{\overline{A_1 A_2} + \overline{B_1 B_2}} = \overline{A_1 A_2 + B_1 B_2}$。

可以看到,输出变量 F 实现了对输入变量 A_1、A_2、B_1、B_2 的与或非运算。因此也可以说,若干 OC/OD 与非门输出端短接,并外接公共电阻 R_C,可实现与或非运算。

2. 三态门

三态门(tri-state gate)是指输出时除高电平、低电平状态之外的第三种状态的逻辑门——高阻状态。高阻态相当于隔离状态(输出端与电源和地之间的电阻都很大,相当于输出端与电源、地之间均不导通)。

三态门通常在普通门电路的基础上附加了使能控制端和控制电路。

1) TTL 的三态门

图 7-26(a)给出了 TTL 与非三态门的原理。它是在普通与非门基础上增加了 VT5、VT6、VD1、电阻 R_E 以及非门构成的电路。图 7-26(b)是三态门的电路符号。

当 EN=0 时,非门输出高电平,VT6 截止,VT5 饱和导通,R 点电位为 0.3V,P 点被钳位在 1V,这一方面封锁了 A、B 的输入(不管 A、B 是什么逻辑电平),使 VT2 和 VT3 截止;VT5、VD1 导通使 Q 点电位被钳位在 1V,迫使 VT4 和 VD2 截止。此时,输出端 F 上、下两个支路都处于截止状态,如同一根

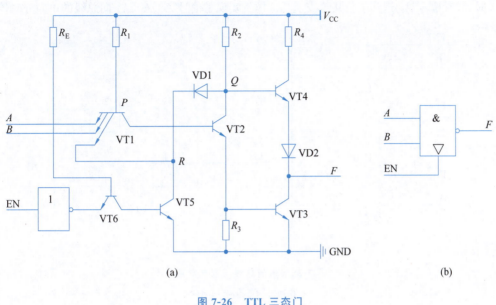

图 7-26 TTL 三态门
(a) 原理；(b) 电路符号

悬浮的导线，这种状态称为高阻态。

当 EN=1 时，非门输出低电平，VT6 导通，VT5 截止，R 点为高电平，二极管 VD1 截止。剩余的电路工作状态与普通的与非门一样，实现 $F=\overline{AB}$ 的功能。

在这个电路中，输出端 F 共有 3 种可能的状态：高阻、0 状态、1 状态，三态门因此得名。常用的 TTL 系列三态门有 74125、74126、74240 等几类。

2) CMOS 三态门

图 7-27 给出了一个低电平使能的三态非门。它是在 CMOS 非门的基础上，增加 NMOS 管 VTN2 和 PMOS 管 VTP2 构成的电路。

当使能控制端 $\overline{EN}$=1 时，附加管 VTN2 和 VTP2 同时截止，输出 F 与电源和地同时断开，既不输出电流也不吸收电流，故输出端 F 呈高阻态；

当使能控制端 EN=0 时，附加管 VTN2 和 VTP2 同时导通，非门正常工作，$F=\overline{A}$。

3) 三态门的应用

三态门的基本用途是在数字系统中构成总线(bus)接口电路。总线广泛应用于较大型的数字系统中，如计算机系统就是由多个数字电路单元共享数据通道进行信息交换的数字系统。在总线上连接的多个数字电路单元，同一时刻只能有一个电路单元输出有效的逻辑 0 或 1，其他电路单元的输出必须处于高阻状态。

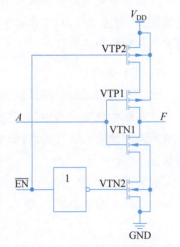

图 7-27 CMOS 三态非门的电路

(1) 单向总线应用。图 7-28(a)所示为三态门构成的单向总线，图中的总线由 3 个同相三态缓冲器的输出连接而成。

在 3 个使能控制信号 EN_1、EN_2 和 EN_3 中，当仅 EN_1=1 而 EN_2 和 EN_3 为 0 时，门 U1B 和 U1C 呈高阻输出，这时，只有信号 A_1 送到了公共总线上；类似地，当仅 EN_2=1 时，只有信号 A_2 送到了公共总线上；当

仅 $EN_3=1$ 时,只有信号 A_3 送到了公共总线上。这样就实现了信号 A_1、A_2、A_3 向总线的单向分时传送。

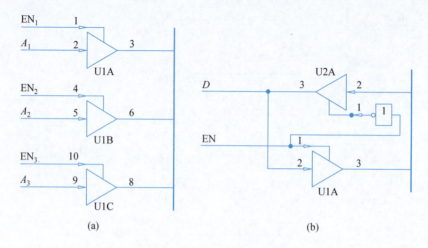

图 7-28 单向总线与双向总线

(a)单向总线；(b)双向总线

若 EN_1、EN_2 和 EN_3 全为 0,则 3 个门 U1A、U1B 和 U1C 都被禁止,总线呈高阻态。

(2) 双向总线。图 7-28(b)为两个同相三态缓冲器构成的双向总线。当 EN=1 时,门 U1A 正常工作,将信号 D 送到总线上,门 U2A 输出呈高阻态；当 EN=0 时,门 U2A 正常工作,从总线接收数据信号 D,门 U1A 输出呈高阻态。该电路实现了信号的分时双向传送。

7.2.7 集成逻辑门电路的工作特性与参数

在数字集成电路选择和应用时,不同的特性和参数适应不同的应用。电路的特性参数主要包括抗干扰能力、带负载能力、工作速度和功耗。本节以 TTL 与非门 7400 和 CMOS 非门 4069 为例讨论门电路的工作特性与参数。

1. 抗干扰能力

抗干扰能力是指电路抵抗信号噪声以及扰动的能力。抗干扰能力越强,电路工作越可靠。

在实际的数字电路中,电路的信号是叠加了噪声的,也就是说电路的信号是波动变化的。即使有噪声电压叠加到输入信号的高、低电平上,只要噪声电压的幅度不超过允许的界限,就不会影响电路的逻辑状态。

通常情况下,把电路允许的噪声界限称为噪声容限。电路的噪声容限越大,抗干扰能力越强。与之有关的电路参数如表 7-11 所示。

表 7-11 集成逻辑门电路的输入输出电压

名 称	TTL 门电路	CMOS($V_{DD}=5V$ 时)
输出为高电平时的电压 V_{OH}	V_{OH} 的 $V_{OH(min)}=2.4V$	4.95V
输出为低电平时的电压 V_{OL}	V_{OL} 的 $V_{OL(max)}=0.4V$	0.05V
输入为高电平时的电压 V_{IH}	V_{IH} 的 $V_{IH(min)}=2.0V$	4V
输入为低电平时的电压 V_{IL}	V_{IL} 的 $V_{IL(max)}=0.8V$	1V

图 7-29 为噪声容限定义的示意图。在将若干门电路组成数字系统时，前级门电路的输出就是后级门电路的输入。

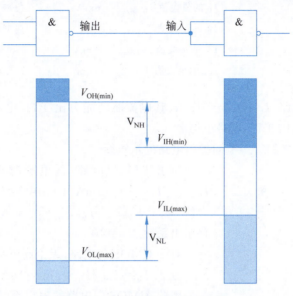

图 7-29　噪声容限定义的示意图

当前级门电路的输出信号为高电平时，其输出为高电平时的电压最小值 $V_{OH(min)}$ 应不小于后级门电路允许的输入为高电平时的电压最小值 $V_{IH(min)}$。由此可以得出，输入为高电平时的噪声容限电压 $V_{NH}=V_{OH(min)}-V_{IH(min)}$；对于 TTL 电路，$V_{NH}=2.4V-2.0V=0.4V$，对于 CMOS 电路，$V_{NH}=4.95V-4V=0.95V$。

当前级门电路的输出信号为低电平时，其输出为低电平时的电压最大值 $V_{OL(max)}$，应不大于后级门电路允许的输入为低电平时的电压最大值 $V_{IL(max)}$。由此可以得出输入为低电平时的噪声容限电压 $V_{NL}=V_{IL(max)}-V_{OL(max)}$；对于 TTL 电路，$V_{NL}=0.8V-0.4V=0.4V$，对于 CMOS 电路，$V_{NL}=1V-0.05V=0.95V$。

因此，TTL 门电路的噪声容限电压 $V_N=0.4V$；CMOS 门电路的噪声容限电压 $V_N=0.95V$（$V_{DD}=5V$ 时）。可以看出，当 TTL 门电路和 CMOS 门电路的电源电压都是 5V 时，CMOS 门电路的抗干扰能力比 TTL 门电路的抗干扰能力强很多。

由于 TTL 门电路电源电压固定，其噪声容限电压 $V_N=0.4V$ 也是固定的。CMOS 门电路电源电压是可变的，因此其噪声容限电压也是可变的，CMOS 门电路的电源电压 V_{DD} 越大，噪声容限电压也越大。CMOS 集成电路噪声容限电压的典型值为电源电压的 45%，保证值为电源电压的 30%。随着电源电压的增加，噪声容限电压的绝对值将成比例增加。若用 $V_{DD}=15V$ 的电源，电路将有约为 7V 的噪声容限。

由以上分析可得结论：CMOS 门电路的抗干扰能力比 TTL 门电路的抗干扰能力强。

2. 带负载能力

带负载能力即电路的驱动能力。对集成逻辑门电路而言，其输出往往连接下一级门电路的多个输入，所以集成逻辑门电路的带负载能力可以用一个门电路的输出端可以连接多少个同样的门电路输入端来表示，通常把一个门电路带同类门电路输入端的个数，称为电路的扇出系数 N_O。

与带负载能力有关的 4 个参数如表 7-12 所示。

对于 TTL 逻辑门电路，$I_{OL(max)}=16mA$，$I_{OH(max)}=0.4mA$。可以看到，TTL 电路的带灌电流负载能力（吸电流能力）远远大于带拉电流负载能力（放电流能力）。

表 7-12 逻辑门电路的输入输出电流

名称	TTL 门电路	CMOS 门电路($V_{DD}=5V$)
输入为低电平时的电流(I_{IL})	I_{IL} 的最大值 $I_{IL(max)}=1.6mA$	典型值 $10^{-5}\mu A$,最大值为 $1\mu A$
输入为高电平时的电流(I_{IH})	I_{IH} 的最大值 $I_{IH(max)}=40\mu A$	典型值 $10^{-5}\mu A$,最大值为 $1\mu A$
输出为低电平时的电流(I_{OL})	I_{OL} 的最大值 $I_{OL(max)}=16mA$	1 mA
输出为高电平时的电流(I_{OH})	I_{OH} 的最大值 $I_{OH(max)}=0.4mA$	1 mA

对于 CMOS 逻辑门电路,$I_{OL}=I_{OH}=1mA$,其电流驱动能力比 TTL 电路弱;但由 $I_{IL}=I_{IH}=1\mu A$ 得出 CMOS 电路的功耗要比 TTL 电路小得多。

图 7-30 给出了一个门电路带多个同类门电路的示意图。

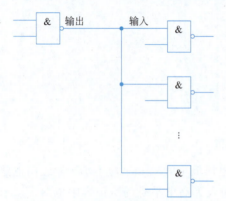

图 7-30 门电路带多个负载的示意图

对于 TTL 门电路,低电平时扇出系数的最大值 $N_L = I_{OL(max)}/I_{IL(max)}=16mA/1.6mA=10$;高电平时扇出系数的最大值 $N_H = I_{OH(max)}/I_{IH(max)}=0.4mA/40\mu A=10$;故 TTL 门电路扇出系数 $N_O=10$。

对于 CMOS 门电路,无论高电平还是低电平,其扇出系数 $N_O = I_{OL}/I_{IL}=I_{OH}/I_{IH}=1mA/1\mu A=1000$。

因此,CMOS 门电路的扇出系数比 TTL 门电路扇出系数大得多。

3. 功耗

功耗指的是门电路工作需要消耗的功率。由于集成逻辑门电路电源电压固定(CMOS 电源电压给定),因此集成逻辑电路芯片的功耗取决于其工作电流。TTL 和 CMOS 门电路典型工作电流如表 7-13 所示。

表 7-13 TTL 和 CMOS 门电路典型的工作电流

名称	TTL 门电路	CMOS 门电路($V_{DD}=5V$)
输出为低电平时的工作电流	$I_{CCL}=3mA$	$I_{DD}=0.01\mu A$
输出为高电平时的工作电流	$I_{CCH}=1mA$	$I_{DD}=0.01\mu A$

TTL 门电路的功耗如下。

输出为低电平时的功耗 $P_{CCL}=V_{CC}I_{CCL}=5V\times 3mA=15mW$。

输出为高电平时的功耗 $P_{CCH}=V_{CC}I_{CCH}=5V\times 1mA=5mW$。

平均功耗 $P_{CC}=(P_{CCL}+P_{CCH})/2=(15mW+5mW)/2=10mW$。

CMOS 门电路的平均功耗 $P_{DD}=V_{DD}I_{DD}=5V\times 0.01\mu A=0.05\mu W$。

经过比较发现,CMOS 门电路的功耗远小于 TTL 门电路的功耗,这正是目前数字电路普遍选择 CMOS 器件的原因,尤其是电池供电的手持仪器、仪表等设备。

需要指出的是,以上参数都是静态工作条件下的参数。在动态工作条件下(即电路输出从高变低或从低变高时),实际电源电流比静态时更大,且频率愈高,电源电流愈大。这一事实应在估算数字系统功耗时加以考虑。

4. 工作速度

当门电路输入一个矩形波信号时,其输出波形对输入波形有一定的时间延迟,如图 7-31 所示。

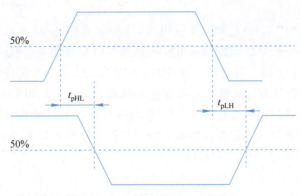

图 7-31 传输延迟时间的示意图

高电平到低电平的延迟时间 t_{pHL}：从输入波形上升沿中点到输出波形下降沿中点的延迟时间。

低电平到高电平的延迟时间 t_{pLH}：从输入波形下降沿中点到输出波形上升沿中点的延迟时间。

平均传输延迟时间 t_{pd}：是 t_{pLH} 和 t_{pHL} 的平均值，即 $t_{pd}=(t_{pHL}+t_{pLH})/2$。

对于标准 TTL 门电路，产品规定的典型值是 $t_{pHL}=7ns$、$t_{pLH}=11ns$、$t_{pd}=9ns$。t_{pHL} 和 t_{pLH} 的最大值分别为 15ns 和 22ns。对于标准 CMOS 门电路，产品规定的典型值是 $t_{pHL}=t_{pLH}=55ns$，即 $t_{pd}=55ns$；最大值为 110ns。

比较而言，CMOS 门电路的工作速度要比 TTL 门电路慢。

5. 功耗延迟积

功耗与平均传输延迟时间 t_{pd} 是一对矛盾的量，减小 t_{pd} 的措施往往会引起功耗的上升。因此，孤立地用 t_{pd}，或者孤立地用功耗来衡量数字集成电路性能的好坏都不合理。

通常用功耗延迟积来较全面地衡量数字集成电路的综合性能，该乘积愈小愈好。由于平均传输延迟时间 t_{pd} 反映电路的工作速度，因此也被称为功耗速度积。

7400 的功耗延迟积为 $P_{CC} \cdot t_{pd} = 10mW \times 9ns = 90pJ$；

4069 的功耗延迟积为 $P_{DD} \cdot t_{pd} = 0.05\mu W \times 55ns = 0.00\ 275pJ$。

7.2.8 集成逻辑门电路的使用常识

1. TTL 逻辑门电路系列

不同的使用场合，对集成电路的工作速度和功耗等性能有不同的要求，可选用不同系列的产品。TTL 电路有 5 种不同的系列。

1）74 系列

这是标准的 TTL 系列，相当于我国的 CT1000 系列，前面讨论的 7400 就属于这一系列，该系列功耗 $P_{CC}=10mW$，平均传输延迟时间 $t_{pd}=9ns$。

2）74L 系列

这是低功耗的 TTL 系列，没有相应的国产系列与之对应。其电路形式与 74 系列完全相同，只是借助增大电阻元件阻值把功耗 P_{CC} 降低到了 1mW，而代价是 t_{pd} 增大为 33ns。

3）74H 系列

这是高速的 TTL 系列，相当于我国的 CT2000 系列。与标准 TTL 系列（74 系列）相比，它做了两方面的改进：一是减小电阻值，二是采用达林顿三极管结构，提高了工作速度，把 t_{pd} 减小到了 6ns，不过 P_{CC} 上升到了 22mW。

4) 74S 系列

这是肖特基(Schottky)TTL 系列,相当于我国的 CT3000 系列。与 74 系列和 74H 系列相比,为了进一步提高速度,它在每个三极管的基极和集电极间都接了肖特基势垒二极管。肖特基二极管是由金属和 N 型硅构成的二极管导电结。普通硅二极管的正向压降约为 0.7V,而肖特基二极管的正向压降约为 0.3V。当接有肖特基二极管的三极管进入较深饱和状态以后,三极管的基极结进入正偏,肖特基二极管就会导通,从而对三极管基极电流起到分流作用,有效地减轻了三极管的饱和深度,达到了减小 t_{pd} 的目的,这种技术称为抗饱和技术。带有肖特基二极管的三极管称为抗饱和三极管。74S 系列的 t_{pd}=3ns,在各种 TTL 系列中最小;其 P_{CC}=19mW。

5) 74LS 系列

这是低功耗肖特基(low power Schottky)TTL 系列,相当于我国的 CT4000 系列。由于与 74S 系列一样采用了肖特基工艺,增加了肖特基二极管,因此十分有利于提高工作速度;为了减小功耗,增加了电路中的电阻值。当然,后面的措施是于工作速度不利的,但这样做获得了良好的综合效果:74LS 系列的 t_{pd}=9ns,与 74 系列(标准 TTL 系列)相同,而功耗 P_{CC}=2mW,仅为 74 系列的 1/5。因此,74 系列与 74LS 系列成为应用最广泛的两种 TTL 系列。

以上介绍的都是以"74"开头的系列,它们都是民用产品。此外,TTL 还有以"54"开头的军用产品系列。两者参数基本相同,只是电源电压范围和工作环境温度范围略有不同。

2. TTL 门电路无用输入端的处理

TTL 门电路输入端是三极管的射极,如图 7-32 所示。

图 7-32 TTL 门电路的输入级

由输入级电路可知,TTL 门电路在接入低电平时,要从射极吸收电流,并且拉低基极 P 点的电平。当 TTL 门电路的某输入端悬空时,其作用与输入接高电平(逻辑 1)一样,都不从 TTL 的输入级三极管吸取电流。因此,TTL 门电路输入端"悬空"相当于输入接逻辑 1。依据此结论,可以得到下面的结果。

对于带有与门输入的门电路(与门、与非门),其多余输入端可以采用两种方式处理。

(1) 悬空处理。这是因为 $F=A·1(悬空)=A$。

(2) 重复连接。这是因为 $Y=A·A=A$。

对于带有或门输入的门电路(或门、或非门),其多余输入端可以采用两种方式处理。

(1) 接"0"处理。这是因为 $Y=A+0=A$。

(2) 重复连接。这是因为 $Y=A+A=A$。

对于与或非门,其多余的输入必须保证输出为 0。

需要指出的是,在实际电路中不推荐悬空处理方法,因为悬空的输入端容易受外部干扰,导致电路工作不可靠。

3. CMOS 逻辑门电路系列

CMOS 集成电路诞生于 20 世纪 60 年代末,经过制造工艺的不断改进,在应用的广度上已与 TTL 平分秋色,它的技术参数从总体上说,已经达到 TTL 的水平,其中功耗、噪声容限、扇出系数等参数优于 TTL。CMOS 集成电路主要有以下几个系列。

1) 基本的 CMOS——4000 系列

这是早期的 CMOS 集成逻辑门电路产品,工作电源电压为 3~18V,由于具有功耗低、噪声容限大、扇出系数大等优点,已得到普遍使用;缺点是工作速度较低,平均传输延迟时间长达几十纳秒,最高工作频率小于 5MHz。

2) 高速的 CMOS——HC(HCT)系列

该系列电路主要从制造工艺上进行了改进,使其工作速度大大提高,平均传输延迟时间小于 10ns,最高工作频率可达 50MHz。

HC 系列的电源电压为 2~6V。HCT 系列的主要特点是与 TTL 器件电压兼容,它的电源电压为 4.5~5.5V。它的输入电压参数 $V_{IH(min)}=2.0V$,$V_{IL(max)}=0.8V$,与 TTL 完全相同。

此外,只要 74HC/HCT 系列与 74LS 系列的最后 3 位数字相同,两种器件的逻辑功能、外形尺寸、引脚排列顺序就完全相同,为 CMOS 代替 TTL 产品提供了方便。

3) 先进的 CMOS——AC(ACT)系列

该系列的工作频率得到了进一步的提高,同时保持了 CMOS 超低功耗的特点。其中 ACT 系列与 TTL 器件电压兼容,电源电压为 4.5~5.5V;AC 系列的电源电压为 1.5~5.5V。AC(ACT)系列的逻辑功能、引脚排列顺序等都与同型号的 HC(HCT)系列完全相同。

4. CMOS 电路使用注意事项

CMOS 电路输入端虽然已经设置了保护电路,但由于保护二极管和限流电阻的几何尺寸有限,它们所能承受的静电电压和脉冲功率都有一定的限度,在输入端电压过高或反向击穿电流过大以后,会使保护电路损坏,进而导致 MOS 管损坏。因此,在使用 CMOS 集成电路时,还要采取一些附加的保护措施,遵循正确的使用方法。

(1) 为防止静电造成损坏,在储存和运输 CMOS 器件时,不要用容易产生静电高压的化工材料和化纤织物包装,最好使用金属屏蔽层作包装材料;组装调试时,烙铁、仪表、工作台面等应良好接地,操作人员的服装、手套等应选用无静电的原料制作。

(2) 不用的输入端不应悬空。

(3) 为防止输入保护电路中钳位二极管过流损坏,输入端接低内阻信号源时,应在输入端与信号源之间串进保护电阻,保证电路二极管导通时电流不超过 1mA。

7.2.9 数字电路的实现、连接与测试

用集成逻辑门电路实现数字电路,也是将布尔函数表达式的各种运算用集成逻辑门电路替换的过程。用集成逻辑门电路实现数字电路时,要根据实际选择的门电路元器件型号、引脚编号、输入引脚个数进行布尔函数的变形,然后用集成逻辑门电路替换电路中布尔函数表达式的逻辑关系。

利用集成逻辑门电路实现的电路,可以形成实际电路的电气连接,接入输入信号后可以进行电路逻辑关系的物理测试和验证。

为了描述的一致性,下文均使用 TTL 的 74LS 系列集成逻辑门电路芯片,基于成本或速度考虑,也可以选择 CMOS 系列或其他系列集成逻辑门电路芯片实现同样的逻辑功能。

1. 用集成逻辑门电路实现布尔函数

用集成逻辑门电路实现布尔函数时应注意以下 3 点。

(1) 实际集成逻辑门电路器件的输入输出个数及引脚编号是固定不变的,要根据电路需要,选择满足输入输出个数的门电路器件。

(2) 当没有能够直接替换逻辑运算的元器件时,需要对函数进行变形,以适应所选元器件。

(3) 绘制电路图时,应明确标出每个门电路的器件型号和输入输出引脚编号。

例如，$F(A,B,C)=\bar{A}+\bar{B}C+B\bar{C}$，其与非-与非表达式为 $F(A,B,C)=\overline{\bar{A}\cdot\overline{\bar{B}C}\cdot\overline{B\bar{C}}}$，用与非门实现的原理如图 7-33 所示。

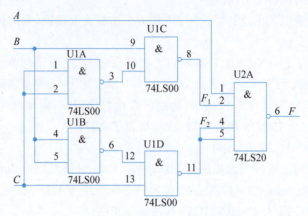

图 7-33 用与非门实现布尔函数

图 7-33 中，首先用 74LS00 的 4 个 2 输入与非门实现了 $\bar{B}$、$\bar{C}$、$F_1=\overline{\bar{B}C}$ 和 $F_2=\overline{B\bar{C}}$；然后用 4 输入与非门 74LS20 实现了 $F=\overline{AF_1F_2}$。

用其他集成逻辑门电路实现数字电路的方法都相同，只不过要针对不同的布尔函数表达式形式，采用不同的集成逻辑器件实现电路。

2. 数字电路的电气连接方法

绘制完成的电路图，需要在特定的物理载体上才能实现实际的电气连接。面包板是最早、最方便的电气连接载体，其优点是即时可用，连接完电路即可测试；缺点是电路连接有可能不可靠，只能做简单电路测试。数字逻辑实验平台是专门用于数字电路实验测试的电路载体，其优点是提供了丰富的输入输出信号资源；缺点是只能用于电路测试。PCB 印制电路板是目前实现数字电路的电气连接的最好方法，其可靠性高、体积小，可直接用于实际工程应用；缺点是 PCB 制作周期长、成本较高。

3. 数字电路的功能测试

数字电路的功能测试过程就是对电路功能进行验证、排错的过程。数字电路的功能测试需要按照电路的设计方案，逐一进行功能测试。

例如一个数字电路，需要按照其真值表和状态表，逐一给定每一组输入组合，观察电路的输出是否与设计的输出一致。如果出现不一致情况，则需要按照电路结构，检查每个电路元件的输出与设计输出的一致性，确定错误位置，修改电路的电气连接，完善电路。

7.3 PLD 器件

逻辑器件可分为两大类：固定逻辑器件和可编程逻辑器件。固定逻辑器件中的电路是永久性的，它们固定地完成一种或一组功能，一旦制造完成就无法改变。TTL 和 CMOS 集成门电路都属于固定逻辑器件。

可编程逻辑器件 PLD 泛指可以编程的逻辑器件，它能够为用户提供范围广泛的多种逻辑容量、特性、速度和电压参数的通用成品部件。可编程是指逻辑器件本身是通用的，用户通过"编程"的方法能够改变逻辑器件的内部物理连接结构，实现自己需要的逻辑功能。因此，可编程逻辑器件 PLD 也称

ASIC。

PLD 器件的发展是与工艺技术和应用需求直接相关的循序渐进的过程,自 PLD 器件出现至今,经历了 PROM、PLA、PAL、GAL、CPLD 和 FPGA 等不同规模和特点的产品。

7.3.1 PLD 器件的分类

1. 按集成度分类

集成度是 PLD 器件的一项重要技术指标。根据芯片集成度和结构复杂度的不同,PLD 器件可分为低密度 PLD(LDPLD)和高密度 PLD(HDPLD)两大类。其中,低密度 PLD 器件也称为简单 PLD 器件(SPLD)。典型的 SPLD 是指内部包含 600 个以下等效门电路的 PLD 器件,而 HDPLD 则有几千到几十万个等效门电路。

通常情况下,以 GAL22V10 作为 SPLD 和 HDPLD 的分水岭。凡是集成度比 GAL22V10 低或相当于 GAL22V10 的 PLD 器件,都归类于 SPLD。而集成度高于 GAL22V10 的 PLD 器件,则被称为 HDPLD。如果按照这个标准进行分类,则 PROM、PLA、PAL 和 GAL 属于 SPLD,而 CPLD 和 FPGA 则属于 HDPLD。图 7-34 按集成度的不同时 PLD 器件进行了简单的分类。

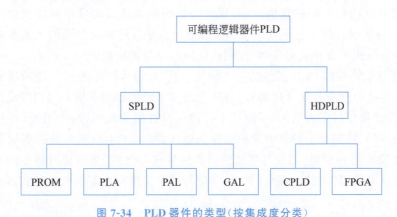

图 7-34 PLD 器件的类型(按集成度分类)

2. 按结构特点分类

结构特点的分类方法按照器件的电路结构特点分为两类:第一类是基于乘积项(PT)结构的 PLD 器件,这一类器件内部集成了规模较大的通用与门-或门阵列;第二类是基于查找表(LUT)结构的 PLD 器件,这一类器件内部集成了一定规模的通用存储器,用于保存函数的真值表。

1) 基于 PT 结构的 PLD 器件

基于 PT 结构的 PLD 器件,其内部都包含一个或多个与门、或门阵列,因此也称门阵列结构的 PLD。低密度的 PLD(包括 PROM、PLA、PAL 和 GAL 等)、EPLD,以及绝大多数的 CPLD 器件(包括 Altera 的 MAX7000、MAX3000A 系列,Xilinx 的 XC9500 系列和 Lattice、Cypress 的大部分 CPLD 产品)都是基于与门、或门阵列结构,这类器件一般采用熔丝、EEPROM 或 Flash 工艺制作,编程数据掉电后不会丢失,器件的容量大多小于 5000 门。

2) 基于 LUT 结构的 PLD 器件

LUT 本质上就是一个 RAM,目前的 FPGA 中多使用 4 输入的 LUT,因此每个 LUT 都可看成一个有 4 位地址线的 16×1 的 RAM。

这类器件的物理结构基于静态随机存储器(static random access memory,SRAM)和数据选择器

(MUX)，通过查表的方式实现函数。函数值(真值表)存放在 SRAM 中，SRAM 的地址线即输入变量，依据不同的输入通过查表找到对应的函数值并输出。LUT 结构的 PLD 功能强、速度快，N 个输入的 LUT 可以实现任何 N 输入变量的布尔函数。

绝大多数的 FPGA 器件都基于 SRAM LUT 结构，例如 Altera 的 Cyclone、ACEX1K 系列，Xilinx 的 XC4000、Spartan 系列等。此类器件的特点是集成度高(可实现百万逻辑门以上的设计规模)、逻辑功能强、可实现大规模的数字系统设计和复杂的算法运算，但器件的配置数据易失，需要外挂非易失的配置器件存储配置数据，才能构成可独立运行的数字系统。

7.3.2 SPLD 器件基本结构

1. PT 结构的基本原理

PT 结构的基本原理基于以下结论。

(1) 任何数字电路都可用门电路实现。

(2) 任何组合逻辑电路都可由与门-或门二级电路实现。

(3) 任何时序逻辑电路都可由组合逻辑电路加上存储元件(锁存器、触发器)构成。

组合逻辑电路可以由布尔函数直接表示，任何布尔函数表达式均可用与或表达式表示，因此用与门-或门二级电路即可实现任何布尔函数。锁存器和触发器是时序逻辑电路的关键存储元件，用与或阵列构成的组合逻辑电路再结合存储元件，可以构成任何时序逻辑电路。

图 7-35 给出了 PT 结构的 PLD 器件的基本结构。其中，输入缓冲阵列由缓冲器和反相器构成，用于产生每个输入信号的原变量和反变量信号；与阵列由多个可编程的多输入与门组成，它将输入缓冲阵列产生的原变量、反变量信号作为输入，可以产生各种可编程的乘积项(与项)；或阵列由多个可编程的多输入或门组成，它将与阵列产生的各种乘积项作为输入，可以产生布尔函数需要的或项输出；在有些 PLD 器件中集成了输出缓冲电路，用于对将要输出的信号进行处理，其结构因器件的不同而有所不同，但总体可分为固定输出和可组态输出两大类；反馈信号用于实现时序逻辑电路的状态反馈。

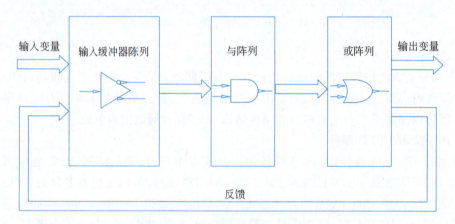

图 7-35 PLD 器件的基本结构

"可编程"是指与阵列、或阵列的每个门电路的每个输入端都可以通过"编程"的方法连接到它们可能连接的输入端，通过改变与阵列、或阵列的连接方式，以产生不同的与-或表达式输出。有些 PLD 的输出缓冲结构也是可以通过"编程"改变的，可以实现不同的输出和反馈电路，实现不同的时序逻辑电路函数表达式。

2. 可编程与、或门

1) 可编程多输入与门

图 7-36 给出了一个 3 输入可编程与门的电路和符号。

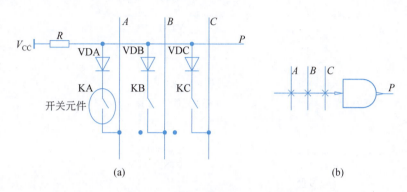

图 7-36 可编程与门的电路和符号

(a)电路；(b)符号

图 7-36(a)是可编程与门的原理结构。其中 A、B、C 为与门的输入信号，P 为与门输出。输出 P 通过电阻接系统电源，同时，输出 P 通过并联的二极管和可编程开关元件 KA、KB、KC，连接到每一个输入信号。这里只是给出了示意性开关元件，实际的开关元件是可以进行"编程"设置的电子开关。

当任何一路开关元件合上时，该路输入信号的低电平会导致信号 P 产生低电平输出。当 3 个开关均合上时，该电路就实现了函数 $P=ABC$ 的与关系。当 A、B、C 均为高电平时，电源通过电阻 R 为输出端 P 提供电源，所以输出端 P 为高电平；当 A、B、C 有任何一个为低电平时，P 端的电压通过二极管被拉低为低电平，这样就实现了 ABC 的"线与"关系。

通过对开关元件的编程，这样的"线与"可以改变与门输入端的连接，当然也就改变了与门的函数表达式。当一个与门有多个输入端时，均可以通过可编程开关元件接入"线与"的输入端。

图 7-36(b)是可编程与门的电路符号。与以前的与门符号表示方法不同，可编程与门的电路符号采用了"线与"表示形式，并且每个输入端都是可编程连接的。在每个输入信号和与门输入交叉点，有"×"，表示可编程开关已连接；没有"×"，表示可编程开关断开。

2) 可编程多输入或门

图 7-37 分别给出了双极型与 MOS 型 2 输入可编程或门的示意性结构和电路符号。

图 7-37 中 P_1、P_2 均为或门的输入信号，O 为或门输出。K1、K2 为可编程开关元件，VT1、VT2 为输入控制的三极管（或 MOS 管）。由于三极管和 MOS 管结构的不同，它们实现或关系的电路结构略有区别。

图 7-37(a)为双极型或门电路结构，当开关元件 K1、K2 均处于断开状态时，由输出控制电路的接地电阻 R 保证输出端 O 为低电平，这里只是示意性说明输出控制电路的结构，实际电路要复杂得多。当只有 K1 导通时，P_1 的低电平会使三极管 VT1 截止，输出 O 保持低电平；P_1 的高电平会使三极管 VT1 导通，使输出 O 为高电平，这时，或门的函数表达式为 $O=P_1$；当 K1、K2 均处于导通状态时，P_1、P_2 中的任何一个为高电平都会使输出 O 为高电平，因此或门的函数表达式为 $O=P_1+P_2$，该电路实现了可编程的或门。

图 7-37(b)为 MOS 型或门电路结构，当开关元件 K1、K2 均处于断开状态时，O' 为高电平，经过非门使输出 O 为低电平。当只有 K1 导通时，P_1 的低电平会使 MOS 管 VTN1 截止，O' 仍为高电平，经过

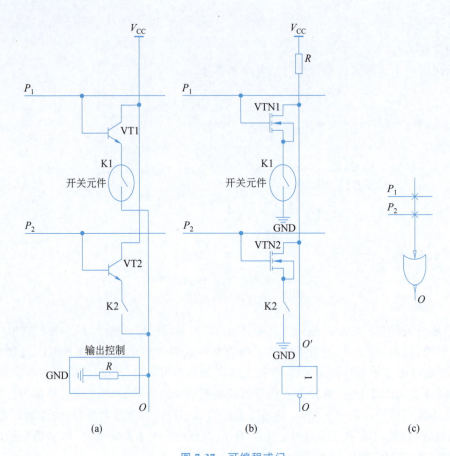

图 7-37 可编程或门
(a)双极型结构；(b)MOS型结构；(c)电路符号

非门使输出 O 为低电平；P_1 的高电平会使 MOS 管 VTN1 导通，O' 被拉低为低电平，经过非门使输出 O 为高电平，这时，或门的函数表达式为 $O=P_1$；当 K1、K2 均处于导通状态时，P_1、P_2 任何一个高电平都会使 O' 被拉低为低电平，经过非门使输出 O 为高电平，因此或门的函数表达式为 $O=P_1+P_2$，该电路也实现了可编程的或门。

图 7-37(c)是可编程或门的电路符号。可编程或门的电路符号也采用了和"线与"相似的表示形式，每个输入端都是可编程连接的，在每个输入信号和或门输入交叉点，有"×"，表示可编程开关已连接；没有"×"，表示可编程开关断开。

3. 可编程与或门阵列

图 7-38 给出了一个可编程门阵列的示意图。

图 7-38 中的输入缓冲器产生所有输入变量的原变量和反变量输出，多个多输入与门构成了与阵列，多个多输入或门构成了或阵列，它们均为可编程门阵列。初始时，每个门（与、或门）的输入端与所有可能的输入端均为连接状态，通过改变每个可编程连接点的连接关系即可改变电路的结构，这样的门阵列就是可编程与或门阵列。

图 7-38 中仅给出了一个 2 输入、4 与门、4 或门的可编程门阵列的示意图。实际应用时，可以根据需要选择输入、与门、或门个数相匹配的可编程逻辑器件。

另外需要说明的是，图 7-38 中的与、或门阵列均可编程，实际的可编程逻辑器件存在只有一个阵列

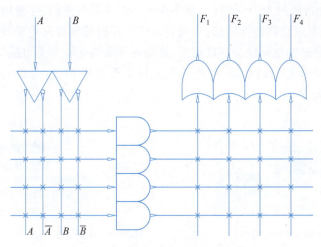

图 7-38 可编程与或门阵列的示意图

可编程,另一个阵列是固定连接的情况,实际应用时可根据需要进行选择。

4. 可编程开关逻辑单元

从前面分析可知,实现"可编程"的关键在于可编程开关逻辑元件,通过对可编程开关逻辑元件的编程操作,实现输入信号与门电路的可编程连接与断开,从而改变电路的物理结构,实现不同的逻辑函数关系。

从可编程逻辑器件出现至今,可编程技术经历了早期的、由生产厂家固定编程的掩模编程技术、用户一次性可编程(one time program,OTP)的熔丝(物理熔断)与反熔丝(物理连通)技术,以及近年来广泛采用的用户重复可编程的浮置栅技术。

早期的固定掩膜 ROM 存储器采用的是掩模编程技术,PROM、PLA 以及 PAL 器件采用的是一次性可编程的熔丝与反熔丝技术,从可擦可编程只读存储器(erasable programmable read only memory,EPROM)开始,后期的电擦除可编程只读存储器(electrically-erasable programmable read only memory,EEPROM)、GAL,以及 FLASH 存储器和 CPLD 器件,都使用了浮置栅技术。

1) 一次性可编程的掩模编程技术

制造存储器的厂商根据程序设计者(或用户)事先编好的程序,代真后组成 1、0 代码矩阵,利用集成电路工艺制造相应掩模图案,并生产出固定掩模编程的 ROM 芯片。这种 ROM 的信息是永久性存储,称为固定存储器。一旦生产出成品后,ROM 中的信息只可被读出使用,不能改变。这类 ROM 一般用于批量生产的专用产品,成本比较低。

2) 一次性可编程的熔丝与反熔丝技术

熔丝技术是最早被用于 PLD 的可编程技术,它的概念与保险丝类似,器件出厂时熔丝处于连接状态,此时器件处于未编程状态。通过对器件的输入端施加大的电流和电压,可以有选择地熔断不需要的熔丝,物理断开可编程熔丝开关,以实现用户设计的逻辑电路,这个过程就是对器件编程。

与熔丝技术相反,基于反熔丝技术的器件可编程开关初始是断开的,通过把熔丝融通实现开关单元的编程。

基于熔丝和反熔丝技术的 PLD 被称为一次性可编程器件,是因为熔丝一旦熔断(或融通)就不能再恢复原状。

3) 可重复编程的浮置栅技术

浮置栅技术是在标准 MOS 管工艺的基础上衍生的技术,浮置栅 MOS 管结构示意图如图 7-39 所示。

浮置栅 MOS 管是在传统的 MOS 管控制栅下插入一层多晶硅浮栅,浮栅周围的氧化层与绝缘层将其与各电极相互隔离,这些氧化物的电阻极高,而且电子从浮栅的导带向周围氧化物导带的移动需要克服较高的势叠,因此,浮栅中的电子泄漏速度很慢,在非热平衡的亚稳态下可保持数十年。

为强调浮栅周围氧化物的绝缘效果,把绝缘层去掉的浮置栅 MOS 管结构如图 7-40 所示,其中的"电子"就是需要存储的数据。

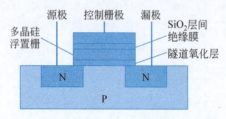

图 7-39 浮置栅 MOS 管结构的示意图

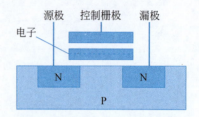

图 7-40 去掉绝缘层的浮置栅 MOS 管结构的示意图

浮栅中没有电子注入时,MOS 管以正常的 MOS 管原理工作,即在控制栅施加电压大于阈值电压 V_{TH} 时,MOS 管沟道能够导通;在控制栅施加低电平电压时,MOS 管截止。

如果浮栅中有电子注入,相当于加大了 MOS 管的阈值电压,即使在控制栅施加正常的大于阈值电压 V_{TH} 的开门电压时,MOS 管沟道也不能导通,也就是说 MOS 管会一直保持截止状态。这样就实现了开关的"可编程"功能。

浮置栅开关的编程操作包括数据的"写入"与"擦除"操作。"写入"操作就是通过一定的手段使浮置栅携带负电荷的过程;"擦除"操作则相反,就是通过一定的手段将浮置栅携带的负电荷释放的过程。浮置栅编程方法不在本书讨论范围内,读者可参阅相关电子学书籍。

浮置栅 MOS 管的电路符号如图 7-41 所示。

利用浮置栅开关可以构成图 7-42 所示的数据存储单元。当浮置栅未注入负电荷时,浮置栅开关就是一个正常的 NMOS 管开关元件,输入 P 为高电平时,NMOS 管导通,数据输出 $O'=0$;浮置栅被编程注入负电荷后,即使输入 P 为高电平,浮置栅 MOS 管也不能导通,数据输出 O' 总是为 1。即使系统掉电以后,浮置栅中注入的负电荷会一直保持。

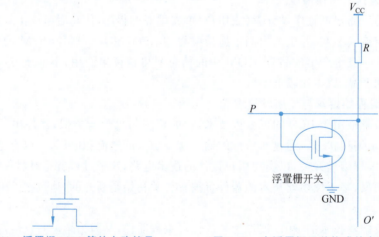

图 7-41 浮置栅 MOS 管的电路符号 图 7-42 由浮置栅开关构成的存储单元

7.3.3 SPLD 器件类型

简单 PLD 是出现较早的低集成度可编程逻辑器件,包括 ROM、PLA、PAL 和 GAL 等。其逻辑门数大约在 600 门以下。表 7-14 给出了几种可编程逻辑器件 PLD 的结构特点及性能比较。

表 7-14 几种 PLD 器件的分支结构、性能比较

器件名		ROM	PLA	PAL	GAL
阵列	与	固定	可编程(一次性)	可编程(一次性)	可编程(百次以上)
	或	可编程(一次性)	可编程(一次性)	固定	固定
输出结构		TS(三态) OC(集电极开路)	TS、OC、 R(寄存器)	TS-I/O(三态带反馈) R-I/O(寄存器带反馈) XOR-I/O(异或带反馈)	逻辑输出宏(output logic macro cell,OLMC),用户可定义输出组态
功能特点		大规模阵列用于存储,小规模用于组合电路逻辑设计	最简地实现逻辑设计、实现组合、时序电路	通过编程实现组合、时序、组合和时序混合的逻辑电路	通过编程可实现组合、时序、组合和时序混合的逻辑电路。具有加密功能

1. ROM

ROM 在正常工作时其存储的数据固定不变,其中的数据只能读出,不能写入,即使断电也能够保留数据。由于 ROM 所存数据稳定,因而常用于存储各种固定程序和数据。图 7-43 给出了一个 16 字(每个字 8 位)数据的 16×8 ROM 存储示意图。

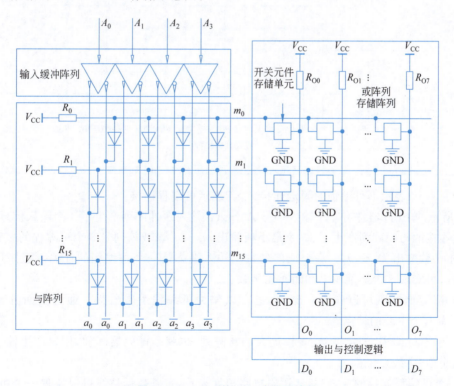

图 7-43 16×8 的 ROM 存储示意图

存储器的主要用途是存储数据,因此从存储器角度来看,图 7-43 所示的存储器由 4 条地址线输入信号 $A_0 \sim A_3$,通过输入缓冲阵列和译码器阵列产生 16 个最小项 $m_0 \sim m_{15}$,可访问 16 个存储字 $m_0 \sim$

m_{15}，每个存储字包含 8 位数据 $D_0 \sim D_7$。其中的存储阵列由 16×8 的存储单元构成，每个存储单元可以采用前述的掩膜、熔丝或浮置栅 MOS 管构成，可存储 0、1 的二进制数据。

从逻辑电路角度分析，这是一个与阵列固定、或阵列可编程的可编程逻辑器件。其中的输入缓冲阵列和固定与阵列构成了 4 个输入变量的译码器电路，产生 16 个最小项 $m_0 \sim m_{15}$，可编程的或阵列构成了 8 个布尔函数输出，其原理图如图 7-44 所示。

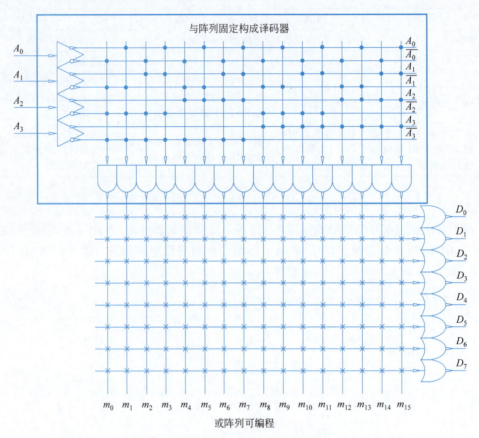

图 7-44 与阵列固定、或阵列可编程的 PLD 器件

图 7-44 中，"·"表示不可编程的固定连接，"×"表示可编程连接。

图 7-44 所示的 PLD 器件有 4 个输入信号 $A_0 \sim A_3$，输入缓冲阵列产生了 4 个输入信号的原变量和反变量；固定连接的与门阵列产生了 16 个最小项输出 $m_0 \sim m_{15}$；或阵列是 8 个可编程的多输入或门，可产生 8 个布尔函数输出 $D_0 \sim D_7$。每个或门的每个输入端都是一个可编程的开关，通过对每个可编程开关进行编程，可实现 8 个标准积之和的布尔函数。

因此，ROM 存储器既可以作为存储器，也可以作为可编程逻辑器件。通过上面分析可以看到，ROM 存储器有两个主要的特点。

（1）有一个不可编程、固定连接、规模庞大的与阵列，也就是译码器阵列，用以产生输入变量（地址线）的所有最小项（字线）。

（2）有一个可编程连接的或阵列，从逻辑电路角度来看，每条数据位线可以实现一个可编程的标准积之和布尔函数；从存储器来看，每条字线可以读出一个字宽的并行数据。

最早的 ROM 存储器是由用户定制、厂家一次性编程的掩膜 ROM，除少数品种的掩膜 ROM（如字符发生器）可以通用之外，大多用户所需 ROM 的内容几乎都不同。为便于使用和大批量生产，进一步发展了用户一次性可编程只读存储器(PROM)、紫外线可擦除可编程序只读存储器(EPROM)、电可擦除可编程的只读存储器 EEPROM,以及程序存储器(flash EEPROM)。这些 ROM 存储器具有相同的原理性结构,它们的主要区别是存储单元所使用的可编程开关元件不同。

2. PLA

用 ROM 来实现布尔函数表达式具有设计规整、方便和易于制造的优点。但由于 ROM 的译码器必须产生全部 n 个变量的 2^n 个最小项(全译码),而不管所要实现的布尔函数表达式是否真正需要这些最小项,这样就使得与阵列十分庞大,势必要多占 ROM 芯片的面积。为了克服这一缺点,在 ROM 的基础上产生了一个分支,称为 PLA。其逻辑结构如图 7-45 所示。

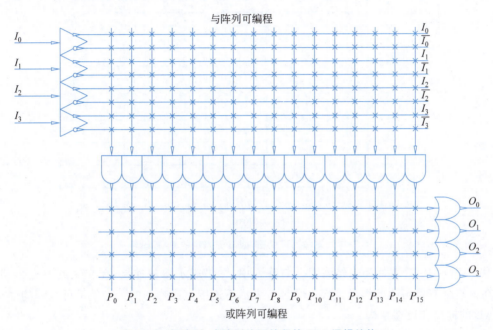

图 7-45　与阵列、或阵列均可编程的 PLA 逻辑结构

图 7-45 中给出了一个 PLA 器件示意性结构,它包含 4 个输入信号、16 个积项的可编程与阵列、4 个或项的可编程或阵列。可以看出 PLA 是 ROM 的一种变形结构,与 ROM 相比,PLA 最大的特点就是它的与阵列可编程,因为与、或阵列都是可编程的,因此利用 PLA 可实现布尔函数的最简积之和表达式,使与或阵列大大简化。

PLA 与 PROM 是同一时代的产品,采用了熔丝开关编程技术,因而 PLA 也是一次可编程的。由于 PLA 阵列规模较小、编程点数过多,因此并没得到广泛的应用。

3. PAL

PAL 是在 PROM 和 PLA 的基础上发展起来的一种可编程逻辑器件。PAL 的与阵列可编程,或阵列采用了固定的不可编程连接。也就是说用 PAL 实现布尔函数表达式时,每个布尔函数的或门输入端(也就是积项)个数是固定不变的,只有布尔函数的每个积项是可编程的,可以将函数化简为最简积项进行编程实现。

PAL 既克服了 ROM 与阵列庞大且不可编程的缺点,又克服了 PLA 编程点数过多造成的编程复杂的问题,再加上 PAL 器件又增加了可选择的输出结构,因此,它是第一种真正得到广泛应用的 PLD 器件。由于 PAL 采用熔丝双极性工艺,因此,可以达到很高的工作速度,广泛用于数字系统的组合和时序逻辑电路设计中。

1) PAL 的基本结构

图 7-46 是 4 输入 4 输出的 PAL 器件的内部逻辑电路。该图所示电路为 $4\times16\times4$ 的 PAL 器件,即该 PAL 器件有 4 个输入,16 个乘积项,4 个输出,用它可以实现 4 变量布尔函数表达式。

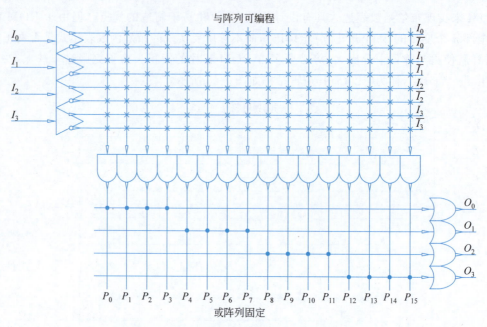

图 7-46 与阵列可编程、或阵列固定的 PAL 器件

图 7-46 中所示 PAL 器件尚未经编程。与阵列中,"×"表示熔丝连接,在交叉点上有"×",表示纵线和横线在该点处有可编程的熔丝连接;无"×",表示不连接。或阵列的"·"是不可编程的固定连接。

2) PAL 的输出和反馈结构

PAL 在与或门阵列的基础上,增加了多种输出及反馈电路,提高了 PAL 器件使用的灵活性,从而构成了各种型号的 PAL 器件供用户选择。概括起来输出及反馈电路有以下 4 种结构。

(1) 专用输出结构,即在 PAL 基本门阵列的基础上改变或门输出结构,具体如下。

H:输出为高电平有效,输出部分由或门构成。

L:输出为低电平有效,输出部分由或非门构成。

C:互补输出结构,包括原变量和反变量输出。

专用输出结构的 PAL 的特点是与阵列编程之后,输出只由输入来决定,适用于组合电路,故专用输出结构也称作基本组合输出结构。常见产品有 PAL10H8、PAL12L6 等。

(2) 带反馈的可编程 I/O 结构,又称异步可编程 I/O 结构。输出端带有反馈电路,通过编程可使输出端的数据反馈到与阵列作为输入信号,常见产品有 PAL16L8、PAL20L10 等。图 7-47 给出了 PAL16L8 的一个带反馈的可编程 I/O 结构。

该电路的 I/O 端口是由与项控制的可编程三态输出。I/O 端口作为输出端时,可反馈接入与阵列;作为输入端时,作为普通输入信号接入与阵列。这对于移位操作、传送串行数据等场合颇为有用。

(3) 带反馈的寄存器输出结构,即输出端带有 D 触发器构成的寄存器,再结合反馈通路,可以很方便地构成各种时序电路。这种结构使 PAL 可以不用外接单独的触发器元件,构成同步时序网络。这类电路的典型产品是 PAL16R8。图 7-48 给出了 PAL16R8 的一个带反馈的寄存器输出结构。

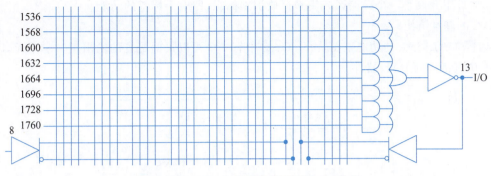

图 7-47　PAL16L8 带反馈的可编程 I/O 结构

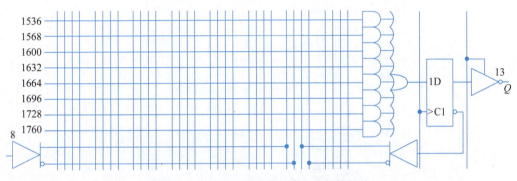

图 7-48　PAL16R8 带反馈的寄存器输出结构

在系统时钟的上升沿,"积之和"信号存入一个 D 型触发器,触发器的 Q 输出端可通过使能三态缓冲器而被选通至输出引脚。而 $\bar{Q}$ 端输出信号可反馈到与阵列作为一个输入信号来使用。该反馈使 PAL 电路能记忆先前的状态,并根据该状态改变功能。该 PAL 电路适用于执行进位、借位、移位、跳转、分支等功能,可用于实现时序逻辑电路。

(4) 异或输出结构,即在寄存器输出结构的基础上增加一个异或门,利用异或门可以实现对输出函数的求反,也可以实现对寄存器状态的保持操作。这类电路的典型产品是 PAL16X8。

(5) 算术选通反馈结构,即在综合前几种 PAL 结构特点的基础上,增加反馈选通电路,使之能够实现多种算术运算的功能。这类电路的典型产品是 PAL16A4。

4. GAL

GAL 是 Lattice 在 PAL 的基础上设计出来的器件,即通用阵列逻辑器件。GAL 首次在 PLD 上采用了 EEPROM 工艺,使得其具有电可擦除重复编程的特点,彻底解决了熔丝型可编程器件的一次可编程问题。

GAL 在与-或阵列结构上沿用了 PAL 的与阵列可编程、或阵列固定的结构,但对 PAL 的 I/O 结构进行了较大的改进,在 GAL 的输出部分增加了输出逻辑宏单元 OLMC。由于 GAL 是在 PAL 的基础上设计的,与多种 PAL 器件保持了兼容性,可直接替换多种 PAL 器件,因此方便应用厂商升级现有产品。GAL 的优点如下。

(1) 具有电可擦除的功能,克服了采用熔断丝技术只能编程一次的缺点,其可改写的次数超过 100 次。

(2) 由于采用了输出宏单元结构,用户可根据需要进行组态,一片 GAL 器件可以实现各种组态的 PAL 器件输出结构的逻辑功能,给电路设计带来极大的方便。

(3) 具有加密的功能,保护了知识产权。

(4) 在器件中开设了一个存储区域用来存放识别标志,即电子标签的功能。

1) GAL 的基本结构

图 7-49 是 GAL16V8 的功能框图,由于 GAL 中有一个可以灵活配置的输出逻辑宏单元,因此它可以在功能上仿真诸多的 PAL 器件。

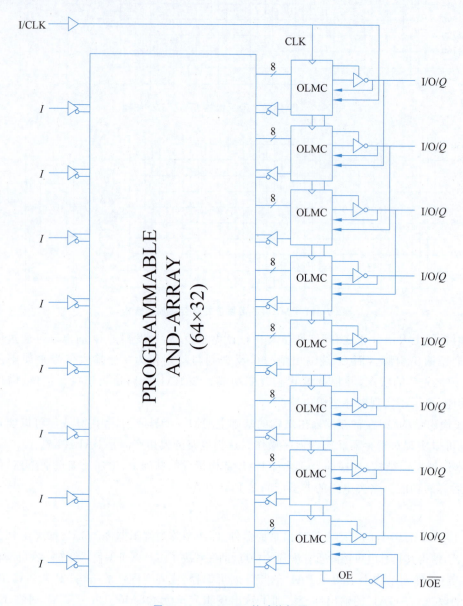

图 7-49　GAL16V8 的功能框图

图 7-50 所示为 GAL16V8 的逻辑图,它有 8 个输入缓冲器,8 个三态输出缓冲器,8 个反馈缓冲器,8 个输出逻辑宏单元。可编程与门阵列由 8×8 个与门构成,共有 64 个乘积项。

与门阵列有 64 条行线和 32 条列输入线。8 个与门构成一个阵列块。每个阵列块有 8 条行线。每条行线各接 1 个与门。最上面的与门输出为第一与项。32 条列输入线分别同 8 个输入缓冲器和 8 个反馈缓冲器的 32 个输出相接。其中 0、2、…、30 等偶数号列输入线与缓冲器的原变量输出端相接,而奇数号列输入线与缓冲器的反变量输出端相接,或阵列由 8 个或门组成(画在输出逻辑宏单元中)。

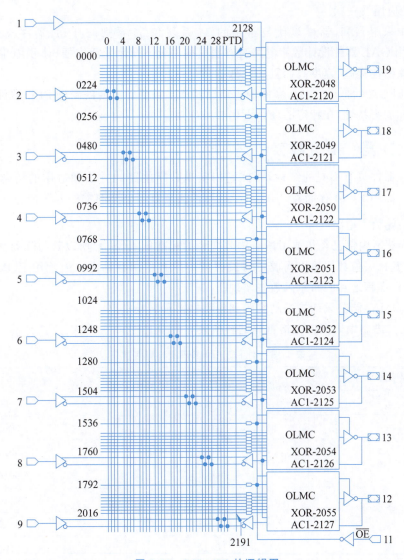

图 7-50　GAL16V8 的逻辑图

GAL 器件由 5 部分组成。

(1) 输入端：GAL16V8 的引脚 2~9，共 8 个输入端，每个输入端有一个缓冲器，并由缓冲器引出两个互补的输出到与阵列。

(2) 与阵列部分：它由 8 根输入及 8 根输出各引出两根互补的输出构成 32 列，即与项的变量个数为 16；8 根输出中每个输出对应一个 8 输入或门（相当于每个输出包含 8 个与项）构成 64 行，即 GAL16V8 的与阵列为一个 32×64 的阵列，共 2048 个可编程单元（或结点）。

(3) 输出宏单元：GAL16V8 共有 8 个输出宏单元，分别对应引脚 12~19。每个宏单元的电路可以通过编程实现所有 PAL 输出结构实现的功能。

(4) 系统时钟：GAL16V8 的引脚 1 为系统时钟输入端，与每个输出宏单元中 D 触发器时钟输入端相连，可见 GAL 器件只能实现同步时序电路，而无法实现异步的时序电路。

(5) 输出三态控制端：GAL16V8 的引脚 11 为器件的三态控制公共端。

GAL 器件的详细功能描述可参阅 GAL16V8 的数据手册，在此不再深入讨论。

2）GAL 产品应用及现状

在一个系统中采用 GAL 器件以代替常用的 74 系列和 54 系列的 TTL 器件或 CD4000 系列的 CMOS 芯片。使用 GAL 器件设计数字电路具有明显的好处：设计灵活方便、体积缩小、可靠性得到提高、总费用降低、保密性提高、速度高而且功耗低等。

随着 CPLD/FPGA 的推出，GAL 器件的应用已经逐步被更加方便的新型 PLD 器件代替，但由于其合适的器件规模和加密特性，在特定的场景下仍会被应用。

7.3.4 用 SPLD 器件实现数字电路

不同的 SPLD 器件具有不同的结构，因此它们实现数字电路的方法和适用的场合均不完全一样。下面给出应用较多的用 ROM 存储器、PAL、GAL 器件实现数字电路的常用方法。

1. 用 ROM 实现数字电路

由于 ROM 存储器内部已经集成了所有输入变量的标准积项（m_i），所以其与阵列是固定的、不可编程的译码器阵列，其每一位数据输出构成了可编程或门的布尔函数输出。因此用 ROM 存储器实现布尔函数，是用基于标准积之和的布尔函数来实现。

例 7-1 用 ROM 存储器设计二进制编码到典型格雷码转换电路。

解：首先给出二进制编码到典型格雷码的转换表如表 7-15 所示。

表 7-15 4 位二进制编码的典型格雷码

十 进 制 数	4 位自然二进制编码	4 位典型格雷码
0	0000	0000
1	0001	0001
2	0010	0011
3	0011	0010
4	0100	0110
5	0101	0111
6	0110	0101
7	0111	0100
8	1000	1100
9	1001	1101
10	1010	1111
11	1011	1110
12	1100	1010
13	1101	1011
14	1110	1001
15	1111	1000

这是一个多输出布尔函数，依次列出它们的最小项表达式：

$$G_4 = \sum m(8,9,10,11,12,13,14,15)$$

$$G_3 = \sum m(4,5,6,7,8,9,10,11)$$

$$G_2 = \sum m(2,3,4,5,10,11,12,13)$$

$$G_1 = \sum m(1,2,5,6,9,10,13,14)$$

包含译码电路的电路图如图 7-51 所示。

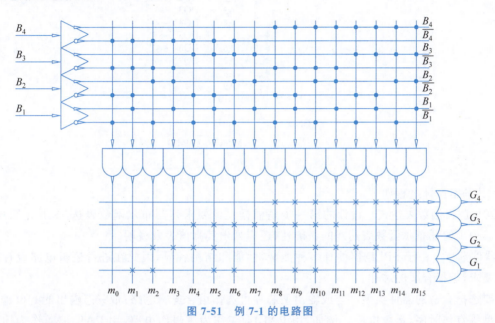

图 7-51 例 7-1 的电路图

图 7-51 中,固定连接的与阵列构成了 4-16 线译码器,产生了 $m_0 \sim m_{15}$ 的固定最小项输出,可编程连接的或阵列构成了 $G_4 \sim G_1$ 的函数输出。

从存储器角度来看,这是一个 4 地址变量,4 位数据输出的存储器。4 个地址变量构成了 $2^4 = 16$ 个存储单元,每个存储单元存储了地址 0000~1111 对应的格雷码编码。例如,地址 0000 保存的编码为 0000,地址 0001 保存的编码为 0001,地址 0010 保存的编码为 0011,…,地址 1111 保存的编码为 1000。因此,存储器特别适合用于实现码表转换电路。

图 7-52 给出了用 EEPROM 存储器 28C16 实现该电路的电路图。

图 7-52 中,输入信号 $B_4 \sim B_1$ 接低位地址输入 $A_3 \sim A_0$,输出 $G_4 \sim G_1$ 接低位数据输出 $D_3 \sim D_0$;片选信号 $\overline{CE}$ 和读出信号 $\overline{OE}$ 固定接低电平有效;写入端 $\overline{WE}$ 通过一个跳线开关接高电平或写入脉冲;高位地址线 $A_{10} \sim A_4$ 固定接低电平。

编程写入数据时,跳线开关 S1 的 1、2 短接,通过地址线和写入脉冲信号配合,将真值表内容写入存储器;正常工作时,只需 2、3 短接,使写入端 $\overline{WE}$ 接高电平,该电路即可实现二进制编码到格雷码的转换。

需要说明的是,M28C16 是一个 $2K \times 8$ 的 EEPROM 存储器,图 7-51 所示电路只使用了其中的 16×4 个存储单元,浪费了大部分的存储空间。使用其他 ROM 存储器实现该电路与图 7-51 类似,只是编程方法不同。

2. 用 PAL 或 GAL 器件实现数字电路

与用门电路实现布尔函数的方法相同,用 SPLD 实现布尔函数,也要根据 SPLD 器件自身的与或阵列和输出结构的特点,将函数表达式进行变形,然后用相应的 PLD 器件实现。使用 SPLD 进行逻辑电

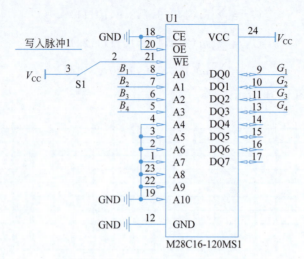

图 7-52　例 7-1 的 EPROM 实现原理图

路设计时,其基本设计过程如下。

(1) 列写逻辑函数表达式。设计的第一步是根据设计要求列写布尔函数表达式,并化简成最简与或表达式。为了验证布尔函数表达式的正确性,还应列出其真值表及说明。

(2) 器件选型。由于 SPLD 器件有多种类型,性能和结构各异,因此在进行逻辑电路设计时,应根据电路的要求,选择合适的芯片。

首先要选择合适的器件类型。与或输出型芯片可选作组合逻辑电路;带三态输出的 I/O 输出型、寄存器输出型等宜作时序、运算电路。例如,用 PAL14L4 作为逻辑门电路,用 PAL16X4 作为比较器,用 PAL16R4 作为移位寄存器,用 PAL16A4 作为 ALU 和累加器等。大多的 GAL 器件已经完全兼容 PAL 器件的功能,利用 GAL 器件 OLMC 的各种编程能力,能够实现 PAL 的各种功能。

选好器件类型后,需要根据输入输出所需引脚数目选择具体的 PLD 器件芯片型号。

(3) 进行编程,根据函数表达式及真值表,将 PAL 内部与阵列相应的熔丝点烧断或保留,就完成了 PAL 的设计。由于 PAL 内部的熔丝点数众多,因此人工决定烧断或保留是十分困难的。有专门的对 PAL 器件进行编程的计算机辅助软件(如 PALASM 等),再借助编程器完成对 PAL 的设计和烧写过程。GAL 器件也是如此。

例 7-2　设计一个同步四位变模计数器,该计数器在 BD 信号的控制下可以进行模数的转换;当 BD 为高电平时为二进制模 16 计数器,当 BD 为低电平时为模 10 计数器。

解:

(1) 列写逻辑函数表达式。根据设计要求,首先给出该计数器的状态表,如表 7-16 所示,其中状态变量为 $y_3y_2y_1y_0$。如果选用 D 触发器作为状态存储元件,其激励端为 $D_3D_2D_1D_0$,激励函数真值表与状态表的内容完全相同。

表 7-16　例 7-2 的状态表

现态 $y_3y_2y_1y_0$	次态 $y_3y_2y_1y_0(D_3D_2D_1D_0)$	
	BD=0	BD=1
0000	0001	0001
0001	0010	0010

续表

现态 $y_3y_2y_1y_0$	次态 $y_3y_2y_1y_0(D_3D_2D_1D_0)$	
	BD=0	BD=1
0010	0011	0011
0011	0100	0100
0100	0101	0101
0101	0110	0110
0110	0111	0111
0111	1000	1000
1000	1001	1001
1001	0000	1010
1010	0011	1011
1011	1100	1100
1100	1101	1101
1101	1110	1110
1110	0111	1111
1111	0000	0000

注意,在表 7-16 中,当 BD=0 时,状态 1010~1111 是无效状态,如果使其次态为任意,则需要讨论电路的自启动问题。

根据激励函数真值表作激励函数卡诺图如图 7-53 所示。

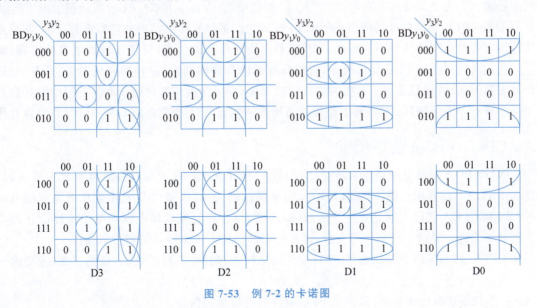

图 7-53　例 7-2 的卡诺图

进而求出考虑了组合险态的激励函数表达式如下:

$$D_3 = BDy_3\overline{y_2} + y_3BD\overline{y_1} + y_3\overline{y_0} + \overline{y_3}y_2y_1y_0$$

$$D_2 = y_2\overline{y_1} + y_2\overline{y_0} + \overline{y_2}y_1y_0$$
$$D_1 = BD\overline{y_1y_0} + \overline{y_3}\,\overline{y_1}y_0 + y_2\overline{y_1}y_0 + y_1\overline{y_0}$$
$$D_0 = \overline{y_0}$$

由电路的函数表达式可知,电路需要 1 个外部输入端 BD,4 个 D 触发器及 4 个激励输入端 $D_3 \sim D_0$,1 个同步时钟 CLK。

(2) 器件选型。

实现该电路可以采用多种方案。一种方案是选用不带触发器输出的 PLD 器件实现组合逻辑部分,外接独立触发器,这样的实现方案选择性较多,例如使用多于 5 输入端的 ROM、PLA、PAL 或 GAL 器件均可,其积项可表示如下:

$$P_1 = BDy_3\overline{y_2};\quad P_2 = y_3BD\overline{y_1};\quad P_3 = y_3\overline{y_0};\quad P_4 = \overline{y_3}y_2y_1y_0;$$
$$P_5 = y_2\overline{y_1};\quad P_6 = y_2\overline{y_0};\quad P_7 = \overline{y_2}y_1y_0;\quad P_8 = BD\overline{y_1y_0};$$
$$P_9 = \overline{y_3}\,\overline{y_1}y_0;\quad P_{10} = y_2\overline{y_1}y_0;\quad P_{11} = y_1\overline{y_0};\quad P_{12} = \overline{y_0}$$

其和项可表示为

$$D_3 = P_1 + P_2 + P_3 + P_4;\ D_2 = P_5 + P_6 + P_7;$$
$$D_1 = P_8 + P_9 + P_{10} + P_{11};\ D_0 = P_{12}$$

其原理图可表示为图 7-54 所示。

另一种方案是选用带触发器输出的器件实现。例如,使用多于 1 输入端、包含至少 4 个触发器带反馈的 PAL16R4、PAL16R6、PAL16R8 或 GAL16V8 等,实现原理基本相同,使用不同的器件在实现细节上有微小差别,在此不再一一列举。

7.4 CPLD、FPGA 器件及 EDA 开发

早期的 SPLD 器件可以实现速度特性较好的逻辑电路,但过于简单的结构也使它们只能实现规模较小的电路单元。为了弥补这一缺陷,20 世纪 80 年代中期,Altera 和 Xilinx 公司分别推出了类似 PAL 结构扩展型的 CPLD 和与标准门阵列类似的 FPGA,它们都具有体系结构和逻辑单元灵活、集成度高以及适用范围宽等特点。这两种器件兼容了 PLD 和通用门阵列的优点,可实现较大规模的电路,编程也很灵活。与门阵列等其他 PLD 器件相比,它们具有设计开发周期短、设计制造成本低、开发工具先进、标准产品无需测试、质量稳定以及可实时在线检验等优点,因此被广泛应用于产品的原型设计和产品生产中。几乎所有早期门阵列、PLD 和中小规模通用数字集成电路均可用 FPGA 和 CPLD 器件替代。

7.4.1 CPLD、FPGA 器件概述

CPLD 与 FPGA 都是可编程逻辑器件,它们是在 PAL、GAL 等逻辑器件的基础之上发展起来的。同以往的 PAL、GAL 等相比较,CPLD、FPGA 的规模比较大,可以替代几十甚至几千块通用 IC 芯片。这样的 CPLD、FPGA 实际上就是一个子系统部件。这种芯片受到世界范围内电子工程设计人员的广泛关注和普遍欢迎。经过了几十年的发展,许多公司都开发出了多种可编程逻辑器件。

尽管 CPLD、FPGA 以及其他类型 PLD 器件的结构各有其特点和长处,但概括起来,主要由三部分组成。

(1) 一个二维逻辑块阵列,它构成了 PLD 器件的逻辑组成核心。

(2) 输入输出块,它们是部件与外部信号的接口。

(3) 连线资源:由各种长度的连线线段组成,其中也有一些可编程的连接开关,它们用于逻辑块之

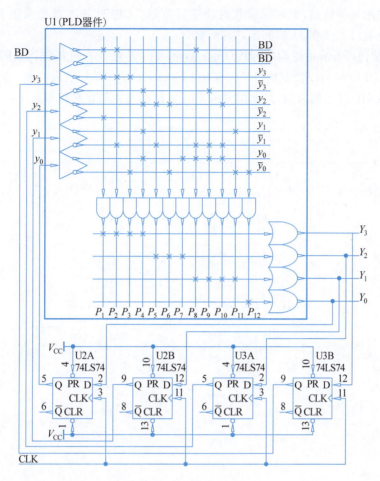

图 7-54 例 7-2 的原理图

间、逻辑块与输入输出块之间的连接。

CPLD、FPGA 芯片都是特殊的 ASIC 芯片，它们除了具有 ASIC 的特点之外，还具有以下几个优点。

(1) 随着 VLSI 工艺的不断提高，CPLD/FPGA 芯片单片逻辑门数已达到上百万门，它所能实现的功能也越来越强，例如用一片 FPGA 芯片设计自己的 CPU。

(2) CPLD、FPGA 芯片在出厂之前都做过百分之百的测试，设计人员只需在自己的实验室里通过相关软硬件环境完成芯片的最终功能设计。因此，CPLD、FPGA 的资金投入小，节省了许多潜在的花费。

(3) 用户可以反复地编程、擦除，在外围电路不动的情况下用不同软件就可实现不同的功能。因此，用 CPLD、FPGA 试制样片，能以最快的速度占领市场。

(4) CPLD、FPGA 软件包中一般包含有各种输入工具、仿真工具及版图设计工具和编程器等全线产品，电路设计人员在很短的时间内就可完成电路的输入、编译、优化、仿真，直至最后芯片的制作。

7.4.2 基于 PT 结构的 CPLD

CPLD 是在 SPLD 器件(PAL、GAL 等)基础上发展而来的更大规模的复杂 PLD 器件。与 SPLD 器件一样，CPLD 的基本结构也是基于积项结构的与或阵列，利用可编程的与或阵列可以实现组合逻辑电路;再加上可编程的触发器输出,也可以实现时序逻辑电路。CPLD 基本都是采用 EEPROM 或 Flash 工艺制造的,一上电就可以工作,无需其他芯片配合。

CPLD 的基本结构可看成由逻辑阵列块(logic array block,LAB)、可编程连线阵列(programmable interconnect array,PIA)和 I/O 控制块(I/O control block,IOB)3 部分组成。图 7-55 给出了 CPLD 器件总体结构(以 MAX7000 系列为例,其他型号的 CPLD 结构与此都非常相似)。

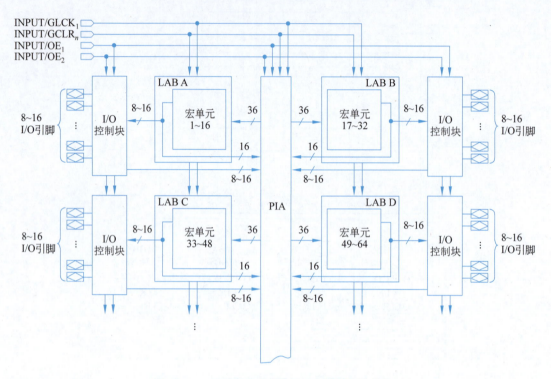

图 7-55　MAX7000 系列的 CPLD 器件总体结构

1. LAB

LAB 是 CPLD 实现可编程逻辑功能的主要阵列块,一片 CPLD 器件可以包含很多个 LAB,每个 LAB 又由多个逻辑宏单元 LMC 组成,因此 LMC 是构成 CPLD 的最基本的逻辑宏单元。

例如,MAX7000 系列的 EPM7256S,包含 16 个 LAB,每个 LAB 由 16 个 LMC 组成,因此 EPM7256S 包含 256 个 LMC。图 7-56 给出了 MAX7000 系列的一个 LMC 的结构。

从图 7-56 可以看出,一个 LMC 实际上实现了一片 PAL 或 GAL 的逻辑功能。一个 LMC 包含了一个与门阵列、一个或阵列、一个包含触发器的可编程输出单元。各个 LMC 均可以被独立配置为时序逻辑或组合逻辑工作方式。其中与或阵列实现组合逻辑,可以为每个宏单元提供 5 个乘积项。选择矩阵分配这些乘积项作为到"或门"和"异或门"的主要逻辑输入,以实现组合逻辑函数,或者把这些乘积项作为宏单元中寄存器的辅助输入;如清 0、置位、时钟和时钟使能控制。因此,可以用 LMC 通过编程方式实现组合逻辑电路或者时序逻辑电路。LMC 是 CPLD 的基本结构,由它来实现基本的逻辑功能。

每个宏单元中的触发器可以单独地编程为具有可编程时钟控制的 D、T、JK 或 RS 触发器的工作方式。触发器的时钟、清 0 输入可以通过编程选择使用专用的全局清 0 和全局时钟,或使用内部逻辑(乘积项逻辑阵列)产生的时钟和清 0。触发器也支持异步清 0 和异步置位功能,通过选择矩阵分配乘积项来控制这些操作。如果不需要触发器,也可以将此触发器旁路,信号直接输出给 PIA 或输出到 I/O 引

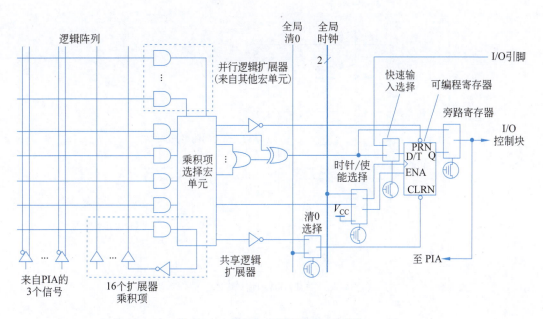

图 7-56 MAX7000 系列的 LMC 结构

脚,以实现组合逻辑工作方式。

一个 LMC 的逻辑与或阵列资源是有限的,在 CPLD 宏单元中,一般配置有扩展乘积项,如果输出表达式的与项较多,一个 LMC 的或门输入端不够用时,可以借助可编程开关将同一单元或其他单元的其他或门与之联合起来使用,或者在每个宏单元中提供未使用的乘积项给其他宏单元使用。

2. I/O 控制块

I/O 控制块允许每个 I/O 引脚单独地配置成输入输出和双向工作方式。所有 I/O 引脚都有一个三态缓冲器,它能由全局输出使能信号中的一个控制,或者把使能端直接连接到地(GND)或电源(V_{CC})上。

MAX7000 系列器件的 I/O 控制块结构如图 7-57 所示。MAX7000 器件有 6 个全局输出使能信号,它们可以由以下信号驱动:两个输出使能信号、一个 I/O 引脚的集合、一个 I/O 宏单元的集合,也可以是"反相"后的信号。

I/O 控制块负责输入输出端口的电气特性控制。例如,可以设定 I/O 端口为输入、集电极开路输出、摆率控制、三态输出等。

3. PIA

PIA 也称全局总线,通过可编程连线阵列,可将各个 LAB 相互连接,构成所需的逻辑。这个全局总线是可编程的通道,它能把器件中任何信号源连到其目的地。

所有 MAX7000 系列器件的专用输入、I/O 引脚和宏单元输出均反馈到 PIA,PIA 可把这些信号送到整个器件内的各个地方。真正给每个 LAB 所需的信号布置从 PIA 到该 LAB 的连线,图 7-58 是 PIA 信号布线到 LAB 的方式。

7.4.3 基于 LUT 结构的 FPGA

FPGA 与 CPLD 相似,也可以实现大规模的可编程逻辑电路系统。但由于 FPGA 采用了 LUT 的逻辑电路实现技术,并且拥有比 CPLD 多得多的触发器资源,使 FPGA 的功能比 CPLD 更加强大和灵

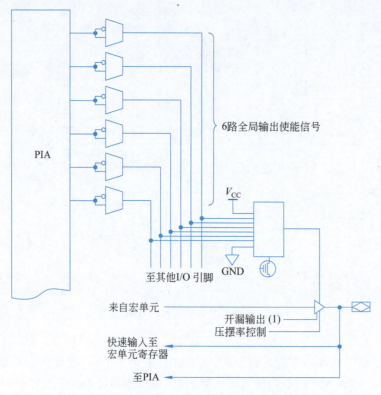

图 7-57 MAX7000 系列的 I/O 控制块结构

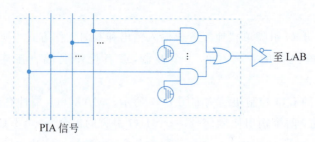

图 7-58 MAX7000 系列的 PIA 结构

活,能够用于实现复杂的时序逻辑电路和数学算法处理。

大多数高密度的 FPGA 器件都是基于 LUT 结构,这类器件的集成度可以做得很高(可以达到数百万甚至千万门),能够实现复杂的逻辑电路和算法。其缺点是掉电后配置的数据会丢失,需要外挂专门的配置器件,但其极高的集成度和强大的计算能力弥补了这点不足。

1. LUT 结构的基本原理

LUT 结构的基本原理基于以下结论。

(1) 任何布尔函数都可以用真值表表示。

(2) 任何布尔函数都可以用如下香农展开定理展开。

$$F(x_1,x_2,\cdots,x_n)=\overline{x_1}F_1(0,x_2,\cdots,x_n)+x_1F_2(1,x_2,\cdots,x_n)$$

1) 用 SRAM 实现 LUT

组合逻辑电路可以完全由布尔函数直接表示。如果将布尔函数的真值表按地址保存在 SRAM 的对应单元,将输入变量的取值组合(最小项编码)当作存储器的地址读取存储器,则读出的信息即为该函数的真值表,此即真值表的查表过程。由于 SRAM 的数据可以随意写入,因此使用 SRAM 作为 LUT,可以实现任意布尔函数,不同的布尔函数只是 SRAM 中保存的真值表不一样。

一个 4 变量的布尔函数共有 $2^4=16$ 种取值组合,对应于 16 个最小项 $m_0 \sim m_{15}$,如果其对应的函数值用 $D_0 \sim D_{15}$ 表示,则任意 4 变量布尔函数真值表如表 7-17 所示。

表 7-17 4 变量布尔函数的真值表

$A_3A_2A_1A_0$	最 小 项	真 值 表	$A_3A_2A_1A_0$	最 小 项	真 值 表
0000	m_0	D_0	1000	m_8	D_8
0001	m_1	D_1	1001	m_9	D_9
0010	m_2	D_2	1010	m_{10}	D_{10}
0011	m_3	D_3	1011	m_{11}	D_{11}
0100	m_4	D_4	1100	m_{12}	D_{12}
0101	m_5	D_5	1101	m_{13}	D_{13}
0110	m_6	D_6	1110	m_{14}	D_{14}
0111	m_7	D_7	1111	m_{15}	D_{15}

任何 4 变量布尔函数真值表都是由 16 个最小项构成的,彼此之间只是真值表取值不同。因此,一个 4 变量布尔函数可用表达式 $O=\sum_{i=0}^{15} m_i D_i$ 表示。

图 7-59 给出了一个 4 变量输入的 16×1 SRAM 查找表实现布尔函数的示意性结构。

由图 7-59 可以看出,SRAM 的实质依然是与或阵列的结构。由译码器(与阵列)产生 4 输入变量布尔函数的所有最小项 $m_0 \sim m_{15}$,由或门产生所有最小项对应的函数值的或输出,真值表的每个最小项 m_i 的函数值 D_i 保存在对应的数据存储单元。SRAM 的输出函数表达式可表示为 $O=\sum_{i=0}^{15} m_i D_i$,如果要读取真值表中一个最小项对应的函数值,只需给出对应的地址即可,因此 SRAM 可以很容易地构成布尔函数的 LUT。

2) SRAM 的数据存储单元

SRAM 与 PT 结构的 PLD 根本的不同之处是它们具有不同的数据存储单元结构。

PT 结构的 PLD 数据存储单元采用熔丝开关或浮置栅开关技术,其优点是数据不易失,一旦数据编程写入后,即使系统掉电数据也会一直保持;缺点是擦除与写入比较困难,熔丝开关不可重写,浮置栅开关需要高电压、长周期写入。

SRAM 的数据存储单元的基本结构是 RS 锁存器,其优点是读写容易且速度快,主要缺点是数据易失性。此外,还有待机功耗大,耐放射能力弱,安全性弱(电路配置信息可能被盗取)等缺点,但 SRAM 能应用最新的 CMOS 工艺遮蔽所有缺点,工艺先进意味着高集成度和高性能。目前绝大部分 FPGA 都是基于 SRAM 工艺制造的。

RS 锁存器结构的 SRAM 数据存储单元实现方法有多种,在此不做深入讨论,读者可参阅相关电子学书籍。

3) 用 MUX 实现更大规模的 LUT

4 输入的 SRAM 能够实现大多的简单布尔函数,但对于少数更多输入的复杂布尔函数,如果直接

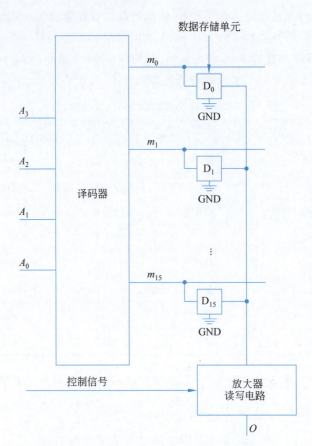

图 7-59　16×1 的 SRAM 存储器示意图

用 SRAM 实现将会使 SRAM 变得更加庞大,在大多数情况下会产生很大的资源浪费。因此,用 MUX 实现更大规模的 LUT 是一个不错的选择。

MUX 是多路数据选择器,一个 5 输入布尔函数表达式可以用二选一的 MUX 表示如下:

$$F(A_0,A_1,A_2,A_3,A_4)=\overline{A_4}F_1(A_0,A_1,A_2,A_3)+A_4F_2(A_0,A_1,A_2,A_3)$$

依此原理,一个 6 输入布尔函数表达式可以用两级二选一的 MUX 表示如下:

$$F(A_0,A_1,A_2,A_3,A_4,A_5)=\overline{A_5}(\overline{A_4}F_1(A_0,A_1,A_2,A_3)+A_4F_2(A_0,A_1,A_2,A_3))+\\A_5(\overline{A_4}F_3(A_0,A_1,A_2,A_3)+A_4F_4(A_0,A_1,A_2,A_3))$$

其原理性结构可以用图 7-60 表示。

采用图 7-60 所示的逻辑结构,可以满足大多的 4 变量 LUT 和少数 5 变量、6 变量 LUT。

2. FPGA 的基本结构

FPGA 芯片主要包括可配置逻辑模块(configurable logic block,CLB)、输入输出单元(input/output block,IOB)、嵌入块式 RAM(block RAM)、丰富的布线资源、完整的时钟管理。此外,现在大多 FPGA 还集成了内嵌的底层功能单元和内嵌专用硬件模块。图 7-61 给出了 Spartan-IIE FPGA 系列的结构。注意,该图只是一个示意图,实际上每一个系列的 FPGA 都有其相应的内部结构。

3. 可配置逻辑块

可配置逻辑块是 FPGA 内的基本逻辑单元。CLB 的实际数量和特性会随器件的不同而不同,但是每个 CLB 都包含一个可配置开关矩阵,此矩阵由 4 或 6 个输入、一些选型电路(多路复用器等)和触发

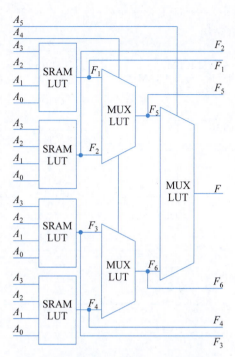

图 7-60　用 MUX 实现 LUT 的示意图

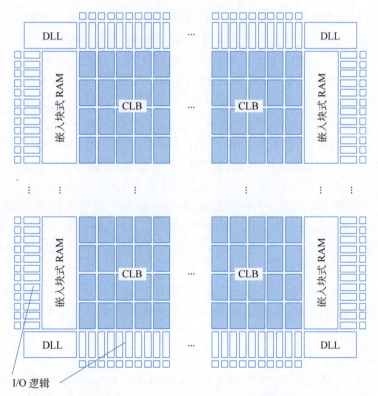

图 7-61　Spartan-IIE FPGA 系列的结构

器组成。开关矩阵是高度灵活的,可以对其进行配置以便处理组合逻辑、移位寄存器或 RAM。

在 Xilinx 公司的 FPGA 器件中,一个 CLB 由多个(一般为 4 个或 2 个)SLICE 和附加逻辑构成,图 7-62 给出了由 4 个 SLICE 构成的 CLB 结构。

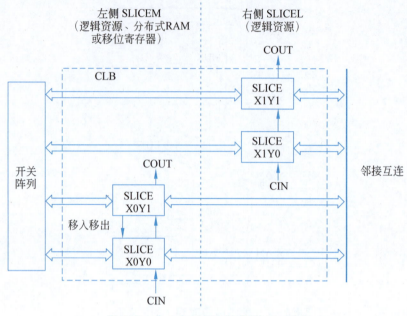

图 7-62　由 4 个 SLICE 构成的 CLB 结构

CLB 构成了实现同步和组合逻辑电路的主要资源。每个 CLB 包括 4 个相互连接的 SLICE,这些 SLICE 按对分组。每对都被组织成一个带有独立进位链的列。X0Y0 和 X0Y1 构成左侧的列对,X1Y0 和 X1Y1 构成右侧的列对。SLICE 可分为 SLICEM 和 SLICEL。其中,M 表示 memory,L 表示 logic,SLICEM 可以用于组成分布式 RAM 和移位寄存器,SLICEL 用于组合逻辑资源。

每个 CLB 模块不仅可以用于实现组合逻辑、时序逻辑,还可以配置为分布式 RAM 和分布式 ROM。

SLICE 是 Xilinx 公司定义的基本逻辑单位,其内部结构如图 7-63(a)所示(不同系列组成不完全相同),一个 SLICE 可由两个 4 输入的 LUT、进位逻辑、算术逻辑、存储逻辑和多路选择器(MUX)构成的附加逻辑组成。

4 输入 LUT 用于实现 4 输入组合逻辑函数、分布式 RAM 或 16 位移位寄存器;附加逻辑利用多路选择器实现更多输入变量的组合逻辑,每个 SLICE 中的 F5-MUX 可以实现任何 5 输入布尔函数,类似地,F6-MUX 组合了所有 4 个 LUT,通过选择两个 F5-MUX 输出实现 6 输入布尔函数,如图 7-63(b)所示。

算术逻辑包括一个异或门(XORG)和一个专用与门(MULTAND)以实现全加器操作。进位逻辑由专用进位信号和函数复用器(MUXC)组成,用于实现快速的算术加减法操作。进位逻辑包括两条快速进位链,用于提高 CLB 模块的处理速度。

4. 可编程输入输出单元

可编程输入输出单元(简称 IOB)是芯片与外界电路的接口部分,完成不同电气特性下对输入输出信号的驱动与匹配要求,其示意结构如图 7-64 所示。FPGA 内的 I/O 按组分类,每组都能够独立地支持不同的 I/O 标准。通过软件的灵活配置,可适配不同的电气标准与 I/O 物理特性,可以调整驱动电流的大小,可以改变上、下拉电阻。目前,I/O 端口的频率越来越高,一些高端的 FPGA 通过双倍数据速

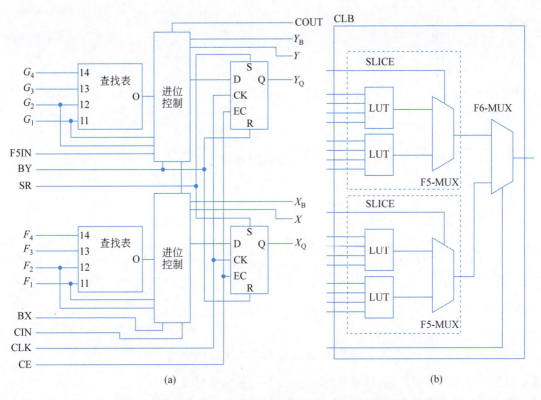

图 7-63 Spartan-IIE FPGA 的 CLB SLICE 和多路选择器 MUX
(a)CLB SLICE；(b)多路选择器 MUX

率(double data rate,DDR)寄存器技术可以支持高达 2 Gb/s 的数据传输速率。

外部输入信号可以通过 IOB 模块的触发器输入 FPGA 的内部,也可以直接输入 FPGA 内部。当外部输入信号经过 IOB 模块的触发器输入 FPGA 内部时,其保持时间(hold time)的要求可以降低,通常默认为 0。

输出路径有一个三态输出缓冲器,将输出信号驱动到输出引脚。输出信号可以从内部直接输出,或者通过一个可选的 IOB 触发器传递到输出缓冲器。输出的三态控制信号可以直接由内部提供,也可以通过带有同步使能和去使能触发器提供。每个输出驱动器都可以单独编程以适应范围广泛的低压信号标准。

为了便于管理和适应多种电气标准,FPGA 的 IOB 被划分为若干组(bank),每个组的接口标准由其接口电压 V_{cco} 决定,一个 bank 只能有一种 V_{cco},但不同组的 V_{cco} 可以不同。只有相同电气标准的端口才能连接在一起,V_{cco} 电压相同是接口标准的基本条件。

5. 丰富的布线资源

布线资源连通 FPGA 内部的所有单元,而连线的长度和工艺决定着信号在连线上的驱动能力和传输速度。FPGA 芯片内部有着丰富的布线资源,根据工艺、长度、宽度和分布位置的不同而划分为 4 类不同的类别。

第 1 类是全局布线资源,用于芯片内部全局时钟和全局复位/置位的布线。

第 2 类是长线资源,用以完成芯片 bank 之间的高速信号和第二全局时钟信号的布线。

第 3 类是短线资源,用于完成基本逻辑单元之间的逻辑互连和布线。

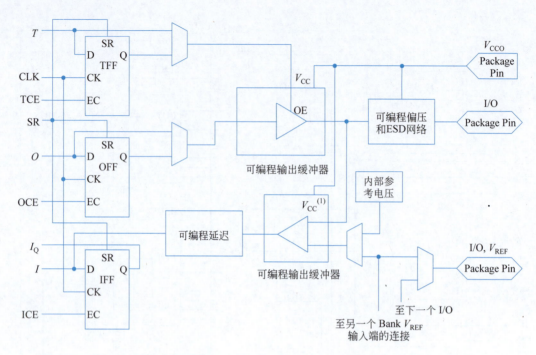

图 7-64　Spartan-IIE FPGA 的 IOB

第 4 类是分布式的布线资源,用于专有时钟、复位等控制信号线。

在实际中设计者不需要直接选择布线资源,布局布线器可自动地根据输入逻辑网表的拓扑结构和约束条件,选择布线资源来连通各个模块单元。从本质上讲,布线资源的使用方法和设计的结果有密切、直接的关系。

6. 数字时钟管理模块

大多数 FPGA 均提供数字时钟管理(digital clock manager,DCM)。Xilinx 公司的全部 FPGA 产品均提供数字时钟管理和锁相环电路。锁相环电路能够提供精确的时钟综合,能够降低抖动,实现过滤功能。

7. BRAM

大多数 FPGA 都具有内嵌块式 RAM,这大大拓展了 FPGA 的应用范围和灵活性。这种 RAM 可被配置为单端口 RAM、双端口 RAM、内容地址存储器(content addressable memory,CAM)以及先进先出(first in first out,FIFO)等常用存储结构。RAM、FIFO 是比较普及的概念,在此就不冗述,CAM 存储器在其内部的每个存储单元中都有一个比较逻辑,写入 CAM 中的数据会和内部的每个数据进行比较,并返回与端口数据相同的所有数据的地址,因而在路由的地址交换器中有广泛的应用。除了块 RAM,还可以将 FPGA 中的 LUT 灵活地配置成 RAM、ROM 和 FIFO 等结构。在实际应用中,芯片内部块 RAM 的数量也是选择芯片的一个重要因素。

8. 底层内嵌功能单元及内嵌专用硬核

内嵌功能模块主要指延迟锁定环(delay locked loop,DLL)、锁相环(phase locked loop,PLL)、数字信号处理器(digital signal processor,DSP)和 CPU 等软处理核(soft core)。现在越来越丰富的内嵌功能单元,使得单片 FPGA 成为系统级的设计工具,使其具备了软硬件联合设计的能力,逐步向单片系统(system on chip,SoC)平台过渡。

DLL 和 PLL 具有类似的功能，可以完成时钟高精度、低抖动的倍频和分频，以及占空比调整和移相等功能。Xilinx 公司生产的芯片上集成了 DLL，Altera 公司的芯片集成了 PLL，Lattice 公司的新型芯片上同时集成了 PLL 和 DLL。PLL 和 DLL 可以通过 IP 核生成的工具方便地进行管理和配置。

内嵌专用硬核是相对于底层嵌入的软核而言的，是指 FPGA 处理能力强大的硬核（hard core），等效于 ASIC 电路。为了提高 FPGA 性能，芯片生产商在芯片内部集成了一些专用的硬核。例如，为了提高 FPGA 的乘法速度，主流的 FPGA 中都集成了专用乘法器；为了适用通信总线与接口标准，很多高端的 FPGA 内部都集成了串并收发器（serializer/deserializer，SERDES），可以达到数十吉比特每秒的收发速度。Xilinx 公司的高端产品不仅集成了 Power PC 系列 CPU，还内嵌了 DSP Core 模块，其相应的系统级设计工具是 EDK 和 PlatformStudio，并依此提出了 SoC 的概念。通过 PowerPC、Microblaze、PicoBlaze 等平台，能够开发标准的 DSP 处理器及其相关应用，达到 SoC 的开发目的。

7.4.4 IP 核

IP 核就是知识产权核或知识产权模块，在 EDA 技术开发中具有十分重要的地位。IP 核将有限冲激响应（finite impulse response，FIR）滤波器、同步动态随机存储器控制器（synchronous dynamic random access，SDRAM controller）、外设部件互连（peripheral component interconnect，PCI）接口等在数字电路中常用但比较复杂的功能块设计成可修改参数的模块。随着 CPLD/FPGA 的规模越来越大，设计越来越复杂（IC 的复杂度以每年 55% 的速率递增，而设计能力每年仅提高 21%），设计者的主要任务是在规定的时间周期内完成复杂的设计。调用 IP 核能避免重复劳动，大大减轻工程师的负担，因此使用 IP 核是一个发展趋势，IP 核的重用大大缩短了产品上市时间。

利用 IP 核设计电子系统，引用方便，修改基本元件的功能容易。具有复杂功能和商业价值的 IP 核一般具有知识产权，尽管 IP 核的市场活动还不规范，但是仍有许多集成电路设计公司从事 IP 核的设计、开发和营销工作。

IP 核有 3 种不同的存在形式：HDL 形式、网表形式、版图形式。分别对应 3 类 IP 内核：软核、固核和硬核。这种分类主要依据产品交付的方式，而这 3 种 IP 内核实现方法也各具特色。

7.4.5 EDA 开发流程

FPGA 是可编程芯片，因此 FPGA 的设计方法包括硬件设计和软件设计两部分。硬件包括 FPGA 芯片电路、存储器、输入输出接口电路及其他设备，软件是相应的 HDL 程序。

目前微电子技术已经发展到 SoC 阶段，即集成系统（integrated system，IS）阶段，相对于集成电路（IC）的设计思想有着革命性的变化。SoC 是一个复杂的系统，它将一个完整产品的功能集成在一个芯片上，包括核心处理器、存储单元、硬件加速单元以及众多的外部设备接口等，具有设计周期长、实现成本高等特点，因此其设计方法必然是自顶向下的从系统级到功能模块的软、硬件协同设计，达到软、硬件的无缝结合。

这么庞大的工作量显然超出了单个工程师的能力，因此需要按照层次化、结构化的设计方法实施。首先由总设计师将整个软件开发任务划分为若干个可操作的模块，并对其接口和资源进行评估，编制出相应的行为或结构模型，再将其分配给下一层的设计师。这就允许多个设计者同时设计一个硬件系统中的不同模块，并为自己所设计的模块负责；然后由上层设计师对下层模块进行功能验证。

自顶向下的设计流程从系统级设计开始，划分为若干二级单元，然后再把各个二级单元划分为下一层次的基本单元，一直下去，直到能够使用基本模块或者 IP 核直接实现为止。流行的 FPGA 开发工具都提供了层次化管理,可以有效地梳理错综复杂的层次,能够方便地查看某一层次模块的源代码以修改错误。

CPLD、FPGA 的设计流程就是利用 EDA 开发软件和编程工具对 CPLD/FPGA 芯片进行开发的过程。目前市场上 CPLD/FPGA 的开发软件种类繁多,可以分为厂家集成开发软件、编辑软件,逻辑综合软件、仿真软件及其他测试工具软件等。其中集成开发软件一般是由厂家直接提供,集成了编辑、综合、仿真、布线等功能。其他专门软件属于单项功能的专用软件。

典型 CPLD、FPGA 的 EDA 开发流程一般如图 7-65 所示,包括功能定义/器件选型、设计输入、功能仿真、综合优化、综合后仿真、实现与布局布线、时序仿真、板级仿真与验证,以及芯片编程与调试等主要步骤。

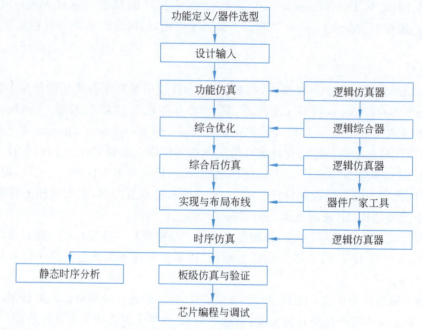

图 7-65　典型 CPLD、FPGA 的 EDA 开发流程

1. 功能定义和器件选型

在 CPLD、FPGA 设计项目开始之前,必须有系统功能的定义和模块的划分,另外就是要根据任务要求,如系统的功能和复杂度,对工作速度和器件本身的资源、成本,以及连线的可布性等方面进行权衡,选择合适的设计方案和合适的器件类型。一般都采用自顶向下的设计方法,把系统分成若干基本单元,然后再把每个基本单元划分为下一层次的基本单元,一直这样做下去,直到可以直接使用 EDA 元件库为止。

2. 设计输入

设计输入是将所设计的系统或电路以开发软件要求的某种形式表示出来,并输入给 EDA 工具的过程。常用的方法有 HDL 和原理图输入方法等。

原理图输入方式是一种最直接的描述方式,在可编程芯片发展的早期应用比较广泛,它将所需的器件从元件库中调出并画出原理图。这种方法虽然直观并易于仿真,但效率很低,且不易维护,不利于模块构造和重用。它的主要的缺点是可移植性差,当芯片升级后,所有的原理图都需要作一定的改动。

目前,在实际开发中应用最广的就是 HDL,其主流语言是 Verilog HDL 和 VHDL。这两种语言都是电气电子工程师学会(IEEE)的标准,其共同的突出特点有语言与芯片工艺无关,利于自顶向下设计,便于模块的划分与移植,可移植性好,有很强的逻辑描述和仿真功能,而且输入效率很高。除了 HDL 外,还有厂商自己的语言。也可以用 HDL 为主,原理图为辅的混合设计方式,以发挥两者各自的特色。

3. 功能仿真

功能仿真也称前仿真,是在编译之前对用户所设计的电路进行逻辑功能验证,此时的仿真没有延迟信息,仅对初步的功能进行检测。

仿真前,要先利用波形编辑器和 HDL 等建立波形文件和测试向量(即将所关心的输入信号组合成序列),仿真结果将会生成报告文件和输出信号波形,从中便可以观察各个节点信号的变化。如果发现错误,则重新修改逻辑设计。

常用的工具有 Model Tech 公司的 ModelSim、Sysnopsys 公司的 VCS 和 Cadence 公司的 NC-Verilog 及 NC-VHDL 等软件。

4. 综合优化

综合就是将较高级抽象层次的描述转化成较低层次的描述。综合优化(synthesis)就是根据目标与要求优化所生成的逻辑连接,使层次设计平面化,供 CPLD、FPGA 布局布线软件进行实现。就目前的层次看,综合优化是指将设计输入编译成由与门、或门、非门、RAM、触发器等基本逻辑单元组成的逻辑连接网表,而并非真实的门级电路。真实具体的门级电路需要利用 FPGA 制造商的布局布线功能,根据综合后生成的标准门级结构网表来产生。为了能转换成标准的门级结构网表,HDL 程序的编写必须符合特定综合器所要求的风格。由于门级结构、RTL 的 HDL 程序的综合是很成熟的技术,所有的综合器都可以支持到这一级别的综合。

常用的综合工具有 Synplicity 公司的 Synplify、Synplify Pro,以及各个 FPGA 厂家自己推出的综合开发工具。

5. 综合后仿真

综合后仿真检查综合结果是否和原设计一致。在仿真时,把综合生成的标准延时文件反标注到综合仿真模型中,可估计门延时带来的影响。但这一步骤不能估计线延时,因此和布线后的实际情况还有一定的差距,并不十分准确。

目前的综合工具较为成熟,对于一般的设计可以省略这一步,但如果在布局布线后发现电路结构和设计意图不符,则需要回溯到综合后仿真,以确认问题之所在。功能仿真软件工具一般都支持综合后仿真。

6. 实现与布局布线

实现是将综合生成的逻辑网表配置到具体的 FPGA 芯片上,布局布线是其中最重要的过程。布局布线可理解为利用实现工具把逻辑映射到目标器件结构的资源中,决定逻辑的最佳布局,选择逻辑与输入输出功能链接的布线通道进行连线,并产生相应文件(如配置文件与相关报告)。

布局将逻辑网表中的硬件原语和底层单元合理地配置到芯片内部的固有硬件结构上,并且往往需要在速度最优和面积最优之间作出选择。布线根据布局的拓扑结构,利用芯片内部的各种连线资源,合理正确地连接各个元件。

目前,FPGA 的结构非常复杂,特别是在有时序约束条件时,需要利用时序驱动的引擎进行布局布线。布线结束后,软件工具会自动生成报告,提供有关设计中各部分资源的使用情况。由于只有 FPGA 芯片生产商对芯片结构最为了解,所以布局布线必须选择芯片开发商提供的工具。

7. 时序仿真

时序仿真又称后仿真,是指将布局布线的延时信息反标注到设计网表中,检测有无时序违规(即不满足时序约束条件或器件固有的时序规则,如建立时间、保持时间等)现象。时序仿真包含的延迟信息最全,也最精确,能较好地反映芯片的实际工作情况。由于不同芯片的内部延时不一样,不同的布局布线方案也给延时带来不同的影响。因此在布局布线后,通过对系统和各个模块进行时序仿真,分析其时序关系,估计系统性能,以及检查和消除竞争冒险是非常有必要的。功能仿真软件工具一般都支持综合后仿真。

8. 板级仿真与验证

板级仿真主要应用于高速电路设计中,对高速系统的信号完整性、电磁干扰等特征进行分析,一般都用第三方工具进行仿真和验证。

9. 芯片编程与调试

设计的最后一步就是芯片编程与调试。芯片编程是指产生实用的数据文件(位数据流文件,bitstream generation),然后将编程数据下载到FPGA芯片中。其中,芯片编程需要满足一定的条件,如编程电压、编程时序和编程算法等方面。逻辑分析仪(logic analyzer,LA)是FPGA设计的主要调试工具,但需要引出大量的测试引脚,且LA价格昂贵。

目前,主流的FPGA芯片生产商都提供了内嵌的在线逻辑分析仪(如Xilinx ISE中的ChipScope、Altera QuartusII中的SignalTapII及SignalProb)来解决上述矛盾,它们只需要占用芯片少量的逻辑资源,具有很高的实用价值。

本章小结

本章在简单介绍数字集成电路的类型及发展历史基础上,讨论了最基本的半导体开关元件的开关特性,比较详细地分析了 TTL、MOS 逻辑门电路的基本结构、工作原理、性能特点以及选择、使用方法,介绍了简单 PLD 器件的类型、基本结构、可编程开关元件,以及实现数字电路的基本方法,最后分析了 CPLD 和 FPGA 器件的类型、基本结构和工作原理以及基于 EDA 的基本开发流程。

习题 7

1. 如图 7-66 所示的与非门电路中,当输入端为高电平(3.6V)时,求电路中各点电位 $U_1 \sim U_7$,各支路电流 $I_1 \sim I_{10}$,问此时各晶体管工作在什么状态?

2. 如图 7-66 所示,当输入端 A、B、C 中有低电平(0.3V)时,重复第 1 题内容。

3. 如图 7-66 所示,与非门电路,当输入电压为多少时,VT5 刚好导通?当输入端 A、B、C 全部悬空时,电路中各点电位的值?它相当于输入端是什么电平?

4. 为什么说 TTL 与非门输入端接地、低于 0.8V 的电源或同类与非门的 0.3V 输出低电平在逻辑上都属于输入为 0?

5. 为什么说 TTL 与非门输入端接同类与非门的 3.6V 输出高电平、高于 2V 的电源或悬空时,在逻辑上都属于输入为 1?

6. 门电路的输入波形如图 7-67(a)所示。试对应画出图 7-67(b)中各门的输出波形。

7. 指出图 7-68 中各门电路的输出是什么状态(高电平、低电平或高阻态),假定它们都是 74 系列的 TTL 电路。

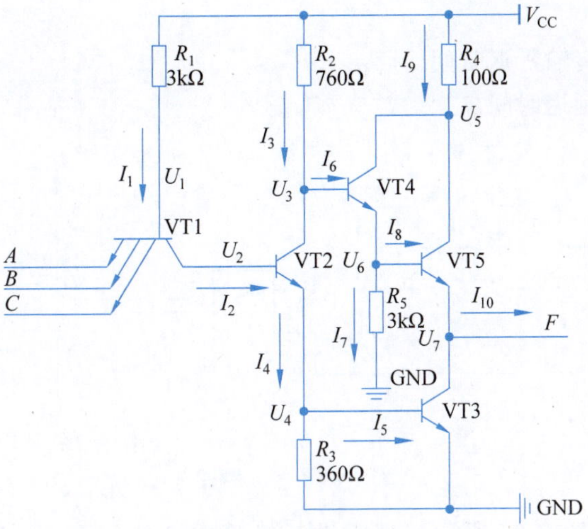

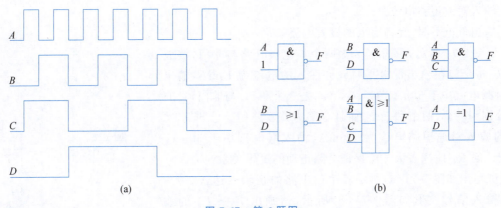

图 7-66　第 1 题图

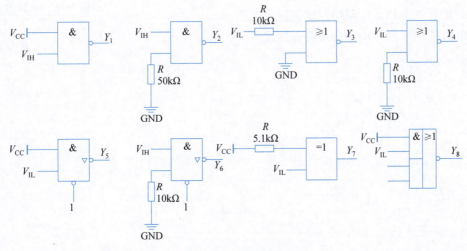

图 7-67　第 6 题图

图 7-68　第 7 题图

8. 画出图 7-69 电路在下述两种情况下的输出波形。已知每个门的平均传输延迟时间为 20ns，输入信号重复频率为 2.5MHz。

① 忽略所有门电路的传输延迟时间。

② 考虑每个门的传输延迟时间。

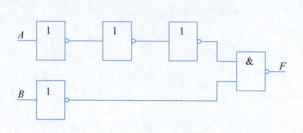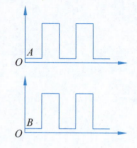

图 7-69　第 8 题图

9. TTL 与非门电路如图 7-66 所示。现假设三极管的 β 值均为 30，$I_{CM}=40\mathrm{mA}$，在饱和状态下 $U_{CES}=0.3\mathrm{V}$，$U_{BES}=0.7\mathrm{V}$。进行以下计算。

（1）输入对地短路电流。

（2）输出低电平时，允许灌入的最大电流。

10. 如图 7-70 所示，G1 和 G2 为两个集电极开路与非门，接成线与形式，每个门在输出低电平时允许注入的电流为 13mA，输出高电平时漏电流小于 $50\mu\mathrm{A}$。G3、G4、G5 是 3 个 TTL 与非门，它的输入端分别为一个、两个和三个，而且全部为并联使用。已知 TTL 与非门的输入对地短路电流为 1.6mA，输入漏电流小于 $50\mu\mathrm{A}$，$V_{CC}=5\mathrm{V}$。问 R_L 应选多大才能保证电路正确的逻辑关系？

11. 试写出如图 7-71(a) 所示各个门电路的逻辑表达式 $F_1 \sim F_6$，如果输入信号波形如图 7-71(b) 所示，请画出 $F_1 \sim F_6$ 的波形图。

12. 写出如图 7-72 所示电路的逻辑表达式。

13. 写出如图 7-73 所示电路的逻辑表达式。

14. 写出如图 7-74 所示电路的逻辑表达式。

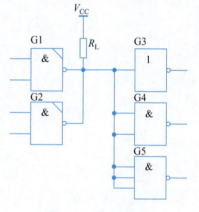

图 7-70　第 10 题图

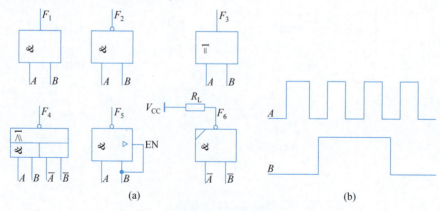

图 7-71　第 11 题图

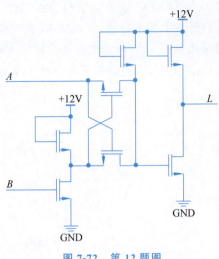

图 7-72 第 12 题图

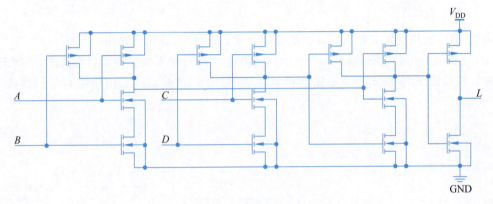

图 7-73 第 13 题图

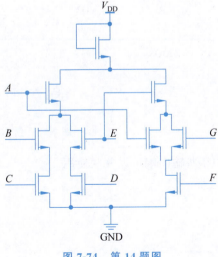

图 7-74 第 14 题图

15. 试利用 CMOS 传输门设计一个 CMOS 三态输出两输入或非门，并列出其真值表。
16. 如图 7-75 所示，用 CMOS 或非门驱动反相器的电路，其中 $V_{DD}=10\text{V}$，$R_L=250\Omega$。当 CMOS 或

非门空载,输出为高电平时的电压 $V_{OH}=9.95\text{V}$,输出电阻约为 $0.5\text{k}\Omega$,最大输出电流 $I_{OH(\max)}<1.3\text{mA}$。当或非门输出为高电平时,要求三极管 VT 饱和导通,试选择 R_b 和三极管 β 的数值。

17. 在 CMOS 门电路中,有时采用如图 7-76 所示的方法扩展输入端。试分析图 7-76 中两个电路的逻辑功能,写出 L 的逻辑式,假定 $V_{DD}=10\text{V}$,二极管的正向导通压降 $V_D=0.7\text{V}$。

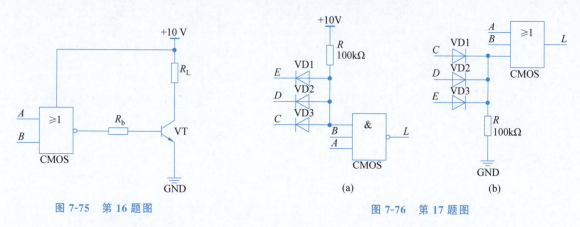

图 7-75 第 16 题图　　　　图 7-76 第 17 题图

18. 第 17 题中所用的扩展输入的方法能否用于 TTL 电路?试说明理由。
19. OD 门组成的逻辑电路如图 7-77 所示。写出输出 L 对输入变量的函数表达式,并列出真值表。
20. 试分析如图 7-78 所示两个电路的逻辑功能,写出 L 的逻辑式。图中的与非门和或非门均为 CMOS 门电路。

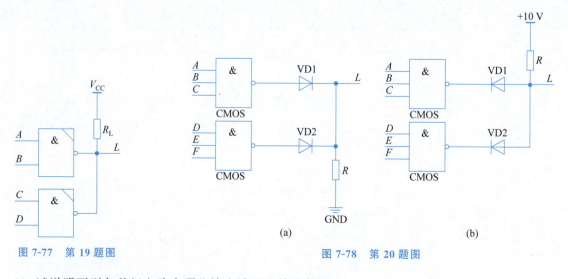

图 7-77 第 19 题图　　　　图 7-78 第 20 题图

21. 试说明下列各种门电路中哪些输出端可以并联使用。
(1) 具有推拉式输出级的门电路。
(2) TTL 电路的 OC 门。
(3) TTL 电路的三态输出门。
(4) 普通的 CMOS 门。
(5) 漏极开路的 CMOS 门。
(6) CMOS 电路的三态输出门。
22. 写出如图 7-79 所示三态与非门输出逻辑表达式,输出高阻态 Z 的逻辑状态是 1 还是 0?用输入、输出波形图给出两开关参数的定义表示,t_{pZH} 与 t_{pHZ} 哪个参数值应该大些？为什么？t_{pZL} 与 t_{pLZ} 哪个参数值应该大些？为什么？

23. 用如图 7-80 所示与或非门实现逻辑函数 $F=\overline{A} \cdot \overline{BC} \cdot \overline{BD}$。试画出具体的电路连接图。若有多余输入端,也应适当处理。

图 7-79　第 22 题图　　　　图 7-80　第 23 题图

24. 当 TTL 三态输出呈高阻态时,其输出处于何种逻辑状态？用 TTL 三态反向门及普通 TTL 门电路实现 4 位三态总线驱动器/接收器,画出其逻辑图。

25. 已知固定 ROM 中存放 4 个 4 位二进制数为 0101、1010、0010、0100,试画出 ROM 的结点图。

26. 用 ROM 实现下列代码转换电路。

（1）格雷码转换成余 3 码。

（2）余 3 码转换成 8421BCD 码。

27. ROM 结点图及地址线上波形如图 7-81 所示,试画出 $D_3 \sim D_0$ 线上的波形图。

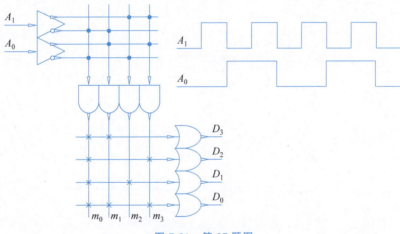

图 7-81　第 27 题图

28. 用 ROM 构成的 4 位二进制数的七段数码显示电路。LT 为灯测试信号,即 LT=1 时,不管二进制数为何值,七段数码管全亮,用来检测数码管好坏；LT=0 时显示输入的二进制数,画出 ROM 存储器内部电路。用 $D_0 \sim D_6$ 表示 a～g 七段编码。

29. 试用 ROM 产生一组逻辑函数。选择 ROM 的地址码和输出数据的位数,画出 ROM 的存储阵列：

$y_1 = AB + BC + CD + DA$

$y_2 = \overline{AB} + \overline{BC} + \overline{CD} + \overline{DA}$

$y_3 = ABC + BCD + ABD + ACD$

$y_4 = \overline{ABC} + \overline{BCD} + \overline{ABD} + \overline{ACD}$

$y_5 = ABCD$

$y_6 = \overline{A}B\overline{C}D$

30. 用 $4 \times 16 \times 4$ 的 PLA 产生逻辑函数，画出与阵列和或阵列的阵列图。

$y_1 = \overline{A}\overline{B}\overline{C}\overline{D} + \overline{A}B\overline{C}\overline{D} + A\overline{B}C\overline{D} + ABCD$

$y_2 = \overline{A}\overline{B}C\overline{D} + \overline{A}BC\overline{D} + A\overline{B}C\overline{D} + ABC\overline{D}$

$y_3 = \overline{A}BD + \overline{B}C\overline{D}$

$y_4 = BD + \overline{B}\overline{D}$

31. 用 PLA 实现 1 位全加器。

32. 用 PLA 实现 4 位二进制码到格雷码的转换。

33. 用 PLA 实现 3 位二进制数的平方，要求与项最小。

34. 用 PAL 设计一个同步 5 位二进制计数器。

第 8 章 脉冲产生与整形电路

在数字系统中,常需要各种脉冲宽度和脉冲幅度的矩形脉冲,这些信号的产生、定时和整形电路形式很多,可由 TTL 门电路、MOS 门电路、触发器或者定时器等器件构成。本章将介绍用于脉冲产生、整形和定时的几种基本单元电路类型:施密特触发器、单稳态触发器、多谐振荡器以及广泛应用的时基电路,讨论它们各自的功能、特点及主要应用。

8.1 555 时基电路

555 时基电路是一种将模拟功能与逻辑功能巧妙结合在一起的中规模集成电路,电路功能灵活,适用范围广,只要外部配上几个阻容元件,就可以构成单稳态触发器、施密特触发器和多谐振荡器电路。因此 555 时基电路在定时、检测、报警等方面都有广泛的应用。

555 时基电路又被称为定时器,它有双极型和 CMOS 型两类,其电路结构和工作原理相似,逻辑功能与外部引线排列完全相同。不同公司的产品有不同的前缀符号,如 NE555、LMC555 等。

8.1.1 555 定时器的基本组成及功能

1. 555 定时器的符号及引脚

图 8-1 给出了 555 定时器的引脚排列及原理图符号。可以看到,引脚排列图中的引脚命名与原理图符号中的引脚命名不完全相同,但编号相同的引脚逻辑功能完全一样,这种情况在电路设计中是常见现象,通常以原理图符号名称为准,建立两者之间的对应关系即可。

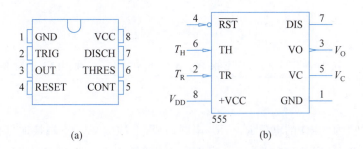

图 8-1　555 定时器的引脚排列与原理图符号
(a)引脚排列;(b)原理图符号

1) 电源、地与复位引脚

(1) 电源端 VCC(VDD),引脚编号为 8,555 计时器均可用数字电源 VCC 供电,CMOS 工艺制作的 555 计时器供电电源的电压 V_{DD} 是 3~18 V。

(2) 地线端 GND,引脚编号为 1。

(3) 复位端 $\overline{\text{RST}}$(图 8-1(a)中为 RESET)引脚编号为 4,在低电平时有效。

2) 输入引脚

(1) 低电压触发端 TR(图 8-1(a)中为 TRIG),引脚编号为 2,用于模拟信号 T_R 的输入。

(2) 高电压触发端 TH(图 8-1(a)中为 THRES),引脚编号为 6,用于模拟信号 T_H 的输入。

3) 输出引脚

(1) 状态输出端 VO(图 8-1(a)中为 OUT),引脚编号为 3,用于数字信号 V_O 的输出。

(2) 放电端 DIS(图 8-1(a)中为 DISCH),引脚编号为 7,用于模拟信号 DIS 的输出。

4) 控制电压引脚

控制电压引脚 VC(图 8-1(a)中为 CONT),引脚编号为 5,用于模拟信号 V_C 的双向传输。

2. 555 定时器结构及功能

图 8-2 给出了 555 定时器的电路原理图。555 定时器是模拟与数字电路混合器件,为了与纯数字系统有所区别,本章电路使用图中所示的地线符号。

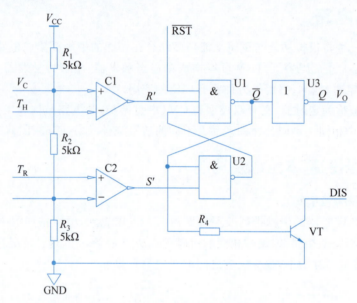

图 8-2 555 时基电路的原理图

由图 8-2 可知,555 定时器由分压器、比较器、基本 RS 锁存器、输出缓冲器和三极管开关 5 部分组成。

1) 分压器

分压器由 3 个阻值为 5 kΩ 的电阻 $R_1 \sim R_3$ 串联而成,上端接 V_{CC},下端接地,用于为电压比较器 C1 和 C2 提供参考电压,C1 的同相输入端 $V_+ = 2/3V_{CC}$,C2 的反相输入端 $V_- = 1/3V_{CC}$。如果在电压控制端 V_C 另加控制电压,则可改变比较器 C1 和 C2 的参考电压值。若工作中不改变参考电压值,则电压控制端 V_C 需通过一个 0.01μF 的电容接地,以防旁路高频干扰。

2) 比较器

C1 和 C2 是两个集成模拟电压比较器。每个电压比较器有同相输入"+"和反相输入"-"以及一个输出端。当"+"端电压大于"-"端电压,即 $V_+ > V_-$ 时,输出高电平;当 $V_+ < V_-$ 时,输出低电平。

C1 的同相输入端"+"接参考电压 $2/3V_{CC}$,即电压控制端 VC;反相输入端"-"接外部输入 TH,称为高电压触发端,其电压比较输出接 RS 锁存器的 R′端。

C2 的反相输入端"-"接参考电压 $1/3V_{CC}$,同相输入端"+"接外部输入 TR,称为低电压触发端,其电压比较输出接 RS 锁存器的 S′端。

3) 基本 RS 锁存器

基本 RS 锁存器由两个与非门构成,其状态方程为 $Q^{n+1}=\overline{S'+R'Q^n}$。$\overline{\text{RST}}$端是对锁存器预置初始状态的复位端,低电平有效。正常工作时,$\overline{\text{RST}}$置高电平,锁存器受输入端电压 T_H、T_R 控制,按其状态方程工作。

4) 输出缓冲器

输出缓冲器是由接在基本 RS 锁存器反相输出端的非门 U3 构成,其作用是通过 VO 端输出 RS 锁存器状态正变量,并提高输出的带负载能力。

5) 三极管开关

三极管 VT 在此电路中作为集电极开路的开关使用,其状态受 RS 锁存器状态端控制,当 $\overline{Q}=0$ 时 VT 截止,$\overline{Q}=1$ 时 VT 饱和导通。

8.1.2 555 定时器的工作原理

555 定时器的功能表如表 8-1 所示。

表 8-1 555 定时器的功能表

T_H	T_R	$\overline{\text{RST}}$	V_O	VT
×	×	L	L	饱和导通
$>2/3V_{CC}$	×	H	L	饱和导通
$<2/3V_{CC}$	$>1/3V_{CC}$	H	保持	保持
$<2/3V_{CC}$	$<1/3V_{CC}$	H	H	截止

从功能表可以看出,555 定时器的基本功能如下。

第 1 行,用于复位:$\overline{\text{RST}}$输入低电平时,输出低电平。

第 2 行,用于电压比较:$V_{TH}>2/3V_{CC}$时,输出低电平。

第 3 行,用于电压比较:$V_{TH}<2/3V_{CC}$且$V_{TR}>1/3V_{CC}$时,保持输出不变。

第 4 行,用于电压比较:$V_{TH}<2/3V_{CC}$且$V_{TR}<1/3V_{CC}$时,输出高电平。

8.2 施密特触发器

数字电路中矩形波的脉冲幅度和脉冲宽度都有一定要求。由于实际波形的来源不同,所以有的规则,有的不规则。这时就需要一种电路将这些不规则波形变成良好的矩形波再送入数字系统。施密特触发器就是这样的电路,无论给它输入什么样的波形,输出总是良好的矩形波,而且抗干扰能力很强。

8.2.1 施密特触发器的滞回触发特性

普通的门电路只有一个阈值电压 V_T。以普通的非门为例,当输入电压 V_I 为低电平时,输出 V_O 为高电平;输入电压 V_I 高于阈值电压 V_T 时,其输出 V_O 由高电平变为低电平。当输入电压 V_I 为高电平时,输出 V_O 为低电平;当输入电压 V_I 低于阈值电压 V_T 时,其输出 V_O 由低电平变为高电平。无论输入从低电平到高电平,还是高电平到低电平,使输出状态发生变化的输入电压阈值只有一个,就是 V_T,其输入输出特性如图 8-3 所示。

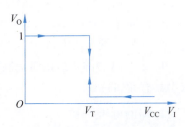

图 8-3 普通非门的输入输出特性

施密特触发器是带有施密特触发特性的门电路。与普通的门电路不同,施密特触发器有两个阈值电压,分别称为正向阈值电压 V_{T+} 和负向阈值电压 V_{T-}。

例如,施密特触发器非门在输入信号 V_I 从低电平上升到高电平的过程中,使输出 V_O 状态发生变化的输入电压称为正向阈值电压 V_{T+},在输入信号 V_I 从高电平下降到低电平的过程中,使输出 V_O 状态发生变化的输入电压称为负向阈值电压 V_{T-}。图 8-4 为带施密特触发器的非门符号及其输入输出特性。

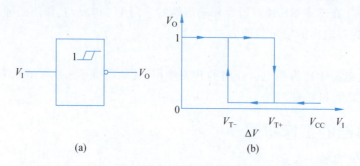

图 8-4 施密特触发器非门的符号及其输入输出特性
(a)符号;(b)特性

由图 8-4 可以看出,施密特触发器非门的正向阈值电压 V_{T+} 与负向阈值电压 V_{T-} 是两个不同的电压,V_{T+} 与 V_{T-} 之差 $(\Delta V_T = V_{T+} - V_{T-})$ 称为回差电压或滞回电压,这种特性称为滞回触发特性。

施密特触发器具有如下特点。

(1) 具有双阈值触发特性。

(2) 触发器具有两个稳态输出: 0 和 1。

(3) 电路输出状态是由输入电平触发和维持的。

因此,施密特触发器是一种电平敏感的双稳态触发器。

施密特触发器可用作波形整形电路,能将模拟信号的输入波形整形为数字电路能够处理的方波波形。由于施密特触发器具有滞回触发特性,可有效提高电路的抗干扰能力。

8.2.2 由 555 定时器构成的施密特触发器

将 555 定时器的输入端 TH 与 TR 简单地连接在一起,便可构成施密特触发器,如图 8-5(a)所示。当在输入端 VI 施加如图 8-5(b)所示的输入波形信号时,则可从施密特触发器的输出端 VO 得到规则的方波输出。

1. 工作原理

(1) 当 $V_I < 1/3 V_{CC}$ 时,$V_O = 1$,电路处于稳态 1。

(2) 当 V_I 开始增大,$2/3 V_{CC} > V_I > 1/3 V_{CC}$ 时,$V_O = 1$,电路保持稳态 1 不变。

(3) 当 V_I 继续增大,$V_I > 2/3 V_{CC}$ 时,$V_O = 0$,电路进入稳态 0。

(4) 当 V_I 开始减小,$2/3 V_{CC} > V_I > 1/3 V_{CC}$ 时,$V_O = 0$,电路保持稳态 0 不变。

(5) 当 V_I 继续减小,$V_I < 1/3 V_{CC}$ 时,$V_O = 1$,电路回到稳态 1。

可见,当 V_I 升高时,正向阈值电压 $V_{T+} = 2/3 V_{CC}$,当 V_I 下降时,负向阈值电压 $V_{T-} = 1/3 V_{CC}$,其输入输出具有滞回特性。

2. 滞回电压

正向阈值电压 $V_{T+} = 2/3 V_{CC}$,负向阈值电压 $V_{T-} = 1/3 V_{CC}$;滞回电压 $\Delta V_T = V_{T+} - V_{T-} = 1/3 V_{CC}$。

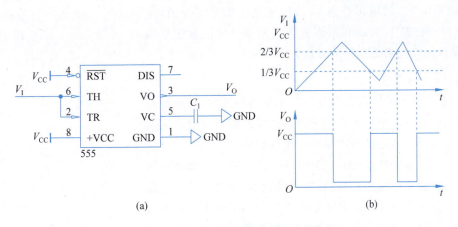

图 8-5 由 555 构成的施密特触发器
(a)电路;(b)典型工作波形

调节滞回电压 ΔV_T,可以改变电路的触发灵敏度。在由 555 构成的施密特触发器中,在电压比较端 VC 施加一个外部电压(要小于电源电压),可以调节滞回电压 ΔV_T。

滞回电压越大,电路抗干扰能力越强;但滞回电压越大,触发灵敏度会变差。

8.2.3 由 TTL、COMS 门电路构成的施密特触发器

图 8-6 是用 3 个 TTL 门和一个二极管构成的施密特触发器。与非门 U2、U3 组成基本 RS 锁存器,非门 U1 将输入反相后接入 R',二极管 VD1 起到电平偏移作用。这里约定二极管正向压降为 0.7V,TTL 门的阈值电压 $V_T = 1.4V$。

由两个 CMOS 非门构成的施密特触发器原理图如图 8-7 所示。CMOS 非门本身的阈值电压是固定的,假设为 V_{TH},图中增加 R_1 和 R_2 两个电阻的目的,就是用于产生施密特触发器的正向、反向阈值电压,控制电路状态的翻转。读者可自行分析其工作原理和滞回电压。

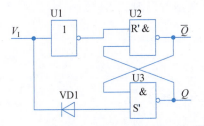

图 8-6 由 TTL 与非门构成的施密特触发器

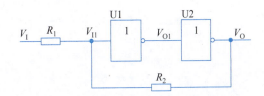

图 8-7 由 CMOS 非门构成的施密特触发器

8.2.4 集成施密特触发器及其应用

常用的 TTL 集成施密特触发器有六反相器 74xx14,四 2 输入与非门 74xx132 和双 4 输入与非门 74xx13 等。CMOS 集成施密特触发器典型产品有六反相器 40106 和四 2 输入与非门 4093。

由于集成施密特触发器的触发阈值电平稳定,性能一致性好,所以应用相当广泛。它的主要用于把变化缓慢、不规则的信号变换成良好的矩形波,也可将周期性波形变换成矩形波。举例如下。

1. 波形变换

施密特反相器进行波形变换的波形如图 8-8 所示。对于输入的正弦波信号 V_I,当输入电压超过

V_{T+}值时,电路输出V_O就输出稳态0;当输入电压低于V_{T-}值,电路输出V_O又翻到稳态1,因此利用施密特触发器可以很方便地将正弦波等周期性波形变换成良好的方波。

2. 抗干扰与波形整形

实际测量系统获得的电压信号往往是不规则的波形,甚至带有很多噪声和纹波,利用施密特触发器可以将这样的波形整形成规则的方波信号,而且可以消除信号中噪声产生的影响。

在实际工程中,施密特触发器应用十分广泛,除了上面的波形变换、抗干扰与波形整形应用外,还有幅值鉴别器、方波信号发生器等应用,在此不再一一列举。其基本原理就是利用了施密特触发器的滞回电压触发特性,设计出各种实际的应用电路。

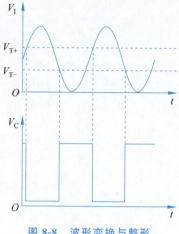

图 8-8 波形变换与整形

8.3 单稳态触发器

单稳态触发器是只有一个稳态的触发器。单稳态触发器平时处于稳态,在外部触发信号作用下能从稳态翻转到暂稳态,在暂稳态维持一段时间后,又自动返回到稳态,故称单稳态触发器。

单稳态触发器最主要的特性是其暂稳态可触发、暂稳态时间T_{PO}可设置、暂稳态能够自动回到稳态,因此单稳态触发器可用于信号的定时、延时和整形的应用。

8.3.1 由 555 定时器构成的单稳态触发器

1. 工作原理

由 555 定时器构成的单稳态触发器如图 8-9 所示。外部触发信号V_1连接到 555 定时器的低电压触发端 TR,V_1平时保持高电平,输出端 VO 平时维持稳态 0。RC 充放电电路由电源V_{CC}通过电阻R向电容C_2充电,由三极管集电极 DIS 端构成对地放电回路,暂稳态时间T_{PO}由 RC 充电时间控制。电容充电端同时又接在高电压触发端 TH。图 8-10 是该电路的一个典型波形图。

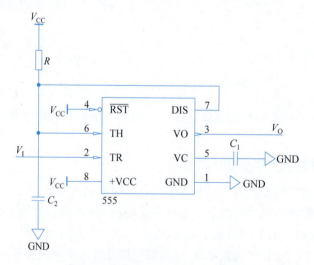

图 8-9 由 555 构成的单稳态触发器

(1) 当V_1为高电平时,$V_1 > V_{CC}/3$,同时,电容电压$V_C = 0V < 2/3V_{CC}$,触发器处于稳态,$V_O = 0$。这

时 555 内部的三极管 VT 对地导通,电容 C_2 一直处于放电状态。

(2) 当 V_1 输入低电平触发脉冲时,$V_1<1/3V_{CC}$,触发器状态发生翻转,进入暂稳态,$V_O=1$;同时,555 定时器内部的三极管 VT 截止,截断了电容 C_2 的对地放电回路,电源开始通过 R 对电容 C_2 充电,V_C 逐渐升高。

(3) 当电容 C_2 充电经过 T_{PO} 时间,电容电压 $V_C>2/3V_{CC}$ 时,通过高电压触发端 TH,使触发器状态发生翻转,回到稳态 0V;同时,555 定时器内部的三极管 VT 对地导通,电容 C_2 通过 DIS 引脚放电至 0V,电路保持稳态,$V_O=0$。

2. 时间常数 T_{PO}

如果忽略三极管 VT 的饱和压降,则电容电压 V_C 从 0V 电压充电至 $2/3V_{CC}$ 的时间,即为 VO 端的输出脉宽 T_{PO},$T_{PO}=\ln 3RC_2 \approx 1.1RC_2$。这种电路产生的脉冲宽度可以通过 R、$C_2$ 的数值进行调节,可从几微秒到数分钟,精度可达 0.1%。

3. 可重触发的单稳态触发器

如图 8-10 所示,如果在一次触发的暂稳态时间 T_{PO} 内,电容充电电压未达到 $2/3V_{CC}$,输出尚未回到稳态时,输入端 V_1 再一次加入新的触发脉冲,该脉冲不会引起新的暂稳态过程,电路会继续对电容充电,直至达到 $2/3V_{CC}$,电路回到稳态 0,暂稳态持续时间维持 T_{PO} 不变。也就是说,在前一次暂稳态过程中出现的新的外部触发信号对电路不起作用,通常把这种单稳态触发器称为非重复触发的单稳态触发器。

在某些实际应用中,常常要求单稳电路具有可重复触发的特性,即在电路的暂稳态期间内,如果加入新的触发脉冲,将使电路的暂稳态延续,并重新启动一次从 0 开始的电容充电过程,从新的触发时刻开始,再延时 T_{PO} 时间后,电路才返回至稳定状态。具有这种特性的单稳电路称为可重复触发的单稳态触发器。

在图 8-9 所示电路基础上,增加一个 PNP 三极管 VT,即可构成可重复触发的单稳态触发器,电路如图 8-11(a)所示。电路中,V_1 输入的每个负脉冲触发信号都会通过 VT 使电容 C_1 放电至 0V,启动一次新的充电过程。这种电路的每一次触发都是有效的。

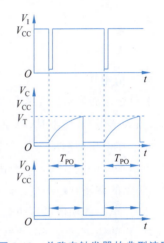

图 8-10 单稳态触发器的典型波形

图 8-11(b)所示的波形图中,当 V_1 输入第 1 个负脉冲后,电路进入暂稳态,$V_O=1$;正常情况下,经过 T_{PO} 时间后,电路会自动回到稳态,$V_O=0$。但在回到稳态 0 之前,又发生了第 2 次外部触发,该触发信号会使电容已经充上的电压完全放掉,当触发脉冲撤除后,重新启动新一轮的 RC 充电过程,再经过 T_{PO} 的充电时间后,当 $V_C>2/3V_{CC}$ 时,电路自动回到稳态 0。

如果在每次回到稳态 0 之前,总有新的触发信号出现,则电路会一直维持暂稳态 1,直到没有新的触发信号出现,电路才回到稳态 0。

可重复触发的单稳态触发器可以作为失落脉冲检出电路,对机器的转速或人的心率进行监视。将机器转速或人的心律脉冲信号作为可重触发单稳态触发器的触发信号,设定单稳态时间 T_{PO} 大于被测对象脉冲宽度,但小于两个被测对象脉冲间隔时间。那么,在正常情况下,单稳态触发器回到稳态之前,总会有新的触发脉冲到达,使单稳态触发器的输出一直保持暂稳态;当机器转速降到一定限度或人的心律不齐或出现停歇时,就会使单稳态触发器出现回到稳态的情况,这时就要发出报警信号,提示工作人员发生了异常情况。

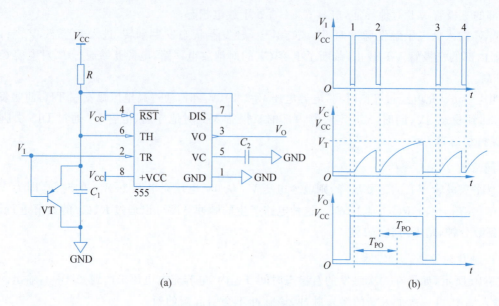

图 8-11 可重触发的单稳态触发器
(a)电路;(b)典型工作波形

4. 阈值电压 V_T

由单稳态触发器的工作原理可知,单稳态时间 T_{PO} 与触发阈值电压 V_T 有关。在相同的 RC 充电常数下,当阈值电压 V_T 小时,单稳态时间 T_{PO} 较短;当阈值电压 V_T 大时,单稳态时间 T_{PO} 较长。

如果在电压控制端施加一个变化的阈值电压 V_T,则电容充电时间 T_{PO} 会随阈值电压 V_T 的变化而变化。如果在触发端输入一个固定频率的触发信号,则在触发器输出端会产生一个脉冲宽度随阈值电压 V_T 变化的调制脉冲序列。因此,由 555 构成的单稳态触发器电路可作为脉冲宽度调制器。当控制电压升高时,电路的阈值电压也升高,输出的脉冲宽度随之增加;而当控制电压降低时,电路的阈值电压也降低,单稳的输出脉宽则随之减小;若控制电压为三角波时,在单稳的输出端便得到一串随控制电压变化的脉冲宽度调制波。

8.3.2 集成单稳态触发器

由于单稳态触发器应用广泛,目前已被制作成一种标准的集成电路器件。其特点是稳定性好,脉冲展宽范围大,外接元件少,电路简单,功能齐全,抗干扰能力强。TTL 集成单稳态触发器产品有许多类型,常用型号有 74xx121、74xx122、74xx123、74xx221 等。CMOS 型有 4047、14528 等。下面以 TTL 集成单稳态触发器 74xx123 为例介绍其组成及功能。

74xx123 封装了两个相同的单稳态触发器,图 8-12 为其引脚排列和原理图符号。

74xx123 的输入端包括以下端口。

(1) $\overline{A}$、B:激励端输入。

(2) $\overline{CLR}$:清 0 端,低电平有效。

(3) CX、CX/RX:阻容元件接入端,用于确定暂稳态时间,$T_{PO} \approx 0.28RC(1+0.7/R)$。

74xx123 输出端包括原变量状态输出端 Q 和反变量状态输出端 $\overline{Q}$。

其功能表如表 8-2 所示。

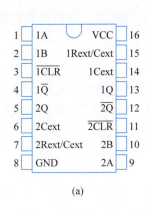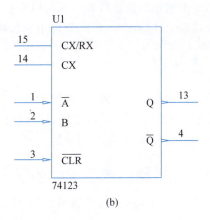

图 8-12 74xx123 的引脚排列与原理图符号

(a)引脚排列；(b)原理图符号

表 8-2 74xx123 的功能表

输入			输出	
$\overline{CLR}$	$\overline{A}$	B	Q	$\overline{Q}$
L	×	×	L	H
×	H	×	L	H
×	×	L	L	H
H	L	↑	⊓	⊔
H	↓	H	⊓	⊔
↑	L	H	⊓	⊔

第 1～3 行：$\overline{CLR}=0$、$\overline{A}=1$ 或 $B=0$ 时，触发器保持稳态 0。

74xx123 可以有 3 种单稳态触发方式。

第 4 行：$\overline{CLR}=1$、$\overline{A}=0$ 时，B 的上升沿可触发。

第 5 行：$\overline{CLR}=1$、$B=1$ 时，A 的下降沿可触发。

第 6 行：$\overline{A}=0$、$B=1$ 时，$\overline{CLR}$ 的上升沿可触发。

8.3.3 单稳态触发器的应用

单稳态触发器是常用的基本单元电路，用途广泛。

1. 定时

由于单稳态触发器能产生一定时间宽度 T_{PO} 的矩形输出脉冲，利用这个矩形脉冲去控制某电路，则可使其在 T_{PO} 时间内动作(或不动作)。如楼道灯延时关断。

2. 噪声消除电路

利用单稳态触发器可以构成噪声消除电路(或称脉宽鉴别电路)。通常噪声多表现为尖脉冲，宽度较窄，而有用的信号都具有一定的宽度。因此，利用单稳电路，将输出脉宽调节到大于噪声宽度而小于信号脉宽。当有用信号保持时间足够长(大于单稳态触发器延时)才被输出，小于触发器延时的信号都被认为是噪声信号不被输出。这样即可消除噪声。

单稳态触发器除上述应用外,还广泛应用于脉冲波形的整形(如展宽)、方波发生器等。

8.4 多谐振荡器

多谐振荡器又称无稳态触发器,主要用于产生各种方波或时钟信号。多谐振荡器可以用各种门电路或 555 定时器配合 RC 充放电电路实现,也可以采用石英晶体振荡器实现,前者结构简单、成本低,后者能够实现振荡频率更加精准、稳定的时钟信号。

8.4.1 由 555 定时器构成的 RC 多谐振荡器

由 555 定时器构成的多谐振荡器如图 8-13 所示,图中 R_1、R_2、C 构成 RC 充放电电路。充电时,555 定时器内部的三极管 VT 处于截止状态,电源通过 R_1、R_2 向电容 C_1 充电;放电时,555 定时器内部的三极管 VT 处于饱和导通状态,电容 C_1 通过 R_2 对地放电。电容电压接 555 定时器的触发端 TH 和 TR。

图 8-14 是该电路的典型工作波形,其工作过程如下。

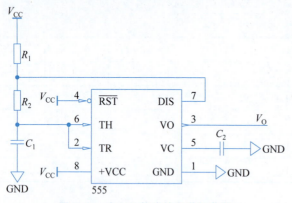

图 8-13 由 555 构成的多谐振荡器

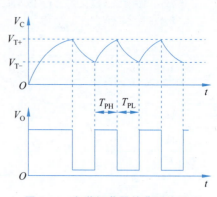

图 8-14 多谐振荡器的典型波形

(1) 接通电源后,由于电容 C 上的电压 $V_C = 0\text{V} < 1/3V_{CC}$,因此 $V_O = 1$;这时,555 定时器内部三极管 VT 截止,电源通过 $(R_1 + R_2)$ 向电容 C 充电。

(2) 当 V_C 上升到 $2/3V_{CC}$ 时,555 定时器通过触发端 TH 使状态翻转,$V_O = 0$,这时,555 定时器内部三极管 VT 饱和导通,电容 C 通过 R_2 和内部三极管 VT 对地放电。

(3) 当 V_C 下降到 $1/3V_{CC}$ 时,555 定时器通过触发端 TR 使状态翻转,$V_O = 1$,这时,555 定时器内部三极管 VT 截止,电容 C 又开始充电。

如此往复循环,在 V_O 上就会产生振荡信号输出。RC 多谐振荡器的振荡周期 T 为电容充放电时间之和,假设电容电压由 $1/3V_{CC}$ 充电至 $2/3V_{CC}$ 的时间为 T_{PH},电容电压由 $2/3V_{CC}$ 放电至 $1/3V_{CC}$ 的时间为 T_{PL},则振荡周期 $T = T_{PH} + T_{PL}$。

电容 C 放电所需的时间:$T_{PL} = \ln2 R_2 C \approx 0.7 R_2 C$。

电容 C 充电所需的时间:$T_{PH} = \ln2 (R_1 + R_2) C \approx 0.7(R_1 + R_2)C$。

因此,振荡周期 $T = T_{PH} + T_{PL} = 0.7(R_1 + 2R_2)C$。

振荡频率:$f \approx 1.43/(R_1 + 2R_2)C$。

占空比(波形为高电平时间与整个周期的比值):$q = T_{PH}/(T_{PH} + T_{PL}) = R_2/(R_1 + 2R_2)$。

由于 555 内部比较器灵敏度较高,而且采用差分电路形式,它的振荡频率受电源电压和温度变化的影响很小。

在上述电路中,$T_{PH} \neq T_{PL}$,而且占空比不能任意调节,如果将电路改成如图 8-15 所示,利用 VD1、VD2 将电容 C_1 充放电回路分开,便构成了占空比任意可调的方波发生器。

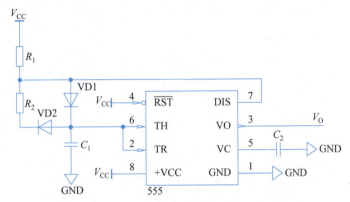

图 8-15 由 555 构成的占空比可调的多谐振荡器[①]

图 8-15 中,V_{CC} 通过 R_1、VD1 向电容 C_1 充电,充电时间为 $T_{PH} \approx 0.7R_1C_1$。

电容器 C_1 通过 VD2、R_2 及 555 中的三极管 VT 放电,放电时间为 $T_{PL} \approx 0.7R_2C_1$。

因而,振荡频率为 $f \approx 1.43/(R_1+R_2)C_1$。

这种振荡器输出波形的占空比为 $q = R_1/(R_1+R_2)$,调节 R_1、R_2 的取值,即可调节占空比。

8.4.2 石英晶体振荡器

RC 多谐振荡器的振荡频率不仅取决于时间常数 RC,而且还取决于阈值电压 V_{T+}、V_{T-}。由于阈值电压容易受温度、电源电压变化的影响,因此频率稳定性较差,在频率稳定性要求较高的场合不太适用。

为了得到频率稳定性很高的方波信号,可采用石英晶体振荡器。石英晶体的电路符号、等效电路及阻抗频率特性如图 8-16 所示。

由阻抗频率特性可知,石英晶体的选频特性非常好,只有与石英晶体固有的串联谐振频率 f_S 相同的振荡信号最容易通过,而其他频率的信号均会被晶体衰减。因此由石英晶体振荡器构成的振荡电路,其振荡频率仅取决于石英晶体的串联谐振频率 f_S,而与电路其他参数无关。

1. TTL 石英晶体多谐振荡器

石英晶体是一种具有压电效应的谐振器件。利用石英晶体构成的振荡器不仅频率稳定性好而且频率选择性也很好。图 8-17 便是 TTL 晶体谐振电路最常用接法。图 8-17(a)为环形振荡器;图 8-17(b)为对称式振荡器。当频率为 f_S 时,石英晶体等效阻抗为 0Ω,相当于两级反相器构成的正反馈电路,其振荡频率取决于晶振的固有频率 f_S,与电路中的 RC 参数无关。振荡器输出端接一个反相器起到信号整形和缓冲作用。

2. CMOS 石英晶体多谐振荡器

图 8-18 为 CMOS 石英晶体多谐振荡器。

---

① 图 8-15 中未考虑二极管压降,考虑二极管压降的充放电时间,读者可自行分析。

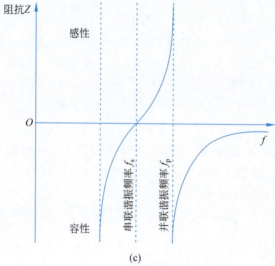

图 8-16 石英晶体振荡器

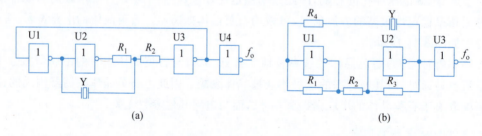

图 8-17 TTL 晶体振荡电路
(a)环形振荡器；(b)对称振荡器

图 8-18 中，反相器 U1 用于振荡，R_f 反馈电阻的作用是为反相器提供静态工作点。C_1、C_2 和石英晶体构成 Π 形网络，完成选频兼移相 180°的作用。其中 C_1 是频率微调电容，一般取 5～35pF，C_2 为温度校正电容，一般取 20～40pF，石英晶体虽然振荡频率极其稳定，但输出波形并不理想，故加 U2 反相器整形以便得到矩形波脉冲。

石英晶体多谐振荡器最大特点是振荡频率稳定度高，工作可靠。因此常用于电子手表，电子钟和高精密度时基定时设备中。

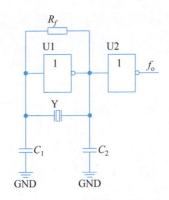

图 8-18　CMOS 晶体振荡电路

本章小结

在数字系统中,常需要各种宽度和幅值的矩形脉冲信号,其产生、定时和整形电路根据需要可选用单稳态触发器、多谐振荡器、施密特触发器及定时器。

555 定时器是一种将模拟功能和逻辑功能结合在一起的中规模集成电路。555 定时器外接几个阻容元件很容易构各种实用的数字与模拟混合电路。施密特触发器用于将输入的不规则波形信号变成良好的矩形波输出信号,抗干扰能力很强。施密特触发器具有电压滞回特性,回差越大,电路抗干扰能力越强,但触发灵敏度会随之变差。单稳态触发器有一个稳定状态和一个暂稳定状态,在外部触发脉冲作用下能从稳态翻转到暂稳态,暂稳态维持一段时间又自动返回稳定状态。多谐振荡器主要用于产生各种方波或时钟信号。常用的多谐振荡器包括 RC 多谐振荡器和石英晶体振荡器。

习题 8

1. 由 555 定时器接成单稳态触发器如图 8-9 所示,$V_{CC}=5\text{V}$,$R=10\text{k}\Omega$,$C=300\text{pF}$,试计算其输出脉冲宽度 T_w。

2. 由 555 定时器接成多谐振荡器如图 8-13 所示,$V_{CC}=5\text{V}$,$R_1=10\text{k}\Omega$,$R_2=2\text{k}\Omega$,$C=470\text{pF}$,计算输出矩形波的频率及占空比。

3. 已知 555 定时器的引脚 6 和 2 连接在一起输入信号 A,引脚 4 输入信号 B,引脚 3 输出信号 V_O,如图 8-19(a)所示。V_A、V_B 输入波形如图 8-19(b)所示,试画出输出 V_O 的波形。

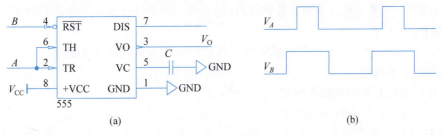

图 8-19　第 3 题图

4. 一种过电压监视电路如图 8-20 所示。试说明当监视电压 V_x 超过一定值时,发光二极管 VD1 将发出闪烁信号的工作原理(提示:当三极管 VT 饱和导通时,555 定时器的引脚 5 可以认为处于接地电位)。

5. 用 555 定时器设计一个回差电压 $\Delta V=2\text{V}$ 的施密特触发器。

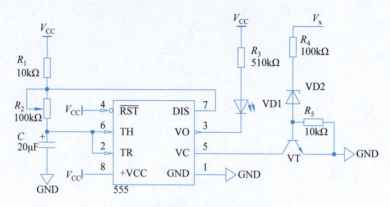

图 8-20　第 4 题图

6. 在图 8-21 所示电路中，试回答下列问题。

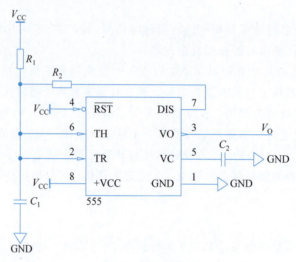

图 8-21　第 6 题图

(1) 解释该电路为什么能产生占空比为 50% 的方波。

(2) 计算其振荡周期。

(3) 经计算表明，R_2 的取值不允许超过 $1/2R$，解释这种限制的原因。

7. 如图 8-22 所示为由 555 定时器构成的锯齿波发生器，三极管 VT 和电阻 R_1、R_2、R_e 构成恒流源，给定时电容 C_1 充电，当触发输入端输入负脉冲后，画出电容电压 V_C 及 555 输出信号 V_O 的波形，并计算电容 C_1 充电的时间。

8. 如图 8-23 为由两个 555 定时器构成的频率可调而脉宽不变的方波发生器。

(1) 试说明其工作原理。

(2) 确定频率变化的范围和输出脉宽。

(3) 解释二极管 VD 在电路中的作用。

9. 施密特触发器电路如图 8-24 所示，试画出 V_I 为正弦波时信号 V_{O1} 和 V_{O2} 的波形，讨论 R_1 和 R_2 为何值时回差电压最大？

10. 如图 8-25 所示为由 TTL 与非门构成的电路，试画出它的输入与输出电压传输特性图，并判断它是何种功能的电路。

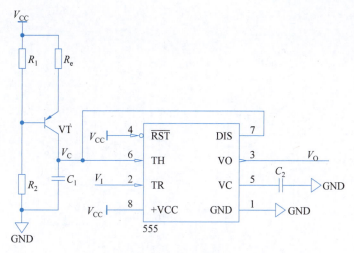

图 8-22 第 7 题图

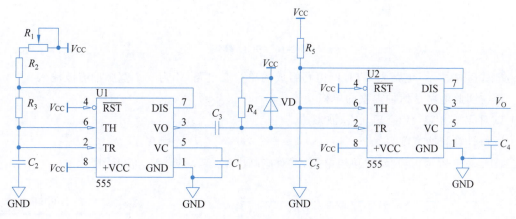

图 8-23 第 8 题图

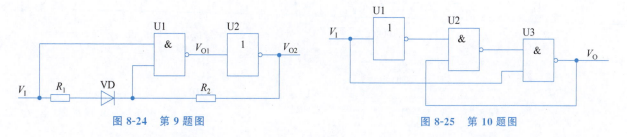

图 8-24 第 9 题图 图 8-25 第 10 题图

11. 采用 TTL 施密特触发器与非门 74132 产生频率为 100kHz 的矩形波,试确定外接元件参数并画出接线图。设施密特上限触发电平 $V_{T+} \approx 1.7V$,下限触发电平 $V_{T-}=0.9V$,输出高电平 $V_{OH}=3.4V$,低电平 $V_{OL}=0.2V$。

12. 如图 8-26 所示的电路为一个回差可调的施密特电路,它是利用射极跟随器的射极电阻来调节回差的。

(1) 试分析电路的工作原理。

(2) 当 $50\Omega \leqslant R_{e1} \leqslant 100\Omega$ 时,回差的变化范围。

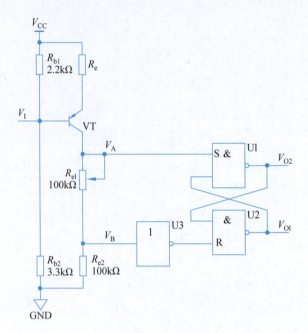

图 8-26　第 12 题图

13. 如图 8-27 所示，电路为 TTL 门电路组成的单稳态电路，V_I 为一个宽脉冲方波输入。

(1) 试说明此电路是何种类型的单稳。

(2) 试对应画出 V_{I1}、V_{O1}、V_{I2}、V_{O2} 波形图。

(3) 近似计算脉冲宽度 t_w。

14. 如图 8-28 所示，是宽延时单稳电路，试对应画出 V_I、V_{O1}、V_R、V_{O2} 波形图。

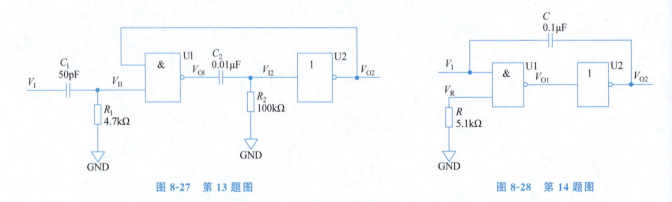

图 8-27　第 13 题图　　　　　　　　　　图 8-28　第 14 题图

15. 如图 8-29 所示，为由 CMOS 或非门构成的单稳态触发器的另一种形式。试回答下列问题。

(1) 分析电路的工作原理。

(2) 画出加入触发脉冲后 V_{O1}、V_{O2} 及 V_R 的工作波形图。

(3) 计算输出脉宽 T_{PO} 的表达式。

16. 若集成单稳态电路 74123 的定时电容 C 为 1μF，阻值 R 为 5kΩ 的定时电阻和 20kΩ 的电位器串联，试估算输出脉宽的变化范围，解释为什么使用电位器时要串接电阻？

17. CMOS 或门电路构成的微分型单稳态触发器如图 8-30 所示。试分析其工作原理，当触发端 V_I 上连续输入两个触发脉冲时，给出 V_{O1}、V_{O2} 以及 V_R 上的信号波形，计算单稳态脉冲的宽度 T_{PO}。

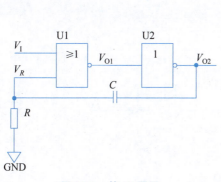
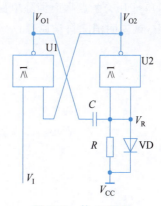

图 8-29　第 15 题图　　　　　　　　图 8-30　第 17 题图

18. 图 8-31 所示为 CMOS 非门构成的多谐振荡器。

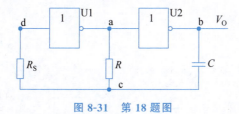

图 8-31　第 18 题图

(1) 画出 a、b、c、d 各点信号的波形图。
(2) 计算电路的振荡周期。

19. RC 环形多谐振荡器电路如图 8-32 所示,试分析电路的振荡过程,画出 V_{O1}、V_{O2}、V_R、V_S、V_{O3}、V_O 的波形图。

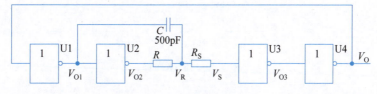

图 8-32　第 19 题图

20. 试分析如图 8-33 所示电路的功能,该电路时钟频率是多少? 对应画出 CP、Q_1、Q_2、Q_3 的波形图。

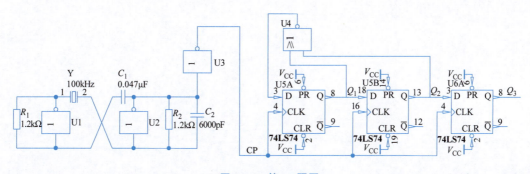

图 8-33　第 20 题图

21. 单刀单掷开关触点噪声消除电路如图 8-34 所示，在满足 RC 电路的充电时间常数大于开关抖动时间条件下，试说明消除抖动原理。

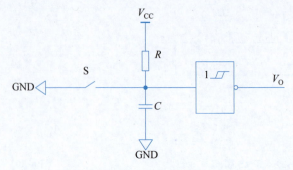

图 8-34　第 21 题图

22. 图 8-35(a)所示是利用单稳消除噪声的电路，若 V_I 如图 8-35(b)所示，试对应画出在 V_I 波形下的 V_O 波形图。

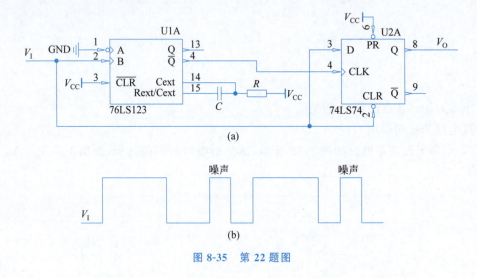

图 8-35　第 22 题图

第 9 章 数字系统综合设计

数字系统综合设计是一个从建立数字系统模型到数字系统实现的完整过程,设计人员需要使用系统的设计方法,才能把握综合设计的全过程。本章首先介绍数字系统的层次化设计方法,然后以一个数字时钟的综合设计过程为例,详细介绍层次化设计方法、使用中小规模逻辑器件的实现方法及使用 VHDL 进行电路描述的方法,最后给出了逻辑电路和 VHDL 描述的仿真测试实例。

9.1 数字系统的层次化设计方法

9.1.1 数字系统的层次化描述

数字系统可以在许多不同的抽象层次下进行设计、研究和描述,这些层次包括从纯粹的不涉及任何硬件实现的系统与功能级模型层次到只包含硬件器件及其连接结构的物理级层次。表 9-1 中列出了设计抽象的各种层次。

表 9-1 数字系统设计的抽象层次

设计层次	抽象层次	模 型 类 别
系统级	最高	对系统整体功能和性能指标进行衡量和描述
功能级		将系统功能划分为具体功能模块,明确每个模块所有的接口和边界,定义模块内部具体功能;确定模块间的接口和信息流向
部件级		在逻辑电路设计或 ASIC 和 FPGA 设计中面积或时序要求较高的模块
晶体管级		涉及模拟电路设计或功率电路设计的模块
物理级	最低	必须用阻容元件、电感元件或特定结构设计的模块,如高频电路

1. 系统级描述

系统级描述就是对整个系统功能和结构模型的描述。在系统级层次描述中,数字系统可以看成是由一个或多个互联的功能模块组成,每个模块只需描述该模块的功能行为,而不管具体的实现方法,模块之间的互联描述各个模块之间的信息流方向。例如,从系统级看,一个计算机系统可以由图 9-1 所示的处理器模块、存储器模块和键盘、显示、打印机以及其他外围设备模块组成。键盘将信息输入处理器模块,处理器模块可以和存储器模块进行信息交换,处理器模块也可以将信息输出到打印机和显示模块,处理器模块也可以与其他 I/O 模块交换信息。

2. 功能级描述

功能级描述是对系统级描述中,要实现的各种功能按模块进行划分,定义信息的存储和信息流向。功能级描述往往不关注电路实现的细节。

功能级描述重点讨论功能模块的合理划分、功能模块的功能定义以及模块之间接口的定义。层次较高的功能级描述中,每个模块的功能定义可以比较宏观,但模块之间接口需要进行明确的说明。

在复杂系统中,功能级描述往往需要多个描述层次,多层次的功能描述是系统设计逐步细化的过程。在多层次的功能描述中,每个上层的功能模块需要用多个下层模块描述,下层描述要利用上层模块

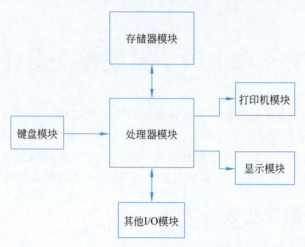

图 9-1　计算机系统的系统级描述

的输入输出信息,确定其内部各个模块的功能,以及模块之间的接口。功能级描述的最底层模块应该是用组合逻辑电路、时序逻辑电路或 HDL 容易实现和描述的逻辑单元,图 9-2 给出了数字系统功能描述的层次化结构示意图。

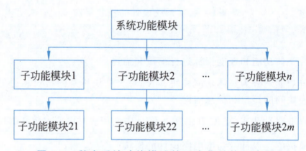

图 9-2　数字系统功能描述的层次化结构示意图

3. 部件级描述

部件级描述是数字系统的低层次描述,在部件级描述中,数字系统的行为通过一组布尔函数表达式来定义,这些布尔函数的功能可以由具体的逻辑电路硬件来实现,逻辑电路硬件包括各种门电路、中规模组合逻辑电路、触发器与锁存器以及中规模时序逻辑电路;也可以用 HDL 的程序进行描述。

4. 晶体管级和物理实现级描述

采用各种集成逻辑器件完全可以实现数字系统的逻辑功能,但各种集成逻辑器件必须用更底层的晶体管来实现,而这些晶体管也由各种半导体材料和其他材料来制造。

涉及模拟电路或功率电路的设计,必须用晶体管级和物理实现级。虽然不是数字电路,但它们是数字系统必不可少的电路扩展,例如键盘电路、显示器件驱动电路、继电器、喇叭等外部设备,甚至于数字系统的供电电源等。

9.1.2　数字系统的层次化设计表示方法

在设计一个层次化结构的数字系统时,往往需要一些基本的符号表示方法和设计工具,目前在很多电路设计软件中采用了比较一致的层次结构符号表示方法,包括原理图的符号表示、原理图的端口表示、信号的接口表示、信号连接及总线连接表示等。

1. 原理图符号与外部端口

一个数字系统可以由多个功能模块组成,其中任何一个功能模块都可以用一个原理图符号抽象表示。图 9-3 给出了一个功能模块原理图符号和外部端口的图形表示。

功能模块的原理图符号可以用一个方框图表示,同时需要给出模块的名称以表示该模块的功能,也需要给出模块的文件名,以关联该模块下一层次的功能细化原理图文件。

一个原理图符号需要定义其输入、输出外部端口,每个外部端口需要定义信号的名称和方向,端口的方向可以是输入、输出或者双向。图 9-3 中原理图符号定义了一个总线输入端口 x1[0..7],它包括 8 个输入信号 x10~x17,一个输出端口 Y1,和两个双向端口 x2 和 Y2。

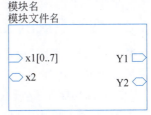

图 9-3 原理图符号与外部端口

2. 功能细化与信号连接

图 9-4 给出了图 9-3 所示功能模块的下层原理图,它是对上层功能模块的功能细化描述。图 9-4 中用两个子功能模块细化了上层模块的功能。

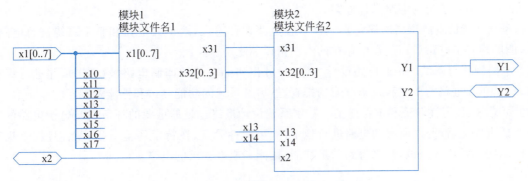

图 9-4 功能模块的下层原理图

在下层原理图中,必须给出上层模块定义的所有外部端口对应的下层信号端口,其名称和方向必须与上层外部端口定义一致。例如,上层模块定义的外部端口 x1[0..7]、x2、Y1 和 Y2,在下层原理图中以同名同方向外部信号端口的形式给出。

在下层原理图中,根据实际电路需要,还应该将这些信号通过各种信号连接方法连接到对应的子模块端口。信号连接主要用于定义不同模块之间、上层与下层模块之间的信号关联关系和信息流向。信号连接可以是单一逻辑信号连接、总线信号连接或者标签信号连接。

单一逻辑信号连接只表示一个逻辑变量的连接,可以用细信号线表示。例如,上图中的模块 1 与模块 2 之间细线连接的信号 x31,表示了信号 x31 由模块 1 流向模块 2。

总线信号连接表示一组逻辑信号的连接,用粗线表示。例如上图中的模块 1 与模块 2 之间粗线连接的 x32[0..3]信号,表示有 4 个信号 x320~x323 由模块 1 流向模块 2;还有上层模块与下层模块之间的关联总线信号 x1[0..7]。总线信号连接可以有效减少图中连线数量,使原理图更加清晰,可读性更强。

标签信号连接可以用于表示单一逻辑信号或者总线信号之间的连接,需要连接的信号之间无需显式地用连线表示,只需将两个信号命名为同一个信号标签。例如,从图 9-4 中可以看出,模块 2 的输入信号 x13、x14,分别来自总线信号 x1[0..7]中的信号 x13、x14,因为它们有相同的信号标签。

需要说明的是,有连线的信号连接是显式连接,很明显可以看到信号之间的连接关系,而标签信号是隐式连接,它不同于普通文本,标签信号具有电气特性,放在哪一条信号连线上,它就代表了该信号,具有相同标签的信号在电气上是连通的,因此,在一个大型的层次化数字系统中,信号标签的命名要有一定的规则,否则会引起系统的混乱。

9.1.3 数字系统的设计过程

数字系统的设计过程是一个复杂的逐步细化的过程。从最初的问题提出,到最终给出成型电路,大致需要以下几个环节。

(1) 明确功能要求,建立系统级描述。在设计数字系统时,首先要进行分析和整理,明确系统的具体功能要求,确定输入输出设备与数字系统的接口,然后画出系统级描述的功能模块图,再根据用户的设计要求,进行相应的修改。

(2) 建立系统层次化功能描述。根据设计要求和系统功能描述,合理划分功能模块和逻辑结构,建立模块之间的信号连接,逐步细化设计层次,直到最底层设计。必要时也可以设计多个方案,再从中挑选。

(3) 合理选择器件,实现电路设计。根据功能要求、系统成本、器件市场等多方面因素,合理选择基本电路元器件,给出系统的电路设计方案。

(4) 系统功能仿真测试与时序仿真测试。在电路设计阶段,对单元电路和整个系统进行电路仿真与测试,能够检查出电路设计过程中存在的潜在错误和隐患。

(5) 电路制作与调试。按照电路设计方案,设计出实际电路的印制电路板(PCB),并进行焊接、电路调试,包括单元电路的调试和系统故障的排查,然后是系统的功能测试和性能测试。

(6) 可靠性、稳定性验证和电路成型。数字系统设计最终也是最重要的环节就是电子电路的定型。做出最终的电路之后,要对所有的电路进行稳定性、可靠性验证,在特定环境下(温度、湿度、干扰等)进行一定时间的实际运行测试,最终得到满足功能、性能和成本要求的电路。

9.2 数字时钟的层次化结构设计

数字时钟是一个非常典型的小型数字系统,其设计过程能够比较充分地说明一个数字系统的层次化设计方法。数字系统的层次化建模过程与电路实现过程是数字系统层次化设计的两个独立环节,但它们又是相互衔接的一个整体。

本章给出了一个比较完整的数字时钟层次化设计方案,在此需要给出以下几点说明。

(1) 设计过程重点说明数字系统层次化设计的过程和方法,未考虑设计方案的优劣。

(2) 所给电路原理图和 VHDL 程序未考虑成本和优化问题,只从功能实现角度进行了阐述。

9.2.1 问题的提出

设计一个数字时钟,该数字时钟具有如下功能。

(1) 24 小时制计时功能,能够显示时、分、秒。
(2) 校时功能,可以分别对时、分、秒进行单独校时,并单独显示。
(3) 整点报时功能,到达整点由蜂鸣器报时。
(4) 闹钟功能,能够设定闹钟时、分,并由蜂鸣器发声提醒。

9.2.2 系统分析与顶层设计

层次化设计方法为设计人员提供了一种可操作的数字系统设计手段,它使设计者从最初始的宏观角度入手,首先对系统进行整体描述,然后采用逐步细化的方法,对系统功能模块进行划分。对于复杂的功能模块,可能需要进行较多层次的功能模块划分和细化,直到设计人员能够利用自己熟知的电路实现方法,给出每个底层功能模块的电路实现方案。

层次化设计方法也是对一个数字系统从抽象建模到具体实现的完整描述过程。抽象建模的过程并不涉及电路实现的细节,只是对模型应完成的功能和外部接口进行描述和定义。数字系统的层次化模型建立以后,其实现方法可以是多样的,因系统规模、条件、环境、实现目的不同,可以选择不同的电路实现方案,如采用中小规模的门电路和触发器实现、采用 SPLD 器件实现,也可以采用基于大规模 CPLD/FPGA 器件的 HDL 描述,甚至可以在处理器基础上用软件实现。

层次化设计方法在每一个设计层次上主要考虑两个问题:模块的划分、模块之间的信号连接。模块划分主要根据细化层次的需要,合理划分和定义各个模块实现的逻辑功能;信号连接则表示各个模块之间传递哪些信息和信息传递的方向。

本例中的数字系统设计可以从数字时钟的功能描述入手,首先将系统分成 3 部分:时钟主体部分(数字时针模块)、输入部分(按键输入模块)、输出部分(状态显示模块)。系统的顶层模型如图 9-5 所示。

图 9-5　数字时钟的顶层设计

1. 数字时钟主体

数字时钟主体对应的是数字时钟模块,是数字时钟系统的核心,实现数字时钟的计时、校时、闹钟等功能。它是顶层的系统级描述,可以不涉及数字时钟功能实现的具体方法,但要明确给出系统的输入与输出信号,以及这些信号的作用。

(1) 输入信号 Key_Time、Key_Alarm、Key_Inc:系统的按键输入信号,高电平有效,用于控制时钟的校时、闹钟设置功能。

(2) 输入信号 CLK:为整个数字时钟系统提供一个精准的计时时钟源。

(3) 输入信号 RST:为整个数字时钟系统提供一个统一的复位信号,低电平有效,使系统在上电或人为启动时,有一个一致的初始状态。

(4) 输出信号 Run、Adj_Time、Adj_Alm:系统的状态指示输出,高电平有效,用于指示当前时钟所处工作状态和模式。

(5) 输出信号 LED6~LED1[0..6]：6 个 LED 数码管七段编码输出，用于显示 hh-mm-ss 的数码，可用于计时、校时和闹钟设置工作模式，高电平有效。

(6) 输出信号 Sound：系统的声音信号输出，高电平有效，用于整点报时和闹钟响铃。

2. 输入输出部分

输入输出部分是数字系统的外部输入输出设备以及它们与数字时钟主体部分的接口。由于输入部分和输出部分都与具体的外部设备有关且电路相对较为简单，因此在电路设计阶段可以直接给出其电路实现，层次结构设计过程中可以到此停止，不需要对它们进行功能细分。

本系统的外部输入包括以下部分。

(1) 系统复位模块，为系统提供一个统一的复位信号 RST，使系统刚刚启动或人为复位时，数字时钟内部各部分进入统一的初始状态；当复位信号消除后，系统各部分各自有序工作。本系统中，复位信号定义为"0"有效。

(2) 系统时钟，为系统提供一个精确的时钟信号源 CLK。作为一个用于计时的数字时钟系统，精确的时钟信号源是保证数字时钟精度的基础。

(3) 系统按键，是校时、设置闹钟的主要输入手段。按照本系统的功能要求，可以设置 Key_Time(校时)、Key_Alarm(闹铃)、Key_Inc(加 1)3 个按键，通过它们的组合，实现数字时钟的校时、设置闹钟功能。

本系统的外部输出包括以下部分。

(1) 数码显示输出：用于数码显示。按照本系统功能要求，应能显示正常的时钟计时：hh-mm-ss，也应能够提供校时、设置闹钟的显示。本例中选用 6 个七段数码管作为数码显示设备。

(2) 声音报警输出：用于声音报警和响铃。按照本系统功能要求，应能在整点、闹铃到时的时刻进行声音提示。本例中采用蜂鸣器作为声音输出设备。

(3) 状态指示：用于指示数字时钟当前所处状态。按照本系统功能要求，系统具有计时、校时、闹铃设置功能，因此本例采用 3 个发光二极管指示数字时钟状态。

9.2.3 功能级层次化描述

对于图 9-5 所示的系统描述，由于输入部分和输出部分电路结构比较简单无须功能细化，所以只需进一步细化数字时钟模块的层次结构。

按照系统功能要求，数字时钟应具有计时、校时、设置闹钟 3 种功能，因此应针对这 3 种功能对系统进行功能划分和结构设计。图 9-6 给出了数字时钟模块的功能级描述。

图 9-5 中，最核心的模块是计时模块、闹钟模块以及时钟控制模块，其余显示控制模块、状态指示模块、声音控制模块用于将时钟的各种信息送到输出设备，还有各种时钟分频模块用于产生系统运行所需要的各种时钟信号源。下面分别描述这些模块的功能定义和信号连接。

1. 时钟控制模块

该模块是整个时钟的控制器，它接受用户的按键输入，产生对应的状态输出，用于控制整个系统的运行。其输入和输出定义如下。

(1) 输入信号 Key_Time：校时按键信号，用于进入校时模式，高电平输入脉冲有效。在任意状态下，第 1 个脉冲使时钟停止计时，并进入调整时模式，第 2 个脉冲进入调整分模式，第 3 个脉冲进入调整秒模式，第 4 个脉冲回到计时运行模式。

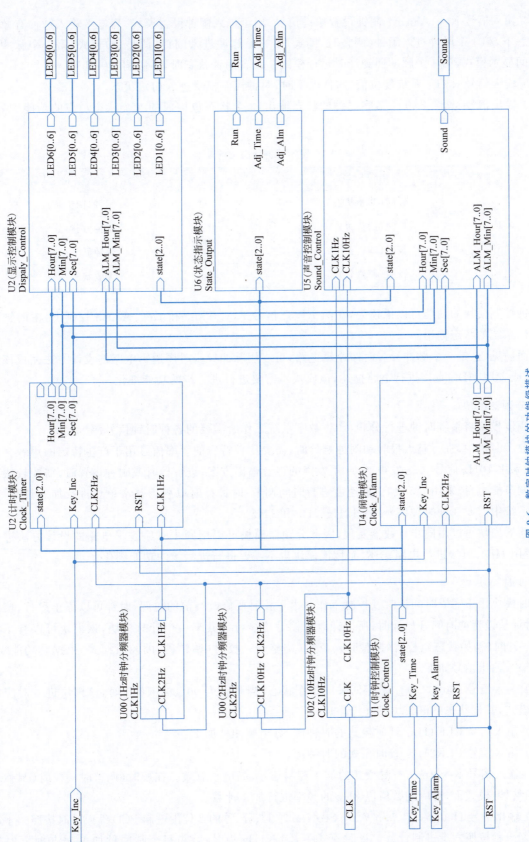

图 9-6 数字时钟模块的功能级描述

(2) 输入信号 Key_Alarm：闹钟设置按键信号，用于进入闹钟设置模式，高电平输入脉冲有效。在任意状态下，第 1 个脉冲进入闹钟（调整时）模式，第 2 个脉冲进入闹钟（调整分）模式，第 3 个脉冲进入闹钟时间显示模式，第 4 个脉冲回到计时运行模式。设置闹钟状态时，不影响时钟计时。

(3) 输入信号 RST：系统复位信号，低电平时，时钟控制模块进入初始状态。

(4) 输出信号 state[2..0]：数字时钟的状态输出，3 个状态位构成的 8 个状态对应的功能如表 9-2 所示。

表 9-2 数字时钟状态位的功能

state[2..0]	功 能 定 义	state[2..0]	功 能 定 义
000	计时（初始状态）	100	闹钟（调整时）
001	校时（调整时）	101	闹钟（调整分）
010	校时（调整秒）	110	闹钟显示
011	校时（调整分）	111	无效状态

时钟控制模块的功能可以描述为，在两个按键信号 Key_Time 和 Key_Alarm 控制下，由时钟控制模块产生系统的状态输出。

显而易见，这是一个脉冲异步时序逻辑电路，可以用脉冲异步时序逻辑电路的设计方法完成该电路的设计，或者用 HDL 直接进行电路描述，该模块不需要进行进一步的功能细化。

2. 分频器模块

分频器模块将系统时钟进行分频，产生数字系统工作所需要的各种时钟信号源。

在数字时钟中，进行整点报时和闹钟响铃时，需要比较特殊的频率信号用于产生特定的声音。本系统中，拟采用 10Hz 信号 0.5s 发声、0.5s 不发声的声音输出方案；进行校时或闹钟设置时，需要较快一点的时间调节能力，拟采用 0.5s 加 1 的速度进行时间调节；时钟计时以秒为基本单位进行加 1 计时；因此在整个系统中需要 3 种时钟信号源：10Hz、2Hz 和 1Hz。

分频器模块可以用同步计数器实现，因此分频器模块可以用同步时序逻辑电路的设计方法进行设计，或者用 HDL 直接进行电路描述，而且该模块也不需要进行进一步的功能细化。

3. 计时模块

计时模块用于完成时间计时及校时工作。由于校时要修改当前的时间，时钟可以停止运行，校时完成后，时钟从设置的时间开始计时，所以计时和校时功能可以共享一个计时模块，该模块可以有 4 种工作模式：计时（初始状态）、校时（调整时）、校时（调整分）、校时（调整秒）的校时模式，根据其功能需求，定义其输入输出信号如下。

(1) 输入信号 state[2..0]：数字时钟的工作状态，当状态为 001、010、011 时，该模块进入对应的校时工作模式，其他状态下该模块只进行计时。

(2) 输入信号 CLK1Hz：计时模式的时钟源，每个脉冲秒加 1。

(3) 输入信号 CLK2Hz：校时模式的时钟源。

(4) 输入信号 Key_Inc：校时模式的加 1 控制信号，高电平有效。在校时（调整时）、校时（调整分）、校时（调整秒）模式下，对应的数值以 2Hz 的频率进行加 1 计数。

(5) 输出信号 Hour[7..0]、Min[7..0]、Sec[7..0]：时、分、秒的 2 位十进制 BCD 编码。时按照二十四进制计数，分、秒按照六十进制计数。计时模式下，CLK1Hz 为时钟源，每个脉冲秒加 1，分与时同时进位计数。校时模式下,CLK2Hz 为时钟源,分别对时、分、秒进行加 1 计数,不产生进位。

(6) 输入信号 RST:系统复位信号,低电平有效,高电平时系统正常工作。

由上面分析可以看出,计时模块仍然是同步计数器,可以用同步时序逻辑电路的设计方法进行设计。

进一步分析可以看到,该模块的计数功能比较复杂。计时模式需要考虑时、分、秒各自的计数,以及它们各自不同的计数进位;校时模式需要分别独立地调节时、分、秒的计数,调节其中之一时,其他数值保持不变。这样的计数器虽然可以用同步时序逻辑电路设计方法进行设计,但其结构复杂且功能不单一,直接设计是比较困难的。建议对该模块进一步细分成多个独立的子功能模块,然后再进行电路实现。

4. 闹钟模块

闹钟模块用于完成闹钟的时间设置和记忆功能。由于在闹钟设置模式下,时钟仍要保持运行状态,所以闹钟模块不能与计时模块共享存储资源,需要单独设置功能模块。

该模块可以有 3 种工作模式:闹钟(调整时)、闹钟(调整分)、闹钟显示,闹钟最小时间单位为分,不需要精确到秒。系统具有设置闹钟的功能,相应地也应该具有取消闹钟的功能,为了减少按键个数,闹钟采用二十五进制,当闹钟的小时为 24 时,计时时钟不可能达到这个数值,就取消闹钟,其他时间为有效闹钟。根据其功能需求,定义其输入输出信号如下。

(1) 输入信号 state[2..0]:数字时钟的工作状态,当状态为 100、101、110 时,该模块进入闹钟设置工作模式,其他状态下该模块保持不变。

(2) 输入信号 CLK2Hz:闹钟设置模式的时钟源。

(3) 输入信号 Key_Inc:闹钟设置模式的加 1 控制信号,高电平有效。在闹钟的时、分设置模式下,对应的数值以 2Hz 的频率进行加 1 计数。

(4) 输入信号 RST:系统复位信号,低电平有效,高电平时系统正常工作。

(5) 输出信号 ALM_Hour[7..0]、ALM_Min[7..0]:闹钟的时、分采用 2 位十进制 BCD 编码。设置闹钟时,时按照二十五进制计数,当设为 24 时,表示取消闹钟设置;分按照六十进制计数。CLK2Hz 为时钟源,每个脉冲对时、分都进行加 1 计数,不产生进位。

与计时模块相似,闹钟模块也是同步计数器。这样的计数器虽然可以用同步时序逻辑电路设计方法进行设计,但其结构复杂且功能不单一,直接设计比较困难,建议对该模块进一步细分成多个独立的子功能模块,然后再进行电路实现。

5. 显示控制模块

显示控制模块完成系统在不同工作模式下的 LED 数码管显示输出控制。不同工作模式下,LED 数码管的显示功能定义如表 9-3 所示。

表 9-3 LED 数码管的显示功能定义

state[2..0]	数字时钟工作模式	LED 数码管显示功能定义
000	计时(初始状态)	显示时、分、秒
001	校时(调整时)	显示时,不显示分、秒
010	校时(调整秒)	显示秒,不显示时、分
011	校时(调整分)	显示分,不显示时、秒
100	闹钟(调整时)	显示时,不显示分、秒

续表

state[2..0]	数字时钟工作模式	LED 数码管显示功能定义
101	闹钟(调整分)	显示分,不显示时、秒
110	闹钟显示	显示时,不显示分、秒
111	无效状态	无效状态

根据功能需求,定义其输入输出信号如下。

(1) 输入信号 state[2..0]：数字时钟的工作状态,用于控制 LED 数码管显示输出。

(2) 输入信号 Hour[7..0]、Min[7..0]、Sec[7..0]：计时模块的时、分、秒采用 2 位十进制 BCD 编码。

(3) 输入信号 ALM_Hour[7..0]、ALM_Min[7..0]：闹钟模块的时、分采用 2 位十进制 BCD 编码。

(4) 输出信号 LED6[0..6]~ LED1[0..6]：6 个 LED 数码管的七段控制信号,高电平有效。

由上面分析可以看出,显示控制模块是组合逻辑电路,可以用组合逻辑电路的设计方法进行设计。

从电路功能上看,该模块首先要根据系统的不同工作模式选择不同的信息进行输出,然后要把输出信息转换为 LED 数码管的七段编码;从电路规模上看,该模块需要同时考虑时、分、秒信息的输出和代码转换,规模较大。

这样的组合逻辑电路如果采用逻辑电路实现,建议对该模块进一步细分成多个独立的子功能模块,然后再进行电路实现。如果采用 HDL 描述电路功能,可以不再细分功能模块,直接给出电路功能描述。

6. 状态指示模块

状态指示模块完成系统的运行、校时、闹钟设置 3 种功能的状态指示。状态指示的功能定义如表 9-4 所示。

表 9-4 状态指示的功能定义

state[2..0]	数字时钟工作模式	状态指示功能定义
000	计时(初始状态)	运行
001	校时(调整时)	校时
010	校时(调整秒)	校时
011	校时(调整分)	校时
100	闹钟(调整时)	闹钟设置
101	闹钟(调整分)	闹钟设置
110	闹钟显示	闹钟设置
111	无效状态	无效状态

根据功能需求,定义其输入输出信号如下。

(1) 输入信号 state[2..0]：数字时钟的工作状态,用于产生状态指示输出。

(2) 输出信号 Run：数字时钟运行状态指示,高电平有效。

(3) 输出信号 Adj_Time：校时状态指示,高电平有效。

(4) 输出信号 Adj_Alm：闹钟设置状态指示,高电平有效。

由上面分析可以看出,状态指示模块是组合逻辑电路且功能单一,可以用组合逻辑电路的设计方法进行设计,或者用 HDL 直接进行电路描述,该模块不需要进行进一步的功能细化。

7. 声音控制模块

声音控制模块完成计时模式下的整点声音报时和闹钟有效时的闹钟响铃两种功能。根据其功能需求,定义其输入输出信号如下。

(1) 输入信号 state[2..0]:数字时钟的工作状态,在时钟运行模式下,整点时(分=00,秒=00)产生 1s 的声音报时声音输出;当前时间与闹钟时间相等时,产生 1min 的闹铃声音输出。

(2) 输入信号 Hour[7..0]、Min[7..0]、Sec[7..0]:计时模块的时、分、秒采用十进制 BCD 编码。

(3) 输入信号 ALM_Hour[7..0]、ALM_Min[7..0]:闹钟模块的时、分采用十进制 BCD 编码。

(4) 输入信号 CLK1Hz、CLK10Hz:闹钟声音合成信号源。整点或闹铃时,声音信号由这两个频率信号合成。

(5) 输出信号 Sound:蜂鸣器声音输出控制信号,高电平有效。

由上面分析可以看出,声音控制模块也是简单的组合逻辑电路且功能单一,可以用组合逻辑电路的设计方法进行设计,或者用 HDL 直接进行电路描述,该模块不需要进行进一步的功能细化。

9.2.4 计时模块的功能细化

在图 9-6 所示电路模块中,除计时模块、闹钟模块和显示控制模块比较复杂外,其他模块已经明显可以用功能独立的组合逻辑、时序逻辑单元电路直接实现。因此,在功能细化的层次设计阶段,只需对复杂的功能模块继续进行细化层次设计。

计时模块的原理图符号如图 9-7 所示,该模块完成时、分、秒的计时和校时功能。它需要实现的功能较多,结构比较复杂,因此需要进一步进行功能细化。

为了使设计尽可能规整、简单,在数字电路设计过程中常用单元电路复用的方法。

分析该模块的功能可知,无论是时钟计数还是校时计数,该模块的核心是时、分、秒的计数器设计,时钟计数和校时计数的区别仅仅在于计数频率和进位方式的不同。同时,时、分、秒计数有很大的相似之处,都是两位 BCD 码的十进制数加 1 计数,但计数进制不一样,小时按照二十四进制计数,分、秒按照六十进制计数。

为了使单元电路的设计变得简单通用,可以设计一个最大计数值为 99 (或称模 100)的通用十进制计数器,使用同一个设计方案,通过设置不同的模值,实现时、分、秒的计数。

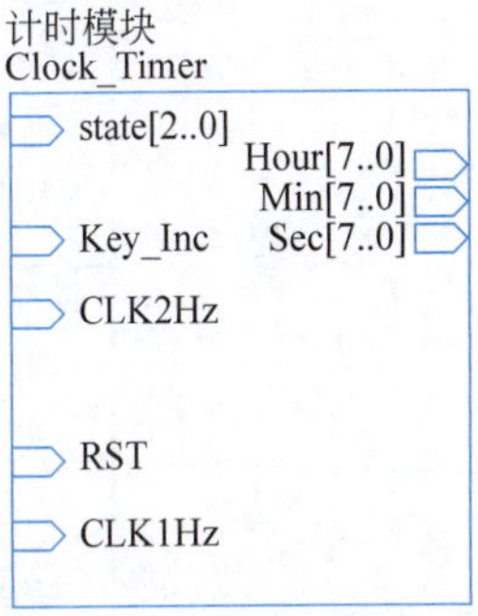

图 9-8 给出了计时模块的细化层次设计原理图。

图 9-7 计时模块的原理图符号

该原理图主要由 4 部分组成,分别是时、分、秒计数模块和计数时钟逻辑模块。

时、分、秒计数模块具有相似的结构:一个最大计数值为 99 的通用十进制计数器模块,其最大计数值由外部给定;另一个是加 1 进位逻辑模块,计时模式下,按照时钟计时规律产生进位信号;校时模式下,均按 2Hz 频率产生加 1 进位信号。

计数时钟逻辑模块用于在计时、校时模式下,选择不同的时钟源作为时、分、秒的统一计数时钟。

1. 通用十进制计数器模块

该模块是一个最大计数值为 99 的通用十进制同步计数器,计数时钟、最大计数值和计数加 1 条件由外部给定。根据其功能需求,定义其输入输出信号如下。

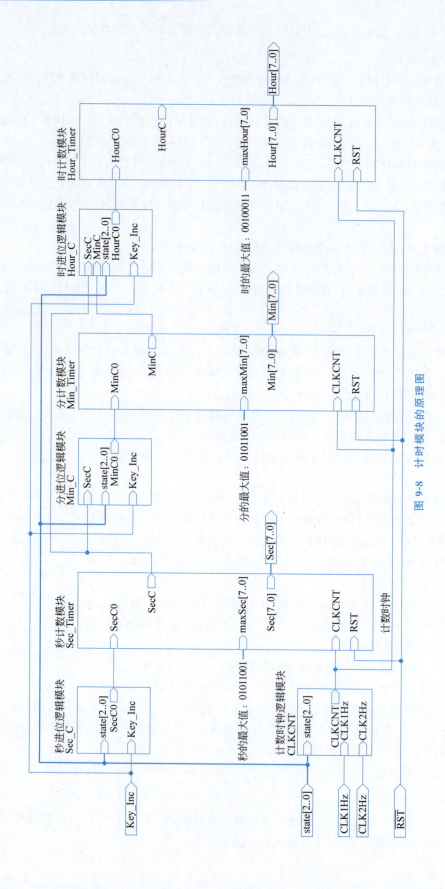

图 9-8 计时模块的原理图

(1) 输入信号 max[7..0]：计数器的最大计数值采用十进制 BCD 编码表示。

(2) 输入信号 C_0：计数器加 1 进位条件。当 $C_0=1$ 时，每个时钟脉冲计数器加 1；$C_0=0$，计数器不进行加 1 计数。

(3) 输入信号 CLKCNT：计数器的统一时钟脉冲。脉冲到达时计数器所有计数位按照计数逻辑进行同步计数。

(4) 输入信号 RST：系统复位信号，低电平有效，高电平时系统正常工作。

(5) 输出信号 Q[7..0]：2 位十进制 BCD 计数编码。当计数器达到给定的计数最大值 max 时，下一个有效计数脉冲，计数器自动清 0。

(6) 输出信号 QC：计数器溢出指示信号。当计数器达到给定的计数最大值 max 时，QC=1，平时 QC=0。

通用十进制计数器模块是一个多位的同步时序逻辑电路且功能单一容易实现，可以用同步时序逻辑电路的设计方法进行设计，或者用 HDL 直接进行电路描述，该模块不需要进行进一步的功能细化。

2. 时、分、秒计数模块

时、分、秒计数模块具有完全相同的内部结构，是对通用十进制计数器模块的复用。在时、分、秒计数模块中，其输入输出信号定义如下。

(1) 输入信号 maxHour[7..0]、maxMin[7..0]、maxSec[7..0]：时、分、秒计数器的最大计数值，分别为 23、59、59 的十进制 BCD 码。

(2) 输入信号 HourC0、MinC0、SecC0：时、分、秒计数器的加 1 进位条件。计时模式下，每个计数脉冲到达时，秒计数器都要进行加 1 计数，分钟计数器在秒计数溢出时才进行加 1 计数，小时计数器在秒计数、分钟计数同时溢出时才进行加 1 计数。校时模式下，每个计数脉冲到达时，时、分、秒在相应的校时模式各自进行加 1 计数。

(3) 输入信号 CLKCNT：时、分、秒计数器的统一时钟脉冲。脉冲到达时，所有计数器按照计数逻辑进行同步计数。

(4) 输入信号 RST：系统复位信号，低电平有效，高电平时系统正常工作。

(5) 输出信号 Hour [7..0]、Min [7..0]、Sec [7..0]：时、分、秒计数器采用 2 位十进制 BCD 计数编码。当时、分、秒计数器达到各自给定的计数最大值 max 时，下一个有效计数脉冲到达，计数器自动清 0。

(6) 输出信号 HourC、MinC、SecC：时、分、秒计数器溢出指示信号。当计数器达到给定的计数最大值时输出高电平，平时为低电平。

时、分、秒计数模块是对通用十进制计数器模块的复用，不需要进行进一步的功能细化。

3. 时、分、秒进位逻辑模块

时、分、秒进位逻辑模块分别在计时、校时模式下，为时、分、秒计时模块提供加 1 进位逻辑信号。由于时、分、秒的进位逻辑各不相同，因此它们需要用不同的功能模块表示。

1) 秒进位逻辑模块

在计时模式下，总使加 1 进位条件 SecC0 为 1；在校时模式下，只有调整秒计数时才允许秒计数加 1 进位。因此该模块需要如下输入输出信号。

(1) 输入信号 state[2..0]：数字时钟的工作状态。

(2) 输入信号 Key_Inc：校时模式的加 1 控制信号，高电平有效。

(3) 输出信号 SecC0：秒计数加 1 进位条件，高电平有效。在计时模式下，或者秒校时模式下并且

Key_Inc=1时,加1进位信号SecC0为1,其他情况为0。

2) 分进位逻辑模块

在计时模式下,当产生秒计数溢出时,使加1进位条件MinC0为1;在校时模式下,只有调整分计数时才允许分计数加1进位,因此该模块需要如下输入信号。

(1) 输入信号state[2..0]：数字时钟的工作状态。

(2) 输入信号Key_Inc：校时模式的加1控制信号,高电平有效。

(3) 输出信号MinC0：分计数加1进位条件,高电平有效。在计时模式下,当秒计数产生计数溢出或者分计数校时模式下并且Key_Inc=1时,加1进位信号MinC0为1,其他情况为0。

3) 时进位逻辑模块

在计时模式下,当秒计数、分计数都产生计数溢出时,才使加1进位条件HourC0为1;在校时模式下,只有调整时计数的时候才允许时计数加1进位,因此该模块需要如下输入信号。

(1) 输入信号state[2..0]：数字时钟的工作状态。

(2) 输入信号Key_Inc：校时模式的加1控制信号,高电平有效。

(3) 输出信号HourC0：时计数加1进位条件,高电平有效。在计时模式下秒计数、分计数都产生计数溢出时,或者时校时模式下并且Key_Inc=1时,加1进位信号HourC0为1,其他情况为0。

时、分、秒进位逻辑模块逻辑功能比较简单,是组合逻辑单元电路,因此不需要进行功能细化。

4. 计数时钟逻辑模块

计数时钟逻辑模块用于产生时、分、秒计数模块的统一计数时钟信号。在计时、校时模式下,需要选择不同的时钟源作为时、分、秒的统一计数时钟。因此该模块需要如下输入输出信号。

(1) 输入信号state[2..0]：数字时钟的工作状态。

(2) 输入信号CLK1Hz：计时模式的时钟源,每个脉冲秒加1。

(3) 输入信号CLK2Hz：校时模式的时钟源,每个脉冲秒加1。

(4) 输出信号CLKCNT：时、分、秒计数器的统一时钟脉冲输出。在计时模式下选择CLK1Hz作为计数时钟;在校时模式下选择CLK2Hz作为计数时钟。

计数时钟逻辑模块是组合逻辑单元电路且功能简单,因此不需要进行功能细化。

9.2.5 闹钟模块的功能细化

闹钟模块的原理图符号如图9-9所示,该模块用于完成闹钟时间的设置和记忆,即实现时、分的时间设置,其功能与计时模块接近,因此可以采用计时模块相似的设计方法。

分析该模块的功能可知,该模块的核心是时、分计数器。计数时钟采用2Hz的时钟源。按照计时模块的设计方法,图9-10给出了闹钟模块的功能细化层次设计。

该电路主要由时、分闹钟模块和闹钟进位逻辑模块组成。

与计时模块相似,时、分闹钟模块具有相同的结构,可以复用计时模块设计的通用十进制计数器模块,选择CLK2Hz时钟信号作为时钟源进行快速的闹钟设置计数,它们共享相同复位信号RST。闹钟进位逻辑模块用于产生时、分闹钟计数模块的加1进位条件。

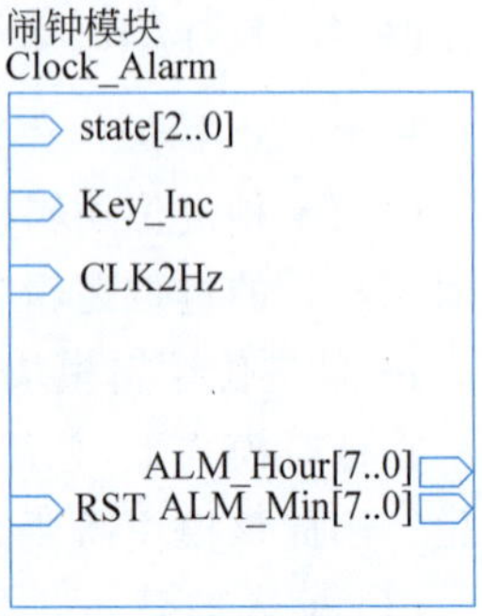

1. 时、分闹钟模块

时、分闹钟模块是对通用十进制计数器模块的复用。在时、分闹钟模块

图9-9 闹钟模块的原理图符号

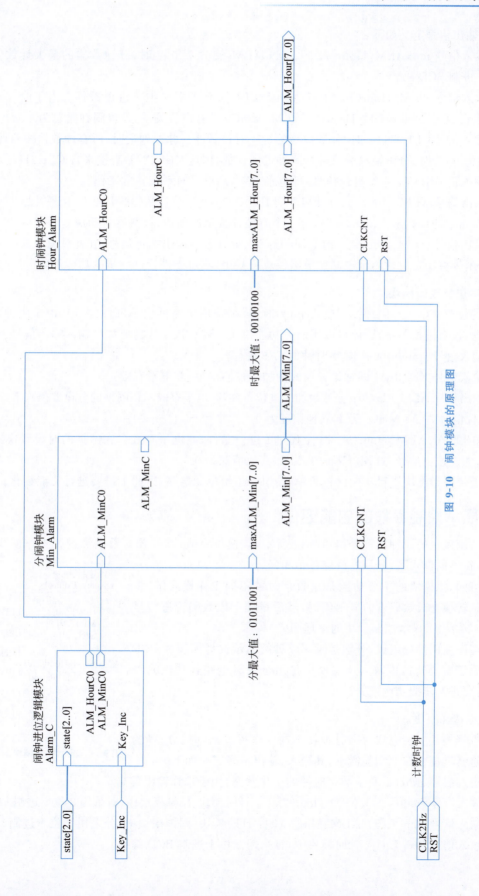

图 9-10　闹钟模块的原理图

中,其输入输出信号定义如下。

(1) 输入信号 maxALM_Hour[7..0]、max ALM_Min[7..0]:时、分计数器的最大计数值,分别为 24、59 的十进制 BCD 码。

(2) 输入信号 ALM_HourC0、ALM_MinC0:时、分计数器的加 1 进位条件。由于时、分闹钟模块分别独立进行设置,因此 ALM_HourC0、ALM_MinC0 没有进位关系,设置闹钟时总为 1。

(3) 输入信号 CLKCNT:时、分计数器的统一时钟脉冲。脉冲到达时,所有计数器按照计数逻辑进行同步计数。由于时、分闹钟模块只进行闹钟设置计数,因此 CLKCNT 直接来自 CLK2Hz。

(4) 输入信号 RST:系统复位信号,低电平有效,高电平时系统正常工作。

(5) 输出信号 ALM_Hour[7..0]、ALM_Min[7..0]:时、分计数器采用 2 位十进制 BCD 计数编码。当达到各自给定的计数最大值 max 时,下一个有效计数脉冲到达,计数器自动清 0。

(6) 输出信号 ALM_HourC、ALM_MinC:时、分计数器溢出指示信号,在此没有意义。

时、分闹钟模块是对通用十进制计数器模块的复用,不需要进行进一步的功能细化。

2. 闹钟进位逻辑模块

闹钟进位逻辑模块在闹钟设置模式下,为时、分闹钟模块提供加 1 进位信号。由于闹钟的时、分设置各自独立,没有进位关系,因此可以用同一功能模块实现。该模块需要如下输入输出信号。

(1) 输入信号 state[2..0]:数字时钟的工作状态。

(2) 输入信号 Key_Inc:闹钟设置模式的加 1 控制信号,高电平有效。

(3) 输出信号 ALM_MinC0:分计数加 1 进位条件,高电平有效。在闹钟的分设置模式下,Key_Inc=1 时,加 1 进位信号 ALM_MinC0 为 1,其他情况为 0。

(4) 输出信号 ALM_HourC0:时计数加 1 进位条件,高电平有效。在闹钟的时设置模式下,Key_Inc=1 时,加 1 进位信号 ALM_HourC0 为 1,其他情况为 0。

闹钟进位逻辑模块逻辑功能比较简单,是组合逻辑单元电路,因此不需要进行功能细化。

9.2.6 显示控制模块的功能细化

显示控制模块的原理图符号如图 9-11 所示,该模块完成计时、校时及闹钟设置工作模式下的信息显示功能,在不同模式下,显示的内容各不相同。

分析可知,该模块的主要功能是在数字时钟不同工作模式下,将对应的信息转换七段数码管的显示编码,然后送到七段数码管进行显示。图 9-12 给出了显示控制模块的原理图。

该原理图由两部分组成,分别是时、分、秒的显示选择模块和 BCD 到七段数码管编码转换模块。这些模块是组合逻辑电路且功能简单独立,不需要进一步的功能细分。

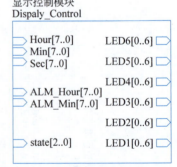

图 9-11 显示控制模块的原理图符号

1. 显示选择模块

显示选择模块主要完成数字时钟在不同工作模式下,时、分、秒的显示输出选择功能。按照功能需求,其输入、输出信号定义如下。

(1) 输入信号 state[2..0]:数字时钟的工作状态,用于选择输出信息。

(2) 输入信号 Hour[7..0]、ALM_Hour[7..0]:计时模块、闹钟模块中,时采用 2 位十进制 BCD 编码。

(3) 输入信号 Min[7..0]、ALM_Min[7..0]:计时模块、闹钟模块中,分采用 2 位十进制 BCD 编码。

(4) 输入信号 Sec[7..0]:计时模块中,秒采用 2 位十进制 BCD 编码。

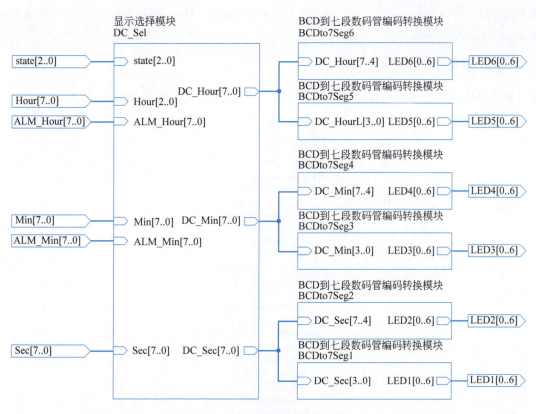

图 9-12 显示控制模块的原理图

（5）输入信号 DC_Hour[7..0]、DC_Min[7..0]、DC_Sec[7..0]：不同工作模式下，产生的选择输出。不同工作模式下时、分、秒显示输出选择的定义如表 9-5 所示。

表 9-5 显示输出选择的定义

state[2..0]	数字时钟工作模式	DC_Hour[7..0]	DC_Min[7..0]	DC_Sec[7..0]
000	计时（初始状态）	Hour[7..0]	Min[7..0]	Sec[7..0]
001	校时（调整时）	Hour[7..0]	11111111	11111111
010	校时（调整秒）	11111111	11111111	Sec[7..0]
011	校时（调整分）	11111111	Min[7..0]	11111111
100	闹钟（调整时）	ALM_Hour[7..0]	11111111	11111111
101	闹钟（调整分）	11111111	ALM_Min[7..0]	11111111
110	闹钟显示	ALM_Hour[7..0]	ALM_Min[7..0]	11111111
111	无效状态	无效状态	无效状态	无效状态

需要说明的是，当输出为 11111111 时，七段数码管不显示任何信息。

2. BCD 到七段数码管编码转换模块

BCD 到七段数码管编码转换模块实现 4 位 BCD 编码到七段数码管编码的转换。由于要用到 6 个

LED 数码管,因此将该模块复用了 6 次,将 DC_Hour[7..0]、DC_Min[7..0]、DC_Sec[7..0]构成 hh-mm-ss 的 6 个 LED 数码管编码。

9.2.7 数字时钟的层次化设计结构

通过以上各个层次的分析和设计,构成了数字时钟的层次化设计结构,如图 9-13 所示。

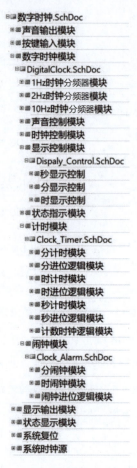

图 9-13 数字时钟的层次化设计结构

由图 9-13 可以看出,整个设计过程按需要分成 3 个设计层次,高层次到低层次之间是功能逐步细化的过程。对于不同的数字系统,根据复杂程度的不同以及设计人员知识和经验的不同,设计层次的细化程度可以不同,设计层次的细化程度最终应取决于系统实现的方法和可行性。

一个数字系统可以按照不同的设计思路构造出不同的层次化设计方案,最终根据系统实现的难易程度、成本以及系统的稳定性,从中选择比较优秀的设计方案进行电路实现。本书给出的层次化设计方案旨在说明数字系统的一般性设计思路、方法和过程,未充分考虑设计方案的优劣,因此可以起到抛砖引玉的作用。

9.3 数字时钟的逻辑电路实现

层次化设计方法在高层次设计上只注重功能的划分和信息的传递,不涉及电路的具体实现细节,数字系统的层次化设计过程独立于数字电路实现方法。

在上面的数字时钟层次化设计中,建立了数字时钟的层次设计结构。层次化设计可以清晰地描述系统各个功能模块的功能,以及功能模块之间的信号连接关系。从数字时钟的层次化设计结构中可以看出,整个系统分成3个设计层次,每个层次都有功能简单且独立的模块,它们已经是底层模块,无须进行功能细分,可以直接用逻辑电路实现。对于那些功能复杂且无法用逻辑电路直接实现的模块,则需要进一步细分功能,形成下一层次的设计。

用集成逻辑器件实现数字系统,只需将最底层的功能模块用合适的逻辑器件实现,形成一个个功能独立的逻辑电路单元,这些逻辑单元之间的连接关系和整个系统的逻辑结构,由上层的信号连接和功能模块的层次化关系来保证。当底层的功能模块用逻辑器件实现以后,即可将一系列的逻辑电路单元按照上层模块定义的逻辑关系构成整个数字系统的电路实现。

9.3.1 第一层次设计的逻辑电路实现

数字时钟的第一层次结构如图9-5所示。第一层次的设计是对系统的抽象描述,其中包含一些简单电路或数字电路无法直接实现的电路,可以直接给出其电路实现。

在图9-5所示的系统描述中,由于输入部分和输出部分都与具体的外部设备有关且电路相对较为简单,因此可以直接给出其电路实现。数字时钟模块实现系统的核心功能,功能较为复杂,因此需要进一步进行功能细化,才能给出其电路实现。

1. 输入部分

1) 按键输入模块

由于机械按键存在机械抖动问题,因此可以使用简单的RC电路再经过施密特触发反相器消除按键抖动。消除按键抖动的方法很多,在此不再赘述。

2) 系统时钟源模块

时钟信号源实现方法很多,包括R、L、C振荡时钟源、晶体振荡时钟源等,可以根据实际需要和成本进行选择。晶体振荡时钟源可以获得高精度的基本时钟信号。为了保证数字时钟的精度,最好采用石英晶体振荡器产生的时钟源信号。具体电路可参阅第8章多谐振荡器,也可直接引用实验平台提供的时钟源。

3) 系统复位模块

复位电路是一般数字系统必需的电路单元,为系统初始上电或出现故障后提供一个统一的工作状态。图9-14给出了一种简单的复位电路原理图,包括上电复位和按键复位功能。如果要使系统能够自动复位,需要较为复杂的自动复位电路,可参考第8章的单稳态触发器部分。

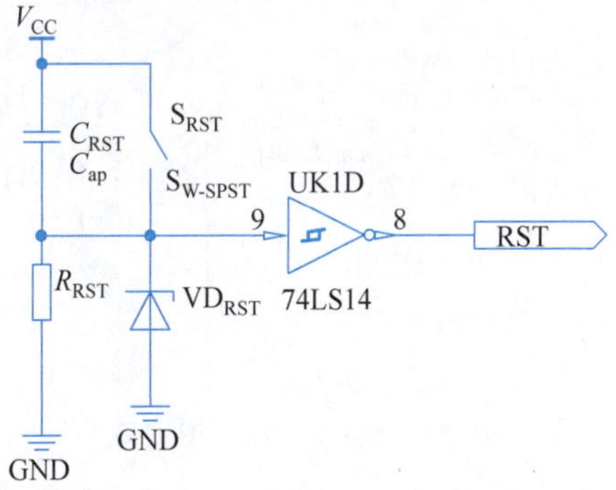

2. 输出部分

1) 状态指示与声音输出模块

图9-15、图9-16给出了时钟状态指示电路和声音输出电路。

状态指示电路使用简单的发光二极管指示数字时钟的运行、校时、设置闹钟3种状态。声音输出模块使用直流蜂鸣器作为声音输出设备。

图 9-14 复位电路的原理图

2) 显示输出模块

图9-17仅给出了小时高位数码的显示输出模块的原理图,其他各位数码的显示输出具有相同结

构。图 9-17 中使用共阴极的七段数码管,提供时钟、校时、设置闹钟的数码显示。七段数码管 a~g 的编码由数字时钟模块提供。

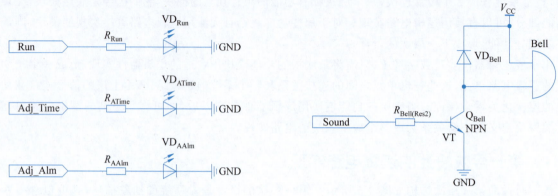

图 9-15　状态指示电路原理图　　　　　　　　图 9-16　声音输出电路原理图

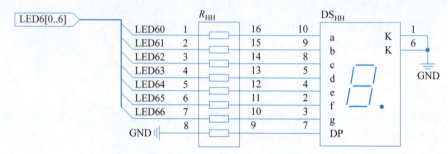

图 9-17　显示输出模块的原理图

9.3.2　第二层次设计的逻辑电路实现

第二层次设计是对上层模块的细化描述。本系统中,数字时钟模块是数字时钟的主体,用于实现系统的核心功能,功能较为复杂,因此需要进一步细化功能描述。

图 9-6 给出了数字时钟模块的功能级描述框图。其中,最核心的模块是计时模块和闹钟模块和时钟控制模块。此外,还有显示控制模块、状态指示模块、声音控制模块、时钟分频器模块等。

由于计时模块、闹钟模块及显示控制模块需要对时、分、秒分别进行处理,电路结构比较复杂,因此在此阶段不进行电路实现。其余模块都可以直接用组合或时序单元电路实现,因此它们已经是底层模块。

1. 时钟控制模块

时钟控制模块的原理图符号如图 9-18 所示。

图 9-18　时钟控制模块的原理图符号

按照 9.3.2 节时钟控制模块的功能描述可知,这是一个脉冲异步时序逻辑电路。脉冲输入信号为 Key_Time 和 Key_Alarm,状态输出信号为 state[2..0]。为便于设计,设输入变量 $x_1=$ Key_Time, $x_2=$ Key_Alarm,状态变量为 y_2、y_1、y_0,state[2..0]$=y_2y_1y_0$。状态的定义如表 9-6 所示。

表 9-6 时钟状态控制模块状态编码的含义

$y_2 y_1 y_0$	功 能 定 义	state[2..0]
000	计时(初始状态)	000
001	校时(调整时)	001
010	校时(调整秒)	010
011	校时(调整分)	011
100	闹钟(调整时)	100
101	闹钟(调整分)	101
110	闹钟显示	110
111	无效	111

按照功能描述,时钟控制模块的状态图如图 9-19 所示。

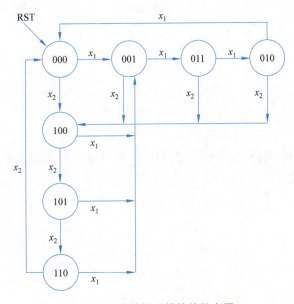

图 9-19 时钟控制模块的状态图

按照状态图,可以得到其状态表,如表 9-7 所示。

表 9-7 时钟控制模块的状态表

$y_2 y_1 y_0$ 现态	$y_2 y_1 y_0$ 次态			
	$x_2 x_1 = 00$	$x_2 x_1 = 01$	$x_2 x_1 = 11$	$x_2 x_1 = 10$
000	000	001	×××	100
001	001	011	×××	100
010	010	000	×××	100
011	011	010	×××	100
100	100	001	×××	101
101	101	001	×××	110
110	110	001	×××	000
111	111	×××	×××	×××

如果选用 D 触发器作为状态存储元件,则需要 3 个 D 触发器,设其激励端分别为 C_2D_2、C_1D_1、C_0D_0,当有脉冲输入时,使 D 触发器的脉冲激励端 $C=1$ 表示有脉冲输入。由时钟控制模块状态表和 D 触发器的激励表,可得时钟控制模块的激励函数真值表如表 9-8 所示。

表 9-8 时钟控制模块激励函数的真值表

$y_2y_1y_0$ 现态	C_2D_2,C_1D_1,C_0D_0			
	$x_2x_1=00$	$x_2x_1=01$	$x_2x_1=11$	$x_2x_1=10$
000	0×,0×,0×	10,10,11	×× ×	11,10,10
001	0×,0×,0×	10,11,11	×× ×	11,10,10
010	0×,0×,0×	10,10,10	×× ×	11,10,10
011	0×,0×,0×	10,11,11	×× ×	11,10,10
100	0×,0×,0×	10,10,10	×× ×	11,10,11
101	0×,0×,0×	10,10,10	×× ×	11,11,10
110	0×,0×,0×	10,10,10	×× ×	10,10,10
111	0×,0×,0×	1×,1×,1×	×× ×	1×,1×,1×

由时钟控制模块激励函数真值表,通过卡诺图化简,容易得到激励函数表达式:

$$C_2 = x_2 + x_1$$
$$D_2 = y_2 y_1 + \overline{y_2}\,\overline{x_1} + \overline{y_1}\,\overline{x_1}$$
$$C_1 = x_2 + x_1$$
$$D_1 = y_2 y_0 \overline{x_1} + \overline{y_2} y_0 \overline{x_2}$$
$$C_0 = x_2 + x_1$$
$$D_0 = y_2 \overline{y_1}\,\overline{y_0} + y_2 \overline{x_2} + y_1 \overline{x_2}$$

时钟控制模块的逻辑电路实现原理图如图 9-20 所示。

图 9-20 中使用了 3 个 D 触发器(74LS74)作为存储元件,实现了时钟控制模块的逻辑电路。其时钟端和激励端电路均符合上述函数表达式,未进行进一步的优化。触发器的所有清 0 端接在系统复位端 RST 上,当系统复位时,RST=0,触发器状态重置为初始状态 000。

2. 分频器模块

分频器模块将系统时钟进行分频,产生数字系统工作所需要的各种时钟信号源。

在数字时钟中,进行整点报时和闹钟响铃时,需要比较特殊的频率信号用于产生特定的声音,因此本系统需要 10Hz、2Hz 和 1Hz 的 3 种时钟信号源。设计时,首先由系统时钟信号 CLK 经分频器模块产生 10Hz 的时钟信号 CLK10Hz,再由 10Hz 信号经 5 分频器模块产生 2Hz 的时钟信号 CLK2Hz,最后由 2Hz 信号经 2 分频器模块产生 1Hz 的时钟信号 CLK1Hz。其中 10Hz 分频器模块的分频数由系统时钟信号 CLK 的频率决定。

分频器模块的原理图符号如图 9-21 所示,图中只给出了 10Hz 时钟的电路符号,2Hz、1Hz 时钟分频电路具有相似的原理和结构。该模块将输入的时钟信号进行分频,产生期望的时钟输出。

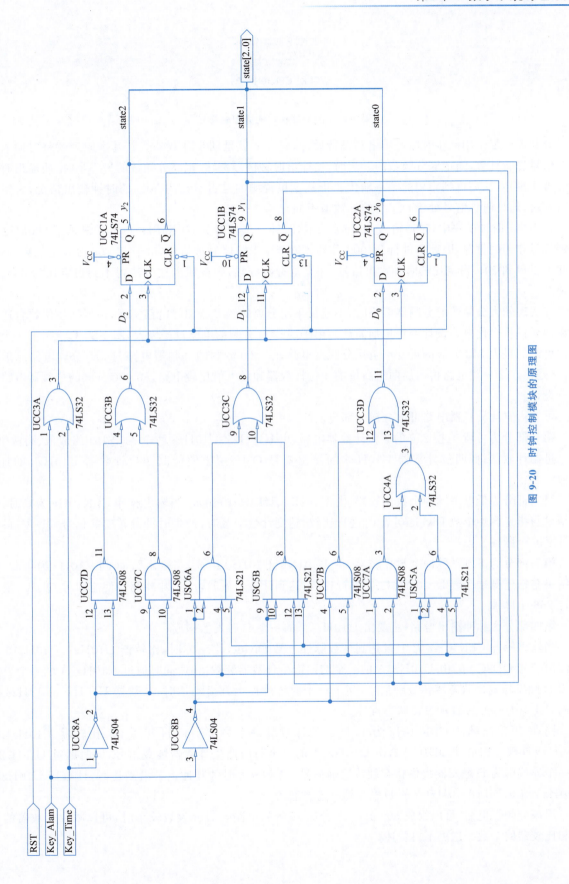

图 9-20 时钟控制模块的原理图

图 9-21 分频器模块的原理图符号

分频器一般采用同步时序逻辑电路进行设计,实际上就是同步计数器。其基本原理就是对输入的脉冲信号进行计数,当记满分频数的一半时,使输出时钟信号翻转,记满分频数的另一半时,使输出时钟信号再次翻转,从而得到希望的频率输出。当然这里说明的是占空比为 50% 的时钟输出情况,占空比不对称时,输出时钟信号处于 0、1 时的计数值不同。

在 10Hz 时钟模块中,时钟输入信号为 CLK,时钟输出信号为 CLK10Hz。本系统采用 500kHz 的时钟信号作为时钟源,因此要进行 50 000 分频才能产生 10 Hz 时钟信号,由于 50 000 分频是偶数分频,因此可以得到 50% 占空比的时钟输出信号,如果是奇数分频,则按照上述方法得不到占空比为 50% 的时钟源。

在实现较大分频数的分频器电路时,不建议采用分离的触发器和门电路实现,选择计数位数合适的计数器元件将会使电路设计变得更加简洁。由于 50 000 分频的电路过于庞大,图 9-22 只给出了一个占空比可调的最大 512 分频的可变占空比分频器电路,50 000 分频的分频器电路与 512 分频电路原理相同,只是比 512 分频电路再增加两组高位的 4 位计数器和最大值比较电路,50 000 分频的分频器电路可自行设计。

可变占空比分频器电路可以分成 4 部分。

第一部分为可清 0、模 256 的 8 位计数器电路,由 U10Hz5、U10Hz8 两个 74LS161 组成低、高两个 4 位二进制计数器;低四位计数器 U10Hz5 的溢出信号 Q3C,用于使能高四位计数器 U10Hz8 的加 1 计数。

第二部分为低电平脉冲个数比较器,由 U10Hz7、U10Hz10 组成,当输出脉冲 CLK10Hz 为 0 时,计数结果与指定脉冲个数 Divider0[7..0]进行比较,达到计数个数时,产生时钟翻转使能信号 QD0C;最大可计 256 个脉冲。

第三部分为高电平脉冲个数比较器,由 U10Hz6、U10Hz9 组成,当输出脉冲 CLK10Hz 为 1 时,计数结果与指定脉冲个数 Divider1[7..0]进行比较,达到计数个数时,产生脉冲翻转使能信号 QD1C;最大可计 256 个脉冲。

第四部分为脉冲输出电路,主要由 U10Hz1A 的一个 D 触发器构成。

当输出脉冲 CLK10Hz 为 0,且达到计数脉冲个数 Divider0[7..0]时,比较器 U10Hz7、U10Hz10 计数溢出信号 QD0C=0,由 U10Hz3A 的一个与门产生计数器装载信号,同时通过 U10Hz2A 的一个异或门为 D 触发器提供状态翻转激励信号,当下一个时钟脉冲上升沿到达时,计数器 U10Hz5、U10Hz8 清 0,同时 U10Hz1A 的 D 触发器状态翻转为 1。

同理,当输出脉冲 CLK10Hz 为 1,且达到计数脉冲个数 Divider1[7..0]时,比较器 U10Hz4A、U10Hz5 计数溢出信号 QD1C=1,由 U10Hz3A 的一个与门产生计数器装载信号,同时通过 U10Hz2A 的一个异或门为 D 触发器提供状态翻转激励信号,当下一个时钟脉冲上升沿到达时,计数器 U10Hz5、U10Hz8 清 0,同时 U10Hz1A 的 D 触发器状态翻转为 0。

用该分频器电路,可以组成 500 分频、5 分频、2 分频电路。当分频数较小时,可以减少计数器的位数和比较器的个数。这里不再赘述。

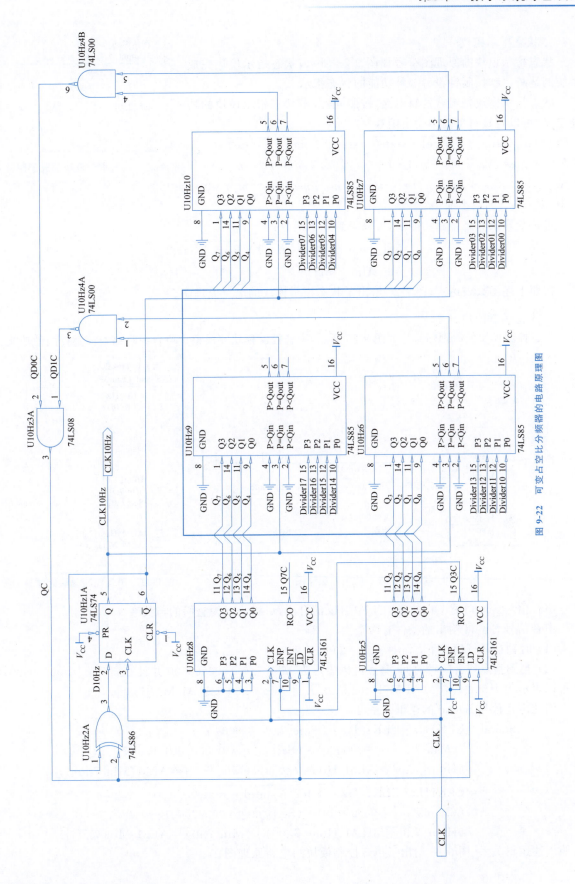

图 9-22 可变占空比分频器的电路原理图

3. 状态指示模块

状态指示模块的原理图符号如图 9-23 所示,状态指示模块完成系统的运行、校时、闹钟设置 3 种功能的状态指示。

状态指示模块是组合逻辑电路,按照 9.2.3 节状态指示模块的功能定义,可以直接写出 3 个输出函数。

$Run = m_0 = \overline{state2} \cdot \overline{state1} \cdot \overline{state0} = \overline{state2 + state1 + state0}$

$Adj\_Time = (m_1 + m_2 + m_3) \cdot 1 + (m_0 + m_4 + m_5 + m_6 + m_7) \cdot 0$

$Adj\_Alm = (m_4 + m_5 + m_6) \cdot 1 + (m_0 + m_1 + m_2 + m_3 + m_7) \cdot 0$

其中,$m_0 \sim m_7$ 为最小项。

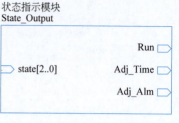

图 9-23 状态指示模块的原理图符号

进一步研究状态指示功能表,可以得到如下函数:

$$Adj\_Time = \overline{Run} \cdot \overline{state2} = \overline{Run + state2}$$

$$Adj\_Alm = \overline{state2}$$

按照上述函数表达式,图 9-24 给出了状态指示模块的电路原理图。

4. 声音控制模块

声音控制模块的原理图符号如图 9-25 所示,声音控制模块完成整点声音报时和闹钟闹铃两种功能。

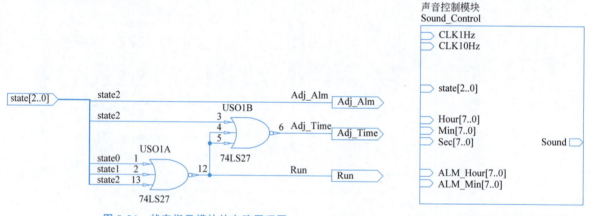

图 9-24 状态指示模块的电路原理图　　图 9-25 声音控制模块的原理图符号

声音信号 Sound 是 CLK1Hz、CLK10Hz 的合成,可以表示为它们的与关系。

声音信号 Sound 输出的条件有两个。

(1) 时钟在运行模式下,state[2..0]=000。

(2) 当到整点或者闹铃时间,整点可以表示为 Min[7..0]=00000000 并且 Sec[7..0]=00000000;闹铃可以表示为 Hour[7..0]=ALM_Hour[7..0] 并且 Min[7..0]=ALM_Min[7..0]。

因此声音信号 Sound 的逻辑关系可以表示为

$Sound = CLK1Hz \cdot CLK10Hz \cdot (state[2..0]=000) \cdot$
$\quad ((Min[7..0]=00000000) \cdot (Sec[7..0]=00000000) +$
$\quad (Hour[7..0]=ALM\_Hour[7..0]) \cdot (Min[7..0]=ALM\_Min[7..0]))$
$= CLK1Hz \cdot CLK10Hz \cdot \overline{state2 + state1 + state0} \cdot$
$\quad ((Min[7..0]=00000000) \cdot (Sec[7..0]=00000000) +$
$\quad (Hour[7..0]=ALM\_Hour[7..0]) \cdot (Min[7..0]=ALM\_Min[7..0]))$

按照上述逻辑关系,图 9-26 给出了声音控制模块的电路原理图。

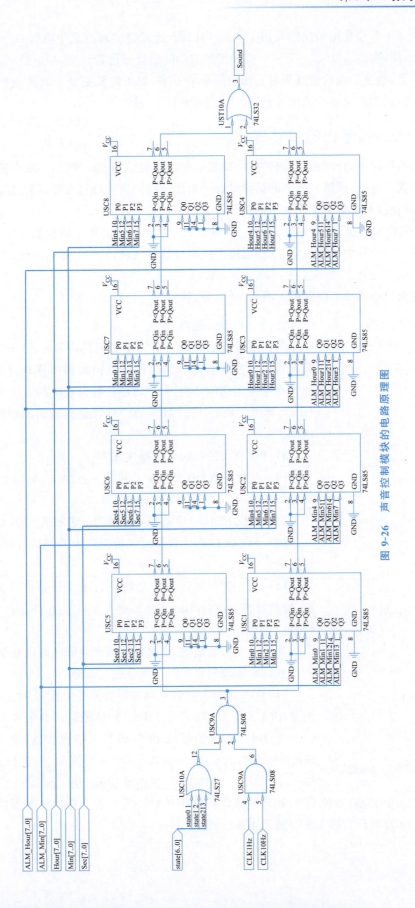

图 9-26 声音控制模块的电路原理图

逻辑关系中 4 个 8 位数据的比较采用了 8 片 74LS85 比较器实现。其中，USC1～USC4 实现了闹钟时、分与当前时间的比较，USC5～USC8 实现了当前时间的整点比较。

需要说明的是，这里实现的整点报时是比较简单的方案，如果需要更复杂的整点报时方案，例如整点预报、变声报时，则需要更复杂的比较电路，这里不再展开讨论。

9.3.3 计时模块的逻辑电路实现

在上一层次的设计中，计时模块、闹钟模块和显示控制模块结构比较复杂，不能直接给出电路实现，仍需继续细化层次设计，形成第三层次的结构设计。由层次结构设计过程可知，第三层次的所有模块均为底层模块，可以直接给出各个子模块的电路设计方案。

图 9-8 所示的计时模块原理图中包括时、分、秒计数模块和计数时钟逻辑模块等模块。其中时、分、秒计数模块复用了一个最大计数值为 99 的通用十进制计数器模块，它们有各自的时、分、秒加 1 进位逻辑模块。

计数时钟逻辑模块选择不同的时钟源作为时、分、秒的统一计数时钟。

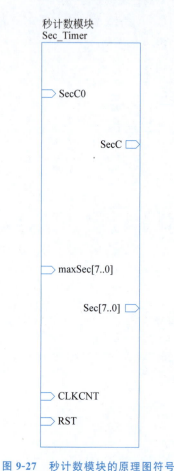

图 9-27　秒计数模块的原理图符号

1. 时、分、秒计数模块

时、分、秒计数模块具有完全相同的内部结构，是对通用十进制计数器模块的复用。这里仅以秒计数模块为例进行设计，时、分计数模块具有完全相同的结构，只需将秒计数模块中的名称 Sec 更换为 Min、Hour，即可实现时、分计数模块。秒计数模块的原理图符号如图 9-27 所示。

秒计数模块的功能可以描述如下。

（1）在时钟信号 CLKCNT 的统一控制下，进行 2 位 BCD 码的十进制计数。

（2）低位 BCD 码计数器最大值为二进制的 1001。

（3）2 位 BCD 码计数器最大值可以由外部输入变量 maxSec[7..0] 设定。

（4）2 位 BCD 码计数器是否进行加 1 计数由外部信号 SecC0 控制，计数脉冲到达时，SecC0＝1，进行加 1 计数；SecC0＝0，不进行加 1 计数。

按照以上功能描述，给出秒计数模块的原理图如图 9-28 所示。

秒计数模块的原理图可以分成 3 部分。

（1）第一部分为可清 0、可置初值的最大值 99 的 2 位 BCD 码计数器电路，由 UST1、UST2 两个 74LS161 组成低、高两个 BCD 码进制计数器。

（2）第二部分为低位 BCD 码最大值比较器，由 UST3 组成。在 SecC0＝1 时，计数值 Sec[3..0] 与最大值 1001 进行比较，当计数值 Sec[3..0] 等于 1001 时，产生相等信号，使 UST1 产生初值装载信号 LD（低电平有效），同时允许高位 BCD 码计数器进行加 1 计数。当下一个计数脉冲到达时，UST1 装载初值 0000，高位 BCD 码计数器 UST2 进行加 1 计数。

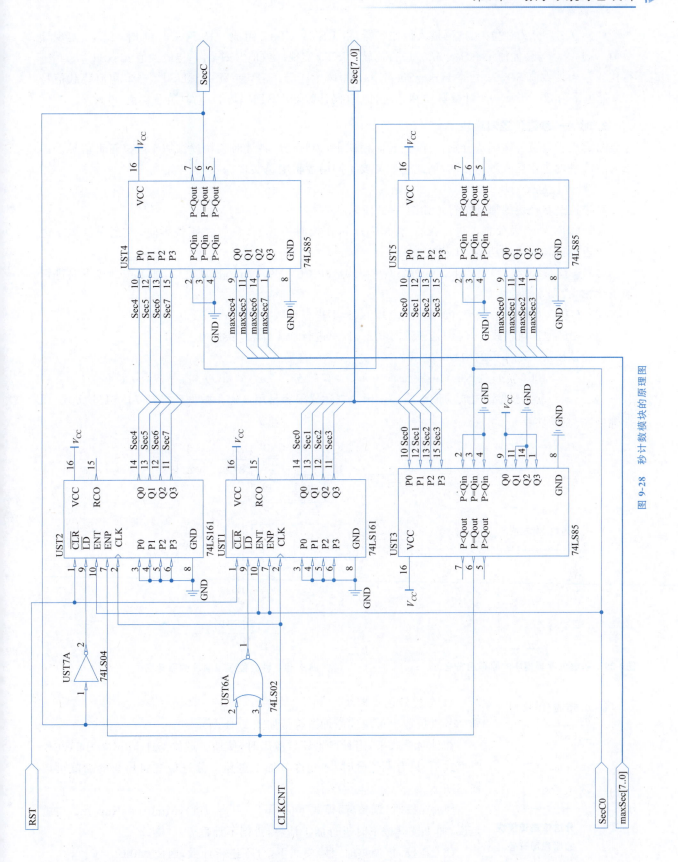

图 9-28 秒计数模块的原理图

(3) 第三部分为 2 位 BCD 码最大值比较器,由 UST4、UST5 组成。在 SecC0＝1 时,UST4 实现计数值 Sec[3..0] 与最大值 maxSec[3..0] 进行比较,UST5 实现计数值 Sec[7..4] 与最大值 maxSec[7..4] 进行比较。当计数值 Sec[7..0] 等于 maxSec[7..0] 时,产生相等信号,使 UST1、UST2 产生初值装载信号 LD(低电平有效),当下一个计数脉冲到达时,BCD 码计数器 UST1、UST2 同时装载初值 0000。

2. 时、分、秒进位逻辑模块

时、分、秒进位逻辑模块分别在计时、校时模式下,为时、分、秒计时模块提供加 1 进位逻辑信号。由于时、分、秒的进位逻辑各不相同,因此它们需要不同的逻辑电路实现。

1) 秒进位逻辑模块

秒进位逻辑模块的原理图符号如图 9-29 所示。

在计时模式下,总使加 1 进位条件 SecC0 为 1,在校时模式下,只有在调整秒时,才允许秒加 1 进位。秒进位逻辑模块的功能可以描述如下。

(1) 在校时(调整秒)模式下(state[2..0]＝010),SecC0＝ Key_Inc,也就是说,加 1 按键按下时进行加 1 计数,否则不计数。

(2) 在校时(调整时)、校时(调整分)模式下,秒不进行计数,因此 SecC0＝0。

(3) 在其他任何模式下,时钟处于计时状态,秒总进行加 1 计数,SecC0 总为 1。

因此该模块实现如下的函数表达式:

$$SecC0 = m_2 \cdot Key\_Inc + (m_1 + m_3) \cdot 0 + (m_0 + m_4 + m_5 + m_6 + m_7) \cdot 1$$

其中,$m_0 \sim m_7$ 为状态变量构成的最小项。该函数表达式很容易用 8 选 1 数据选择器 74LS151 实现,原理图如图 9-30 所示。

图 9-29 秒进位逻辑模块的原理图符号

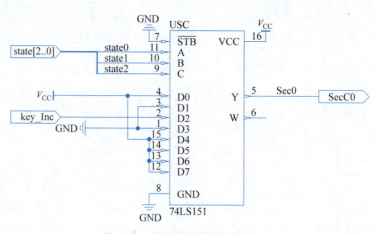

图 9-30 秒进位逻辑模块的原理图

图 9-31 分进位逻辑模块的原理图符号

2) 分进位逻辑模块

分进位逻辑模块的原理图符号如图 9-31 所示。

在计时模式下,当秒产生计数溢出时,使加 1 进位条件 MinC0 为 1,在校时模式下,只有调整分时,才允许分加 1 进位。分进位逻辑模块的功能可以描述如下。

(1) 在校时(调整分)模式下(state[2..0]＝011),MinC0＝ Key_Inc,也就是说,加 1 按键按下时进行加 1 计数,否则不计数。

(2) 在校时(调整时、秒)模式下,分不进行计数,因此 MinC0＝0。

(3) 在其他任何模式下,时处于计时状态,当秒产生溢出时,分总进行加 1 计数,MinC0＝SecC。

因此该模块实现如下的函数表达式:

$$\mathrm{MinC0} = m_3 \cdot \mathrm{Key\_Inc} + (m_1 + m_2) \cdot 0 + (m_0 + m_4 + m_5 + m_6 + m_7) \cdot \mathrm{SecC}$$

其中,$m_0 \sim m_7$ 为状态变量构成的最小项。该函数表达式很容易用 8 选 1 数据选择器 74LS151 实现,原理图如图 9-32 所示。

3) 时进位逻辑模块

时进位逻辑模块的原理图符号如图 9-33 所示。

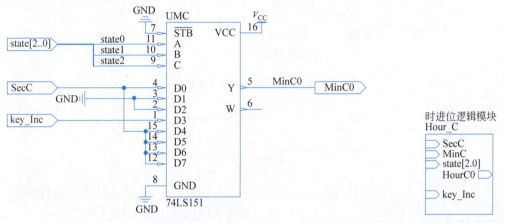

图 9-32　分进位逻辑模块的原理图　　　图 9-33　时进位逻辑模块的原理图符号

在计时模式下,当秒、分都产生计数溢出时,才使加 1 进位条件 HourC0 为 1,在校时模式下,只有在调整时的时候,才允许时加 1 进位。时进位逻辑模块的功能可以描述如下。

(1) 在校时(调整时)模式下(state[2..0]＝001),HourC0＝ Key_Inc,也就是说,加 1 按键按下时进行加 1 计数,否则不计数。

(2) 在校时(调整分)、校时(调整秒)模式下,时不进行计数,因此 HourC0＝0。

(3) 在其他任何模式下,时钟处于计时状态,当秒、分同时产生溢出时,时总进行加 1 计数,HourC0＝MinC0 · SecC。

因此该模块实现如下的函数表达式:

$$\mathrm{HourC0} = m_1 \cdot \mathrm{Key\_Inc} + (m_2 + m_3) \cdot 0 + (m_0 + m_4 + m_5 + m_6 + m_7) \cdot \mathrm{MinC} \cdot \mathrm{SecC}$$

其中,$m_0 \sim m_7$ 为状态变量构成的最小项。该函数表达式很容易用 8 选 1 数据选择器 74LS151 实现,原理图如图 9-34 所示。

3. 计数时钟逻辑模块

计数时钟逻辑模块的原理图符号如图 9-35 所示。

计数时钟逻辑模块用于产生整个计时模块的统一计数时钟信号。在计时、校时模式下,需要选择不同的时钟源作为时、分、秒的统一计数时钟。计数时钟逻辑模块的功能可以描述如下。

(1) 在校时模式下(state[2..0]＝001、010、011),选择 CLK2Hz 作为时输出。

(2) 在其他任何模式下,选择 CLK1Hz 作为时输出。

因此该模块实现如下的函数表达式:

$$\mathrm{clkCNT} = (m_1 + m_2 + m_3) \cdot \mathrm{clk2Hz} + (m_0 + m_4 + m_5 + m_6 + m_7) \cdot \mathrm{clk1Hz}$$

其中,$m_0 \sim m_7$ 为状态变量构成的最小项。计数时钟逻辑模块的原理图如图 9-36 所示。

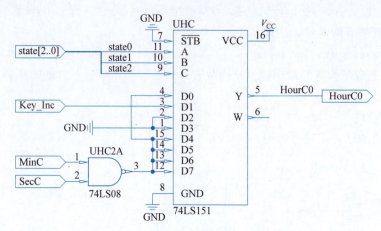

图 9-34 时进位逻辑模块的原理图

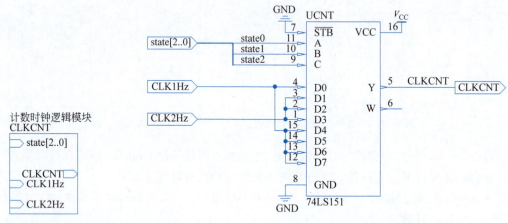

图 9-35 计数时钟逻辑模块的原理图符号　　图 9-36 计数时钟逻辑模块的原理图

9.3.4 闹钟模块的逻辑电路实现

图 9-10 给出了闹钟模块的结构原理图。该电路主要由时、分闹钟模块和闹钟进位逻辑模块组成。

与计时模块相似,时、分闹钟模块具有相同的结构,均可复用计时模块设计的通用十进制计数器模块,选择 CLK2Hz 时钟信号作为时钟源进行快速的闹钟设置计数,共享相同复位信号 RST。闹钟进位逻辑模块用于产生时、分闹钟计数模块的加 1 进位条件。

图 9-37 闹钟进位逻辑模块原理图符号

1. 时、分闹钟模块

时、分闹钟模块具有完全相同的内部结构,是对通用十进制计数器模块的复用,其内部结构与图 9-28 所示的秒计数模块完全相同,只需将信号名称修改为时、分闹钟模块的信号名称即可,不需要重新设计。

2. 闹钟进位逻辑模块

闹钟进位逻辑模块的原理图符号如图 9-37 所示。

在闹钟设置模式下,闹钟进位逻辑模块用于为时、分闹钟模块提供加 1 进位逻辑信号。由于闹钟的时、分设置没有进位关系,因此可以用同一个功能模块实现。闹钟进位逻辑模块的功能可以描述如下。

(1) 在闹钟(调整时)模式下,(state[2..0]=100),ALM_HourC0 = Key_Inc,也就是说,加1按键按下时进行加1计数,否则不计数。

(2) 在闹钟(调整分)模式下,(state[2..0]=101),ALM_MinC0 = Key_Inc,也就是说,加1按键按下时进行加1计数,否则不计数。

(3) 在其他任何模式下,ALM_HourC0、ALM_MinC0 总为0。

因此该模块实现如下的函数表达式:

$$ALM\_HourC0 = m_4 \cdot Key\_Inc + (m_0 + m_1 + m_2 + m_3 + m_5 + m_6 + m_7) \cdot 0$$
$$ALM\_MinC0 = m_5 \cdot Key\_Inc + (m_0 + m_1 + m_2 + m_4 + m_5 + m_6 + m_7) \cdot 0$$

可以简写为

$$ALM\_HourC0 = m_4 \cdot Key\_Inc = state2 \cdot \overline{state1} \cdot \overline{state0} \cdot Key\_Inc$$
$$ALM\_MinC0 = m_5 \cdot Key\_Inc = state2 \cdot \overline{state1} \cdot state0 \cdot Key\_Inc$$

其中,$m_0 \sim m_7$ 为状态变量构成的最小项。

这两个函数只有一个变量不同,因此可以用数据选择器实现,把表达式变换为

$$ALM\_HourC0 = \overline{state1} \cdot (state2 \cdot \overline{state0}) \cdot Key\_Inc$$
$$ALM\_MinC0 = \overline{state1} \cdot (state2 \cdot state0) \cdot Key\_Inc$$

将 state2 和 state0 作为选择变量,state1 作为使能端,Key_inc 作为数据输入,可以用四选一数据选择器 74LS153 实现,原理图如图 9-38 所示。

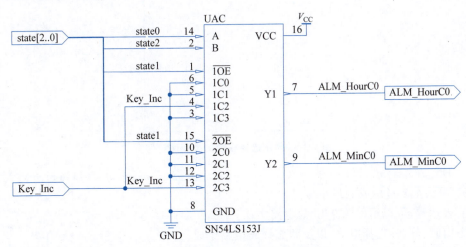

图 9-38 闹钟进位逻辑模块的原理图

9.3.5 显示控制模块的逻辑电路实现

图 9-12 给出了显示控制模块的结构原理图。该原理图由显示选择模块和 BCD 到七段数码管编码转换模块组成。这些模块是组合逻辑电路且功能简单独立,可以直接给出其电路设计。

1. 显示选择模块

显示选择模块的原理图符号如图 9-39 所示。

根据 9.2.6 节显示控制模块的功能定义,可以得到如下的功能表达式:

$$DC\_Hour = (m_0 + m_1)Hour + (m_4 + m_6)ALM\_Hour + (m_2 + m_3 + m_5 + m_7)(11111111)$$
$$DC\_Min = (m_0 + m_3)Min + (m_5 + m_6)ALM\_Min + (m_1 + m_2 + m_4 + m_7)(11111111)$$

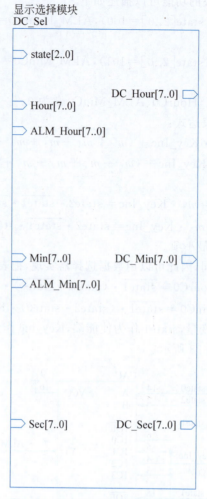

图 9-39 显示选择模块的原理图符号

$$DC\_Sec = (m_0 + m_2)Sec + (m_1 + m_3 + m_4 + m_5 + m_6 + m_7)(11111111)$$

其中,$m_0 \sim m_7$ 为状态变量构成的最小项。

按照功能表达式,可以给出图 9-40 的电路实现。

该原理图由时、分、秒选择电路,以及状态译码电路组成。

(1) 状态译码电路使用 UDCS6,一个 74LS138 产生 8 个低电平有效的最小项输出,用于其他部分的选通译码。

(2) 时选择电路由 UDCS1、UDCS2 的两个 74LS244 和两个与门组成。74LS244 是带使能的 8 路数据缓冲器。当使能端 OE1、OE2 为低电平时,输出与输出直通;当使能端为高电平时,输出呈高阻状态。时选择电路的输出 DC_Hour[7..0]有 3 种数据来源,一个是来自 Hour[7..0],当在状态 000 和 001 时选通;第二个是来自 ALM_Hour[7..0],当在状态 100 和 110 时选通;第三个是当其他两路都不选通输出高阻态时,由上拉电阻 RDCS1 保证输出为全 1。

(3) 分选择电路由 UDCS3、UDCS4 的两个 74LS244 和两个与门组成。它与时选择电路有相同的结构,只不过选通状态不同。

(4) 秒选择电路由 UDCS5 的 74LS244 和与门组成。它与时选择电路有相似的结构,不同之处首先是选通状态,然后是没有闹钟选择部分。

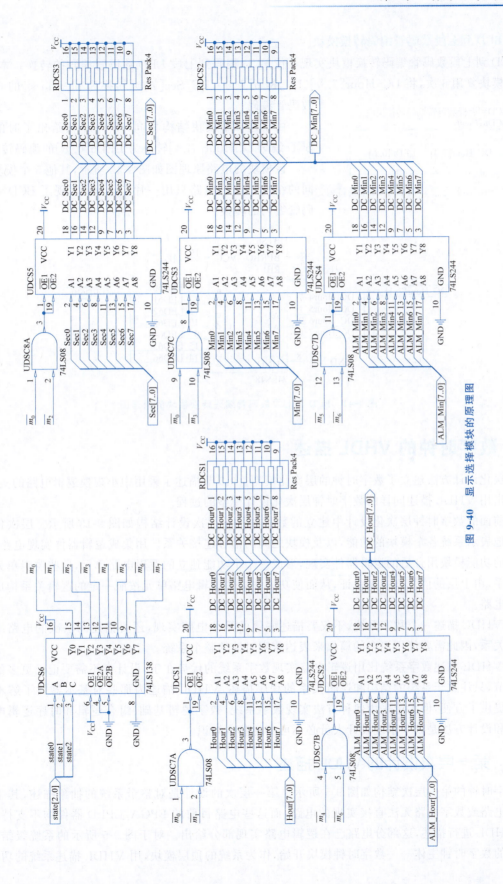

图 9-40 显示选择模块的原理图

2. BCD 到七段数码管编码转换模块

BCD 到七段数码管编码转换模块实现 4 位 BCD 编码到七段 LED 数码管编码的转换。本系统中，要将该模块复用 6 次，将 DC_Hour[7..0]、DC_Min[7..0]、DC_Sec[7..0] 转换为 hh-mm-ss 的 6 个 LED 数码管编码。

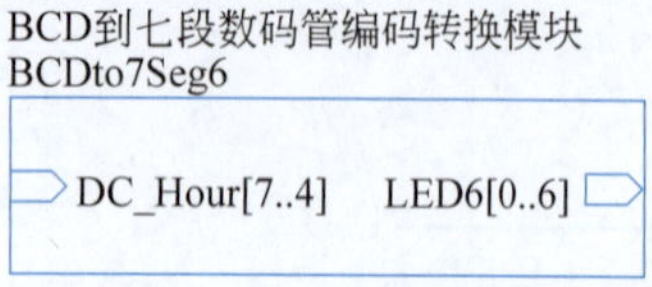

由于这 6 个模块结构相同，图 9-41 只给出了时的高 4 位 BCD 编码 DCHour[7..4] 转换为 LED6[0..6] 的编码转换模块。

该模块的电路原理图如图 9-42 所示，其他 5 个模块具有相同的结构。这个电路只用一片 74LS48 实现了 BCD 到七段数码管编码的转换。

图 9-41 BCD 到七段转换模块原理图符号

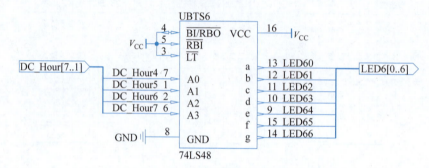

图 9-42 BCD 到七段数码管编码转换模块的原理图

9.4 数字时钟的 VHDL 描述

层次化设计方法建立了数字时钟的层次化模型。9.3 节描述了采用中小规模逻辑电路的实现方法，本节给出用 VHDL 描述同样的数字时钟层次化设计模型的过程。

在前面的数字时钟层次化设计中建立的数字时钟的层次设计结构如图 9-13 所示。层次化设计可以清晰地表示系统各个模块的功能，以及模块之间的信号连接关系。用集成逻辑器件实现电路，只需将最底层的功能模块用合适的逻辑器件实现，形成一个个功能独立的逻辑电路单元，这些逻辑单元之间的连接关系，由上层的信号连接来保证，从而使功能独立的逻辑电路单元按照一定的逻辑关系构成整个数字系统电路。

用 VHDL 描述一个数字系统，不仅要描述底层的具体电路实现，还要描述高层次的电路结构和信号连接关系，因此需要使用更多的篇幅来表达数字时钟的整个系统。

用 VHDL 描述数字系统比用逻辑电路实现数字系统的优势在于，设计者不需要记忆更多的基本元器件细节，只注重于系统的结构和逻辑关系的程序描述，VHDL 描述为那些对基本器件了解不多的设计人员提供了方便，但无论采用何种方法实现数字系统，数字逻辑基础、组合逻辑和时序逻辑电路的基本理论和设计方法是数字系统设计人员必不可少的基本知识。

9.4.1 第一层次设计的 VHDL 描述

数字时钟的第一层次结构如图 9-5 所示。第一层次的设计是对整个系统的抽象描述，其中包含一些简单电路或数字电路无法直接实现的电路，而这些电路目前的 FPGA/CPLD 器件均不支持，因此无法用 VHDL 进行描述，这部分电路已在逻辑电路实现部分给出。对于图 9-5 所示的系统级结构，只能从其中的数字时钟主体——数字时钟模块开始，作为系统的顶层模块，用 VHDL 描述系统的功能。

1. 数字时钟模块的实体声明

数字时钟模块只是从功能上抽象表示了一个数字时钟的符号，其内部结构和功能描述在该层次上没有任何体现，因此对该模块的描述只是一个实体的框架程序。具体如下：

```vhdl
library IEEE;
use IEEE.STD_LOGIC_1164.ALL;
entity DigitalClock is
    Port ( clk : in STD_LOGIC;
           rst : in STD_LOGIC;
           key_Time: in STD_LOGIC;              --校时按键
           key_ALM: in STD_LOGIC;               --闹钟设置按键
           key_Inc: in STD_LOGIC;               --加1按键

           Run : out STD_LOGIC;                 --运行状态
           Adj_Time : out STD_LOGIC;            --校时状态
           Adj_ALM : out STD_LOGIC;             --设置闹铃状态
           Sound : out STD_LOGIC;               --声音输出

    LED6 : out STD_LOGIC_VECTOR (6 downto 0);
    LED5 : out STD_LOGIC_VECTOR (6 downto 0);
    LED4 : out STD_LOGIC_VECTOR (6 downto 0);
    LED3 : out STD_LOGIC_VECTOR (6 downto 0);
    LED2 : out STD_LOGIC_VECTOR (6 downto 0);
    LED1 : out STD_LOGIC_VECTOR (6 downto 0));
end DigitalClock;
```

该实体程序完全对应地建立了数字时钟模块的基本结构，实体的端口部分对数字时钟的输入输出信号进行了对应的声明。

2. 数字时钟模块的结构体描述

结构体描述具体地描述一个数字系统的内部结构和功能实现。数字时钟模块的结构体描述属于第二层次设计的内容。图9-6给出了数字时钟模块的原理图，表示了数字时钟模块的内部结构。

由图9-43可以看出，该层次包含了9个子功能模块，未涉及电路细节。这种结构的原理图只能采用HDL的结构化方法进行描述。图9-43给出了该层次的VHDL子模块树状结构。

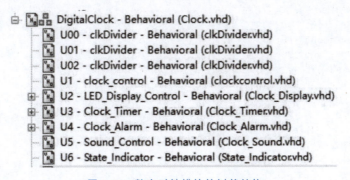

图9-43 数字时钟模块的树状结构

由VHDL子模块树状结构可以看出，该层次实例化了9个子功能模块，分别是3个分频器模块U00~U02，U1~U6分别是时钟控制模块、显示控制模块、计时模块、闹钟模块、声音控制模块以及状态指示模块。下面给出该层次的结构化描述方法：

```vhdl
architecture Behavioral of DigitalClock is
    COMPONENT clkDivider
        Generic(Divider:integer);
        PORT(clkin : IN std_logic;
            clkout : OUT std_logic);
    END COMPONENT;
    COMPONENT clock_control is
        Port(rst: in STD_LOGIC;                                     --复位信号
            key_Time: in STD_LOGIC;                                 --校时按键
            key_ALM: in STD_LOGIC;                                  --闹钟设置按键
                clock_state : out STD_LOGIC_VECTOR (2 downto 0)     --时钟状态
            --000: 时钟运行
            --001: 校时(调整时)
            --010: 校时(调整秒)
            --011: 校时(调整分)
            --100: 闹钟(调整时)
            --101: 闹钟(调整分)
            --110: 闹钟显示
            --111: 无效状态
        );
    end COMPONENT;
    COMPONENT Sound_Control is
       Port(clkSound : in STD_LOGIC;
            state : in STD_LOGIC_VECTOR (2 downto 0);               --时钟状态
            Hour :in STD_LOGIC_VECTOR (7 downto 0);
            Min :in STD_LOGIC_VECTOR (7 downto 0);
            Sec :in STD_LOGIC_VECTOR (7 downto 0);
            ALM_Hour :in STD_LOGIC_VECTOR (7 downto 0);
            ALM_Min :in STD_LOGIC_VECTOR (7 downto 0);
            Sound : out STD_LOGIC);
    end COMPONENT;
    COMPONENT LED_Display_Control is
        Port(state : in STD_LOGIC_VECTOR (2 downto 0);              --时钟状态
            Hour :in STD_LOGIC_VECTOR (7 downto 0);
            Min :in STD_LOGIC_VECTOR (7 downto 0);
            Sec :in STD_LOGIC_VECTOR (7 downto 0);
            ALM_Hour :in STD_LOGIC_VECTOR (7 downto 0);
            ALM_Min :in STD_LOGIC_VECTOR (7 downto 0);
            LED6 : out STD_LOGIC_VECTOR (6 downto 0);
            LED5 : out STD_LOGIC_VECTOR (6 downto 0);
            LED4 : out STD_LOGIC_VECTOR (6 downto 0);
            LED3 : out STD_LOGIC_VECTOR (6 downto 0);
            LED2 : out STD_LOGIC_VECTOR (6 downto 0);
            LED1 : out STD_LOGIC_VECTOR (6 downto 0));
    end COMPONENT;
    COMPONENT clock_Timer is
        Port (clkTimer : in STD_LOGIC;
            clkAdj : in STD_LOGIC;
            rst : in STD_LOGIC;
            key_Inc: in STD_LOGIC;                                  --加1按键
            state : in STD_LOGIC_VECTOR (2 downto 0);               --时钟状态
            Hour :out STD_LOGIC_VECTOR (7 downto 0);
```

```vhdl
            Min :out STD_LOGIC_VECTOR (7 downto 0);
            Sec :out STD_LOGIC_VECTOR (7 downto 0));
    end COMPONENT;
    COMPONENT clock_Alarm is
        Port(clk : in STD_LOGIC;
            rst : in STD_LOGIC;
            key_Inc: in STD_LOGIC;                              --加1按键
            state : in STD_LOGIC_VECTOR (2 downto 0);           --时钟状态
            ALM_Hour :out STD_LOGIC_VECTOR (7 downto 0);
            ALM_Min :out STD_LOGIC_VECTOR (7 downto 0));
    end COMPONENT;
    COMPONENT State_Indicator is
        Port(state : in STD_LOGIC_VECTOR (2 downto 0);          --时钟状态
            Run : out STD_LOGIC;                                --运行状态
            Adj_Time : out STD_LOGIC;                           --校时状态
            Adj_ALM : out STD_LOGIC                             --设置闹铃状态
        );
    end COMPONENT;
    --时钟源频率
    CONSTANT CLK_FREGUENCY:integer:=1000000;
    --分频时钟信号
    signal clk1Hz : std_logic:='0';
    signal clk2Hz : std_logic:='0';
    signal clk10Hz : std_logic:='0';
    --时、分、秒存储
    signal hour : STD_LOGIC_VECTOR (7 downto 0):="00000000";
    signal min : STD_LOGIC_VECTOR (7 downto 0):="00000000";
    signal sec : STD_LOGIC_VECTOR (7 downto 0):="00000000";
    --闹钟存储
    signal ALM_Hour : STD_LOGIC_VECTOR (7 downto 0):="00100100";
    signal ALM_Min : STD_LOGIC_VECTOR (7 downto 0):="00000000";
    signal state:STD_LOGIC_VECTOR (2 downto 0):="000";
        --000: 时钟运行
        --001: 校时(调整时)
        --010: 校时(调整秒)
        --011: 校时(调整分)
        --100: 闹钟(调整时)
        --101: 闹钟(调整分)
        --110: 闹钟显示
        --111: 无效状态
begin
    U00:clkDivider
        Generic map(Divider=>50000)
        PORT map(
            clkin=>clk,
            clkout=>clk10Hz);
    U01:clkDivider
        Generic map(Divider=>5)
        PORT map(
            clkin=>clk10Hz,
            clkout=>clk2Hz);
    U02:clkDivider
        Generic map(Divider=>10)
        PORT map(
            clkin=>clk10Hz,
```

```vhdl
            clkout=>clk1Hz);
    U1:clock_control Port map(
        rst=>rst,
        key_Time=>key_Time,
        key_ALM=>key_ALM,
        clock_state=>state);
    U2:LED_Display_Control Port map(
        state=>state,
        Hour=>Hour,
        Min=>Min,
        Sec=>Sec,
        ALM_Hour=>ALM_Hour,
        ALM_Min=>ALM_Min,
        LED6=>LED6,
        LED5=>LED5,
        LED4=>LED4,
        LED3=>LED3,
        LED2=>LED2,
        LED1=>LED1);
    U3:clock_Timer Port map(
        clkTimer=>clk1Hz,
        clkAdj=>clk2Hz,
        rst=>rst,
        key_Inc=>key_Inc,
        state=>state,
        Hour=>Hour,
        Min=>Min,
        Sec=>Sec);
    U4:clock_Alarm Port map(
        clk=>clk2Hz,
        rst=>rst,
        key_Inc=>key_Inc,
        state=>state,
        ALM_Hour=>ALM_Hour,
        ALM_Min=>ALM_Min);

    U5:Sound_Control
        Port map( clkSound=>clk1Hz and clk10Hz,
            state=>state,
            Hour=>Hour,
            Min=>Min,
            Sec=>Sec,
            ALM_Hour=>ALM_Hour,
            ALM_Min=>ALM_Min,
            Sound=>Sound);
    U6:State_Indicator
        Port map(state=>state,
            Run=>Run,
            Adj_Time=>Adj_Time,
            Adj_ALM=>Adj_ALM);
end Behavioral;
```

在数字时钟模块的结构体描述中,声明并实例化了如下部件。

1) 时钟状态控制模块

在结构体的头部声明了一个时钟控制模块 COMPONENT clock_control,该模块接收按键输入信号 key_Time、key_ALM 和系统复位信号 rst,产生 3 个状态输出信号 clock_state[2..0],其中 3 个状态位的含义以注释形式给出。

时钟控制模块的实例化放在结构体的 begin 与 end 之间,该模块的实例命名为 U1,端口映射表采用了名称映射方式,把部件声明中的每个输入输出信号与实际的信号进行关联。其中的输出端口 clock_state 被关联到了数字时钟部件定义的状态信号 state。也就是说,U1 模块产生的状态会保存在信号变量 state 中,用于控制系统其他模块的工作。状态信号 state 在数字时钟结构体中的定义如下:

```
signal state:STD_LOGIC_VECTOR (2 downto 0):="000"。
```

需要说明的是,这里的时钟状态控制模块只定义了一个空的部件,未涉及该部件的功能实现。这也是 VHDL 的层次化或者结构化描述方法的体现,其具体的功能实现在进一步的细化层次进行描述。

2) 分频器模块

分频器模块声明为 COMPONENT clkDivider,该模块接受时钟源信号输入 clkin,产生期望的时钟信号输出 clkout。分频器模块利用类属语句 Generic 定义了一个可设置分频数的通用分频器,分频数在实例化时根据需要的输出信号频率由外部进行定义。这种通用模块的设计为代码的复用提供了方便。

在结构体中,利用声明的分频器部件 clkDivider,实例化了 3 个不同的部件实体 U00、U01、U02,通过对分频数的定义和输入输出端口的不同映射,生成不同的分频电路。

由前述可知,本书设计的数字时钟需要 10Hz、2Hz、1Hz 3 种时钟信号源,因此首先实例化了 U00 模块,将 500kHz 的时钟源 50 000 分频为 10Hz 的时钟输出 clk10Hz,然后实例化了 U01 模块,将 10Hz 的时钟源 5 分频为 2Hz 的时钟输出 clk2Hz,最后实例化了 U02 模块,将 2Hz 的时钟源 2 分频为 1Hz 的时钟输出 clk1Hz。

这 3 个模块的输出端口关联到了数字时钟定义的时钟信号 clk10Hz、clk2Hz 和 clk1Hz。具体如下:

```
--分频时钟信号
signal clk1Hz : std_logic:='0';
signal clk2Hz : std_logic:='0';
signal clk10Hz : std_logic:='0';
```

3) 计时模块

计时模块声明为 COMPONENT clock_Timer,该模块主要完成计时、校时功能,因此需要状态输入信号 state[2..0],同时需要计时时钟源输入信号 clkTimer、校时输入信号 clkAdj、key_Inc 以及系统复位信号 rst;产生十进制的时、分、秒输出 Hour[7..0]、Min[7..0]、Sec[7..0]。

该模块实例化为 U3,其中的输出端口 Hour、Min、Sec 关联到了数字时钟部件定义的时钟存储信号 Hour、Min、Sec。具体如下:

```
--时分秒存储
signal hour : STD_LOGIC_VECTOR (7 downto 0):="00000000";
signal min : STD_LOGIC_VECTOR (7 downto 0):="00000000";
signal sec : STD_LOGIC_VECTOR (7 downto 0):="00000000";
```

4) 闹钟模块

闹钟模块声明为 COMPONENT clock_Alarm,该模块主要完成闹钟设置功能,因此需要状态输入信号 state[2..0],需要闹钟设置输入信号 clk、key_Inc 及系统复位信号 rst;产生十进制的闹钟时、分输出 ALM_Hour[7..0]、ALM_Min[7..0]。

闹钟模块实例化为 U4，其中的输出端口 ALM_Hour、ALM_Min 关联到了数字时钟部件定义的闹钟时钟存储信号 ALM_Hour、ALM_Min。具体如下：

```
--闹钟存储
signal ALM_Hour : STD_LOGIC_VECTOR (7 downto 0):="11111111";
signal ALM_Min : STD_LOGIC_VECTOR (7 downto 0):="11111111";
```

5）显示控制

显示控制模块声明为 COMPONENT LED_Display_Control，该模块主要完成计时、校时、闹钟设置工作模式下的 LED 数码管显示功能，因此需要状态输入信号 state[2..0]，需要当前时钟输入信号 Hour、Min、Sec，需要闹钟输入信号 ALM_Hour、ALM_Min，以及系统复位信号 RST，产生 6 位 LED 数码管 7 段编码 LED6～LED1。

显示控制模块实例化为 U2，其中的输入输出端口与系统的实际信号进行名称关联。

6）状态指示

状态指示模块声明为 COMPONENT State_Indicator，该模块完成运行、校时、闹钟设置 3 种功能的状态指示，因此需要状态输入信号 state[2..0]，产生 3 个状态指示位 Run、Adj_Time 和 Adj_ALM。

状态指示模块实例化命名为 U6。

7）声音控制

声音控制模块声明为 COMPONENT Sound_Control，该模块主要完成整点声音报时和闹钟响铃的功能，因此首先需要状态输入信号 state[2..0]，需要声音频率信号 CLK1Hz 和 CLK10Hz，需要当前时钟输入信号 Hour、Min、Sec，需要闹钟输入信号 ALM_Hour、ALM_Min，以及系统复位信号 RST，产生声音输出信号 Sound。

声音控制模块实例化命名为 U5，其中的输入输出端口与系统的实际信号进行名称关联。

9.4.2 第二层次设计的 VHDL 描述

第二层次设计是对上层模块的细化描述。在图 9-6 数字时钟模块的功能级描述中，最核心的模块是计时模块、闹钟模块和时钟状态控制模块，其余模块包括显示控制模块、状态指示模块、声音输出控制模块，还有各种时钟分频模块。

1. 时钟控制模块

时钟控制模块的原理图符号如图 9-44 所示。

图 9-44　时钟控制模块的原理图符号

该模块接受用户的按键输入，产生对应的状态输出，用于控制整个系统的运行。其中，Key_Time 是校时按键信号，用于进入校时模式，高电平输入脉冲有效。在任意状态下，第 1 个脉冲使时钟停止计时，并进入校时（调整时）模式，第 2 个脉冲进入校时（调整分）模式，第 3 个脉冲进入校时（调整秒）模式，第 4 个脉冲回到计时运行模式。

Key_Alarm 是闹钟设置按键信号，用于进入闹钟设置模式，高电平输入脉冲有效。在任意状态下，第 1 个脉冲进入闹钟校时（调整时）模式，第 2 个脉冲进入闹钟（调整分）模式，第 3 个脉冲进入闹钟时间显示模式，第 4 个脉冲回到计时运行模式。设置闹钟状态时，不影响时钟计时。

RST 是系统复位信号,低电平时进入初始状态,高电平无效。

这是一个脉冲异步时序逻辑电路,其设计过程与逻辑电路实现中的设计过程相同,这里直接给出 9.3.2 节的激励函数表达式:

$$C_2 = x_2 + x_1$$
$$D_2 = y_2 y_1 + \overline{y_2}\,\overline{x_1} + \overline{y_1}\,\overline{x_1}$$
$$C_1 = x_2 + x_1$$
$$D_1 = y_2 y_0 \overline{x_1} + \overline{y_2} y_0 \overline{x_2}$$
$$C_0 = x_2 + x_1$$
$$D_0 = y_2 \overline{y_1}\,\overline{y_0} + y_2 \overline{x_2} + y_1 \overline{x_2}$$

用 VHDL 描述该电路的代码如下:

```vhdl
library IEEE;
use IEEE.STD_LOGIC_1164.ALL;
entity clock_control is
    Port(rst: in STD_LOGIC;                              --复位信号
         key_Time: in STD_LOGIC;                         --校时按键
         key_ALM: in STD_LOGIC;                          --闹钟设置按键

         clock_state : out STD_LOGIC_VECTOR (2 downto 0) --时钟状态
         --000:时钟运行
         --001:校校(调整时)
         --010:校校(调整秒)
         --011:校校(调整分)
         --100:闹钟(调整时)
         --101:闹钟(调整分)
         --110:闹钟显示
         --111:无效状态
         );
end clock_control;
architecture Behavioral of clock_control is
    signal x1:STD_LOGIC;
    signal x2:STD_LOGIC;
    signal x:STD_LOGIC;
    signal D2:STD_LOGIC;
    signal D1:STD_LOGIC;
    signal D0:STD_LOGIC;
    signal ty2:STD_LOGIC:='0';
    signal ty1:STD_LOGIC:='0';
    signal ty0:STD_LOGIC:='0';
begin
    x1<=key_Time;
    x2<=key_ALM;
    x<=x1 or x2;
    process(rst,x)
    begin
        if (rst='0') then
            ty2<='0';
            ty1<='0';
            ty0<='0';
```

```
            elsif (x'event and x='1') then
                ty2<=D2;
                ty1<=D1;
                ty0<=D0;
            end if;
        end process;

        D2<=((not ty2)and(not x1))or((not ty1)and(not x1));
        D1<=((not ty2)and ty0 and (not x2)) or (ty2 and ty0 and (not x1));
        D0<=(ty2 and(not ty1)and(not ty0))or((not ty1)and(not x2))or(ty2 and(not x2));
        clock_state<=ty2&ty1&ty0;
    end Behavioral;
```

以上代码用数据流描述法对设计结果进行了对应的描述。ty2、ty1、ty0 是 3 个触发器,用于产生系统的状态 clock_state(2..0),当外部按键产生的脉冲上升沿到达时,按照激励函数表达式产生的激励 D2、D1、D0,触发器状态发生变化。系统初始化时,ty2、ty1、ty0 均置 0。

2. 分频器模块

分频器模块将系统时钟进行分频,产生数字系统工作所需要的各种时钟信号源。

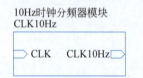

图 9-45 分频器模块的原理图符号

本系统需要 3 种时钟源:10Hz、2Hz 和 1Hz 的时钟信号源,因此需要 3 个分频器模块。分频器模块的原理图符号如图 9-45 所示,图 9-45 中只给出了 10Hz 时钟的电路符号,2Hz、1Hz 时钟分频电路具有相似的原理和结构。该模块将输入的时钟信号进行分频,产生期望的时钟输出。

分频器一般采用同步时序逻辑电路进行设计,实际上就是同步计数器。其基本原理就是对输入的脉冲信号进行计数,当记满分频数的一半时,使输出时钟信号翻转,记满分频数的另一半时,使输出时钟信号再次翻转,从而得到希望的频率输出。当然这里说明的是占空比为 50% 的时钟输出情况,占空比不对称时,输出时钟信号处于 0、1 时的计数值不同。

由于数字时钟的时钟源对时钟周期要求比较严格,对占空比没有特殊要求,因此下面的 VHDL 程序给出了一个占空比大约为 50% 的通用分频器描述:

```
library IEEE;
use IEEE.STD_LOGIC_1164.ALL;
use ieee.std_logic_arith.all;
use ieee.std_logic_unsigned.all;
entity clkDivider is
    Generic(Divider:integer:=1);
    Port ( clkin : in STD_LOGIC;
        clkout : out STD_LOGIC);
end clkDivider;
architecture Behavioral of clkDivider is
    signal counter:integer:=0;
    signal temp:STD_LOGIC:='0';
begin
    process(clkin)
        variable Divider0:integer;
        variable Divider1:integer;
    begin
        Divider0:=Divider/2;
```

```vhdl
            Divider1:=Divider-Divider0;
            if (Divider<=1) then
                temp<=clkin;
            else
                if (clkin'event and clkin='1') then
                    counter<=counter+1;
                    if temp='0' then
                        if counter=Divider0-1 then
                            temp<='1';
                            counter<=0;
                        end if;
                    else
                        if counter=Divider1-1 then
                            temp<='0';
                            counter<=0;
                        end if;
                    end if;
                end if;
            end if;
        end process;
        clkout<=temp;
end Behavioral;
```

由于该模块要用到整数运算,因此增加了两个程序包的引用:

```vhdl
use ieee.std_logic_arith.all;
use ieee.std_logic_unsigned.all;
```

该模块用类属参数 Generic(Divider:integer:=1)定义了一个可由外部给定的分频数 Divider,在模块实例化时设置该参数可以生成不同分频的时钟信号。

程序首先对分频参数进行判断,当用户设置的分频数小于或等于 1 时,直接将输入时钟进行输出,不进行分频。当用户设置的分频数大于 1 时,将分频数均分为两部分:时钟信号为 0 时的脉冲个数 Divider0 和时钟信号为 1 时的脉冲个数 Divider1;如果分频数是奇数,则使 Divider1 比 Divider0 多 1,这就是前面所说的大约 50%的占空比。

当输入脉冲上升沿到达时,计数器 counter 进行加 1 计数,在脉冲值为 0 时,counter 与 Divider0-1 进行比较,相等则使脉冲翻转为 1,并将计数器 counter 清 0;在脉冲值为 1 时,counter 与 Divider1-1 进行比较,相等则使脉冲翻转为 0,并将计数器 counter 清 0。如此循环形成希望的分频时钟输出。

用该分频器程序实例化分频器模块时,对于 500kHz 的时钟源,将分频数设为 50 000 则得到 10Hz 时钟源,将 10Hz 时钟信号作为输入,进行 5 分频后产生 2Hz 时钟源,再次 2 分频后,得到 1Hz 时钟源。

3. 计时模块

计时模块用于完成计时、校时的功能,并且要实现时、分、秒的计时和校时。它需要实现的功能较多,结构比较复杂,图 9-8 给出了它的功能细化原理图设计。由图 9-8 可以看出,该层次也未涉及电路细节,需要使用 HDL 的结构化方法进行描述。图 9-46 给出了该模块的树状结构。

由图 9-46 中可以看出,该层次实例化了 7 个子功能模块,首先是一个时钟模块 UCT0,然后是时、分、秒计数器模块 UCT12、UCT22、UCT32,它们实例化了同一个通用计数器部件 counter100M,最后 UCT11、UCT21、UCT31 分别是时、分、秒进位逻辑模块。其结构化描述方法与第一层次的结构化描述方法相同,读者可以自行设计。

需要说明的是,通用计数器部件 counter100M 是一个带有类属参数 max 的模 100 十进制计数器,

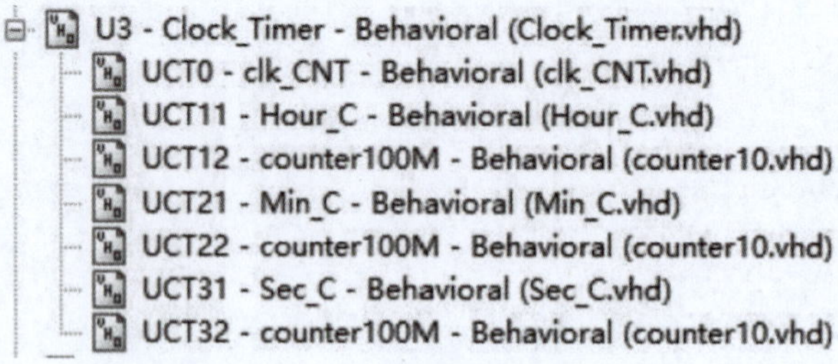

U3 - Clock_Timer - Behavioral (Clock_Timer.vhd)
UCT0 - clk_CNT - Behavioral (clk_CNT.vhd)
UCT11 - Hour_C - Behavioral (Hour_C.vhd)
UCT12 - counter100M - Behavioral (counter10.vhd)
UCT21 - Min_C - Behavioral (Min_C.vhd)
UCT22 - counter100M - Behavioral (counter10.vhd)
UCT31 - Sec_C - Behavioral (Sec_C.vhd)
UCT32 - counter100M - Behavioral (counter10.vhd)

图 9-46 计时模块的树状结构

通过设置最大计数值 max，可以实例化任何小于 100 的十进制计数器。部件声明如下：

```
COMPONENT counter100M
    Generic(max:STD_LOGIC_VECTOR (7 downto 0):="10011001");       --计数最大值
    PORT(
        clk : IN std_logic;
        rst : IN std_logic;
        c0 : IN std_logic;
        Qc : OUT std_logic;
        Q : OUT std_logic_vector(7 downto 0));
END COMPONENT;
```

在结构体中，可以利用声明的 counter100M 部件，实例化时、分、秒模块，下面给出了时模块的实例化代码：

```
UCT12: counter100M
    GENERIC MAP (max =>"00100011")
    PORT MAP(
    clk=>clkCNT,
    rst=>rst,
    c0=>HourC0,
    Qc =>Qhourc,
    Q=>hour);
```

该模块最大计数值 max 是十进制的 23，计数加 1 条件 c0 来自时进位逻辑模块输出 HourC0，rst 是外部复位信号，clkCNT 是统一的计数时钟源，Q 是十进制时计数输出 hour，Qc 是时计数溢出信号。

4. 闹钟模块

闹钟模块完成闹钟时间的设置功能，具体来说要实现时、分的时间设置，与计时模块功能很接近，因此可以采用与计时模块相似的设计方法。该模块的核心是时、分计数器，计数时钟采用 2Hz 的时钟源。按照计时模块的设计方法，图 9-10 给出了闹钟模块的功能细化层次设计。图 9-47 给出了该模块的树状结构。

U4 - Clock_Alarm - Behavioral (Clock_Alarm.vhd)
UCA0 - Alarm_C - Behavioral (Alarm_C.vhd)
UCA1 - counter100M - Behavioral (counter10.vhd)
UCA2 - counter100M - Behavioral (counter10.vhd)

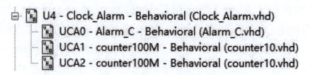

图 9-47 闹钟模块的树状结构

由图 9-47 中可以看出，该层次实例化了 3 个子功能模块，首先是一个进位逻辑模块 UCA0，然后是时、分计数器模块 UCA1、UCA2，它们同样实例化了同一个通用计数器部件 counter100M。由于闹钟的时、分计数模块各自独立,没有进位关系,因此它们的进位逻辑可以用同一个功能模块表示。闹钟模块的结构化描述方法与计时模块的描述方法相同,读者可以自行设计。

5. 显示控制模块

显示控制模块完成不同工作模式下,七段数码管的显示输出。该模块首先在不同工作模式下从计时模块的时间值 Hour[7..0]、Min[7..0]、Sec[7..0]和闹钟模块的时间值 ALM_Hour[7..0]、ALM_Min[7..0]中选择一组时、分、秒的数值作为输出,然后把这些数值转换为七段数码管编码,送到 LED 显示接口。图 9-12 给出了显示控制模块的功能细化原理图。图 9-48 给出了该模块的树状结构。

由图 9-48 中可以看出,该层次实例化了 6 个完全相同的子功能模块 UDC1～UDC6,用于 BCD 到七段数码管编码的转换,它们实例化了同一个部件 BCDto7SEG。UC0 用于控制不同工作模式下的显示内容。显示控制模块也采用结构化模式方法,这里不再赘述。

6. 状态指示模块

状态指示模块的原理图符号如图 9-49 所示,状态指示模块完成系统的运行、校时、闹钟设置 3 种功能的状态指示。

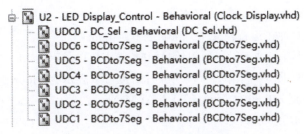

图 9-48　显示控制模块的树状结构

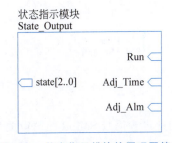

图 9-49　状态指示模块的原理图符号

在 9.3.2 节已给出该电路的设计过程,得到了激励函数表达式:

$$Run = m_0 = \overline{state2} \cdot \overline{state1} \cdot \overline{state0} = \overline{state2 + state1 + state0}$$

$$Adj\_Time = (m_1 + m_2 + m_3) \cdot 1 + (m_0 + m_4 + m_5 + m_6 + m_7) \cdot 0$$

$$Adj\_Alm = (m_4 + m_5 + m_6) \cdot 1 + (m_0 + m_1 + m_2 + m_3 + m_7) \cdot 0$$

用 VHDL 描述该电路的代码如下:

```
library IEEE;
use IEEE.STD_LOGIC_1164.ALL;
entity State_Indicator is
    Port (state : in STD_LOGIC_VECTOR (2 downto 0);    --时钟状态
          Run : out STD_LOGIC;                          --运行状态
          Adj_Time : out STD_LOGIC;                     --校时状态
          Adj_ALM : out STD_LOGIC);                     --设置闹铃状态
end State_Indicator;
architecture Behavioral of State_Indicator is
begin
    Run<='1'when (state="000") else '0';
    with state select
        Adj_Time<='1' when "001",                       --校时(调整时)
```

```
                    '1' when "010",                    --校时(调整秒)
                    '1' when "011",                    --校时(调整分)
                    '0' when others;
    with state select
        Adj_ALM<='1' when "100",                       --闹钟(调整时)
                 '1' when "101",                       --闹钟(调整分)
                 '1' when "110",                       --闹钟显示
                 '0' when others;
end Behavioral;
```

上面程序用行为法描述了该模块的功能。

7. 声音控制模块

声音控制模块的原理图符号如图 9-50 所示,声音控制模块完成整点声音报时和闹钟闹铃两种功能。

声音信号 Sound 是 CLK1Hz、CLK10Hz 的合成,可以表示为它们的与关系。

声音信号 Sound 输出的条件有两个。

(1) 时钟在运行模式下,state[2..0]=000。

(2) 到整点或者设置的闹铃时间时,整点可以表示为 Min[7..0]=00000000 并且 Sec[7..0]=00000000;闹铃可以表示为 Hour[7..0]=ALM_Hour[7..0]并且 Min[7..0]= ALM_Min[7..0]。

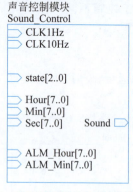

图 9-50 声音控制模块的原理图符号

因此声音信号 Sound 的逻辑关系可以表示为

$$Sound = clk1Hz \cdot clk10Hz \cdot (state[2..0] = 000) \cdot ((Min[7..0] = 00000000) \cdot (Sec[7..0] = 00000000) + (Hour[7..0] = ALM\_Hour[7..0]) \cdot (Min[7..0] = ALM\_Min[7..0]))$$

$$= clk1Hz \cdot clk10Hz \cdot \overline{state2 + state1 + state0} \cdot ((Min[7..0] = 00000000) \cdot (Sec[7..0] = 00000000) + (Hour[7..0] = ALM\_Hour[7..0]) \cdot (Min[7..0] = ALM\_Min[7..0]))$$

用 VHDL 描述该电路的代码如下:

```
library IEEE;
use IEEE.STD_LOGIC_1164.ALL;
entity Sound_Control is
    Port (clkSound : in STD_LOGIC;
          state : in STD_LOGIC_VECTOR (2 downto 0);       --时钟状态
          Hour :in STD_LOGIC_VECTOR (7 downto 0);
          Min :in STD_LOGIC_VECTOR (7 downto 0);
          Sec :in STD_LOGIC_VECTOR (7 downto 0);
          ALM_Hour :in STD_LOGIC_VECTOR (7 downto 0);
          ALM_Min :in STD_LOGIC_VECTOR (7 downto 0);
          Sound : out STD_LOGIC);
end Sound_Control;
architecture Behavioral of Sound_Control is
    signal onTime : STD_LOGIC;
begin
```

```
    Sound<=clkSound
        when (state="000") and (((Hour=ALM_Hour) and (Min=ALM_Min)) or ((Sec="00000000") and
            (Min="00000000"))) else '0';
end Behavioral;
```

上面程序用行为法描述了该模块的功能。

9.4.3 计时模块的 VHDL 描述

在上一层次的设计中,分别给出了计时模块、闹钟模块和显示控制模块的 VHDL 结构化描述,形成了第三层次的结构设计。由层次结构设计过程可知,该层次的所有模块均为底层模块,可以用 VHDL 描述每个功能模块的详细功能和结构。

图 9-8 所示的计时模块原理图主要由 4 部分组成,分别是时、分、秒计数功能模块和计数时钟逻辑模块。其中时、分、秒计时模块复用了一个最大计数值为 99 的通用十进制计数器模块,它们有各自的时、分、秒加 1 进位逻辑模块。计数时钟逻辑模块选择不同的时钟源作为时、分、秒的统一计数时钟。

1. 时、分、秒计数模块

时、分、秒计数模块具有完全相同的内部结构,如图 9-51 所示,它们复用了同一个通用十进制计数器模块。

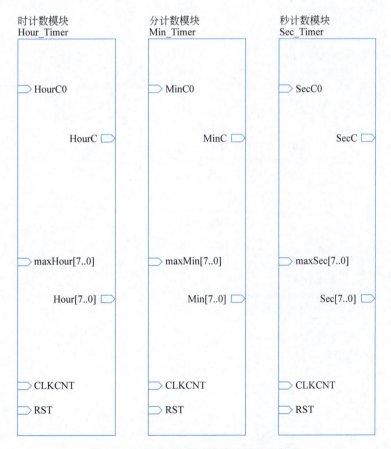

图 9-51 时、分、秒计时模块的原理图符号

通用十进制计数器模块 counter100M 的 VHDL 描述如下:

```vhdl
library IEEE;
use IEEE.STD_LOGIC_1164.ALL;
use ieee.std_logic_arith.all;
use ieee.std_logic_unsigned.all;
--100 以内的最大计数值为 M 的十进制计数器
entity counter100M is
    Generic(max:STD_LOGIC_VECTOR (7 downto 0):="10011001");      --计数最大值
    Port (  clk : in STD_LOGIC;
            rst : in STD_LOGIC;                                  --复位信号
            c0 : in STD_LOGIC;                                   --低位进位信号
            Qc: out STD_LOGIC;                                   --计数值百位进位
            Q : out STD_LOGIC_VECTOR (7 downto 0));              --计数值位
end counter100M;
architecture Behavioral of counter100M is
begin
    process (clk,rst,c0)
        variable Qn10:STD_LOGIC_VECTOR (3 downto 0):="0000";
        variable Qn1:STD_LOGIC_VECTOR (3 downto 0):="0000";
        variable Qnc: STD_LOGIC:='0';
    begin
        if (rst='0') then                                        --异步复位
            Qn10:="0000";
            Qn1:="0000";
        else
            if (clk'event and clk='1') then
                if (c0='1') then
                    Qnc:='0';
                    if (Qn1=max(3 downto 0) and Qn10=max(7 downto 4)) then
                        Qn1:="0000";
                        Qn10:="0000";
                    else
                        if (Qn1="1001") then
                            Qn1:="0000";
                            if (Qn10="1001") then
                                Qn10:="0000";
                            else
                                Qn10:=Qn10+1;
                            end if;
                        else
                            Qn1:=Qn1+1;
                        end if;
                        if (Qn1=max(3 downto 0) and Qn10=max(7 downto 4)) then
                            Qnc:='1';
                        end if;
                    end if;
                end if;
            end if;
        end if;
        Q<=Qn10 & Qn1;
        Qc<=Qnc;
    end process;
end Behavioral;
```

程序实现了如下功能。

(1) 异步复位功能：当输入信号 RST 为 0 时，2 位 BCD 十进制计数器 Q10、Q1 初始化为 0000。

(2) 时钟信号的上升沿检测：当时钟信号 CLK 的上升沿到达，且允许加 1 计数（c0＝1）时，计数器进行 Q10、Q1 加 1 计数。

(3) 2 位 BCD 十进制计数：每个 BCD 计数器达到 1010 时清 0，实现十进制计数。

(4) 变模计数：当 2 位 BCD 十进制计数器达到设定的最大值时，计数器清 0，并且产生溢出信号 $Q_c=1$。

2. 时、分、秒进位逻辑模块

时、分、秒进位逻辑模块分别在计时、校时模式下，为时、分、秒计数模块提供加 1 进位逻辑信号。由于时、分、秒进位逻辑模块各不相同，因此需要不同的逻辑电路来实现。秒、分、时进位逻辑模块的原理图符号如图 9-52 所示。

图 9-52　秒、分、时进位逻辑模块的原理图符号

1) 秒进位逻辑模块

秒进位逻辑模块的函数表达式在逻辑电路实现部分已经给出，具体如下：

$$SecC0 = m_2 \cdot Key\_Inc + (m_1 + m_3) \cdot 0 + (m_0 + m_4 + m_5 + m_6 + m_7) \cdot 1$$

秒进位逻辑模块的 VHDL 描述如下：

```vhdl
library IEEE;
use IEEE.STD_LOGIC_1164.ALL;
entity Sec_C is
    Port(key_Inc : in STD_LOGIC;
         state : in STD_LOGIC_VECTOR (2 downto 0);    --时钟状态
         SecC0 :out STD_LOGIC);
end Sec_C;
architecture Behavioral of Sec_C is
begin
    with state select
        secC0<='0' when "001",                         --校时(调整时)
               key_Inc when "010",                     --校时(调整秒)
               '0' when "011",                         --校时(调整分)
               '1' when others;                        --其他
end Behavioral;
```

这一段代码实现了如下功能。

(1) 校时(调整秒)模式下，是否加 1 取决于 Key_Inc 是否按下。

(2) 校时(调整秒时)、校时(调整分)模式下，秒不进行加 1 计数。

(3) 其他任何模式下，秒都进行加 1 计数。

2) 分进位逻辑模块

分进位逻辑模块的函数表达式在逻辑电路实现部分也已经给出，具体如下：

$$\text{MinC0} = m_3 \cdot \text{Key\_Inc} + (m_1 + m_2) \cdot 0 + (m_0 + m_4 + m_5 + m_6 + m_7) \cdot \text{SecC}$$

分进位逻辑模块的 VHDL 描述如下：

```vhdl
library IEEE;
use IEEE.STD_LOGIC_1164.ALL;
entity Min_C is
    Port(key_Inc : in STD_LOGIC;
         state : in STD_LOGIC_VECTOR (2 downto 0);      --时钟状态
         SecC : in STD_LOGIC;
         MinC0 : out STD_LOGIC);
end Min_C;
architecture Behavioral of Min_C is
begin
    with state select
        MinC0<='0' when "001",              --校时(调整时)
               '0' when "010",              --校时(调整秒)
               key_Inc when "011",          --校时(调整分)
               SecC when others;            --其他
end Behavioral;
```

这一段代码实现了如下功能。

(1) 校时(调整分)模式下，是否加 1 取决于 Key_Inc 是否按下。

(2) 校时(调整时)、校时(调整秒)模式下，分不进行加 1 计数。

(3) 其他任何模式下，分是否进行加 1 计数取决于秒溢出信号 SecC。

3) 时进位逻辑模块

时进位逻辑模块的函数表达式在逻辑电路实现部分也已经给出，具体如下：

$$\text{HourC0} = m_1 \cdot \text{Key\_Inc} + (m_2 + m_3) \cdot 0 + (m_0 + m_4 + m_5 + m_6 + m_7) \cdot \text{MinC} \cdot \text{SecC}$$

时进位逻辑模块的 VHDL 描述如下：

```vhdl
library IEEE;
use IEEE.STD_LOGIC_1164.ALL;
entity Hour_C is
    Port(key_Inc : in STD_LOGIC;
         state : in STD_LOGIC_VECTOR (2 downto 0);      --时钟状态
         SecC : in STD_LOGIC;
         MINC : in STD_LOGIC;
         HourC0 : out STD_LOGIC);
end Hour_C;
architecture Behavioral of Hour_C is
begin
    with state select
        HourC0<=  key_Inc when "001",           --校时(调整时)
                  '0' when "010",               --校时(调整秒)
                  '0' when "011",               --校时(调整分)
                  MinC and SecC when others;    --其他
end Behavioral;
```

这一段代码实现了如下功能。

(1) 时校(调整时)模式下，是否加 1 取决于 Key_Inc 是否按下。

(2) 校时(调整分)、校时(调整秒)模式下，时不进行加 1 计数。

(3) 其他任何模式下，时是否进行加 1 计数取决于分、秒溢出信号 MinC、SecC。

3. 计数时钟逻辑模块

计数时钟逻辑模块的原理图符号如图 9-53 所示。

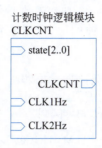

图 9-53 计数时钟逻辑模块的原理图符号

计数时钟逻辑模块用于产生整个计时模块的统一计数时钟信号。在计时、校时模式下，需要选择不同的时钟源作为时、分、秒的统一计数时钟。

计数时钟逻辑模块的函数表达式在逻辑电路实现部分已经给出，具体如下：

$$CLKCNT = (m_1 + m_2 + m_3) \cdot CLK2Hz + (m_0 + m_4 + m_5 + m_6 + m_7) \cdot CLK1Hz$$

计数时钟逻辑模块的 VHDL 描述如下：

```vhdl
library IEEE;
use IEEE.STD_LOGIC_1164.ALL;
entity clk_CNT is
    Port(clkTimer : in STD_LOGIC;
         clkAdj : in STD_LOGIC;
         state : in STD_LOGIC_VECTOR (2 downto 0);    --时钟状态
         clkCNT :out STD_LOGIC);
end clk_CNT;
architecture Behavioral of clk_CNT is
begin
    with state select
        clkCNT<=clkAdj when "001",             --校时(调整时)
                clkAdj when "010",             --校时(调整秒)
                clkAdj when "011",             --校时(调整分)
                clkTimer when others;          --其他
end Behavioral;
```

这一段代码实现了如下功能。

(1) 在校时模式下，选择 clkAdj 作为时钟输出。

(2) 其他任何模式下，选择 clkTimer 作为时钟输出。

9.4.4 闹钟模块的 VHDL 描述

图 9-10 所示的闹钟模块原理图主要由两部分电路组成，分别是时、分闹钟模块和闹钟进位逻辑模块。

与计时模块相似，时、分闹钟模块具有相同的结构，可以分别复用计时模块设计的通用十进制计数器模块，选择 clk2Hz 时钟信号作为时钟源进行快速的闹钟设置计数，共享相同复位信号 rst。闹钟进位逻辑模块用于产生时、分闹钟计数模块的加 1 进位条件。

1. 时、分闹钟模块

时、分闹钟模块具有完全相同的内部结构，是对通用十进制计数器模块的复用，因此时、分闹钟模块可以直接复用计时模块给出的通用2位BCD十进制计数器Counter100M。

2. 闹钟进位逻辑模块

闹钟进位逻辑模块的原理图符号如图9-54所示。闹钟进位逻辑模块在闹钟设置模式下,为时、分闹钟模块提供加1进位逻辑信号。由于闹钟的时、分设置没有进位关系,因此可以用同一功能模块实现。

图 9-54 闹钟进位逻辑模块的原理图符号

闹钟进位逻辑模块的函数表达式在逻辑电路实现部分已经给出,具体如下:

$$ALM\_HourC0 = m_4 \cdot Key\_Inc + (m_0 + m_1 + m_2 + m_3 + m_5 + m_6 + m_7) \cdot 0$$
$$ALM\_MinC0 = m_5 \cdot Key\_Inc + (m_0 + m_1 + m_2 + m_4 + m_5 + m_6 + m_7) \cdot 0$$

计数时钟逻辑模块的VHDL描述如下:

```vhdl
library IEEE;
use IEEE.STD_LOGIC_1164.ALL;
entity Alarm_C is
    Port(key_Inc : in STD_LOGIC;
         state : in STD_LOGIC_VECTOR (2 downto 0);    --时钟状态
         MinC0 :out STD_LOGIC;
         HourC0 :out STD_LOGIC);
end Alarm_C;
architecture Behavioral of Alarm_C is
begin
    with state select
        HourC0<=key_Inc when "100",                   --闹钟(调整时)
                '0' when others;                      --其他
    with state select
        MinC0<=key_Incwhen "101",                     --闹钟(调整分)
                '0' when others;                      --其他
end Behavioral;
```

此段代码实现了如下功能。

(1) 设置闹钟时模式下,闹钟时是否加1取决于Key_Inc,其他情况都不加1。

(2) 设置闹钟分模式下,闹钟分是否加1取决于Key_Inc,其他情况都不加1。

9.4.5 显示控制模块的VHDL描述

图9-12所示的显示控制模块原理图主要由两部分组成,分别是时、分、秒显示选择模块和BCD到七段管码管编码转换模块。这些模块是组合逻辑电路且功能简单独立,可以用VHDL直接描述电路的功能。

1. 显示选择模块

根据 9.2.6 节显示控制模块的功能定义,可以给出如下的 VHDL 描述。

```vhdl
library IEEE;
use IEEE.STD_LOGIC_1164.ALL;
entity DC_Sel is
    Port(state : in STD_LOGIC_VECTOR (2 downto 0);         --时钟状态
         Hour : in STD_LOGIC_VECTOR (7 downto 0);
         Min : in STD_LOGIC_VECTOR (7 downto 0);
         Sec : in STD_LOGIC_VECTOR (7 downto 0);
         ALM_Hour : in STD_LOGIC_VECTOR (7 downto 0);
         ALM_Min : in STD_LOGIC_VECTOR (7 downto 0);
         DC_Hour: out STD_LOGIC_VECTOR (7 downto 0);
         DC_Min: out STD_LOGIC_VECTOR (7 downto 0);
         DC_Sec: out STD_LOGIC_VECTOR (7 downto 0));
end DC_Sel;
architecture Behavioral of DC_Sel is
begin
    with state select
        DC_Hour<=hour when "000",                --运行
                hour when "001",                 --校时(调整时)
                ALM_Hour when "100",             --闹钟(调整时)
                ALM_Hour when "110",             --闹钟显示
                "11111111" when others;
    with state select
        DC_Min<=Min when "000",                  --运行
               Min when "011",                   --校时(调整分)
               ALM_Min when "101",               --闹钟(调整分)
               ALM_Min when "110",               --闹钟显示
               "11111111" when others;
    with state select
        DC_Sec<=Sec when "000",                  --运行
               Sec when "010",                   --校时(调整秒)
               "11111111" when others;
end Behavioral;
```

该程序完成了如下功能。

(1) 分别在计时和校时(调整时)、闹钟(调整时)、闹钟显示模式下,时编码 DC_Hour 的选择输出来自 Hour、ALM_Hour,其他模式下赋值 11111111,表示不显示任何内容。

(2) 分别在计时和校时(调整分)、闹钟(调整时)、闹钟显示模式下,分编码 DC_Min 的选择输出来自 Min、ALM_Min,其他模式下赋值 11111111,表示不显示任何内容。

(3) 在计时和校时(调整秒)模式下,秒编码 DC_Sec 的选择输出来自 Sec,其他模式下赋值 11111111,表示不显示任何内容。

2. BCD 到七段数码管编码转换模块

显示选择模块的原理图符号如图 9-55 所示。BCD 到七段数码管编码的转换可参阅第 3 章组合逻辑电路的 VHDL 描述。

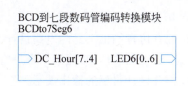

图 9-55　BCD 到七段数码管编码转换模块的原理图符号

9.5 数字时钟的仿真测试

数字系统设计前期的电路仿真与测试能够检查出电路设计过程中存在的潜在错误和隐患,减少电路设计周期和成本,是电路设计过程中的重要环节。这里给出基于中小规模集成电路的逻辑电路模块的基本测试方法和 VHDL 模块的基本功能测试方法,以检查电路设计过程中存在的逻辑错误。

9.5.1 数字时钟逻辑电路的仿真测试

逻辑电路的仿真测试是对用逻辑电路元器件符号表示的逻辑电路原理图的仿真测试,需要专门的仿真测试工具和环境。如果要对电路进行仿真测试,必须保证原理图中的每个逻辑电路元器件符号都有其电气仿真模型。目前,大多的电路设计软件都支持器件的电气仿真模型和电气仿真功能。电路元器件符号的电气仿真模型以 SPICE(simulation program with integrated circuit emphasis)形式建立。SPICE 是电路级模拟程序,各软件厂家提供了 Vspice、Hspice、Pspice 等不同版本 SPICE 软件,其仿真核心大同小异。SPICE 是对电路电气特性进行建模的工具,属于模拟电路模型的范畴,当然也可用于数字电路仿真,在此不做过多讨论。

逻辑电路的仿真测试主要包括测试对象、测试信号源、仿真波形及仿真结果分析。

1. 仿真测试对象

仿真测试对象是用户设计的被测电路模块原理图。例如前面建立的最大计数值为 99 的通用十进制计数器模块,用它实现的秒计时模块原理图如图 9-28 所示。

该电路模块完成对 CLKCNT 时钟信号的十进制计数功能,计数值为 Sec[7..0]。当 SecC0 信号高电平时进行加 1 计数,低电平时不计数;maxSec[7..0]指定计数最大值,SecC 为计数溢出信号。复位信号 RST 为 0 时,计数器复位使计数值为 0,RST 为 1 时,计数器正常工作。

电路中使用的集成逻辑器件包括 4 位二进制同步计数器 74LS161、4 位数值比较器 74LS85、或非门 74LS02 以及非门 74LS04。

2. 仿真测试信号源

要对仿真测试对象进行电路仿真,首先要为被测电路提供合适的信号源。

在上面的秒计时模块电路中,输入信号包括 RST、CLKCNT、SecC0 和最大计数值 maxSec[7..0]。根据不同的测试目的,可以建立这 4 个信号的不同组合输入。例如,为了测试该电路的计数功能,以及不同最大计值时能不能正常工作,可以给定如下测试信号组合:RST=1,SecC0=1,CLKCNT=1MHz,maxSec[7..0]=00100011、01011001,以测试电路在计数最大值为 23、59 时的计数及溢出情况。

建立的测试电路如图 9-56 所示。图 9-56 中在秒计数模块电路基础上,增加了两个电路元件,一个是1MHz 的方波信号时钟源 VPLS,将它的输出用信号标签连接到了被测电路的时钟输入端;另一个是用于设置计数最大值的器件 UTest,它是数据缓冲器 74LS244。

3. 仿真测试及结果分析

在带有仿真测试工具的电路设计软件环境中运行仿真测试程序,如果电路结构正确,系统会根据测试需求生成测试波形,对测试结果进行分析,能够发现电路是否存在潜在的逻辑错误,电路正确无误,则会生成符合设计目标的输出波形。

1) maxSec[7..0]=00100011 时的仿真结果及分析

图 9-57 为 maxSec[7..0]=00100011 时的仿真结果。整个波形时长为 50μs,即 50 个时钟周期。每当 Sec[3..0]记满 1001 时,Sec3C 产生一个进位,下个周期 CLKCNT 到达时,Sec[3..0]清 0 重新

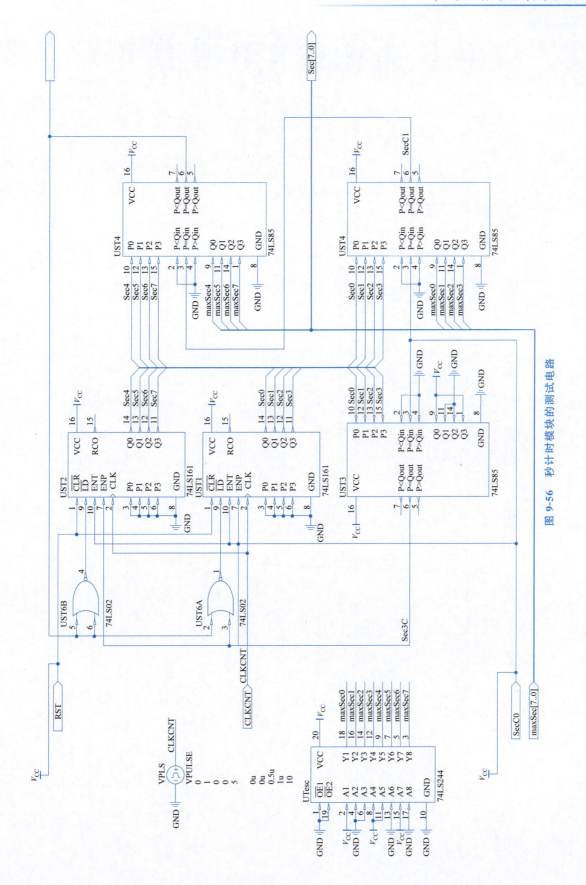

图 9-56 秒计时模块的测试电路

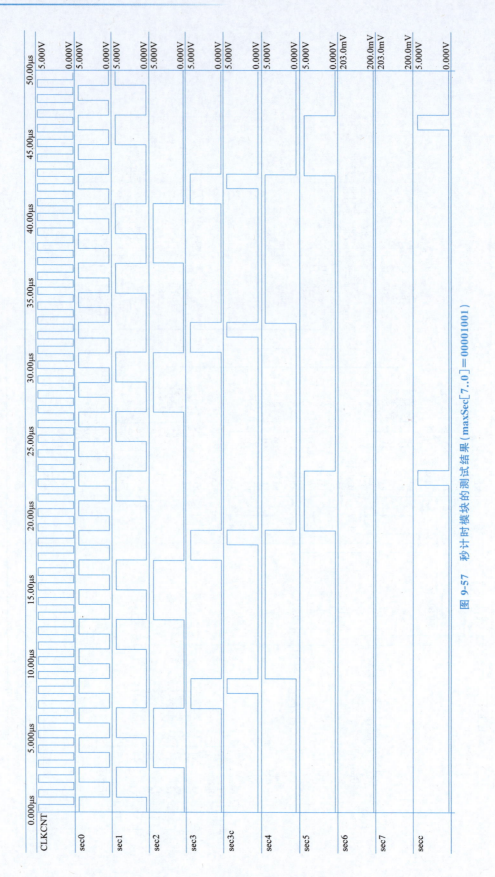

图 9-57 秒计时模块的测试结果（maxSec[7..0]=00001001）

开始计数,同时 Sec[7..4]计数加 1;每当 Sec[7..0]记满 maxSec[7..0]＝00100011 时,SecC 产生一个进位,下个周期 CLKCNT 到达时,Sec[7..0]全部清 0 并重新开始计数。因此该波形是正确的模 24 计数波形。

2) maxSec[7..0]＝01011001 时的仿真结果及分析

图 9-58 为 maxSec[7..0]＝01011001 时的仿真结果。整个波形时长为 $200\mu s$,即 200 个时钟周期。每当 Sec[3..0]记满 1001 时,Sec3C 产生一个进位,下个周期 CLKCNT 到达时,Sec[3..0]清 0 重新开始计数,同时 Sec[7..4]计数加 1;每当 Sec[7..0]记满 maxSec[7..0]＝ 01011001 时,SecC 产生一个进位,下个周期 CLKCNT 到达时,Sec[7..0]全部清 0 并重新开始计数。因此该波形是正确的模 60 计数波形。

如果波形出现不希望的结果,需要根据错误情况,修改电路设计,继续进行仿真测试,直到获得正确的仿真波形。

其他电路模块或多级层次化电路也可以采用同样的方法进行仿真测试,直到获得希望的波形输出。这里不再一一讨论。

9.5.2 数字时钟 VHDL 的功能仿真测试

VHDL 的功能仿真测试同样也包括测试对象、测试信号源、仿真波形以及仿真结果分析。VHDL 的功能仿真测试是对 VHDL 描述的电路模块的仿真测试,需要 VHDL 仿真测试工具和测试环境支持,大多 EDA 软件都有这些功能。

1. 仿真测试对象

VHDL 仿真测试对象是用户设计的 VHDL 电路模块。例如,9.4.3 节建立的最大计数值为 99 的通用十进制计数器模块 counter100M。该电路模块主要完成对 CLK 时钟信号的十进制计数功能,计数值为 Q[7..0]。当 c0 信号高电平时进行加 1 计数,低电平时不计数;max[7..0]决定计数的最大值并产生溢出信号 QC。复位信号 RST 为 0 时,计数器复位使计数值为 0,RST 为 1 时,计数器正常工作。

2. 仿真测试程序

要对仿真测试对象进行仿真,首先要为被测电路提供合适的测试程序。

在计数器模块 counter100M 程序中,输入信号包括 RST、CLK、c0 和最大计数值 max[7..0]。根据不同的测试目的,可以建立这 4 个信号的不同组合输入。例如,为了测试该电路的计数功能,以及不同最大计数值时能不能正常工作,可以给定如下测试信号组合:RST 由 0→1,c0＝1,CLKCNT＝1MHz,max[7..0]＝ 00100011、01011001,以测试电路在计数最大值为 23、59 时的计数及溢出情况。

建立的测试程序如下:

```vhdl
LIBRARY ieee;
USE ieee.std_logic_1164.ALL;
ENTITY testcounter IS
END testcounter;

ARCHITECTURE behavior OF testcounter IS
    --Component Declaration for the Unit Under Test (UUT)
    COMPONENT counter100M
        Generic(max:STD_LOGIC_VECTOR (7 downto 0):="10011001");    --计数最大值
        PORT(
            clk : IN std_logic;
```

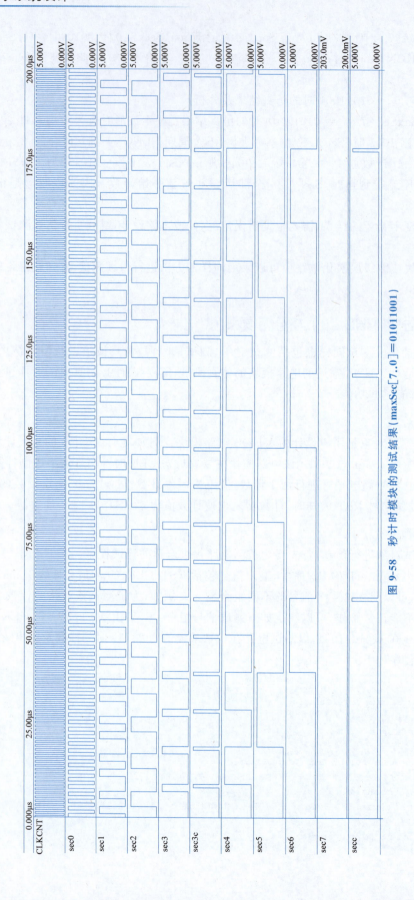

图 9-58 秒计时模块的测试结果（maxSec[7..0]=01011001）

```vhdl
            rst : IN std_logic;
            c0 : IN std_logic;
            Qc : OUT std_logic;
            Q : OUT std_logic_vector(7 downto 0)
        );
    END COMPONENT;

    --Inputs
    signal clk : std_logic :='0';
    signal rst : std_logic :='0';
    signal c0 : std_logic :='0';

    --Outputs
    signal Qc : std_logic;
    signal Q : std_logic_vector(7 downto 0);

    --Clock period definitions
    constant clk_period : time :=1000 ns;
BEGIN
    --Instantiate the Unit Under Test (UUT)
    uut: counter100M
        GENERIC MAP (max =>"00001001")
        PORT MAP (
            clk =>clk,
            rst =>rst,
            c0 =>c0,
            Qc =>Qc,
            Q =>Q);

    --Clock process definitions
    clk_process :process
    BEGIN
        clk <='0';
        wait for clk_period/2;
        clk <='1';
        wait for clk_period/2;
    end process;

    --Stimulus process
    stim_proc: process
    BEGIN
        --hold reset state for 1000 ns.
        rst<='0';
        c0<='1';
            wait for 1000 ns;
        rst<='1';
            wait for clk_period * 30;
        --insert stimulus here
        wait;
    END PROCESS;
END;
```

在测试程序中,首先利用时钟生成进程 clk_process 产生了一个 1MHz 的时钟源,然后实例化了结构体头部声明的 counter100M 部件 UUT；并将 1MHz 时钟引入 UUT 部件中。

在仿真进程中，首先使 rst=0、c0=1，保持一个时钟周期后，使 rst=1，计数器开始正常计数，并计数 30 个周期。

3. 仿真测试及结果分析

在带有仿真测试工具的软件环境中运行仿真测试程序，如果被测程序或测试程序存在语法问题，系统会提示错误位置；如果程序的语法正确，系统会生成测试波形结果，对测试结果进行分析，能够发现程序是否存在潜在的逻辑错误，程序正确无误，则会生成符合设计目标的输出波形。

1) max[7..0]=00100011 时的仿真结果及分析

图 9-59 为 max[7..0]= 00100011 时的仿真结果。整个波形时长为 50μs，即 50 个时钟周期。每当 q[7..0]记满 00100011 时，qc 产生一个进位，下个周期 CLK 到达时，q[7..0]全部清 0 并重新开始计数。因此该波形是正确的模 24 计数波形。

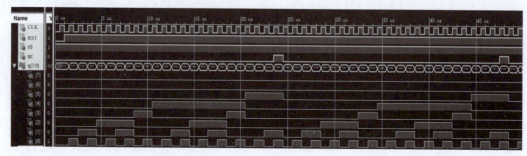

图 9-59　秒计时模块测试结果（maxSec[7..0]=00100011）

2) max[7..0]=01011001 时的仿真结果及分析

图 9-60 为 max[7..0]= 01011001 时的仿真结果。整个波形时长为 200μs，即 200 个时钟周期。每当 q[7..0]记满 01011001 时，qc 产生一个进位，下个周期 CLK 到达时，q[7..0]全部清 0 并重新开始计数。因此该波形是正确的模 60 计数波形。

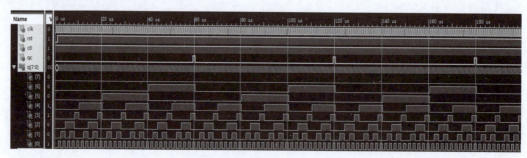

图 9-60　秒计时模块测试结果（maxSec[7..0]=01011001）

如果波形出现不希望的结果，需要根据错误情况，修改程序设计，继续进行仿真测试，直到获得正确的仿真波形。

其他 VHDL 程序模块或多级层次化程序描述也可以采用同样的方法进行仿真测试，直到获得希望的波形输出。这里不再一一讨论。

本章小结

本章首先给出了数字系统的一般性层次化描述方法以及设计表示方法，然后介绍了数字系统及单元电路的简单设计过程。以数字时钟系统作为实例,给出了数字时钟系统的层次化设计方法的详细思路和过程描述,分别给出了数字时钟的逻辑电路设计方案和 VHDL 的详细描述。最后用实例简单介绍了逻辑电路和 VHDL 描述的仿真测试方法和过程。

习题 9

1. 设计超市收款机。大多数的零售企业包括杂货店、超市都在结账柜台上使用电子收款机。超市收款机的基本功能是能够输入并显示客户购买的每件商品的价格,然后汇总计算并显示出总的金额。本题只设计具有收款机最基本功能的控制电路,它可以计算出购物清单中所有物品的总费用,物品的价格将通过一个类似图 9-61 所示的键盘输入,这个键盘有 14 个按键和一个数码显示窗。14 个按键中包括数字 0~9,以及下列功能键。

图 9-61　第 1 题图

(1) 复位(clear total)键:当按下此键将清零总账单,准备输入新客户的商品。
(2) 清除(clear entry)键:当输入物品价格错误时,按此键清除已输入的物品价格的显示。
(3) 汇总(total)键:在所有的物品价格已经输入后,按此键,收款机将显示账单。
(4) 输入(enter)键:输入物品的价格后,按此键发送到收银机中。

假设限制只能输入 4 个十进位的数字,总价格范围为(¥00.01~¥99.99)。所有的数字以十进制显示在七段数码管上。

2. 汽车尾灯控制器设计。随着时代的发展和人们生活水平的日益提高,汽车已成为随处可见的交通工具。汽车行驶中尾灯的状态代表了驾驶员给出的左转、右转及临时刹车等信号。试设计一个汽车尾灯控制器,实现对汽车尾灯显示状态的控制。假定在汽车尾部左右两侧各有 3 个指示灯。根据汽车运行情况,指示灯具有如下 4 种不同的显示模式。

(1) 汽车正向行驶时,左右两侧的指示灯全部处于熄灭状态。
(2) 汽车右转弯行驶时,右侧的 3 个指示灯按右循环顺序点亮。
(3) 汽车左转弯行驶时,左侧的 3 个指示灯按左循环顺序点亮。
(4) 汽车临时刹车时,左右两侧的指示灯同时处于闪烁状态。

3. 智力竞赛抢答器设计。功能要求如下。

(1) 抢答器可以同时提供 8 名选手或者 8 个代表队参加比赛,其编号依次为 0、1、2、3、4、5、6、7,每个选手或者代表队各使用一个抢答开关,开关编号与选手编号对应,分别用 I_0、I_1、I_2、I_3、I_4、I_5、I_6、I_7 表示。

(2) 抢答器由竞赛主持人负责系统清零、抢答开始、答题时间预置以及计时启动。分别设置两个控制开关，一个负责系统清零和抢答的开始，另一个负责时间预置和计时启动。

(3) 抢答器具有优先编码、编号锁存和显示功能。抢答开始后，当有选手按下抢答开关时，编码电路按照速度优先的原则对最先按下抢答开关的选手进行编码后送锁存电路锁存，并给出抢答有效信号和显示选手编号。编码电路在响应最先抢答请求后立即封锁后续选手抢答，最先抢答选手编号和抢答有效信号一直保持到主持人将系统清零为止。

(4) 抢答器具有定时计数功能，选手回答问题的时间由主持人设定（假定以秒为单位，且最多 2 位十进制数，如 60s）。选手抢答有效后，主持人立即启动定时计数器进行减 1 计数，并显示剩余时间。选手在规定时间内答题完毕时答题有效，主持人令定时计数器停止计数。当设定时间已到时将产生报警信号。

4. 汽车密码锁设计。功能要求如下。

(1) 使用 3 位十进制数密码，电路具有密码设置、保存与修改功能。

(2) 密码采用十进制输入，BCD 编码形式保存。

(3) 接收 3 位开锁输入密码后，能进行正确性识别。

(4) 当输入密码与所设定密码一致时，输出产生开锁信号；不一致时产生报警信号。

5. 给出 9.4.2 节数字时钟计时模块的 VHDL 描述。

参 考 文 献

[1] NELSON V P, CARROLL B D, NAGLE H T, et al. 数字逻辑电路分析与设计[M]. 段晓辉, 等译. 北京: 清华大学出版社, 2016.
[2] BROWN S, VRANESIC Z. 数字逻辑与 Verilog 设计[M]. 罗嵘, 译. 3 版. 北京: 清华大学出版社, 2014.
[3] 欧阳星明, 溪利亚. 数字电路逻辑设计[M]. 2 版. 北京: 人民邮电出版社, 2015.
[4] 张少敏, 陈基禄, 郑顾平, 等. 数字逻辑与数字系统设计[M]. 北京: 高等教育出版社, 2006.
[5] 潘松, 黄继业. EDA 技术实用教程[M]. 6 版. 北京: 科学出版社, 2018.
[6] 刘卫东, 李山山, 宋佳兴. 计算机硬件系统实验教程[M]. 北京: 清华大学出版社, 2013.